新工科·普通高等教育系列教材

大学计算机基础

主编　朱莹泽　王会英　王　双
参编　郭　旭　宫　洁　赵　菲　徐柏权

机械工业出版社

本书主要内容包括计算机基础知识、操作系统基础、Word 2016 文字处理软件、Excel 2016 表格处理软件、PowerPoint 2016 演示文稿软件、计算机网络技术基础、多媒体技术基础与数据库技术基础等。

本书内容丰富、结构清晰，文理兼用，讲练结合，具有很强的实用性，可作为应用型本科计算机公共基础课的教材，有助于学生在各自的专业中借鉴和引入计算机科学技术与方法，本书也可作为计算机等级考试参考用书，为学生参加计算机等级考试进阶训练提供针对性的帮助。

图书在版编目（CIP）数据

大学计算机基础/朱莹泽，王会英，王双主编. —北京：机械工业出版社，2023.10

新工科·普通高等教育系列教材

ISBN 978-7-111-73981-4

Ⅰ.①大… Ⅱ.①朱… ②王… ③王… Ⅲ.①电子计算机-高等学校-教材 Ⅳ.①TP3

中国国家版本馆 CIP 数据核字（2023）第 185692 号

机械工业出版社（北京市百万庄大街 22 号 邮政编码 100037）

策划编辑：刘元春　　责任编辑：刘元春　侯　颖

责任校对：潘　蕊　刘雅娜　陈立辉　　封面设计：陈　沛

责任印制：邓　博

北京盛通印刷股份有限公司印刷

2024 年 1 月第 1 版第 1 次印刷

184mm×260mm · 19 印张 · 470 千字

标准书号：ISBN 978-7-111-73981-4

定价：59.80 元

电话服务　　网络服务

客服电话：010-88361066　机 工 官 网：www.cmpbook.com

010-88379833　机 工 官 博：weibo.com/cmp1952

010-68326294　金 书 网：www.golden-book.com

封底无防伪标均为盗版　机工教育服务网：www.cmpedu.com

前 言

“大学计算机基础”课程是高等院校的一门公共必修课，是学生进入大学后学习的第一门计算机类课程，其主要任务是引导学生认识以计算机为核心的信息技术在现代化社会中的地位和作用，通过理论教学和实践操作相结合的方式，使学生了解计算机的基础知识和理论，掌握基本的计算机操作和使用技能，培养学生使用计算机搜索数据、处理数据的能力，逐步具有利用计算机获取知识、分析问题、解决问题的意识和能力，为他们的自主学习、终身学习，以及适应未来工作环境打下坚实的基础。

本书作为计算机基础类知识的通识性教材，将计算机基础知识与基本应用有机地组合在一起，力求减少难以阅读的文字描述。全书分为8章，第1章介绍了计算机基础知识，力求扩大学生的知识面，还特别加入了人工智能、大数据、物联网、云计算、神经网络计算机等新一代信息技术，向学生普及我国的战略性新兴产业融合集群发展策略；第2章介绍了Windows 7的基本操作、资源管理器和系统设置及其他功能，编写中注重介绍操作系统的发展和Windows 7的特点；第3~5章分别对Office 2016办公系列应用软件（包括Word、Excel、PowerPoint）进行了介绍，使学生通晓该系列软件的共性和操作方法，提高学生自主拓展知识的能力；第6章介绍了计算机网络技术基础，增加了网络技术应用和收发邮件操作的实操内容；第7章介绍了多媒体技术基础；第8章介绍了数据库技术基础。

本书的编写紧跟计算机技术的发展步伐，实用、明确、新颖，体现时效性，符合应用型本科院校培养模式的定位，以“夯实基础、注重实用、强调新型、提升能力、确保质量”的原则构建内容体系结构，去粗取精、化繁为简、图文并茂。书中引入案例教学法、问题式学习模式，适合课堂上边讲边练、讲练结合、举一反三的授课方式，注重学生动手能力的培养，激发学生自主学习的热情。书中重点体现了以实践教学为中心、理论为实践服务的指导思想，让教学内容与计算机应用充分结合，学即能用。本书在实践环节安排上，符合高等院校在学时、难度、文理分类方面的需求，可以选择性穿插教学。此外，书中引入了全国计算机等级考试（二级）中Office 2016的训练题目，有助于学生自主参加国家计算机等级考试，提高其过级率。

本书取材新颖、内容丰富、重点突出、结构清晰，对知识进行模块化组织，逻辑性强，具有良好的教学适用性及较强的实用性和可操作性。编者按教与学的规律精心设计每一章的内容，注重对学生实践能力和探究能力的培养。

同时，本书有丰富的电子配套资源（PPT、答案、视频），读者扫码可观看书中的讲解视频。在案例的选取上，特别注重与思政元素的完美融合，让学生在文档操作中阅读经典故事，体会工匠精神；在表格数据处理中感受祖国蓬勃发展的惊人速度与世界地位；在幻灯片制作过程中学习用中国元素制作并表达自己对祖国的赞美与热爱！

本书主要由朱莹泽、王会英、王双和郭旭编写。朱莹泽负责编写第 1 章和第 4 章，王会英负责编写第 2 章和第 3 章，王双负责编写第 5 章，郭旭负责编写第 6~8 章。此外，宫洁、赵菲和徐柏权也参与了编写和整理工作。

本书由黑龙江省高等教育教学改革重点委托项目——线上教学“三元九格”模式的研究与实践课题组资助出版，课题编号：SJGZ20200064。

由于编者水平有限，书中难免出现一些不足与疏漏之处，敬请读者批评指正。

编　者

扫码可看视频资源

目　录

第1章

计算机基础知识

第一台计算机从1946年“诞生”至今，已过去了70余载。计算机及其应用已渗透到社会生活的各个领域，它有力地推动了整个社会的信息化发展。在21世纪，掌握以计算机技术为核心的基础知识和应用能力，是现代大学生必备的基本素质之一。

1.1 计算机概述

1.1.1 计算机的发展

计算机的“诞生”酝酿了很长一段时间。1946年2月，第一台电子多用途计算机ENIAC（Electronic Numerical Integrator and Computer，电子数字积分计算机）在美国宾夕法尼亚大学问世。ENIAC用了18000个电子管和86000个其他电子元器件，长30.48m、宽6m、高2.4m，占地约170m^2，有两个教室那么大，重达31t，运算速度却只有每秒400次乘法或5000次加法，耗资100万美元以上。和现在的计算机相比，当年的ENIAC还不如一些高级袖珍计算器，但它的“诞生”为人类开辟了一个崭新的信息时代，它是计算机的始祖，揭开了计算机时代的序幕。

计算机的发展到目前为止共经历了4个时代。

1. 电子管计算机时代

从1946年到1959年这段时期人们称之为“电子管计算机时代”。第一代计算机的内部元器件使用的是电子管。由于一台计算机需要几千个电子管，每个电子管都会散发大量的热量，因此，如何散热是一个令人头痛的问题。电子管的寿命最长只有3000h，计算机运行时经常发生由于电子管被烧坏而使计算机死机的现象。第一代计算机主要用于科学研究和工程计算，如图1-1所示。

2. 晶体管计算机时代

从1960年到1964年，由于在计算机中采用了比电子管更先进的晶体管，所以人们将这段时期称为“晶体管计算机时代”。晶体管比电子管小得多，不需要暖机时间，消耗能量较少，处理更迅速、更可靠。第二代计算机的程序语言从机器语言发展到汇编语言。接着，高级语言FORTRAN（Formula Translation）语言和COBOL（Common Business Oriented Language）语言相继开发出来并被广泛使用。这时，开始使用磁盘和磁带作为辅助存储器。第二代计算机的体积和价格都下降了，计算机工业迅速发展，使用的人也多起来了。第一台个人计算机IBM 5150就是这一时期“诞生”的，如图1-2所示。第二代计算机主要用于商业、大学教学和政府机关。

图1-1　世界上第一台电子管计算机ENIAC

图1-2　第一台个人计算机IBM 5150

3. 中小规模集成电路计算机时代

从1965年到1970年，集成电路被应用到了计算机中，因此这段时期被称为“中小规模集成电路计算机时代”。集成电路（Integrated Circuit，IC）是做在晶片上的一个完整的电子电路，这个晶片比手指甲还小，却包含了几千个晶体管元器件，这一时期出现了第一台笔记本计算机Osborne 1，如图1-3所示。第三代计算机的特点是体积更小、价格更低、可靠性更强、计算速度更快。第三代计算机的代表是IBM公司（International Bussiness Machines Corporation）开发的IBM 360系列计算机。

4. 大规模和超大规模集成电路计算机时代

从1971年到现在被称为“大规模和超大规模集成电路计算机时代”。第四代计算机使用的元器件依然是集成电路，不过，这种集成电路已被大大改善，它包含着几十万到上百万个晶体管，人们称之为大规模集成电路（Large Scale Integrated Circuit，LSI）和超大规模集成电路（Very Large Scale Integrated Circuit，VLSI）。1975年，美国IBM公司推出了个人计算机（Personal Computer，PC），从此，人们对计算机不再陌生，计算机开始进入人类生活的各个方面，如图1-4所示。

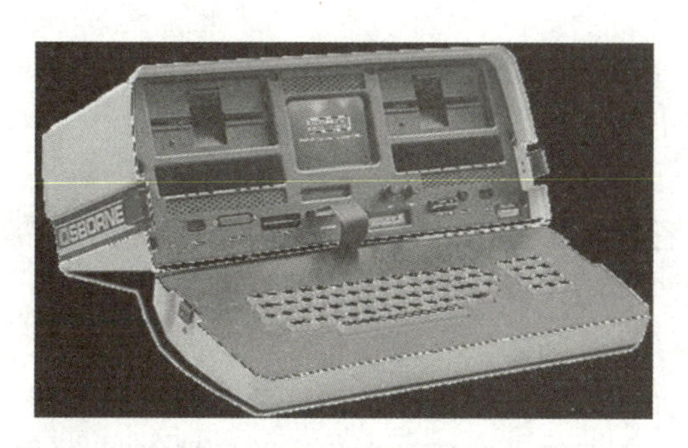

图 1-3　第一台笔记本计算机 Osborne 1

图 1-4　现代的个人计算机

1.1.2　计算机的特点

（1）自动运行程序

计算机能在程序控制下自动、连续地高速运算。由于采用存储程序控制的方式，因此一旦输入编制好的程序，启动计算机后，它就能自动地执行下去直至完成任务。这是计算机最突出的特点。

（2）运算速度快

计算机能以极快的速度进行计算。现在普通的微型计算机每秒可执行几十万条指令，而巨型计算机的计算速度则达到每秒几十亿次甚至几百亿次。例如天气预报，由于需要分析大量的气象资料数据，单靠人工完成计算是不可能的，而用巨型计算机只需十几分钟就可以完成。随着计算机技术的不断发展，计算机的运算速度还在提高。

（3）运算精度高

电子计算机具有以往计算机无法比拟的计算精度，目前已达到小数点后上亿位的精度。

（4）具有记忆和逻辑判断能力

人是有思维能力的，而思维能力本质上是一种逻辑判断能力。计算机借助逻辑运算，可以进行逻辑判断，并根据判断结果自动确定下一步该做什么。计算机的存储系统由内存和外存组成，具有存储和“记忆”大量信息的能力，现代计算机的内存容量已达 GB 级，而外存也有惊人的容量。如今的计算机不仅具有运算能力，还具有逻辑判断能力，可以使用其进行诸如资料分类、情报检索等具有逻辑加工性质的工作。

（5）可靠性强

随着微电子技术和计算机技术的发展，现代电子计算机连续无故障运行时间可达几十万小时以上，具有极强的可靠性。例如，安装在宇宙飞船上的计算机可以连续几年可靠地运行。计算机应用在管理中也具有很高的可靠性。而人却很容易因疲劳而出错。

另外，计算机对于不同的问题，只是执行的程序不同，因而具有很强的稳定性和通用性。用同一台计算机能解决各种问题，可将其应用于不同的领域。

微型计算机除了具有上述特点外，还具有体积小、质量轻、耗电少、维护方便、易操作、功能强等特性。

1.1.3 计算机的应用

计算机的应用领域已渗透到社会的各行各业，正在改变着传统的工作、学习和生活方式，推动着社会的发展。计算机的主要应用领域如下。

（1）科学计算（或数值计算）

科学计算是指利用计算机来完成科学研究和工程技术中提出的数学问题的计算。在现代科学技术工作中，科学计算问题是大量的和复杂的。利用计算机的高速计算、大存储容量和连续运算的能力，可以实现人工无法解决的各种科学计算问题。

例如，在建筑设计中为了确定构件尺寸，通过弹性力学可导出一系列复杂方程，但长期以来由于计算方法跟不上而一直无法求解。而计算机不但能求解这类方程，并且带来了弹性理论上的一次突破，出现了有限单元法。

（2）数据处理（或信息处理）

数据处理是指对各种数据进行收集、存储、整理、分类、统计、加工、利用、传播等一系列活动的统称。据统计，80%以上的计算机主要用于数据处理，这类工作量大、面宽，决定了计算机应用的主导方向。

数据处理从简单到复杂已经历了3个发展阶段。

1）电子数据处理（Electronic Data Processing，EDP），它以文件系统为手段，可实现一个部门内的单项管理。

2）管理信息系统（Management Information System，MIS），它以数据库技术为工具，可实现一个部门的全面管理，以提高工作效率。

3）决策支持系统（Decision Support System，DSS），它以数据库、模型库和方法库为基础，可帮助管理者提高决策水平，提高运营策略的正确性与有效性。

目前，数据处理已广泛地应用于办公自动化、企事业计算机辅助管理与决策、情报检索、图书管理、动画设计、会计电算化等各行各业。信息正在形成独立的产业，多媒体技术使信息展现在人们面前的不仅是数字和文字，也有声情并茂的声音和图像信息。

（3）辅助技术（或计算机辅助设计、制造和教学）

计算机辅助技术的应用领域不断扩大，应用水平不断提高。辅助是强调了人的主导作用，计算机和使用者构成了一个密切交互的人机系统。计算机辅助技术包括CAD、CAM和CAI等。

1）计算机辅助设计（Computer Aided Design，CAD），它是利用计算机系统辅助设计人员进行工程或产品设计，以实现最佳设计效果的一种技术。它已广泛应用于飞机、汽车、机械、电子、建筑和轻工等领域。例如，在电子计算机的设计过程中，利用CAD技术进行体系结构模拟、逻辑模拟、插件划分、自动布线等，从而大大提高设计工作的自动化程度。又如，在建筑设计过程中，可以利用CAD技术进行力学计算、结构计算、绘制建筑图纸等，这样不但提高了设计速度，而且可以大大提高设计质量。

2）计算机辅助制造（Computer Aided Manufacturing，CAM），它是利用计算机系统进行生产设备的管理、控制和操作的过程。例如，在产品的制造过程中，用计算机控制机器的运行，处理生产过程中所需的数据，控制和处理材料的流动，以及对产品进行检测等。使用CAM技术可以提高产品质量，降低成本，缩短生产周期，提高生产率并改善劳动条件。

将CAD和CAM技术集成，实现设计生产自动化，这种技术被称为计算机集成制造系统。它的实现将真正做到无人化工厂（或车间）。

3）计算机辅助教学（Computer Aided Instruction，CAI），它是利用计算机系统生成和使用课件来进行教学。课件可以用专业工具或高级语言来开发制作，它能引导学生循序渐进地学习，使学生轻松自如地从课件中学到所需要的知识。CAI 的主要特色是交互教育、个别指导和因人施教。

（4）过程控制（或实时控制）

过程控制是利用计算机及时采集检测数据，按最优值迅速地对控制对象进行自动调节或自动控制。采用计算机进行过程控制，不仅可以大大提高控制的自动化水平，而且可以提高控制的及时性和准确性，从而改善劳动条件、提高产品质量及合格率。因此，计算机过程控制已在机械、冶金、石油、化工、纺织、水电、航天等领域得到广泛的应用。

例如，在汽车工业方面，利用计算机控制机床、控制整个装配流水线，不仅可以实现精度要求高、形状复杂的零件加工自动化，而且可以使整个车间或工厂实现自动化。

（5）人工智能（或智能模拟）

人工智能（Artificial Intelligence，AI）是计算机模拟人类的智能活动，诸如感知、判断、理解、学习、问题求解和图像识别等。现在人工智能的研究已取得不少成果，有些已开始走向实用阶段。例如，能模拟高水平医学专家进行疾病诊疗的专家系统、具有一定思维能力的智能机器人等。

（6）网络应用

计算机技术与现代通信技术的结合构成了计算机网络。计算机网络的建立，不仅解决了一个单位、一个地区、一个国家中计算机与计算机之间的通信，各种软、硬件资源的共享，而且大大促进了全世界的文字、图像、视频和声音等各类数据的传输与处理。

1.1.4　计算机的分类

计算机按其规模、速度和功能的不同，可分为以下几类。

1）巨型计算机：又称为超级计算机。其特点是高速度、大容量。它主要应用于科学计算、互联网智能搜索、资源勘探、生物医药研究、航空航天装备研制、金融工程、新材料开发等方面。

2）大型计算机：其特点是速度快，具有丰富的外部设备和功能强大的软件。它主要应用于计算机中心和计算机网络中。

3）小型计算机：其特点是结构简单、成本较低、性能价格比突出。它主要应用于企业、银行、学校等单位。

4）微型计算机：其特点是体积小、质量轻、价格低，功能较全、可靠性强、操作方便等。它现在已经进入社会的各个领域。

5）单片机：其特点是体积小、质量轻、价格便宜。它主要应用于仪器仪表、电子产品、家电、工业过程控制、安全防卫、汽车及通信系统、计算机外部设备等。

1.2　计算机系统构成

计算机由硬件和软件两部分组成，共同协调运行应用程序，处理和解决实际问题。其中，硬件是计算机赖以工作的实体，是各种物理部件的有机结合；软件是控制计算机运行的灵魂，是由各种程序及程序所处理的数据组成。

1.2.1 计算机硬件系统

1. 运算器

运算器（Arithmetic Unit）是计算机中执行各种算术和逻辑运算操作的部件。通常情况下，运算器由算术逻辑单元（Arithmetic and Logic Unit，ALU）、累加器（Accumulator，ACC）、状态寄存器、通用寄存器组、多路转换器、数据总线等组成。算术逻辑单元的基本功能是进行加、减、乘、除四则运算，与、或、非、异或等逻辑操作，以及移位、求补等操作。计算机运行时，运算器的操作和操作种类由控制器决定。运算器处理的数据来自存储器；处理后的结果数据通常送回存储器，或暂时寄存在运算器中。

运算器的处理对象是数据，所以数据长度和计算机数据表示方法对运算器的性能影响极大。20 世纪 70 年代，微处理器常以 1/4/8/16 个二进制位作为处理数据的基本单位。大多数通用计算机则以 16/32/64 位作为运算器处理数据的长度。能对一个数据的所有位同时进行处理的运算器称为并行运算器；如果一次只处理一位的运算器，则称为串行运算器；有的运算器一次可处理几位（通常为 6/8 位），一个完整的数据被分成若干段进行计算，称为串/并行运算器。运算器往往只处理一种长度的数据，有的也能处理几种不同长度的数据，如半字长运算、双倍字长运算、四倍字长运算等。有的数据长度可以在运算过程中指定，称为变字长运算。

按照数据表示方法的不同，运算器可以有二进制运算器、十进制运算器、十六进制运算器、定点整数运算器、定点小数运算器和浮点数运算器等。按照数据性质的不同，运算器有地址运算器和字符运算器等。

运算器的性能是衡量整个计算机性能的重要指标之一，与运算器相关的性能指标包括计算机的字长和运算速度。

2. 控制器

控制器（Control Unit）是计算机的“心脏”，控制全机各个部件的工作。控制器的基本功能是根据指令计数器中指定的地址从内存取出一条指令，对指令进行译码，再由操作控制部件有序地控制各部件完成操作码规定的任务。

控制器由指令寄存器（Instruction Register）、指令译码器（Instruction Decoder）、程序计数器（Program Counter）和操作控制器（Operation Controller）4 个部分组成。

控制器的组成方式主要是指微操作控制信号形成部件采用何种组成方式产生微操作控制信号。根据产生微操作控制信号的方式不同，控制器可分为组合逻辑型、存储逻辑型及组合逻辑与存储逻辑结合型 3 种。

3. 存储器

存储器（Memory）是计算机系统内最主要的记忆装置，能够把大量计算机程序和数据存储起来。它既能接收计算机内的信息（数据和程序），又能保存信息，还可以根据命令读取已保存的信息。

存储器按功能可分为内存（主存储器）和外存（辅助存储器），按存放位置又可分为内存储器和外存储器。内存是主板上的存储部件，用来存储当前正在执行的数据、程序和结果；内存容量小、存取速度快，但断电后信息全部丢失。外存是磁性存储介质或光盘等部件，用来存放各种数据文件和程序文件等需要长期保存的信息；外存容量大、存取速度慢，断电后内容不丢失。

一个存储器中所包含的字节数称为该存储器的容量，简称存储容量。存储容量通常用KB、MB、GB或TB表示，其中B是字节（Byte），1KB=1024B，1MB=1024KB，1GB=1024MB，1TB=1024GB。例如，640KB就表示640×1024=655360B。

（1）内存储器

现代的内存储器多半是半导体存储器，采用大规模集成电路或超大规模集成电路器件。内存储器按其工作方式的不同，可以分为随机存储器（Random Access Memory，RAM）和只读存储器（Read Only Memory，ROM）。

1）随机存储器。随机存储器允许随机地按任意指定地址向内存单元存入或从该单元读取信息，对任一地址的存取时间都是相同的。由于信息是通过电信号写入存储器的，所以断电时RAM中的信息就会消失。计算机工作时使用的程序和数据等都存储在RAM中，如果对程序或数据进行了修改之后，应该将它存储到外存储器中，否则关机后信息将丢失。通常所说的内存大小就是指RAM的大小，一般以MB或GB为单位。

2）只读存储器。只读存储器是只能读出而不能随意写入信息的存储器。ROM中的内容是由厂家制造时用特殊方法写入的，或者要利用特殊的写入器才能写入。当计算机断电后，ROM中的信息不会丢失。当计算机重新被加电后，其中的信息保持原来的不变，仍可被读出。ROM适宜存放计算机启动的引导程序、启动后的检测程序、系统最基本的输入/输出程序、时钟控制程序，以及计算机的系统配置和磁盘参数等重要信息。

（2）外存储器

外存储器简称外存，也称为辅存，是对内存的延伸，其主要作用是长期存放计算机工作所需要的系统文件、应用程序、用户程序、文档和数据等。外存设备不能直接被CPU访问，它需要经过内存才能与CPU和I/O设备交换信息。外存储器有硬盘、软盘、光盘和移动硬盘、U盘、SD卡等，随着移动存储器的出现，软盘已经退出了市场。

1）硬盘。硬盘驱动器（Hard Disk Drive，HDD）通常被称为硬盘，是驱动器和盘片合二为一做成的一个整体。硬盘是计算机中读/写速度最快、存储容量最大的外部存储器，计算机大部分软件和数据都存储在硬盘上，因此它是计算机所必需的设备之一。目前市场上的台式机硬盘几乎都是3.5in，由一个或者多个铝制或者玻璃制的盘片组成，这些盘片外覆盖有铁磁性材料，除了每个盘片要分为若干个磁道和扇区以外，多个盘片表面的相应磁道将在空间上形成多个同心圆柱面。通常情况下，硬盘被永久性地密封固定在硬盘驱动器中，安装在计算机的主机箱里，但现在越来越普遍出现的移动硬盘，它可通过USB接口和计算机连接，从而方便用户携带大容量的数据。

2）光盘。光盘（Compact Disk，CD）是以光信息作为存储的载体并用来存储数据的一种设备。它分为不可擦写光盘（如CD-ROM、DVD-ROM等）和可擦写光盘（如CD-RW、DVD-RAM等）。光盘是利用激光原理进行读、写的设备，可以存放各种文字、声音、图形、图像和动画等多媒体数字信息，其容量大、寿命长、成本低。

3）U盘。U盘又名“闪存盘”，它是一种采用快速闪存储器（Flash Memory）为存储介质，通过USB接口与计算机交换数据的可移动存储设备。U盘具有即插即用的特点，读写和复制、删除数据都非常方便。其外观小巧、携带方便、抗震、容量大，受到计算机用户的普遍欢迎。

4）SD卡。SD（Secure Digital）安全电子存储卡，是一种基于半导体快闪记忆器的新一代记忆设备，由于它具有体积小、数据传输速度快、可热插拔等优良的特性，被广泛应用于便携式装置中，如数码照相机、平板计算机和多媒体播放器等。

（3）存储器的性能指标

1）存储器容量。存储器容量是指存储器可以容纳的二进制信息总量，即存储信息的总位（Bit）数。设微机的地址线和数据线位数分别是 p 和 q，则该存储器芯片的地址单元总数为 $2p$，该存储器芯片的位容量为 $2p\times q$。存储器容量越大，则存储的信息越多。目前存储器芯片的容量越来越大，价格在不断地降低，这主要得益于大规模集成电路的发展。

2）存取速度。存储器的存取速度直接影响计算机的速度。存取速度可用存取时间和存储周期这两个时间参数来衡量。存取时间是指 CPU（Central Processing Unit）发出有效存储器地址从而启动一次存储器读/写操作，到该读/写操作完成所经历的时间，这个时间越小，则存取速度越快。存储周期是连续启动两次独立的存储器操作所需要的最小时间间隔，这个时间一般略大于存取时间。目前，高速缓冲存储器的存取速度接近于 CPU 的存取速度。

3）可靠性。存储器的可靠性用平均故障间隔时间（Mean Time Between Failures，MTBF）来衡量。MTBF 越长，可靠性越高。内存储器常采用纠错编码技术来延长 MTBF，以提高可靠性。

4）性能/价格比。这是一个综合性指标。性能主要包括上述 3 项指标。不同用途的存储器对性能有不同的要求。例如，有的存储器要求存储容量大，则就以存储容量为主；有的存储器如高速缓冲存储器，则以存储速度为主。

4. 输入设备

输入设备（Input Device）用来向计算机输入数据和信息。其主要功能是把可读信息转换为计算机能识别的二进制代码输入计算机，供计算机处理。它是人与计算机系统之间进行信息交换的主要装置之一。

（1）键盘

键盘（Key Board）是目前最常用、最普遍的输入设备，主要用于输入字符信息。键盘的种类比较多，有 101 键、102 键、104 键、手写键盘、人体工程学键盘等，其接口规格有两种：PS/2 和 USB。

键盘上的字符分布是根据字符的使用频率确定的。人的 10 根手指的灵活程度是不一样的，灵活一点的手指分管使用频率较高的键位；反之，不太灵活的手指分管使用频率较低的键位。键盘一分为二，左右手分管两边，平时两手保持分别放在基本键上。

（2）鼠标

鼠标（Mouse）通常有两个按键和一个滚轮，当它在平板上滑动时，屏幕上的鼠标指针也跟着移动。它不仅可以用于光标定位，还可以用来选择菜单、命令、按钮和文件，是多窗口环境下必不可少的输入设备。

常见的鼠标为光电式鼠标，分为有线和无线两种。对鼠标的操作通常有移动、滚动、单击、右击、双击和拖拽等。

（3）其他输入设备

除了键盘、鼠标外，输入设备还有扫描仪、条形码阅读器、光学字符阅读器、触摸屏、手写笔、语言输入设备和图像输入设备等。

5. 输出设备

输出设备（Output Device）把各种计算结果数据或信息以数字、字符、图像、声音等形式表示出来，其主要功能是将计算处理后的各种内部格式的信息转换为人们能识别的形式表达出来。

（1）显示器

显示器（又称监视器）是微型计算机中最重要的输出设备之一，也是人机交互必不可少的设备，其主要功能是将图形、图像和视频等信息显示出来。

1）显示器的分类。显示器按工作原理可分为：阴极射线管（Cathode Ray Tube，CRT）显示器、液晶显示器（Liquid Crystal Display，LCD）、等离子体显示器（Plasma Display Panel，PDP）、真空荧光显示器（Vacuum Fluorescent Display，VFD）等。目前市场主流是LCD显示器。

2）显示器的主要技术指标。

① 像素与点距：屏幕上图像的分辨率或清晰度取决于能在屏幕上独立显示点的直径，这种独立显示的点称为像素。屏幕上两个像素之间的距离称为点距，该数值直接影响显示效果。

像素越小，在同一个字符面积下像素数就越多，则显示的字符就越清晰。

② 分辨率：指每帧的线数和每线的点数的乘积。该值是衡量显示器性能的重要指标之一。

③ 显示器的尺寸：指显像管对角线长度，一般以英寸为单位。

（2）打印机

打印机是把文字或图形在纸上输出的计算机外部设备。微型计算机常用的打印机有点阵打印机、喷墨打印机和激光打印机3种类型。

1）点阵打印机。点阵打印机主要由打印头、运载打印头的小车机构、色带机构、输纸机构和控制电路等几部分组成。其中，打印头是点阵打印机的核心构成部件。通常，点阵打印机有9针和24针两种，针的数目可以影响打印文字的质量。

2）喷墨打印机。喷墨打印机属于非击打式打印机，其优点是价格低廉，打印质量高于点阵打印机，而且可以支持彩色打印，无噪声，缺点是打印速度慢、耗材贵。

3）激光打印机。激光打印机也是非击打式打印机，其优点是无噪声、打印速度快、打印质量好，常用来打印正式公文及图表，缺点是价格高、耗材贵。

（3）其他输出设备

计算机使用的其他输出设备还有绘图仪、音频输出设备、视频投影仪等。

6. 冯·诺依曼型计算机的硬件结构及其各部分的功能

1945年，美籍匈牙利数学家冯·诺依曼（见图1-5）领导设计电子离散变量自动计算机（Electronic Discrete Variable Automatic Computer，EDVAC）时，提出了两项重大改进：第一，计算机内部采用二进制；第二，采用存储程序方式控制计算机的操作过程，简化了计算机结构，并成功地运用到了计算机的设计之中。根据这一原

图1-5 计算机之父——冯·诺依曼

理制造的计算机被称为冯·诺依曼型计算机。由于他对现代计算机技术的突出贡献，他被称为“计算机之父”。

冯·诺依曼型计算机硬件系统的基本结构包括运算器、控制器、存储器、输入设备和输出设备五大部分。

1）运算器：又称为算数逻辑部件，它是对数据或信息进行运算和处理的部件，可完成算术运算和逻辑运算。算术运算是按照算术规则进行加、减、乘、除等；逻辑运算是指非算术的运算，包括与、或、非、异或、比较、移位等。

2）控制器：主要由指令寄存器、译码器程序计数器和操作控制器等部件组成。它主要负责从存储器中读取程序指令并进行分析，然后按时间先后顺序向计算机的各部件发出相应的控制信号，以协调、控制输入/输出操作和对内存的访问。

3）存储器：是计算机存储数据和程序的部件或装置。存储器分为内存储器（也叫主存储器或内存）和外存储器（外存）两种。内存储器包括只读存储器（ROM）和随机存储器（RAM）；外存储器包括外存硬盘、U 盘、移动硬盘、光盘等。

4）输入设备：用来把计算机外部的程序、数据等信息送入计算机内部的设备。输入设备有磁盘、鼠标、键盘、光笔、扫描仪、传声器等。

5）输出设备：用来把计算机的内部信息送出到计算机外部的设备，常用的输出设备有显示器、打印机等。

1.2.2 计算机软件系统

软件系统是为运行、管理和维护计算机而编制的各种程序、数据和文档的总称。

计算机系统由硬件系统和软件系统两部分组成。只有硬件没有软件被称为裸机。计算机中硬件系统和软件系统互相依赖、不可分割。

计算机硬件、软件、用户之间是一种层次结构。其中，硬件处于内层，用户处于外层，软件则是在硬件和用户之间，用户通过软件使用计算机硬件。

1. 软件

软件是计算机程序、方法、规则、相关的文档资料，以及在计算机上运行的程序时所必需的数据的集合。软件的发展要受到应用和硬件发展的推动和制约。

2. 软件系统及其组成

计算机软件分为系统软件（System Software）和应用软件（Application Software）两种。

（1）系统软件

系统软件是指控制和协调计算机及外部设备、支持应用软件开发和运行的软件，其主要功能是调度、监控和维护计算机系统，负责管理计算机系统中各独立硬件协调工作。

系统软件主要包含操作系统（Operating System，OS）、语言处理系统、数据库管理系统和系统辅助处理程序等。其中，操作系统是主要部分，目前常用的有微软公司的 Windows 操作系统、苹果公司的 iOS 操作系统等。

系统软件是软件的基础，所有应用软件都是在系统软件上运行的。

（2）应用软件

应用软件是用户可以使用的各种程序设计语言，以及用各种程序设计语言编制的应用程序的集合。

应用软件的种类很多，常见的有以下几种。

1）办公软件。办公软件是日常办公需要的软件，一般包括文字处理软件、电子表格处理软件、演示文稿制作软件、个人数据库、个人信息管理软件等。

2）多媒体处理软件。多媒体处理软件是应用软件领域中一个重要分支，主要包括图形处理软件、图像处理软件、动画制作软件、音频/视频处理软件、桌面排版软件等。

3）网络工具软件。常见的网络工具软件有 Web 服务器软件、Web 浏览器、文件上传工具、远程登录工具等。

1.3　数据表示与存储

1.3.1　计算机中的数据

ENIAC 是一台十进制计算机，采用 10 个真空管来表示一位十进制数。但是，这种十进制表示法在使用过程中存在许多烦琐问题，继而由冯·诺依曼提出了二进制表示法。

二进制只有“0”和“1”两个值。相对十进制而言，采用二进制表示法不但运算简单、便于实现，更重要的是所占用的空间和所消耗的能量小、机器性能高。

计算机内部均采用二进制来表示各种信息。凡涉及十进制和二进制间的转换问题，则由计算机系统的硬件和软件协调实现。

1.3.2　计算机中的数据单位

计算机中数据的最小单位是位，存储容量的基本单位是字节。8 个二进制位构成 1 个字节。

1. 位

位是度量数据的最小单位，单位为 Bit（b）。在采用二进制表示法的电路中，代码只有“0”和“1”两个取值，被称为“数码”，即“位”。

2. 字节

8 位二进制构成 1 个字节，单位为 Byte（B）。字节是信息组织和存储的基本单位，也是计算机体系结构的基本单位。字节单位还有千字节（KB）、兆字节（MB）、吉字节（GB）、太字节（TB）等。

3. 字长

人们将计算机一次能够并行处理的二进制位称为机器的字长。字长是计算机的一个重要的性能指标，直接反映一台计算机的计算能力和计算精度。字长越长，计算机的数据处理速度越快。

1.3.3　数制与编码

1. 数制

数制也称计数制，是用一组固定的符号和统一的规则来表示数值的方法。人类在实际生活中使用最多的是十进制，此外还有二进制、八进制、十六进制等。计算机能极快地进行运算，其内部并不像看到的信息那样，而是全部使用只包含 0 和 1 两个数值的二进制。

2. 进位计数制

常用的数制都采用了进位计数制，简称进位制，是按进位方式实现计数的一种规则。进位计数制涉及数码、基数和位权这 3 个概念。

1）数码：一组用来表示某种数制的符号。

2）基数：数制所使用的数码个数。

3）位权：数码在不同位置上的倍率值，对于 N 进制数，整数部分第 i 位的位权为 N^i，而小数部分第 j 位的位权为 N^{-j}。

常用的数制表示如下：

1）十进制（D）：有 10 个基数，为 0~9，逢 10 进 1。

2）二进制（B）：有 2 个基数，为 0 和 1，逢 2 进 1。

3）八进制（O）：有 8 个基数，为 0~7，逢 8 进 1。

4）十六进制（H）：有 16 个基数，分别为 0~9 与 A~F，逢 16 进 1。

3. 常用数制的书写形式

在书写时，为了区别不同的数制，可采用以下两种方法表示。

1）用一个下标来表示。

【例 1-1】 $(10)_{10}$ 十进制　　$(10)_2$ 二进制　　$(10)_{16}$ 十六进制

2）用数值后面加上特定的字母来区分。

【例 1-2】 10D 十进制　　10B 二进制　　10H 十六进制

注：在表示十进制时，D 可以省略。

4. 进制转换

（1）其他进制转换为十进制

方法：将其他进制按权位展开，然后各项相加，即可得到相应的十进制数。

【例 1-3】 $N=(10110.101)\text{B}=(\quad)\text{D}$

$$\because N=1\times2^4+0\times2^3+1\times2^2+1\times2^1+0\times2^0+1\times2^{-1}+0\times2^{-2}+1\times2^{-3}$$
$$=16+4+2+0.5+0.125$$
$$=(22.625)\text{D}$$
$$\therefore N=(10110.101)\text{B}=(22.625)\text{D}$$

（2）将十进制转换成其他进制

方法：将整数部分和小数部分分别进行转换，然后将转换后的数组合在一起。

1）整数部分：（辗转相除法）把要转换的数除以目标进制的基数，把余数作为目标进制的最低位，把上一次得的商再除以目标进制的基数，把余数作为目标进制的次低位，继续上一步，直到最后的商为零或预定位数，这时的余数就是目标进制的最高位。

2）小数部分：（辗转相乘法）把要转换数的小数部分乘以目标进制的基数，把得到的整数部分作为目标进制小数部分的最高位，把上一步得的小数部分再乘以目标进制的基数，把整数部分作为目标进制小数部分的次高位，继续上一步，直到小数部分变成零或达到预定的要求为止。

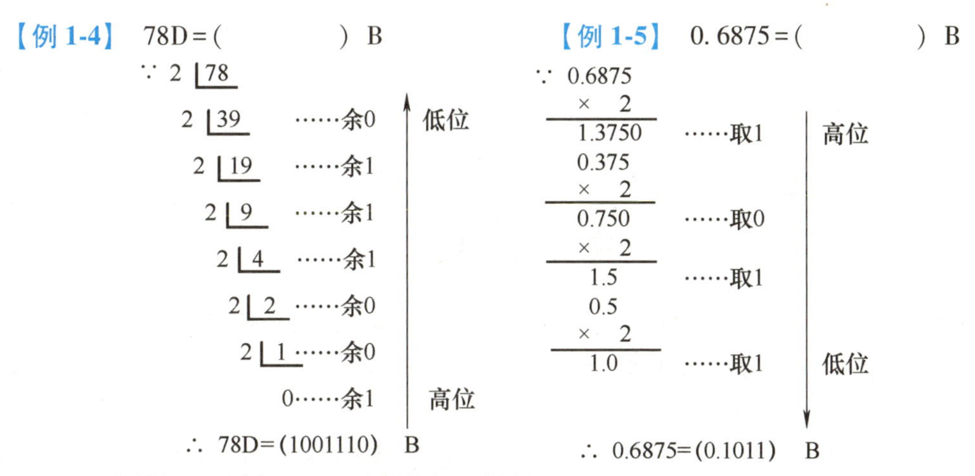

（3）二进制与八进制、十六进制的相互转换

二进制转换为八进制、十六进制的方法：它们之间满足 2^3 和 2^4 的关系，因此把要转换的二进制从低位到高位每 3 位或 4 位分为一组，高位不足时在有效位前面添 0，然后把每组二进制数转换成八进制或十六进制即可。

八进制、十六进制转换为二进制时，把上面的过程逆过来即可。

【例 1-6】　N=(C1B)H=(　　)B

∵ 十六进制：　C　1　B

↓　↓　↓

二进制数：　1100　0001　1011

∴ N=(C1B)H=(1100 0001 1011)B

5. 计算机中字符的编码

（1）西文字符的编码

微型计算机采用 ASCII 码。ASCII 码是美国标准信息交换码，被国际标准化组织（International Organization for Standardization，ISO）指定为国际标准，ASCII 码有 7 位码和 8 位码两种版本。国际通用的是 7 位 ASCII 码，用 7 位二进制数 $b_6b_5b_4b_3b_2b_1b_0$ 表示一个字符的编码，其编码范围为 0000000B～1111111B，共有 $2^7=128$ 个不同的编码值。扩展的 ASCII 码使用 8 位二进制位表示一个字符的编码，可表示 $2^8=256$ 个不同字符的编码。

（2）汉字的编码

1）汉字信息交换码（国家标准编）。汉字信息交换码是指不同的具有汉字处理功能的计算机系统之间在交换汉字信息时所使用的代码标准。自国家标准 GB/T 2312—1980 公布以来，我国一直沿用该标准所规定的国家标准编作为统一的汉字信息交换码。GB/T 2312—1980 标准包括了 6763 个汉字，按其使用频率分为一级汉字 3755 个和二级汉字 3008 个。一级汉字按拼音排序，二级汉字按部首排序。此外，该标准还包括标点符号、数种西文字母、图形、数码等符号 682 个。

2）汉字输入码。为将汉字输入计算机而编制的代码称为汉字输入码，也称外码。目前，汉字主要是经标准键盘输入计算机的，所以汉字输入码都是由键盘上的字符或数字组合而成的。

3）汉字内码。汉字内码是计算机内部对汉字进行存储、处理和传输的汉字代码，它应能满足存储、处理和传输的要求。当一个汉字输入计算机后就被转换为内码，然后才能在计算机内传输和处理。汉字内码的形式是多种多样的。

4）汉字字形码。输出汉字时，根据内码在字库中查到其字形描述信息，然后显示和打印输出。描述汉字字形的方法主要有点阵字形和轮廓字形两种。汉字字形通常分为通用型和精密型。通用型汉字字形点阵分成 3 种：简易型 16×16 点阵，普通型 24×24 点阵，提高型 32×32 点阵。精密型汉字字形用于常规的印刷排版，通常采用信息压缩存储技术。汉字的点阵字形的缺点是放大后会出现锯齿现象，不太美观。

6. 整数的编码表示

数值型信息类型有整数和实数。机器数是计算机内部表示整数和实数的二进制编码。机器数的位数（字长）由 CPU 的硬件决定，如 8 位、16 位、32 位、64 位、128 位、256 位。目前常用 Pentium 处理器的机器数为 64 位。

整数的编码表示一般不使用小数点，或者认为小数点固定隐含在个位数的右面。整数是“定点数”的特例。整数又分为无符号整数和有符号整数两类。无符号整数（Unsigned Integer）是正整数，如字符编码、地址、索引等。有符号整数（Signed Integer）是正整数或负整数，如描述一些有正有负的数值。

（1）无符号整数的编码表示

无符号整数的编码表示方法是用一个机器数表示一个不带符号的整数，其取值范围由机器数的位数决定。

1）8 位：可表示 0~255（2^8-1）范围内的所有正整数。最小值是 00000000B，最大值是 11111111B。

2）16 位：可表示 0~65535（$2^{16}-1$）范围内的所有正整数。

3）N 位：可表示 0~2^N-1 范围内的所有正整数。

无符号整数在运算过程中，若其值超出了机器数可以表示的范围时将发生溢出现象。溢出后的机器数的值已经不是原来的数据。例如，4 位机器数，当计算“1111+0011”时发生进位溢出，应该是 10010，但因只有 4 位，进位被丢掉了，其计算结果为 0010。注意：加、减都有溢出问题。

（2）有符号整数的编码表示（原码、反码、补码）

1）原码。

原码编码方法：机器数的最高位表示整数的符号（0 代表正数，1 代表负数），其余位以二进制形式表示数的绝对值。

【例 1-7】 $[+125]_{原码}=01111101$，$[-4]_{原码}=10000100$

原码表示的优点是与日常使用的表示方法比较一致，简单、直观，其缺点是加法运算与减法运算的规则不一致，整数 0 有 00000000 和 10000000 两种表示形式。计算机内部通常不采用原码而采用补码的形式表示有符号整数。

2）反码。

反码编码方法：正整数的反码与其原码形式相同；负整数的反码是其原码除最高符号位保持不变外，其余每一位取反。

【例 1-8】 $[+125]_{反码}=01111101$，$[-4]_{反码}=11111011$

3）补码。

补码编码方法：正整数的补码与其原码形式相同；负整数的补码是其原码除最高符号位

保持不变外，其余每一位取反，并在末位再加 1 运算后所得到的结果。

【例 1-9】　$[+33]_{原码}=[00100001B]_{原码}=[00100001B]_{反码}=[00100001B]_{补码}$

$[-33]_{原码}=[10100001B]_{原码}=[11011110B]_{反码}=[11011111B]_{补码}$

补码的优点是：①能将减法运算转换为加法运算，便于 CPU 做运算处理。$[X-Y]_{补}=[X]_{补}+[-Y]_{补}$；②原码和补码的表示位数相同，补码可表示整数的个数比原码多一个（整数 0 只有一种表示形式）。补码的缺点是不直观。

（3）BCD 编码

二进制编码的十进制整数（Binary Coded Decimal，BCD）使用 4 个二进制位的组合表示 1 位十进制数字，即用 4 个二进制位产生 16 个不同的组合，用其中的 10 个分别对应表示十进制中的 10 个数字，其余 6 个组合为无效。符号用一个 0 或 1 表示。

【例 1-10】　$[-53]_{BCD}=101010011$。

1.4　计算机最新发展技术及发展趋势

1.4.1　新型计算机

随着计算机技术的不断发展，新型计算机将层出不穷，它们将更加完善并拥有更强性能。目前常见的计算机是电子计算机，从技术角度看，随着芯片上线路密度的增加，其复杂性和差错率也将呈指数增长，同时也使全面而彻底的芯片测试几乎成为不可能。一旦芯片上线条的宽度达到纳米数量级时，计算机材料的物理、化学性能将发生质的变化，采用现行工艺的半导体器件将不能正常工作，由此便产生了量子计算机、分子计算机、生物计算机、神经网络计算机等。

1. 量子计算机

量子计算机是基于量子力学进行高速数学和逻辑运算的新型计算机。量子计算机的优势在于其计算和处理量子信息的能力很强。当计算机运行量子算法时，可以称之为量子计算机。量子技术在计算机领域的应用是一项新的研究。量子计算机和现在的计算机相比，存储空间巨大，计算速度是现在的计算机无法比拟的。根据目前计算机技术发展的速度和趋势，实现量子计算机应用的时代即将到来。

2. 分子计算机

分子计算机是指通过分子处理信息的计算机。这类计算机主要通过分子晶体来运行，具有高效组织排列、体积小、速度快、存储时间长等优点。随着分子技术的不断发展，分子计算机的出现指日可待。

3. 生物计算机

所谓生物计算机，是指将晶体管与生物芯片集成在一起制成的计算机。生物计算机的优点是能耗低，运算速度快，存储空间大。然而，这种计算机也有一些缺陷，例如，很难从生物计算机中提取信息，因此生物计算机不能被广泛使用。但是，随着未来计算机的发展，它的缺陷会得到解决，前景会很好。

4. 神经网络计算机

神经网络计算机，是指通过人工神经网络，模仿人的大脑判断能力和适应能力，可并行处理多种数据功能的计算机。它可以判断对象的性质与状态，采取相应的行动，并且可同时并行处理实时变化的大量数据，从而引出结论。神经网络计算机除具有多个处理器外，还有类似神经的节点（或称神经元）。节点与节点之间相互连接，若有节点断裂，计算机仍有重建资料的能力，保证数据不被丢失。此外，它还具有联想记忆、图像和声音识别能力。

1.4.2 计算机新技术热点

1. 人工智能

人工智能（Artificial Intelligence，AI）亦称智械、机器智能，指由人制造出来的机器所表现出来的智能，如图 1-6 所示。通常人工智能是指通过普通计算机程序来呈现人类智能的技术。该词也指出研究这样的智能系统是否能够实现，以及如何实现。人工智能在一般书中的定义领域是“智能主体（Intelligent Agent）的研究与设计”，智能主体指一个可以观察周遭环境并做出行动以达目标的系统。约翰·麦卡锡于 1955 年对其的定义是“制造智能机器的科学与工程”。安德里亚斯·卡普兰（Andreas Kaplan）和迈克尔·海恩莱因（Michael Haenlein）将人工智能定义为“系统正确解释外部数据，从这些数据中学习，并利用这些知识通过灵活适应实现特定目标和任务的能力”。人工智能的研究是高度技术性和专业性的，各分支领域都是深入且各不相通的，因而涉及范围极广。

图 1-6 人工智能

人工智能的核心问题包括建构能够跟人类似的甚至超卓的推理、规划、学习、交流、感知、使用工具和操控机械的能力等。当前有大量的工具应用了人工智能，其中包括搜索和数学优化、逻辑推演。而基于仿生学、认知心理学，以及基于概率论和经济学的算法等也在逐步探索当中。

人工智能是研究使用计算机来模拟人的某些思维过程和智能行为（如学习、推理、思考、规划等）的学科，主要包括计算机实现智能的原理、制造类似于人脑智能化的计算机，从而使计算机能实现更高层次的应用。人工智能将涉及计算机科学、心理学、哲学和语言学等学科，可以说涉及了几乎自然科学和社会科学的所有学科，其范围已远远超出了计算机科学的范畴。人工智能与思维科学的关系是实践和理论的关系，人工智能处于思维科学的技术应用层次，是思维科学的一个应用分支。从思维观点看，人工智能不是仅限于逻辑思维，要考虑形象思维、灵感思维才能促进人工智能的突破性发展。数学常被认为是多种学科的基础科学，人工智能学科也必须借用数学工具，数学不仅在标准逻辑、模糊数学等范围发挥作用，而且数学进入人工智能学科，它们将互相促进而更快地发展。

2. 云计算

云计算（Cloud Computing）是分布式计算的一种，指的是通过网络“云”将巨大的数据计算处理程序分解成无数个小程序，然后，通过多部服务器组成的系统进行处理和分析，这些小程序得到结果并返回给用户，如图1-7所示。云计算早期，简单地说，就是简单的分布式计算，解决任务分发，并进行计算结果的合并。因而，云计算又被称为网格计算。通过这项技术，可以在很短的时间内（几秒钟）完成对数以万计的数据的处理，从而实现强大的网络服务。

图1-7　云计算

现阶段所说的云服务已经不单单是一种分布式计算，而是分布式计算、效用计算、负载均衡、并行计算、网络存储、热备份冗杂和虚拟化等计算机技术混合演进并跃升的结果。

“云”实质上就是一个网络。从狭义上讲，云计算就是一种提供资源的网络，使用者可以随时获取“云”上的资源，按需求量使用，并且“云”可以看成是无限扩展的，只要按使用量付费就可以。“云”就像自来水厂一样，人们可以随时接水，并且不限量，按照自己家的用水量，付费给自来水厂就可以了。

从广义上讲，云计算是与信息技术、软件、互联网相关的一种服务，这种计算资源共享池叫作“云”。云计算把许多计算资源集合起来，通过软件实现自动化管理，只需要很少的人参与，就能让资源被快速提供。也就是说，计算能力作为一种商品，可以在互联网上流通，就像水、电、煤气一样，可以方便地取用，且价格较为低廉。

总之，云计算不是一种全新的网络技术，而是一种全新的网络应用概念。云计算的核心概念就是以互联网为中心，在网站上提供快速且安全的云计算服务与数据存储，让每一个使用互联网的人都可以使用网络上的庞大计算资源与数据中心。

云计算是继互联网、计算机后在信息时代的又一次革新，云计算是信息时代的一个大飞跃，未来的时代可能是云计算的时代。虽然目前有关云计算的定义有很多，但概括来说，云计算的基本含义是一致的，即云计算具有很强的扩展性和需要性，可以为用户提供一种全新的体验，云计算的核心是可以将很多的计算机资源协调在一起，因此，用户通过网络就可以获取到无限的资源，同时获取的资源不受时间和空间的限制。

3. 大数据

大数据（Big Data）又称巨量资料，指的是需要用新处理模式处理才能具有更强的决策力、洞察力和流程优化能力的海量、高增长率和多样化的信息资产。它不再采用随机分析法（抽样调查），而是对所有数据进行分析处理。大数据的5V特点是Volume（大量）、Velocity（高速）、Variety（多样）、Value（低价值密度）、Veracity（真实性）。

大数据是指以多元形式，从许多来源搜集而来的庞大数据组，往往具有实时性。在企业对企业销售的情况下，这些数据可能得自社交网络、电子商务网站、顾客来访纪录等。这些数据，并非公司顾客关系管理数据库的常态数据组。

从技术上看，大数据与云计算的关系就像一枚硬币的正反面一样密不可分。大数据必然无法用单台计算机进行处理，必须采用分布式计算架构。它的特色在于对海量数据的挖掘，但它必须依托云计算的分布式处理、分布式数据库、云存储和/或虚拟化技术。

早在1980年，著名未来学家阿尔文·托夫勒便在《第三次浪潮》一书中，将大数据热情地赞颂为“第三次浪潮的华彩乐章”。不过，大约从2009年开始，“大数据”才成为互联网信息技术行业的流行词汇。美国互联网数据中心指出，互联网上的数据每年将增长50%，每两年便将翻一番，而目前世界上90%以上的数据是最近几年才产生的。此外，数据又并非单纯指人们在互联网上发布的信息，全世界的工业设备、汽车、电器仪表上有着无数的数码传感器，随时测量和传递着有关位置、运动、振动、温度、湿度乃至空气中化学物质的变化，也产生了海量的数据信息。

大数据是互联网发展到现今阶段的一种表象或特征，在以云计算为代表的技术创新的衬托下，这些原本很难收集和使用的数据开始容易被利用起来了，通过各行各业的不断发展，大数据会逐步为人类创造更多的价值。

4. 物联网

物联网是新一代信息技术的重要组成部分，也是“信息化”时代的重要发展阶段。其英文名称是Internet of Things（IoT）。顾名思义，物联网就是物物相连的互联网。这有两层意思：其一，物联网的核心和基础仍然是互联网，是在互联网基础上延伸和扩展的网络；其二，其用户端延伸和扩展到了任何物品与物品之间，可以进行信息交换和通信，也就是物物相息。物联网将智能感知、识别技术与普适计算等通信感知技术广泛应用于网络的融合中。物联网是互联网的应用拓展，与其说物联网是网络，不如说物联网是业务和应用。因此，应用创新是物联网发展的核心，以用户体验为核心的创新是物联网发展的灵魂。

物联网利用局部网络或互联网等通信技术把传感器、控制器、机器、人类和操作对象等通过新的方式联系在一起，形成人与物、物与物相联系，形成信息化、远程管理控制和智能化的网络。物联网是互联网的延伸，它包括互联网及互联网上所有的资源，兼容互联网所有的应用，但物联网中所有的元素（所有的设备、资源及通信等）都是个性化的和私有化的。

物联网在实际应用上的开展需要各行各业的参与，并且需要国家政府的主导及相关法规政策上的扶助。物联网的开展具有规模性、广泛参与性、管理性、技术性、物的属性等特征，其中，技术上的问题是物联网最为关键的问题。

物联网（见图 1-8）用途广泛，遍及智能交通、环境保护、政府工作、公共安全、智能家居、智能消防、工业监测、环境监测、老人护理、个人健康、花卉栽培、水系监测、食品溯源、敌情侦查和情报搜集等多个领域。

图 1-8　物联网

1.4.3　计算机技术的未来发展趋势

（1）向更智能的方向发展

从我国目前的社会经济发展来看，计算机技术未来必将向更加智能化的方向发展。因为人们的生活水平在不断提高，越来越多的人会对生活质量提出更高的要求。计算机技术的智能化可以给人们的日常生活带来极大的便利。同时，智能家电的存在不仅可以增强人们的使用意识，还可以增强人们的生活幸福感。另外，现在国内大部分工厂的人力资源消耗都比较大。如果计算机技术向更智能化的方向发展，如可以模拟人类思维，逐渐取代工厂中工人的劳动，这样不仅能提高产品的质量，还能在很大程度上降低工厂对人力资源的消耗。

（2）向更加多元化的方向发展

现在，不仅是时代发展的步伐在加快，计算机技术发展的步伐也在加快。在这样的发展状态下，未来我国的计算机技术行业很有可能会出现人才短缺的现象。同时，计算机技术未来很可能向更多元化的方向发展，因此对从事计算机行业的工作者提出了更高的要求。因此，相关人员应加快计算机技术的学习，不断提高自己，以便以后能够轻松完成工作任务。

（3）向更全面的方向发展

目前，计算机技术在我国的普及范围已经呈现越来越广泛的状态，所以在未来，计算机技术将继续在社会各个行业普及，也就是说，计算机技术将在未来向更全面的方向发展。例如，现在图书馆逐渐从人工借阅转变为自助借阅，大多数学校的教室里都能看到多媒体教学设备。

习 题 一

一、选择题

1. 计算机硬件的五大基本构件包括运算器、存储器、输入设备、输出设备和（　　）。

A. 控制器　　B. 打印机　　C. CPU　　D. 硬盘

2. 计算机存储容量的基本单位是（　　）。

A. 字　　B. 页　　C. 字节　　D. 位

3. 计算机当前的应用领域特别广泛，但其最早的应用领域是（　　）。

A. 数据处理　　B. 科学计算　　C. 人工智能　　D. 过程控制

4. 一个完备的计算机系统应该包含计算机的（　　）。

A. 主机与外设　　B. 硬件和软件　　C. CPU 与存储器　　D. 控制器和运算器

5. 计算机中运算器的主要功能是完成（　　）。

A. 代数和逻辑运算　　B. 代数和四则运算

C. 算术和逻辑运算　　D. 算术和代数运算

6. 下列属于输出设备的是（　　）。

A. 键盘　　B. 鼠标　　C. 显示器　　D. 摄像头

7. 在计算机领域中，通常用英文单词“byte”来表示（　　）。

A. 字　　B. 字长　　C. 字节　　D. 二进制位

8. 与二进制 11111110 等值的十进制数是（　　）。

A. 251　　B. 252　　C. 253　　D. 254

9. 计算机的应用范围很广，下列说法中正确的是（　　）。

A. 数据处理主要应用于数值计算

B. 辅助设计是用计算机进行产品设计和绘图

C. 过程控制只能应用于生产管理

D. 计算机主要用于科学计算

10. 在计算机内部，数据加工、处理和传送的形式是（　　）。

A. 二进制码　　B. 八进制码　　C. 十进制码　　D. 十六进制码

11. 计算机的工作原理是（　　）。

A. 机电原理　　B. 程序存储　　C. 程序控制　　D. 程序存储与程序控制

二、填空题

1. 世界上第一台电子计算机诞生于________年。

2. 计算机软件通常分为________和应用软件两大类。

3. CPU 是计算机的核心部件，该部件主要由控制器和________组成。

4. 计算机是由运算器、存储器、________、输入设备和输出设备 5 个基本部分组成的。

5. 完整的计算机系统由________和________两部分组成。

6. 无论是西文字符还是中文字符，在计算机中一律用________编码来表示。

7. ________和________集成在一块芯片上，被称为中央处理单元（CPU）。

8. 程序工作原理是美籍匈牙利数学家__________________提出的。

9. 首先提出在电子计算机中使用存储程序的概念的人是__________。

10. 与八进制数177等值的十六进制数是__________________。

11. 内存储器可大致分为__________________和__________________两类。

12. 按照打印机打印的原理可分为_______打印机、______________打印机和______________打印机三大类。

三、简答题

1. 计算机硬件由哪些组成部分?

2. 计算机的特点有哪些?

3. 简述计算机的设计原理。

4. 请结合计算机技术的飞速发展现状，辩证地评价计算机对人类生活、学习和工作等带来的影响?

实验一（公共）

一、熟悉键盘与鼠标

【实验目的】

（1）认识键盘分区及键盘上的各个键位。

（2）练习鼠标的操作及使用方法。

（3）掌握正确的打字姿势及指法。

（4）熟练掌握英文大小写、数字、标点的输入方法。

【实验内容】

熟悉键盘与鼠标的基本操作。

【实验要求】

（1）输入英文小写字母。

a b c d e f g h i j k l m n o p q r s t u v w x y z

（2）输入英文大写字母。

A B C D E F G H I J K L M N O P Q R S T U V W X Y Z

（3）输入大、小写组合字母。

the People's Republic of China Beijing

（4）输入数字和符号。

0 1 2 3 4 5 6 7 8 9 ! # % & (@ $ ^ / *) ? — = _ + { } ; ' , , < > : " ~ \

（5）输入英文句子。

The mineral oil in the prude is petroleum, very often there is gas with it, and both are under pressure. The oil can't escape because rock or clay holds it down; but it rises high into the air above the ground.

二、配置一台个人计算机

【实验目的】

（1）了解微型计算机硬件系统的组成及其常用的外部设备。

（2）了解市场行情，进一步掌握个人计算机的各种配置。

（3）训练实际动手能力。

【实验内容】

去计算机市场进行调研，多问多看，多搜集有关资料，进行模拟配置。

【实验要求】

（1）需求分析。了解自己的需求，选购符合自己需求的计算机配件，并考虑将来的扩充性与价格。

（2）为自己的计算机配置硬件与相应的软件。

硬件：中央处理器、内存、硬盘、显示器、显卡、声卡、光驱、通信设备等。

软件：系统软件（操作系统等）、应用软件。

（3）填写个人计算机配置报告单。

【实验报告】

根据自己的市场选购结果，填写以下实验报告单。

<table>
<tr><td colspan="5">个人计算机配置报告单</td></tr>
<tr><td>姓名</td><td colspan="2"></td><td>学号</td><td></td></tr>
<tr><td>班级</td><td colspan="2"></td><td>日期</td><td></td></tr>
<tr><td rowspan="10">硬件配置</td><td>名称</td><td>型号、大小等</td><td>价格</td><td>性价比</td></tr>
<tr><td>中央处理器</td><td></td><td></td><td></td></tr>
<tr><td>内存</td><td></td><td></td><td></td></tr>
<tr><td>硬盘</td><td></td><td></td><td></td></tr>
<tr><td>显示器</td><td></td><td></td><td></td></tr>
<tr><td>显卡</td><td></td><td></td><td></td></tr>
<tr><td>声卡</td><td></td><td></td><td></td></tr>
<tr><td>光驱</td><td></td><td></td><td></td></tr>
<tr><td>光驱设备</td><td></td><td></td><td></td></tr>
<tr><td>其他</td><td></td><td></td><td></td></tr>
<tr><td rowspan="2">软件配置</td><td>系统软件</td><td colspan="3"></td></tr>
<tr><td>应用软件</td><td colspan="3"></td></tr>
<tr><td>总体评价</td><td colspan="4"></td></tr>
</table>

第2章

操作系统基础

操作系统（Operating System，OS）是保证计算机正常运转的系统软件，是整个计算机系统的控制和管理中心。

2.1 操作系统概述

操作系统是所有从事计算机应用、开发和研究的人所必需的系统软件。操作系统是对计算机硬件系统的第一次扩充，是人与机器之间通信的桥梁。

2.1.1 操作系统的定义、特征和功能

1. 定义

操作系统是管理硬件资源、控制程序运行、改善人机界面、为应用软件提供支持的系统软件。

2. 特征

1）并发性：同时执行多个程序。

2）共享性：多个并发程序共同使用系统资源。

3）随机性：程序运行顺序、完成时间及运行结果都是不确定的。

3. 功能

操作系统用于控制计算机上所有的运行程序并管理全部资源，是最底层的软件。

（1）主要作用

1）管理各种软、硬件资源。

2）提供良好的用户界面。

（2）基本功能

1）进程管理：对处理机进行管理。通过进程管理协调多道程序间的关系，解决对处理机实施分配调度策略、分配和回收等问题。进程的基本状态有就绪、运行、挂起/等待3种。

2）存储管理：管理内存资源，主要包括内存分配、地址映射、内存保护和内存扩充。

3）设备管理：对硬件设备进行管理，主要包括缓冲区管理、设备分配、设备驱动和设备无关性管理。

4）用户接口：用户操作计算机的界面。

5）文件管理：对信息资源的管理，操作系统将这些资源以文件的形式存储在外存上。

2.1.2 操作系统的发展

1. 人工操作系统阶段

第一台电子计算机只是有控制台控制的一个庞大的物理机器，并没有操作系统的概念。使用者采用手工方式直接控制和使用计算机，其具体操作是将事先准备好的程序和数据穿孔在卡片或纸带上，并通过卡片或纸带输入机将程序和数据输入计算机，然后启动程序，使用者通过控制台上的按钮、开关和氖灯等来操纵和控制程序，程序运行完毕时取走计算结果。

2. 单道批处理系统阶段

为实现对作业的连续处理，需要先把一批作业以脱机方式输入磁带上，并在系统中配上监督程序（Monitor），在它的控制下，使这批作业能一个接一个地连续处理。其处理过程是：首先由监督程序将磁带上的第一个作业装入内存，并把运行控制权交给该作业；当该作业处理完成时，又把控制权交还给监督程序，再由监督程序把磁带上的第二个作业调入内存。计算机系统就这样自动地一个作业紧接一个作业地进行处理，直至磁带上的所有作业全部完成，这样便形成了早期的批处理系统。虽然系统对作业的处理是成批进行的，但在内存中始终只保持一道作业，故称为单道批处理系统。

3. 多道批处理系统阶段

多道程序设计技术是指在计算机内存中同时存放几道相互独立的程序，它们在管理程序的控制下相互穿插地运行。这种技术在内存中存放了多个作业，从宏观上看，这些作业是并行的，它们都处于运行中，并且都没有运行结束；从微观上看，它们是串行的，各通道作业轮流使用CPU，交替执行。多道程序设计技术不仅使CPU得到充分利用，同时改善了I/O设备和内存的利用率，从而提高了整个系统的资源利用率和系统吞吐量［单位时间内处理作业（程序）的个数］，最终提高了整个系统的效率。

4. 分时操作系统阶段

分时操作技术是把处理机的运行时间分成很短的时间片，按时间片轮流把处理机分配给各联机作业使用。分时操作系统就是利用分时技术，在一台主机上同时连接多个用户终端，同时允许多个用户共享主机资源，每一个用户都可以通过自己的终端以交互的方式使用计算机。

分时操作系统就有以下特点：多路性、交互性、独立性和及时性。

5. 实时操作系统阶段

虽然多道批处理系统和分时操作系统能获得较令人满意的资源利用率和系统响应时间，但却不能满足实时控制与实时信息处理两方面的需求。于是就产生了实时操作系统，即系统能够及时响应随机发生的外部事件，并在严格的时间范围内完成对该事件的处理。

典型的实时操作系统有过程控制系统、信息查询系统、事务处理系统等。实时操作系统具有及时性、高可靠性等特点。

2.1.3 操作系统的组成

1. 管理模块

管理模块主要体现操作系统的管理功能。操作系统对计算机的管理包括两个方面：硬件资源的管理和软件资源的管理。硬件资源包括 CPU、存储器和外部设备等；软件资源包括系统程序、库函数、系统应用程序和用户应用程序。

2. 用户接口

操作系统为用户提供两个接口界面。一个接口是作业一级的接口，即各种操作命令接口。用户利用这些操作命令来组织和控制作业或管理计算机系统。作业控制方式分为两大类：脱机控制和联机控制。另一个接口是程序一级的接口，即系统调用接口。系统调用是操作系统提供给编程人员的唯一接口。编程人员可以通过系统调用，在源程序一级动态请求和释放系统资源，调用系统中已有的功能来完成与计算机部分相关的工作，以及控制程序的执行速度等。

2.1.4　操作系统的分类

1. 批处理操作系统

批处理操作系统是以作业为处理对象的，其处理过程是用户将作业交给系统操作员，由系统操作员将各用户的作业组成一批，并提交给计算机，然后由计算机自动处理。这类操作系统的特点是作业的运行完全由系统自动控制，系统的吞吐量大，资源的利用率高。

2. 分时操作系统

分时操作系统是多个用户在各自的终端上联机使用同一台主机。当用户交互式地向系统提出命令请求时，操作系统以时间片为单位，轮流处理服务请求。从宏观上来看，多个用户同时使用 CPU；而就用户而言，却有独占该计算机的感觉。

3. 实时操作系统

实时操作系统是指计算机能及时响应外部事件的请求，并在规定时间内完成对该事件处理的系统。实时操作系统要追求的目标是对外部请求在严格时间范围内做出反应。其主要特点是资源的分配和调度首先要考虑实时性然后才考虑效率。实时操作系统广泛应用于工业生产过程的控制和事务数据处理中，其具有高可靠性和完整性。

4. 网络操作系统

为计算机网络配置的操作系统称为网络操作系统，通常运行在服务器上。网络操作系统是基于计算机网络的，是在各种计算机操作系统上按网络体系结构协议标准开发的软件，包括网络管理、通信、安全、资源共享和各种网络应用。其目的是相互通信及资源共享。

5. 分布式操作系统

分布式操作系统是分布式计算机系统配置的操作系统。分布式计算机系统是由多个并行工作的处理器组成的系统，系统中的计算机无主次之分，系统中的资源提供给所有用户共享，一个程序可分布在几台计算机上并行地运行，互相协调完成一个共同的任务，有较强的纠错能力。分布式操作系统是网络操作系统的更高形式，它保持了网络操作系统的全部功能，而且还具有透明性、可靠性和高性能等特点。

6. 微型计算机操作系统

微型计算机操作系统是指配置在微型计算机上的操作系统。应用较广的微型计算机操作系统有单用户多任务和多用户多任务两种类型。

单用户多任务微型计算机操作系统，是指只允许一个用户使用但允许把程序分为若干个任务并发执行的操作系统，例如微软（Microsoft）的 Windows 系统个人用户版操作系统。

多用户多任务微型计算机操作系统，是指允许多个用户通过各自的终端使用同一台计算机，共享系统中的各种资源，而每个用户程序又可进一步分为多个任务并发执行的操作系统，例如源代码公开的 Linux 操作系统等。

微型计算机操作系统具有交互性好、功能强、操作简单、价格便宜等优点。

7. 嵌入式操作系统

嵌入式操作系统是一种支持嵌入式应用的操作系统，是一种用途广泛的系统软件，通常包括与硬件相关的底层驱动软件、系统内核、设备驱动接口、通信协议、图形界面、标准化浏览器等。嵌入式操作系统负责嵌入式系统的全部软/硬件资源的分配、任务调度，以及控制和协调并发活动。嵌入式操作系统大多用于机电设备、仪器等专用控制方面，并具有良好的应用和发展前景。

2.1.5 常见的操作系统

1. 常见的计算机操作系统

（1）DOS 操作系统

DOS（Disk Operating System）的意思是磁盘操作系统，是一种单用户、单任务的计算机操作系统。从 1981 年至 1995 年的 15 年间，DOS 在 IBM PC 兼容机市场中占有举足轻重的地位。DOS 采用字符界面，以命令的形式来操作计算机。这些命令都是英文单词或缩写，难以记忆，因此难以推广使用。进入 20 世纪 90 年代后，DOS 逐渐被 Windows 之类的图形界面操作系统所取代。

（2）Windows 操作系统

Windows 操作系统是一款由美国微软公司开发的窗口化操作系统，采用了图形用户界面（Graphical User Interface，GUI）操作模式。

1）Microsoft 公司从 1983 年开始研发 Windows 系统。

2）第一个版本 Windows 1.0 于 1985 年问世。

3）1987 年推出了 Windows 2.0。

4）1990 年，推出 Windows 3.0 是一个重要的里程碑。

5）1995 年 8 月，微软公司发布了 Windows 95，其版本号为 4.0。

6）Windows 98 是一个发行于 1998 年 6 月 25 日的 16/32 位混合系统。

7）Windows ME（Windows Millennium Edition）是一个 16/32 位混合系统。

8）Windows NT 是纯 32 位操作系统，使用先进的 NT（New Technology）核心技术。

9）Windows 2000 是发行于 1999 年 12 月 19 日的 32 位图形商业性质的操作系统。

10）Windows XP 是微软公司发布的一款视窗操作系统。

11）Windows Server 2003 是目前微软推出的使用最广泛的服务器操作系统。

12）2006 年 11 月，发布了 Windows Vista 操作系统，其内核版本号为 Windows NT 6.0。

13）2009 年 10 月 22 日，正式发布了 Windows 7。

14）2012 年 10 月 25 日，推出了 Windows 8。

15）2015 年 7 月 29 日起，微软向所有的 Windows 7、Windows 8.1 用户通过 Windows Update 免费推送 Windows 10。

16）北京时间 2021 年 6 月 24 日晚上 11 点，微软正式发布了 Windows 11，拉开了下一代 Windows 系统的序幕。

（3）UNIX 操作系统

UNIX 操作系统是美国 AT&T 公司 1971 年发布在 PDP-11 上运行的多用户多任务的操作系统，支持多种处理器架构，最早由肯尼斯·蓝·汤普逊（Kenneth Lane Thompson）、丹尼斯·麦卡利斯泰尔·里奇（Dennis MacAlistair Ritchie）于 1969 年在 AT&T 公司的贝尔实验室开发。

UNIX 系统大部分是由 C 语言编写的，这使得系统易读、易修改、易移植。其系统结构可分为两部分：操作系统内核（由文件子系统和进程控制子系统构成，最贴近硬件）和系统的外壳（贴近用户）。UNIX 取得成功的最重要原因是系统的开放性和公开源代码，用户可以方便地向 UNIX 系统中逐步添加新功能和工具，这样可使 UNIX 越来越完善，成为有效的程序开发的支撑平台。

UNIX 可以运行在微型机、工作站、大型机和巨型机上，因其稳定可靠的特点在金融、保险等行业得到广泛应用。

（4）Linux 操作系统

Linux 内核最初是由芬兰人林纳斯·本纳第克特·托瓦兹（Linus Benedict Torvalds）在赫尔辛基大学上学时出于个人爱好而编写的，该内核于 1991 年 10 月 5 日首次发布。严格来说，术语 Linux 只表示操作系统内核本身，但通常都用 Linux 来表示基于 Linux 内核的完整操作系统。

Linux 是一套免费使用和自由传播的类 UNIX 操作系统，是一个基于可移植操作系统接口（Portable Operating System Interface of UNIX，POSIX）和 UNIX 的多用户、多任务、支持多线程和多 CPU 的操作系统。它能运行主要的 UNIX 工具软件、应用程序和网络协议，并支持 32 位和 64 位硬件。Linux 继承了 UNIX 以网络为核心的设计思想，是一个性能稳定的多用户网络操作系统。现在 Linux 内核支持从个人计算机到大型主机，甚至包括嵌入式系统在内的各种硬件设备。

（5）Mac OS 操作系统

Mac OS 是一套运行于苹果 Macintosh 系列计算机上的操作系统，是全球第一个使用“面向对象操作系统”的全操作系统，也是首个在商用领域成功应用的图形用户界面的操作系统。Mac OS 基于 UNIX 内核的图形化操作系统，它把 UNIX 强大稳定的功能和 Macintosh 简洁优雅的风格完美地结合起来。

2. 常见的手机操作系统

（1）iOS

iOS 是由苹果公司为 iPhone 开发的操作系统。它主要用于 iPhone、iPod Touch 及 iPad。就像其基于 Mac OS X 的操作系统一样，它也是以 Darwin 系统为基础的。原本这个系统名为 iPhone OS，在 2010 年 6 月 7 日的 WWDC（Worldwide Developers Conference）大会上改名为 iOS。iOS 的系统架构分为 4 个层次：核心操作系统层（The Core OS Layer）、核心服务层（The Core Services Layer）、媒体层（The Media Layer）和可轻触层（The Cocoa Touch Layer）。

（2）Android

Android（安卓）是一种以 Linux 为基础的开放源代码的操作系统，主要应用于便携设备，最初由安迪·鲁宾（Andy Rubin）开发。由于 Android 系统的开放性，使得消费者可以享受丰富的应用软件资源。谷歌（Google）地图、邮件、探索等可以在 Android 平台手机上无缝结合。

2.2 Windows 7 操作系统

Windows 操作系统因其界面友好、操作简单、功能强大、易学易用、安全性强而受到广大用户的青睐。本章将详细介绍有关 Windows 7 的一些基础知识。

2.2.1 Windows 7 的基本操作

要利用计算机完成各种各样的任务就必须借助相应的软件，而大部分软件都需要一个运行程序的平台，其中应用较为广泛的便是 Windows 操作系统。因此计算机的学习也大都是从学习 Windows 的操作方法开始。

Windows 7 硬件性能、系统性能、可靠性等方面，都颠覆了以往 Windows 操作系统，是继 Windows 95 以来微软公司的又一成功产品。

Windows 操作系统的启动和退出不同于 DOS 操作系统。启动或退出 DOS 操作系统时，只需按计算机上的电源开关即可。而 Windows 则有一套完整的启动和退出程序，只有按此程序进行，才能正确地启动和退出 Windows。

（1）启动 Windows 7

正确安装 Windows 7 后，打开计算机电源，计算机会自动引导启动 Windows 7 系统。正常启动后，会显示图 2-1 所示的登录界面。

图 2-1　Windows 7 登录界面

登录界面中列出了已经建立的所有用户账户，并且每个用户名前都配有一个图标。对于没有设置密码的账户，单击相应的图标即可登录。登录后，系统先显示一个欢迎画面，片刻后进入 Windows 7 的桌面，如图 2-2 所示。

（2）退出 Windows 7

当完成工作不再使用计算机时，应退出 Windows 7 并关机。退出 Windows 7 系统时，不能直接关闭计算机电源，因为 Windows 7 是一个多任务、多线程的操作系统，在前台运行某个程序的同时，后台可能也在运行着几个程序。这时，如果在前台程序运行完后直接关闭电

图 2-2　Windows 7 桌面

源，后台程序的数据和结果就会丢失。为此，Windows 7 专门在“开始”菜单中设置了“关闭”计算机按钮，以实现系统的正常退出。

（3）注销 Windows 7

Windows 7 是一个支持多用户的操作系统，它允许多个用户登录到计算机系统中，而且各个用户除了拥有公共系统资源外还可拥有个性化的桌面、菜单、我的文档和应用程序等。

为了使用户快速、方便地重新登录系统或切换用户账户，Windows 7 提供了注销和切换用户功能，通过这两种功能用户可以在不必重新启动系统的情况下登录系统，系统只恢复用户的一些个人环境设置。

要注销 Windows 7，只需在“开始”菜单中选择“注销”命令，打开“注销 Windows”对话框，单击“注销”按钮，并重新选择登录用户即可。

2.2.2　Windows 7 桌面

桌面是 Windows 操作系统的工作平台。用户可以将常用的一些程序或工具放到桌面上，这样在使用这些工具时，就不用通过资源管理器去查找了，十分直观明了。

1. 桌面

Windows 7 是一个充满个性的操作系统，不仅提供各种精美的桌面壁纸，还提供更多的外观选择、不同的背景主题，用户可以根据自己的喜好设置桌面。此外，Windows 7 桌面还能实现半透明的 3D 效果。

（1）桌面外观设置

右击桌面空白处，在弹出的快捷菜单中选择“个性化”命令，打开“个性化”面板，如图 2-3 所示。

可以在“Aero”主题下设置多个主题，直接单击所需主题即可改变当前桌面的外观。

（2）桌面背景设置

如果需要自定义个性化背景桌面，可在“个性化”面板的下方单击“桌面背景”图标，打开其设置面板，如图 2-4 所示，选择单张或多张系统内置图片。

当选择了多张图片作为桌面背景后，图片会自动切换。而且可以在“更改图片时间间隔”下拉菜单中设置图片切换的时间间隔，还可以选择“无序播放”选项以便实现图片的随机播放。

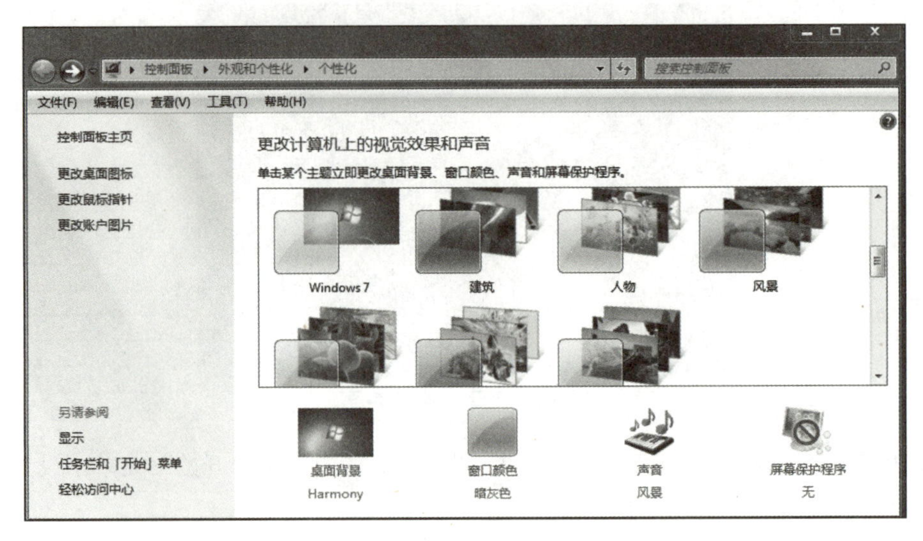

图 2-3 Windows 7 “个性化” 面板

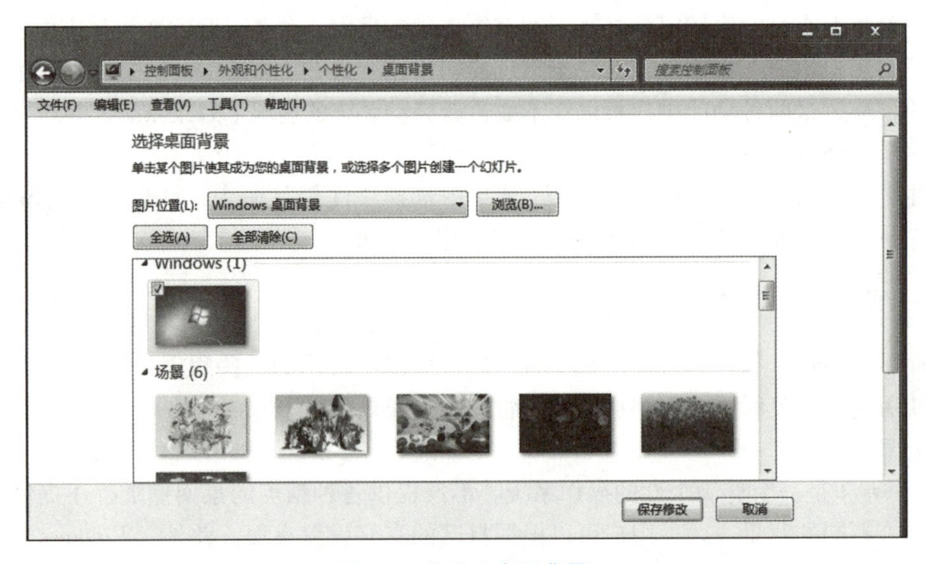

图 2-4 自定义桌面背景

此外，还能对图片的显示效果进行设置。单击“图片位置”右侧的下拉箭头按钮，在弹出的下拉列表中可根据需要选择“填充”“适应”或“拉伸”等图片显示方式。

最后，单击“保存修改”按钮完成操作。

(3) 桌面小工具的使用

Windows 7 还提供了时钟、天气等实用的小工具。右击桌面空白处，在弹出的快捷菜单中选择“小工具”命令，即可打开“小工具”管理面板，如图 2-5 所示。

用户可以利用鼠标将“小工具”管理面板中的图标拖放到桌面上，例如时钟，如图 2-6 所示。

当用户用鼠标将时钟图标拖放到桌面以后，鼠标放到该图标上就会在其右则呈现几个小按钮（如关闭、选项、拖动小工具）。用户可以利用“选项”命令对时钟的外观进行选择和设置，而且还可以显示不同国家的时间。如图 2-7 所示。

图 2-5　“小工具”管理面板

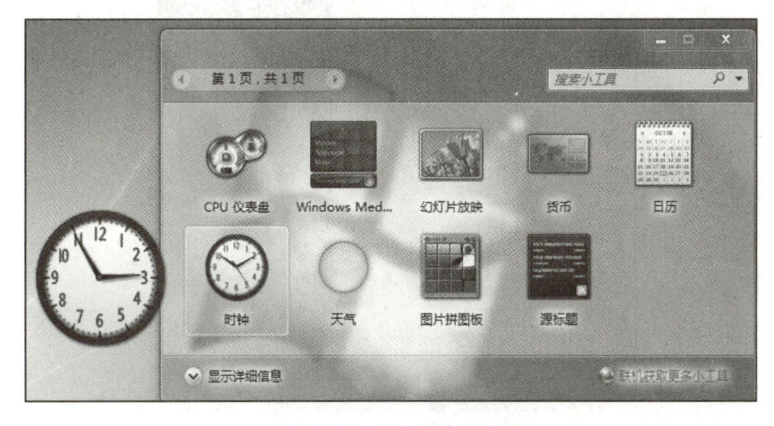

图 2-6　拖放时钟工具

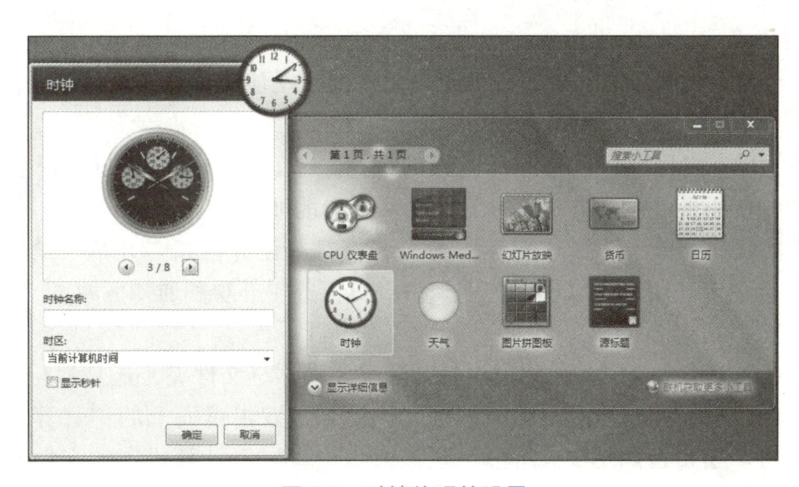

图 2-7　时钟外观的设置

此外，用户还可以从微软官方网站上下载更多的小工具。单击“小工具”管理面板右下角的“联机获取更多小工具”文字链接，即可在小工具分类页面中获取更多的小工具。

如果想要将某个小工具删除，只需在“小工具”管理面板中右击要删除的小工具，在弹出的快捷菜单中选择“卸载”命令即可。

2. “开始”菜单

一般情况下，如果要运行某个应用程序，除了双击桌面上的应用程序快捷启动图标外，还可以单击“开始”按钮，鼠标指向“开始”菜单中的“所有程序”命令，在弹出的程序子菜单中单击需要打开的应用程序，如图 2-8 所示。

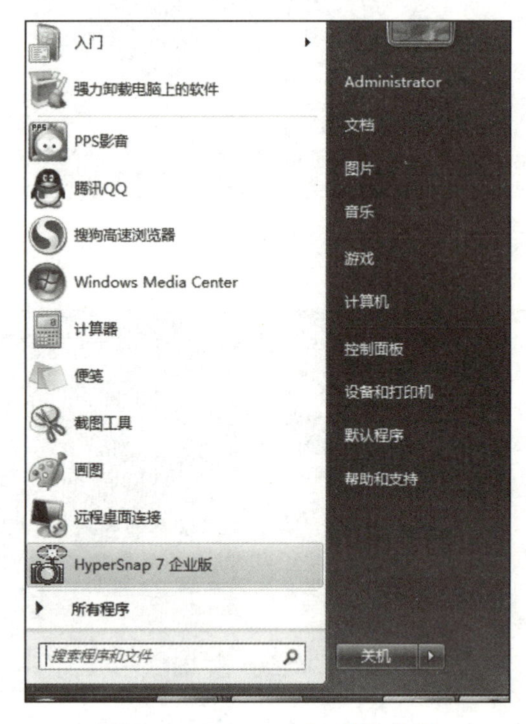

图 2-8　Windows 7“开始”菜单

3. 任务栏

任务栏位于桌面的最下方，通过任务栏可以快速启动应用程序、文档及激活其他已打开的窗口。

右击任务栏的空白区域，可打开任务栏的快捷菜单，用户可以通过选择“工具栏”命令中的子命令，在任务栏中显示对应的工具栏，如“地址”“链接”“语言栏”等。

在任务栏的快捷菜单中选择“属性”命令，将打开任务栏和“开始”菜单属性对话框的“任务栏”选项卡。用户可以在该选项卡中设置任务栏外观和通知区域。

4. 窗口

在 Windows 7 操作系统中，无论用户打开磁盘驱动器、文件夹，还是运行程序，系统都会打开一个窗口，用于管理和使用相应的内容。例如，双击桌面上的“计算机”图标，即可打开“计算机”窗口，如图 2-9 所示，在该窗口中可以对计算机中的文件和文件夹进行管理。

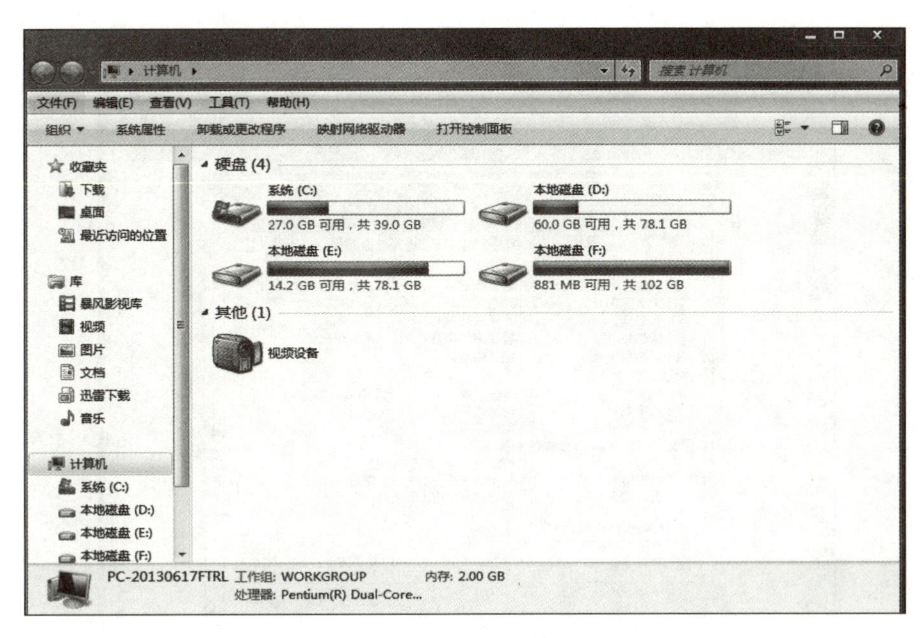

图 2-9　Windows 7“计算机”窗口

5. 菜单

菜单位于 Windows 7 窗口的菜单栏中，是应用程序的命令集合。Windows 7 窗口的菜单栏通常由多层菜单组成，每个菜单又包含若干个子菜单，如图 2-10 所示。

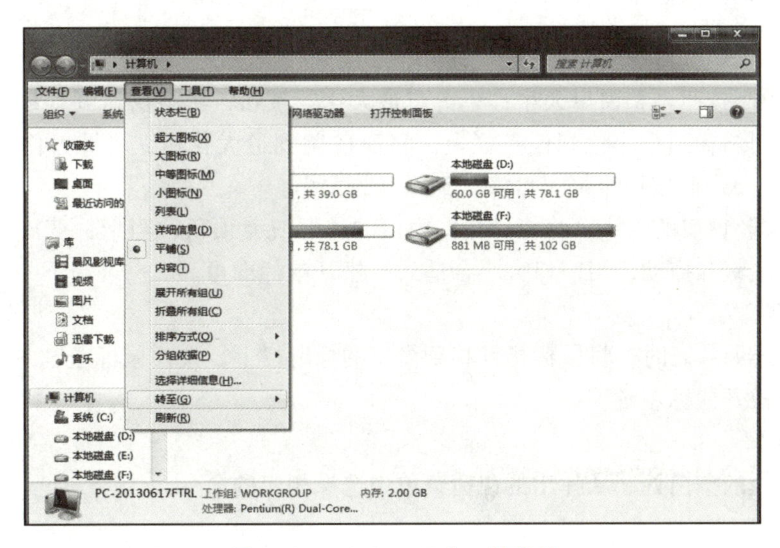

图 2-10　Windows 7 窗口的菜单

6. 对话框

对话框是一种特殊的窗口，与窗口不同的是，对话框一般不可以调整大小。对话框种类繁多，可以对其中的选项进行设置，使程序达到预期的效果。图 2-11 显示了 Microsoft Word 中“工具”菜单下的“选项”对话框。

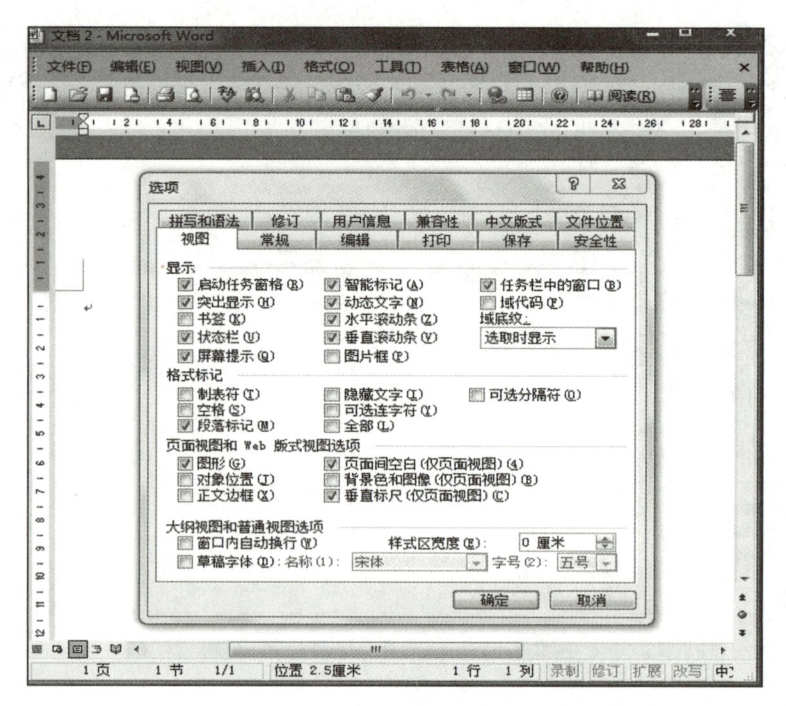

图 2-11 Microsoft Word 中“工具”菜单下的“选项”对话框

2.2.3 Windows 7 窗口的基本操作

1. 调整窗口大小

1）使用控制按钮调整窗口大小：单击“最大化”按钮，可将窗口调到最大；单击“最小化”按钮，可将窗口最小化到任务栏上；将窗口调到最大化后，“最大化”按钮会变成“还原”按钮，单击此按钮可将窗口恢复到原来的大小。

2）自由调整窗口的大小：将指针指向窗口的边框或者顶角，当指针变成一个双向箭头时，按住鼠标左键并拖动，当窗口大小合适后，松开鼠标即可。

2. 移动窗口

窗口处于还原状态时，将鼠标指针移到窗口的标题栏上，按住鼠标左键并拖动，到合适的位置之后再松开鼠标左键。

3. 排列窗口

右击任务栏的空白处，从弹出的快捷菜单中选择相应的命令。

4. 关闭窗口

正常关闭：单击窗口右上角的“关闭”按钮，或者选择“文件”|“退出”菜单命令，或者按<Alt+F4>组合键。

2.2.4 桌面保护程序

屏幕保护程序可以在用户暂时不工作时对计算机屏幕起到保护作用。当用户需要使用计算机时，移动鼠标或者操作键盘即可恢复桌面状态。

右击桌面空白处，在弹出的快捷菜单中选择“个性化”命令，在“个性化”管理面板的右下方单击“屏幕保护程序”图标，打开“屏幕保护程序”对话框，在其中可以进行相应的设置，如图 2-12 所示。

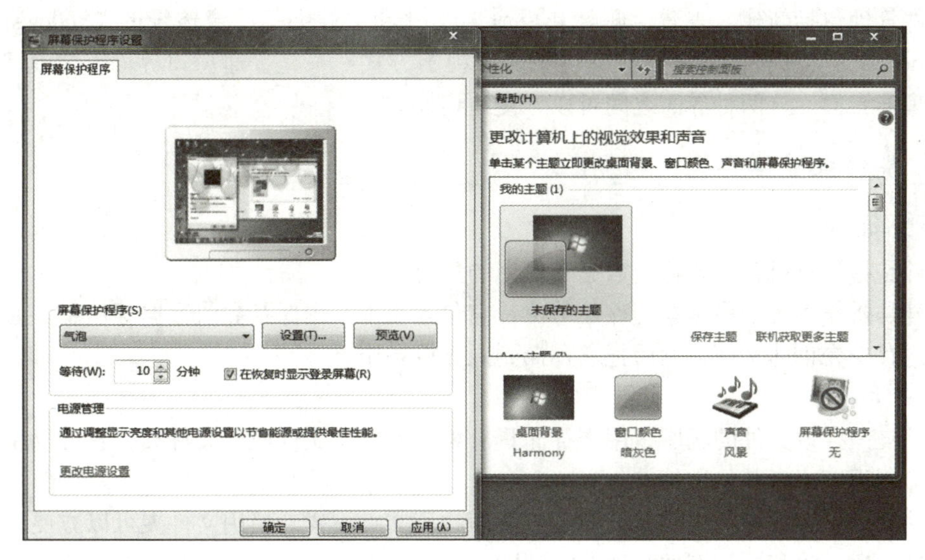

图 2-12　设置“屏幕保护程序”

2.2.5　屏幕颜色、分辨率和刷新频率

在 Windows 7 中，用户可以选择系统和屏幕同时能够支持的颜色数目。较多的颜色数目意味着在屏幕上显示的对象颜色更逼真。而屏幕分辨率是指屏幕所支持的像素的多少，例如 1024×768 像素。在屏幕大小不变的情况下，分辨率的大小将决定屏幕显示内容的多少。刷新频率是指显示器的刷新速度，较低的刷新频率会使屏幕闪烁，容易使人的眼睛疲劳。因此，用户应尽量将显示器的刷新频率调得高一些（应不小于 75Hz），以有利于保护眼睛。

右击桌面空白处，在弹出的快捷菜单中选择“屏幕分辨率”命令，即可在打开的界面中对其进行相关设置，如图 2-13 所示。

图 2-13　Windows 7“屏幕分辨率”设置

2.3 文件管理

文件管理包括新建、查看、删除和重命名文件和文件夹等。像传统的 Windows 版本一样，Windows 7 为文件的各种操作提供了两种视图方式：一是普通窗口界面，二是 Windows 资源管理器界面。这两种界面之间可以方便地切换。

2.3.1 文件和文件夹的概念及命名

1. 文件的概念

文件是指计算机存取的特定数据和信息的集合。

文件是操作系统中最基本的存储单位，它包含文本、图像及数值数据等信息。通常是在计算机内存中先创建文件，然后把它存储到磁盘设备中。

2. 文件夹的概念

文件夹是存放文件的场所，用于存储具有相同特征的文件或子文件夹，它可以用来存放文件、应用程序或者其他文件夹。

文件夹用来存放各种文件，就像人们使用的公文夹一样。使用文件夹可以方便地对文件进行管理，比如将相同类型的文件存放到同一个文件夹中，可以方便文件的查找。

在 Windows 中，一个文件夹还可以包含多个子文件夹。双击文件夹，即可将其打开，查看其中的内容。

3. 文件和文件夹的命名

文件和文件夹的命名应遵循如下约定：

1）文件名或文件夹名最多可以有 256 个字符（包括空格），其中包含驱动器和路径信息，因此实际使用的文件名的字符数应小于 256。

2）每一文件都有文件扩展名，用以标识文件类型和创建此文件的程序。

3）文件名或文件夹名中不能使用的字符有\ 、/、:、 * 、?、"、<、>、|。

4）系统保留用户命名文件时的大小写格式，但不区分其大小写。

5）搜索和排列文件时，可以使用通配符“ * ”和“?”。其中，“?”代表文件名中的一个任意字符，而“ * ”代表文件名中的零个或多个任意字符。

6）可以使用多分隔符的名字。例如，Work. Plan. 2005. DOC。

7）同一个文件夹中的文件不能同名。

注意：文件夹的命名规则与文件基本一致，文件夹一般没有扩展名。

2.3.2 文件和文件夹的浏览

在“计算机”窗口中可管理硬盘、映射网络驱动器、文件夹与文件。“计算机”窗口如图 2-9 所示。用户可以通过“计算机”窗口来查看和管理几乎所有的计算机资源。

在“计算机”窗口中，用户可以看到计算机中所有的磁盘列表。在菜单栏的下方还可以进行系统属性的设置、添加/删除程序及打开控制面板等操作；窗口左侧还可以看到常见的盘符和图标，当用户单击其中的任意一个图标时，对应地，会在窗口右侧呈现出其包含的内容。

2.3.3　文件和文件夹的操作

在 Windows 中，用户可以根据需要对文件和文件夹进行各种操作。例如，查看文件和文件夹，创建文件和文件夹，重命名文件和文件夹，对文件和文件夹进行移动、复制及删除等。

1. 文件和文件夹的显示方式

打开“计算机”窗口，单击菜单栏中的“查看”命令，在其下拉列表中可以根据需要选择“平铺”“列表”或“详细信息”等子命令，改变文件和文件夹的显示方式。

2. 文件和文件夹的排列方式

在“计算机”窗口中，选择“查看”|“排序方式”命令，可以根据需要选择不同的排序方式，如按文件和文件夹的“名称”“大小”或“类型”排序。

3. 创建新文件夹

方法 1：选择“文件”|“新建”|“文件夹”命令。

方法 2：在工作区的空白处单击右键，在弹出的快捷菜单中选择“新建”|“文件夹”命令。

4. 选定文件或文件夹

方法 1：对于选定一个对象，选定目标单击即可。

方法 2：要选定多个连续的对象，先单击第一个对象，然后按住<Shift>键，再单击最后一个对象。

方法 3：要选定多个不连续的对象，按住<Ctrl>键，再单击要选定的各个对象。

方法 4：要选定全部对象，选择“编辑”|“全选”命令或按<Ctrl+A>组合键。

方法 5：对于反向选定，选择“编辑”|“反向选择”命令即可。

若要取消选定，在工作区空白处单击即可。

5. 文件或文件夹的复制

方法 1：对于不同盘之间的复制，直接拖动即可，鼠标指针右下角会有“+”标记。

方法 2：对于同盘之间的复制，按住<Ctrl>键再拖动。

方法 3：选定要复制的对象，选择“编辑”|“复制”命令，再在目的窗口选择“编辑”|“粘贴”命令。

方法 4：选定要复制的对象，右击，在弹出的快捷菜单命令中选择“复制”命令，再在目的窗口的工作区空白处右击，在弹出的快捷菜单命令中选择“粘贴”命令。

方法 5：选定要复制的对象，按<Ctrl+C>组合键，再在目的窗口中按<Ctrl+V>组合键。

6. 文件和文件夹的移动

方法 1：对于不同盘之间的移动，按住<Shift>键拖动。

方法 2：对于同盘之间的移动，直接拖动即可。

方法 3：选定要移动的对象，选择“编辑”|“剪切”命令，再在目的窗口中选择“编辑”|“粘贴”命令。

方法 4：选定要移动的对象，右击，在弹出的快捷菜单中选择“剪切”命令，再在目的窗口的工作区空白处右击，在弹出的快捷菜单中选择“粘贴”命令。

方法 5：选定要移动的对象，按<Ctrl+X>组合键，再在目的窗口中按<Ctrl+V>组合键。

7. 文件或文件夹的删除

（1）逻辑删除

方法1：选定要删除的对象，按<Delete>键，会弹出提示对话框“您确实要把此文件或文件夹放入回收站?”，单击“是”按钮。

方法2：选定要删除的对象，选择“文件”|“删除”命令，会弹出提示对话框“您确实要把此文件或文件夹放入回收站?”，单击“是”按钮。

方法3：选定要删除的对象，右击，在弹出的快捷菜单中选择“删除”命令，会弹出提示对话框“您确实要把此文件或文件夹放入回收站?”，单击“是”按钮。

方法4：选定要删除的对象，将其直接拖入回收站。

（2）物理删除

方法1：进入回收站，选定要删除的对象，选择“文件”|“删除”命令。

方法2：进入回收站，选定要删除的对象，右击，在弹出的快捷菜单中选择“删除”命令。

方法3：进入回收站，选择“清空回收站”命令，会弹出提示对话框“确实在永久删除这几项吗?”，单击“是”按钮。

8. 更名文件或文件夹

方法1：选定对象，选择“文件”|“重命名”命令，输入新的名称后，按<Enter>键。

方法2：右击对象，在弹出的快捷菜单中选择“重命名”命令。

方法3：按<F2>键，对其名称进行编辑。

方法4：在文件或文件夹名称处直接单击两次（两次单击间隔时间应稍长一些，以免使其变为双击），使其处于编辑状态，再输入新的名称。

9. 查看并设置文件和文件夹的属性

右击文件或文件夹，在弹出的快捷菜单中选择“属性”命令，打开文件或文件夹的属性对话框，如图2-14所示。

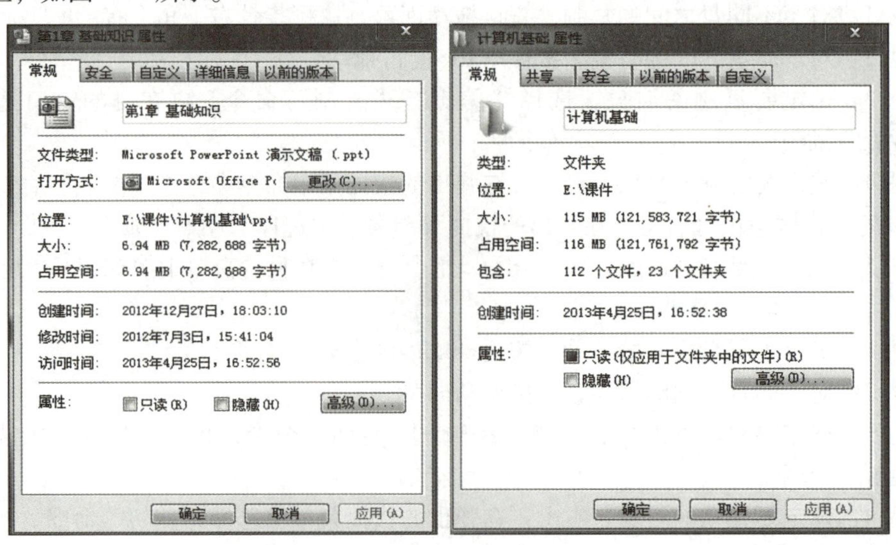

图2-14　文件或文件夹的属性对话框

10. 创建文件和文件夹的快捷方式

方法 1：选定对象，选择“文件”|“创建快捷方式”命令，然后将建立的快捷方式拖至桌面。

方法 2：选定对象，右击，在弹出的快捷菜单中选择“创建快捷方式”命令，然后将建立的快捷方式拖至桌面。

方法 3：在桌面空白处右击，在弹出的快捷菜单中选择“新建”|“快捷方式”命令，然后在打开的对话框中单击“浏览”按钮，找到对象，单击“打开”按钮返回对话框，再单击“下一步”按钮，输入名称，最后单击“完成”按钮。

11. “文件夹选项”对话框及其使用

使用“文件夹选项”对话框，可以指定文件夹的工作方式及内容的显示方式，如图 2-15 所示。

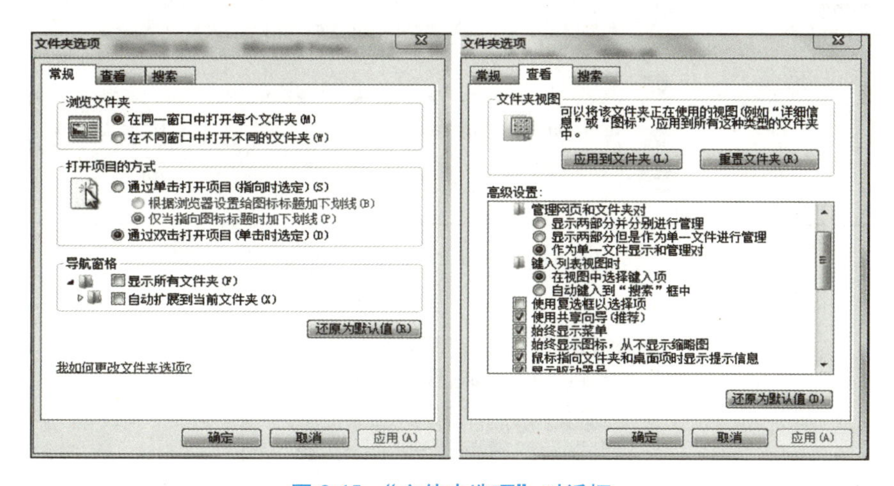

图 2-15　“文件夹选项”对话框

2.3.4　库

“库”是 Windows 7 系统最大的亮点之一，它从根本上改变了文件管理的方式。

“库”和文件夹有很多相似之处，如在库中可以包含各种子库和文件。但是，库和文件夹有本质区别：在文件夹中保存的文件或文件夹都存储在该文件夹内，而库中存储的文件来自不同场所。“库”不是存储文件本身，而是保存文件快照。

此外，“库”提供了一种方便、快捷的管理方式。

2.4　常用工具的使用

2.4.1　控制面板

1. 启动控制面板

1）打开“计算机”窗口，单击任务窗格中的“打开控制面板”选项。

2）单击“开始”按钮，在弹出的菜单中选择“控制面板”命令。

2. 鼠标的设置

在控制面板中，单击“硬件和声音”图标，在新的界面中单击“设备和打印机”下的“鼠标”选项，打开“鼠标　属性”对话框，在其中可进行鼠标的设置，如图 2-16 和图 2-17 所示。

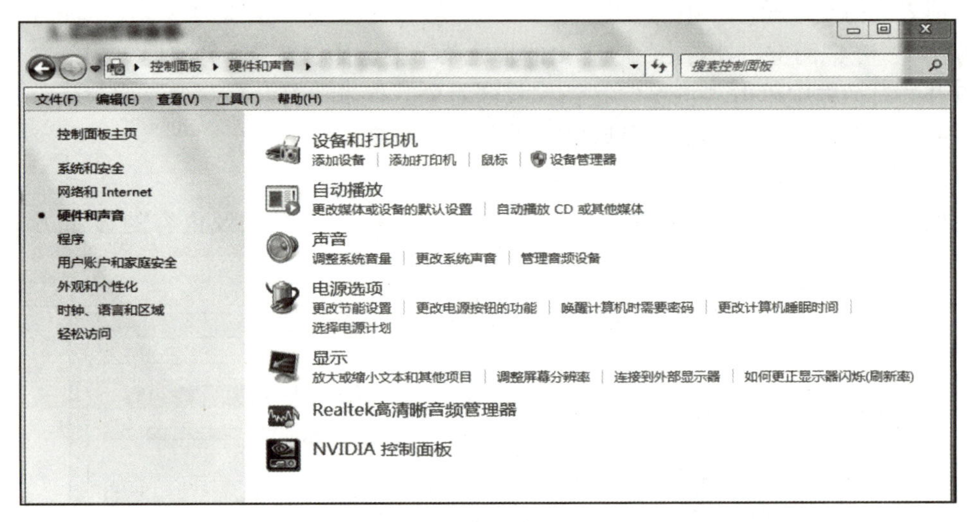

图 2-16　“硬件和声音”界面

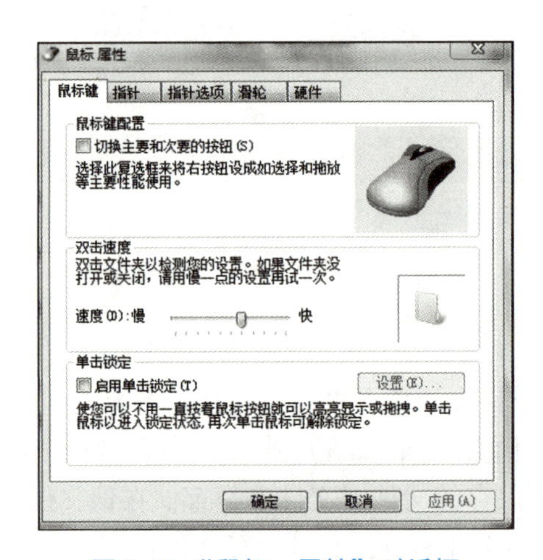

图 2-17　“鼠标　属性”对话框

3. 区域和语言、日期和时间的设置

（1）区域和语言

在控制面板中单击“时钟、语言和区域”图标，再单击“区域和语言”图标，打开“区域和语言”对话框的“格式”选项卡，根据需要添加或删除某种输入法，如图 2-18 所示。

（2）日期和时间

在控制面板中单击“时钟、语言和区域”图标，再单击“日期和时间”图标，打开“日期和时间”对话框，在其中可以更改日期和时间，如图 2-19 所示。

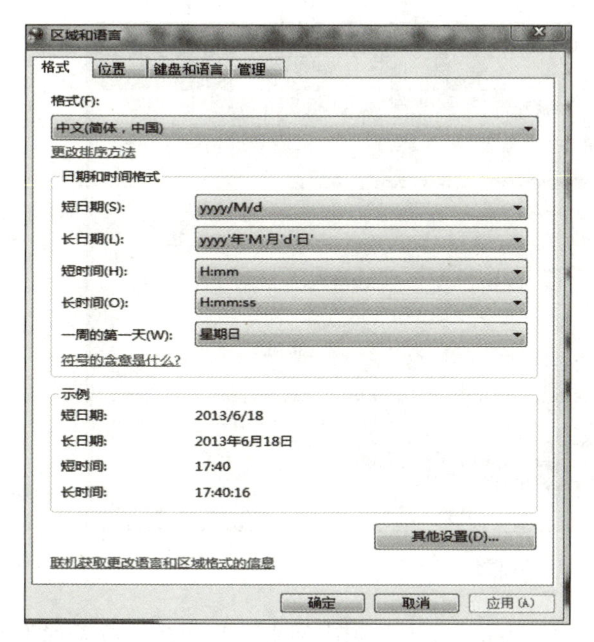

图 2-18　区域和语言的设置

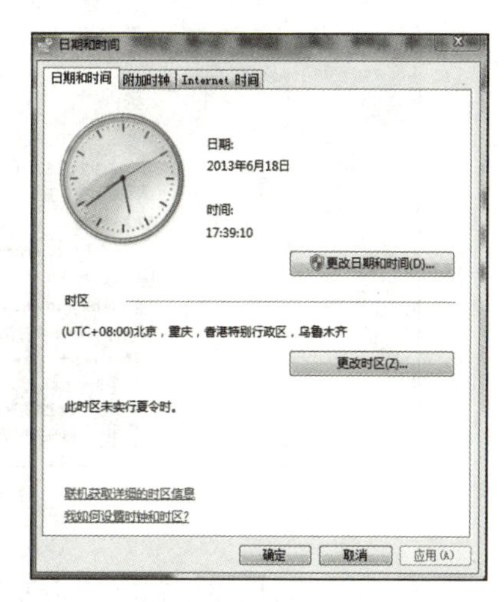

图 2-19　日期和时间的设置

4. 添加或删除程序

在控制面板中单击“程序”图标，进入“程序”的管理界面，如图 2-20 所示。

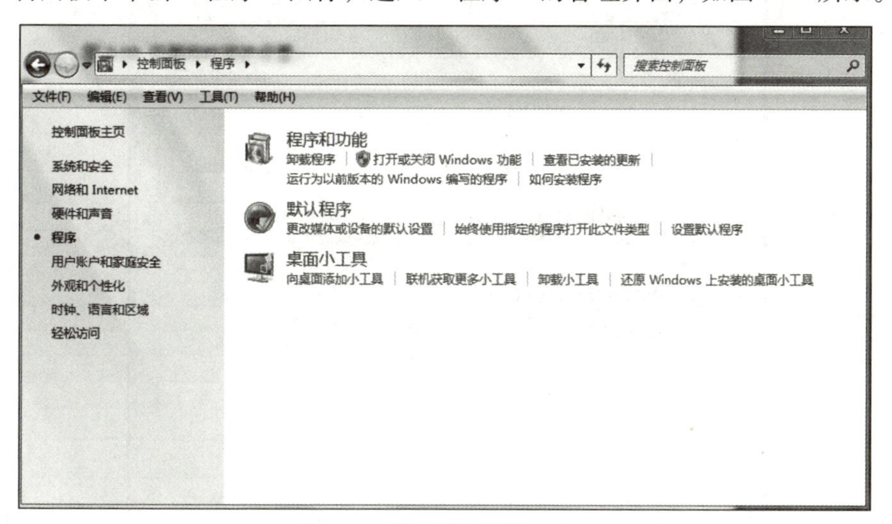

图 2-20　“程序”的管理界面

（1）卸载或更改程序

对于不再使用的应用程序，单击“程序和功能”下的“卸载程序”选项，进入“卸载或更改程序”界面，如图 2-21 所示。右击要卸载的程序，选择“卸载”命令，即可实现程序的卸载。

（2）安装新程序

单击“程序和功能”下的“如何安装程序”选项，打开安装程序帮助窗口，根据需要

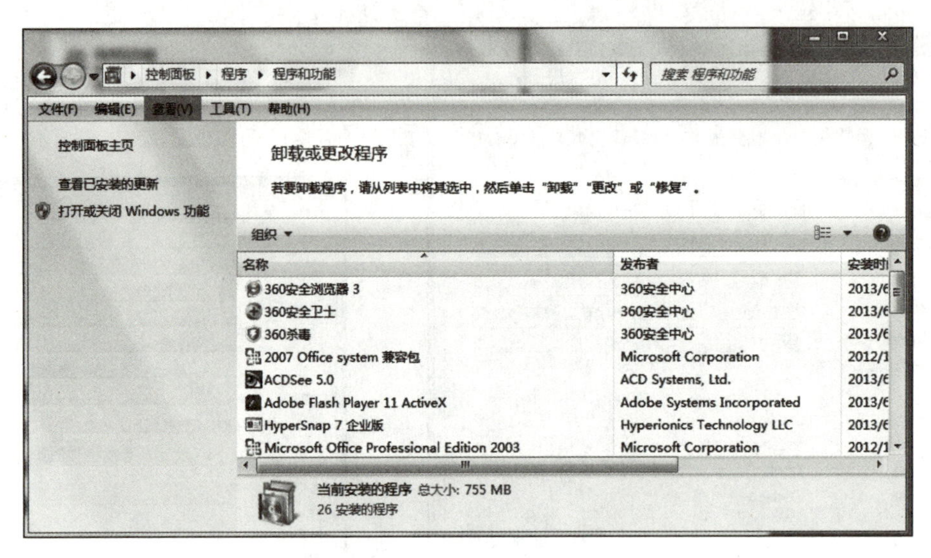

图 2-21　卸载程序

选择"从 CD 或 DVD 安装程序的步骤"或"从 Internet 安装程序的步骤"选项，查看详细的程序安装操作，如图 2-22 所示。

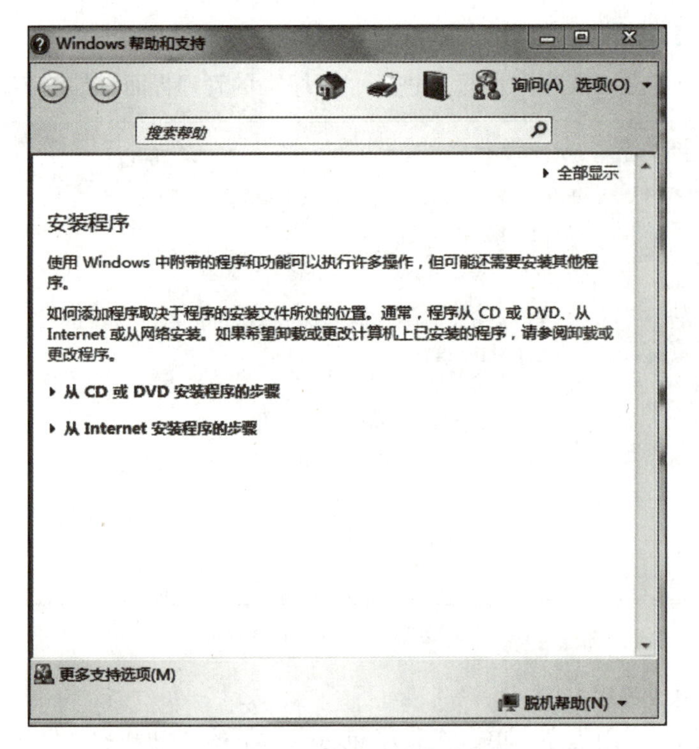

图 2-22　安装程序帮助

5. 打印机和其他硬件的设置

对于"即插即用"的硬件，在启动计算机的过程中，系统会自动搜索新硬件并加载其驱动程序，且提示其安装过程。

如果用户所连接的硬件的驱动程序没有在系统的硬件列表中显示，则会提醒用户安装该硬件自带的驱动程序。

在 Windows 7 中，不但可以在本地计算机上安装打印机，对于联网计算机，也可以安装网络打印机，即使用网络中的共享打印机来完成打印作业。

2.4.2 记事本和写字板

1. 记事本

记事本可以用来编辑文本文档，编辑的文件保存时默认的扩展名为 .txt。通常用它编写简单的文档和源程序。

2. 写字板

写字板是一个使用简单，但功能强大的文字处理软件，用户可以利用它进行日常工作中文字的编辑。它不仅可以进行中英文文档的编辑，还可以图文混排，也可以插入声音、视频等多媒体资料，编辑的文件保存时默认的扩展名为 .rtf。

2.4.3 画图

利用画图程序可以创建简单或精美的图画，并将图形存为位图文件，还可以对各种位图格式的图片进行编辑修改。

单击“开始”按钮，选择“画图”命令，即可打开画图应用程序。

2.4.4 娱乐

1. 录音机

使用“录音机”可以录制、混合、播放和编辑声音，也可以将声音链接或插入另一个文档中。

单击“开始”按钮，选择“所有程序”|“附件”|“录音机”命令，即可打开录音机窗口。

2. 音量控制

单击“开始”按钮，选择“控制面板”命令，打开控制面板，单击“硬件和声音”图标，再单击“声音”下的“调节系统音量”选项，然后按提示步骤进行音量设置。

2.4.5 命令提示符

1. 命令提示符窗口的操作

打开命令提示符窗口：单击“开始”按钮，选择“所有程序”|“附件”|“命令提示符”命令。

命令提示符窗口有全屏幕运行模式和窗口运行模式两种方式，按<Alt+Enter>组合键在两种模式之间进行切换。

2. 复制命令提示符窗口数据

切换到窗口运行模式，右击标题栏，在弹出的快捷菜单中选择“编辑”|“复制”命令，再在目的对象中粘贴即可。

2.4.6 系统工具

1. 磁盘扫描程序

利用磁盘扫描程序可以检查磁盘，发现和分析错误，并修复错误。操作步骤如下：

打开“计算机”窗口，右击需要扫描的驱动器图标，选择“属性”|“工具”|“开始检查”命令，在弹出的对话框中选择“自动修复文件系统错误”和“扫描并尝试恢复坏扇区”选项，单击“开始”按钮，再单击“确定”按钮。

2. 磁盘碎片整理程序

磁盘碎片整理程序的作用：重新安排磁盘中的文件和磁盘自由空间，使文件尽可能存储在连续的单元中，使磁盘空闲的自由空间形成连续的块。

单击“开始”按钮，选择“所有程序”|“附件”|“系统工具”|“磁盘碎片整理程序”。

2.5 Windows 7 网络配置与应用

2.5.1 连接宽带网络

1）单击“开始”按钮，选择“控制面板”命令，打开控制面板，单击“网络和Internet”图标，再单击“网络和共享中心”下的“查看网络状态和任务”选项，进入图 2-23 所示的界面。

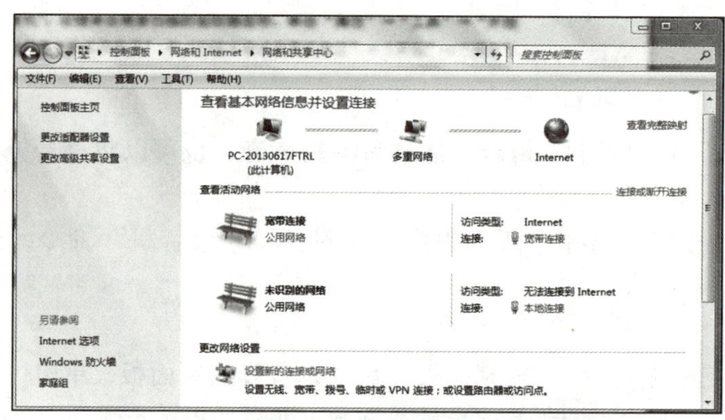

图 2-23 网络和共享中心

2）在“更改网络设置”选项下单击“设置新的连接或网络”图标，在打开的对话框中选择“连接到 Internet”选项，如图 2-24 所示。

3）单击“下一步”按钮，出现图 2-25 所示的界面，单击“仍要设置新连接”选项，出现图 2-26 所示的界面，再单击“下一步”按钮，出现图 2-27 所示的界面，单击“宽带（PPPoE）（R）”选项后进行“用户名”和“密码”的相关设置，如图 2-28 所示。

2.5.2 连接无线网络

单击任务栏通知区域的网络图标，在弹出的无线网络连接面板中双击需要连接的网络。若此网络设有安全密码，则需输入密码才能使用。

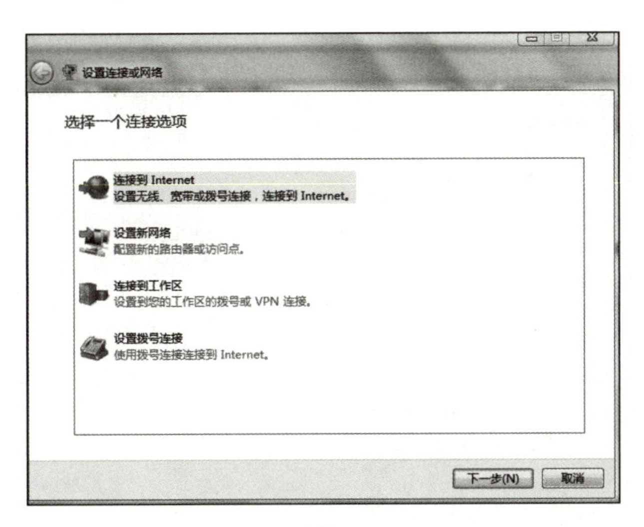

图 2-24　连接到 Internet

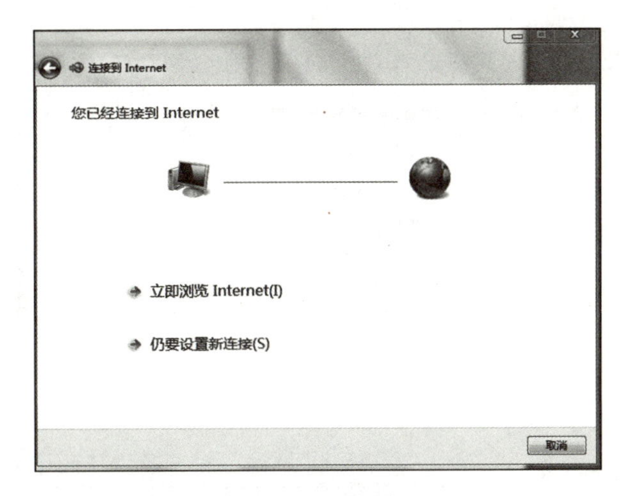

图 2-25　您已经连接到 Internet

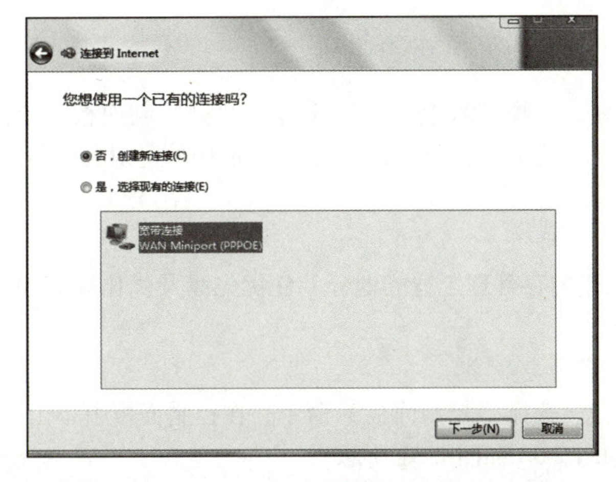

图 2-26　宽带连接

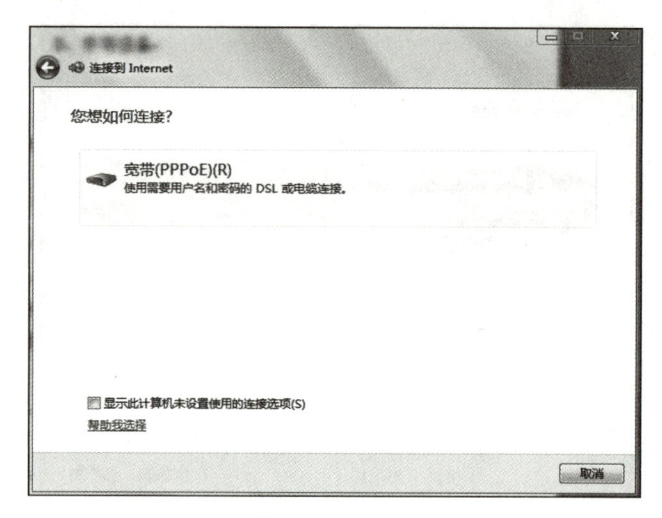

图 2-27　宽带（PPPoE）（R）

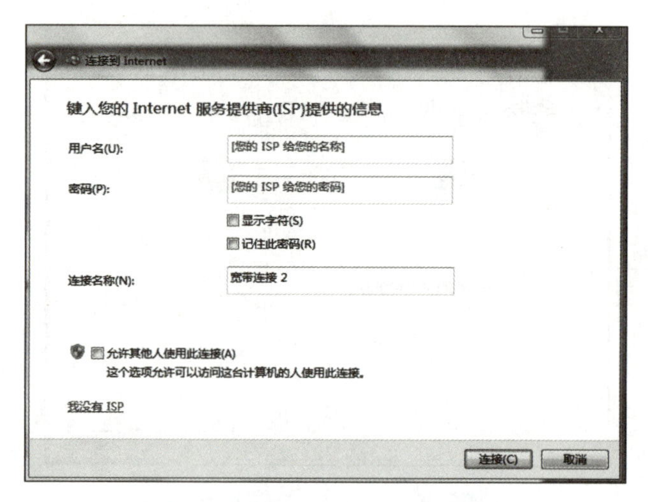

图 2-28　设置“用户名”和“密码”

2.5.3　通过家庭组实现计算机资源共享

单击“开始”按钮，选择“控制面板”命令，打开控制面板，单击“网络和 Internet”图标，再单击“家庭组”选项，在图 2-29 所示的界面中即可对其进行相关设置。

2.5.4　系统维护与优化

Windows 7 通过改进内存管理、智能划分 I/O 优先级及优化固态硬盘等手段，在一定程度上提高了系统的性能。

1. 减少 Windows 启动加载项

单击“开始”按钮，选择“控制面板”命令，在控制面板中单击“所有控制面板项”|“管理工具”图标，如图 2-30 和图 2-31 所示。

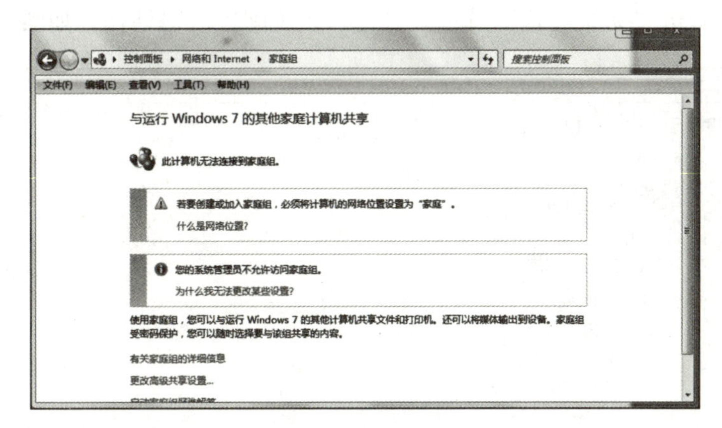

图 2-29　家庭组设置

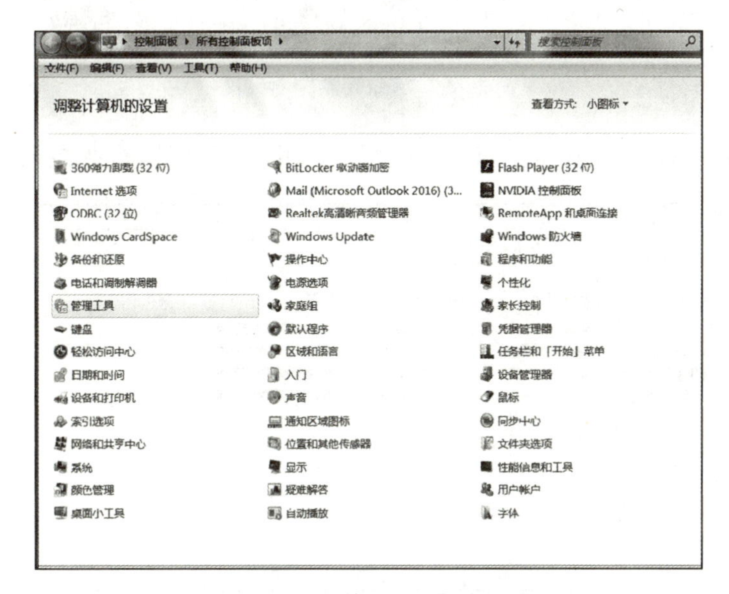

图 2-30　“管理工具”图标

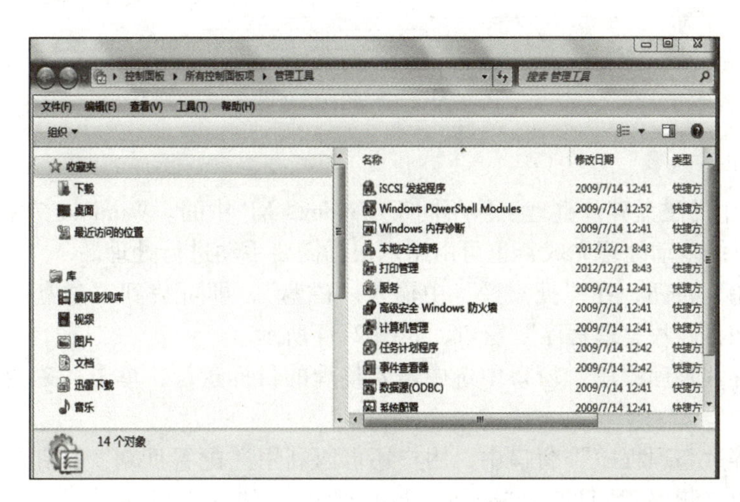

图 2-31　“管理工具”界面

在图 2-31 中双击“系统配置”选项，打开“系统配置”对话框，如图 2-32 所示。

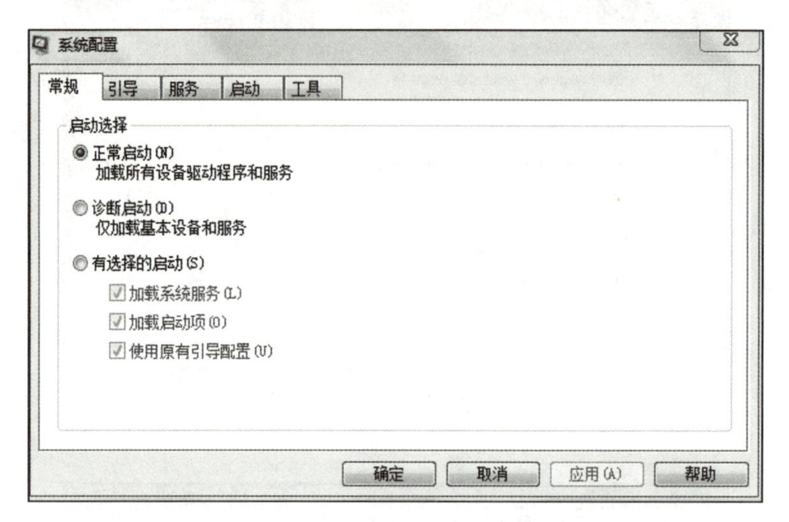

图 2-32 “系统配置”对话框

单击切换到“启动”选项卡，如图 2-33 所示。用户可以根据需要选择相关复选框。

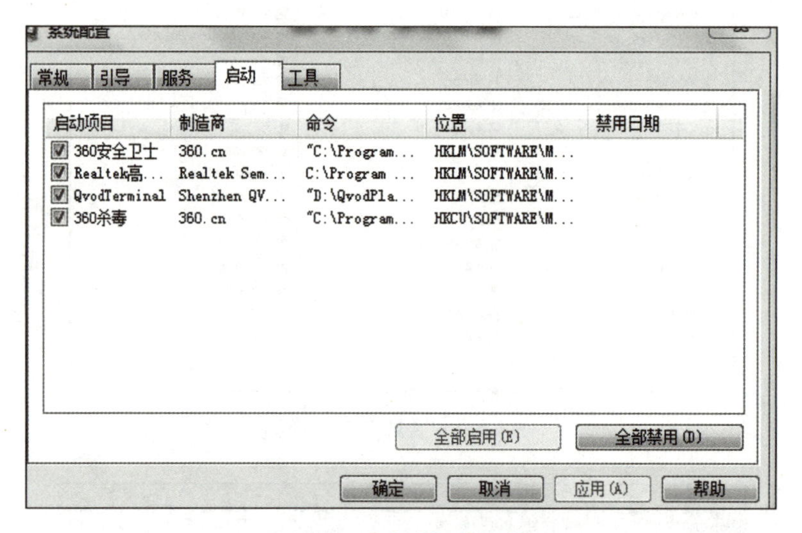

图 2-33 “启动”选项卡

2. 提高磁盘性能

Windows 7 中的磁盘碎片整理工作不同于 Windows XP 中的。Windows 7 中的磁盘碎片整理工作既可由系统自动处理完成，也可由用户根据需要手动进行处理。

单击“开始”按钮，在“搜索栏”中输入“磁盘”，即可找到“磁盘碎片整理程序”，单击并打开“磁盘碎片整理程序”窗口，如图 2-34 所示。

在“磁盘碎片整理程序”窗口中选中需要整理的目标盘符，单击“磁盘碎片整理”按钮即可。

在“磁盘碎片整理程序”窗口中，用户还可以利用“配置计划”按钮来设置系统自动整理磁盘碎片的“频率”“日期”“时间”和“磁盘”，如图 2-35 所示。

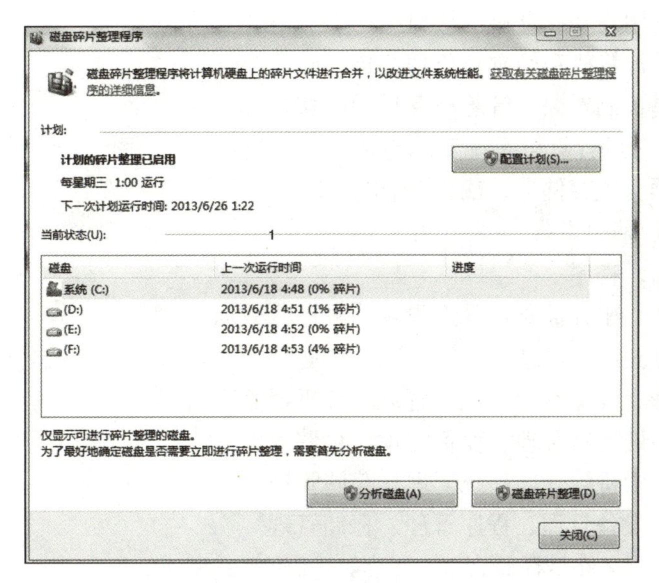

图 2-34　“磁盘碎片整理程序”窗口

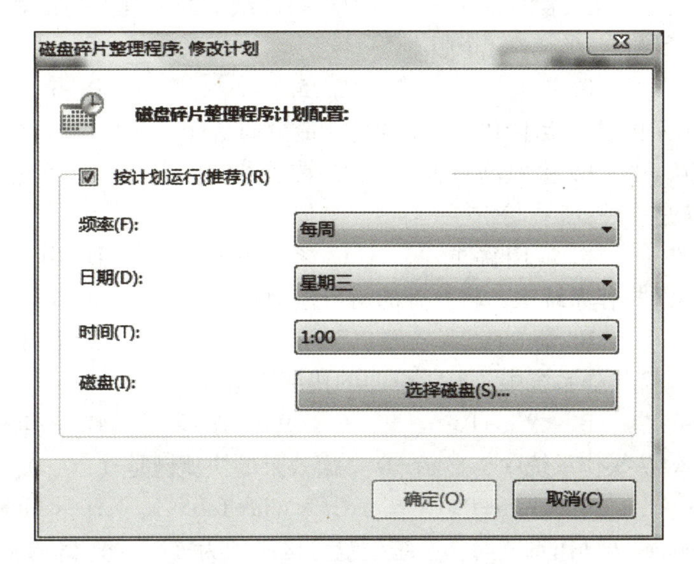

图 2-35　磁盘碎片整理程序计划配置

习　题　二

一、选择题

1. 计算机系统中必不可少的软件是（　　）。

A. 操作系统　　B. 语言处理程序　　C. 工具软件　　D. 数据库管理系统

2. 下列说法中正确的是（　　）。

A. 操作系统是用户和控制对象的接口

B. 操作系统是用户和计算机的接口

C. 操作系统是计算机和控制对象的接口

D. 操作系统是控制对象、计算机和用户的接口

3. 操作系统管理的计算机系统资源包括（　　）。

A. 中央处理器、主存储器、输入/输出设备

B. CPU、输入/输出设备

C. 主机、数据、程序

D. 中央处理器、主存储器、外部设备、程序、数据

4. 操作系统的主要功能包括（　　）。

A. 运算器管理、存储管理、设备管理、处理器管理

B. 文件管理、处理器管理、设备管理、存储管理

C. 文件管理、设备管理、系统管理、存储管理

D. 处理管理、设备管理、程序管理、存储管理

5. 在计算机中，文件是存储在（　　）。

A. 磁盘上的一组相关信息的集合　　B. 内存中的信息集合

C. 存储介质上一组相关信息的集合　　D. 打印纸上的一组相关数据

6. Windows 7 目前有（　　）个版本。

A. 3　　B. 4　　C. 5　　D. 6

7. 在 Windows 7 的各个版本中，支持的功能最少的是（　　）。

A. 家庭普通版　　B. 家庭高级版　　C. 专业版　　D. 旗舰版

8. Windows 7 是一种（　　）。

A. 数据库软件　　B. 应用软件　　C. 系统软件　　D. 中文字处理软件

9. 在 Windows 7 操作系统中，将打开的窗口拖动到屏幕顶端，窗口会（　　）。

A. 关闭　　B. 消失　　C. 最大化　　D. 最小化

10. 在 Windows 7 操作系统中，显示桌面的快捷键是（　　）。

A. <Win+D>　　B. <Win+P>　　C. <Win+Tab>　　D. <Alt+Tab>

11. 在 Windows 7 操作系统中，显示 3D 桌面效果的快捷键是（　　）。

A. <Win+D>　　B. <Win+P>　　C. <Win+Tab>　　D. <Alt+Tab>

12. 安装 Windows 7 操作系统时，系统磁盘分区必须为（　　）格式才能安装。

A. FAT　　B. FAT16　　C. FAT32　　D. NTFS

13. 在 Windows 7 中，文件的类型可以根据（　　）来识别。

A. 文件的大小　　B. 文件的用途

C. 文件的扩展名　　D. 文件的存放位置

14. 要选定多个不连续的文件（或文件夹），要先按住（　　），再选定文件。

A. <Alt>键　　B. <Ctrl>键　　C. <Shift>键　　D. <Tab>键

15. 在 Windows 7 中使用删除命令删除硬盘中的文件后，（　　）。

A. 文件确实被删除，无法恢复

B. 在没有存盘操作的情况下，还可恢复，否则不可以恢复

C. 文件被放入回收站，可以通过“查看”菜单中的“刷新”命令恢复

D. 文件被放入回收站，可以通过回收站操作恢复

16. 在 Windows 7 中，要把选定的文件剪切到剪贴板中，可以按（　　）组合键。

A. <Ctrl+X>　　B. <Ctrl+Z>　　C. <Ctrl+V>　　D. <Ctrl+C>

17. 在 Windows 7 中个性化设置包括（　　）。

A. 主题　　B. 桌面背景　　C. 窗口颜色　　D. 声音

18. 在 Windows 7 中可以完成窗口切换的快捷键是（　　）。

A. <Alt+Tab>　　B. <Win+Tab>　　C. <Win+P>　　D. <Win+D>

19. Windows 7 中，关于对话框的叙述，不正确的是（　　）。

A. 对话框是一种特殊的窗口

B. 对话框中可能出现单选框和复选框

C. 对话框可以移动

D. 对话框不能关闭

20. 在 Windows 操作系统中，<Ctrl+C>是（　　）命令的快捷键。

A. 复制　　B. 粘贴　　C. 剪切　　D. 打印

21. 在安装 Windows 7 的最低配置中，硬盘的基本要求是（　　）GB 以上可用空间。

A. 8　　B. 16　　C. 30　　D. 60

22. Windows 7 有 4 个默认库，分别是视频、图片、（　　）和音乐。

A. 文档　　B. 汉字　　C. 属性　　D. 图标

23. 在 Windows 7 中，有两个对系统资源进行管理的程序组，它们是“资源管理器”和（　　）。

A. “回收站”　　B. “剪贴板”　　C. “我的电脑”　　D. “我的文档”

24. 在 Windows 7 环境中，鼠标是重要的输入工具，而键盘（　　）。

A. 无法起作用

B. 仅能配合鼠标，在输入中起辅助作用（如输入字符）

C. 仅能在菜单操作中运用，不能在窗口的其他地方操作

D. 也能完成几乎所有操作

25. 在 Windows7 中，单击是指（　　）。

A. 快速按下并释放鼠标左键　　B. 快速按下并释放鼠标右键

C. 快速按下并释放鼠标中间键　　D. 按住鼠标左键并移动鼠标

26. 在 Windows 7 的桌面上右击，将弹出一个（　　）。

A. 窗口　　B. 对话框　　C. 快捷菜单　　D. 工具栏

27. 被物理删除的文件或文件夹（　　）。

A. 可以恢复　　B. 可以部分恢复

C. 不可恢复　　D. 可以恢复到回收站

28. 记事本的默认扩展名为（　　）。

A. . doc　　B. . com　　C. . txt　　D. . xls

29. 关闭对话框的正确方法是（　　）。

A. 单击“最小化”按钮　　B. 右击

C. 单击“关闭”按钮　　D. 单击

30. 在 Windows 7 桌面上，若任务栏上的按钮呈凸起形状，表示相应的应用程序处在（　　）。

A. 后台　　B. 前台

C. 非运行状态　　D. 空闲

31. Windows 7 中的菜单有窗口菜单和（　　）菜单两种。

A. 对话　　B. 查询　　C. 检查　　D. 快捷

32. 当一个应用程序窗口被最小化后，该应用程序将（　　）。

A. 被终止执行　　B. 继续在前台执行

C. 被暂停执行　　D. 转入后台执行

33. 下面是关于 Windows 7 文件名的叙述，错误的是（　　）。

A. 文件名中允许使用汉字　　B. 文件名中允许使用多个圆点分隔符

C. 文件名中允许使用空格　　D. 文件名中允许使用西文字符“|”

34. 下列不是微软公司开发的操作系统的是（　　）。

A. Windows Server 7　　B. Windows 7

C. Linux　　D. Vista

35. 正常退出 Windows 7 的操作是（　　）。

A. 在任何时刻关掉计算机的电源

B. 选择“开始”菜单中的“关闭计算机”命令并进行人机对话

C. 在计算机没有任何操作的状态下关掉计算机的电源

D. 在任何时刻按<Ctrl+Alt+Delete>组合键

36. 为了保证 Windows 7 安装后能正常使用，采用的安装方法是（　　）。

A. 升级安装　　B. 卸载安装

C. 覆盖安装　　D. 全新安装

37. 大多数操作系统，如 DOS、Windows 和 UNIX 等，都采用（　　）的文件夹结构。

A. 网状结构　　B. 树状结构　　C. 环状结构　　D. 星状结构

38. 在 Windows 7 中，按（　　）组合键可在各中文输入法和英文输入法间切换。

A. <Ctrl+Shift>　　B. <Ctrl+Alt>　　C. <Ctrl+Space>　　D. <Ctrl+Tab>

39. 操作系统具有的基本管理功能是（　　）。

A. 网络管理、处理器管理、存储管理、设备管理和文件管理

B. 处理器管理、存储管理、设备管理、文件管理和作业管理

C. 处理器管理、硬盘管理、设备管理、文件管理和打印机管理

D. 处理器管理、存储管理、设备管理、文件管理和程序管理

40. Windows 7 系统是微软公司推出的一种（　　）。

A. 网络系统　　B. 操作系统　　C. 管理系统　　D. 应用程序

41. 在 Windows 7 中，（　　）桌面上的程序图标即可启动一个程序。

A. 选定　　B. 右击　　C. 双击　　D. 拖动

42. Windows 7 中任务栏上显示（　　）。

A. 系统中保存的所有程序　　B. 系统正在运行的所有程序

C. 系统前台运行的程序　　D. 系统后台运行的程序

43. 在 Windows 7 中，活动窗口表示为（　　）。

A. 最小化窗口　　B. 最大化窗口

C. 对应任务按钮在任务栏上呈外凸状　　D. 对应任务按钮在任务栏上呈里凹状

44. 右击任意对象，将弹出（　　），可用于该对象的常规操作。

A. 图标　　B. 快捷菜单　　C. 按钮　　D. 菜单

二、填空题

1. Windows 7 是由________公司开发，具有革命性变化的操作系统。

2. 要安装 Windows 7，系统磁盘分区必须为________格式。

3. 在 Windows 操作系统中，<Ctrl+C>是________命令的快捷键。

4. 在 Windows 操作系统中，<Ctrl+X>是________命令的快捷键。

5. 在 Windows 操作系统中，<Ctrl+V>是________命令的快捷键。

6. 记事本是 Windows 7 操作系统自带的、专门用于________________的应用程序。

7. Windows 7 中“剪贴板”是一个可以临时存放________、________等信息的区域，专门用于在________之间或________之间传递信息。

8. 在计算机中，“*”和“?”被称为________。

三、操作题

在 D 盘根目录上建立一个文件夹，文件夹的名字为“win7_+自己的名字”，如文件夹名为“win7_wanghong”。完成作业后将所有结果放在此文件夹下。

1. 改变屏幕保护为“彩带”，等待时间为 5min，在恢复时显示登录界面，并将窗口画面保存为“屏幕保护设置.jpg”。

2. 设置桌面背景为“风景”系列的 6 张图片，图片显示方式为“填充”，更改图片时间间隔为 30min，无序播放。将画面保存为“桌面背景设置.jpg”。

3. 设置窗口颜色（窗口边框、“开始”菜单和任务栏的颜色）为“巧克力色”，启用半透明效果。将画面保存为“窗口颜色设置.jpg”。

4. 设置 Windows 声音方案为“古怪”，并将窗口画面保存为“声音方案设置.jpg”。

5. 设定 Windows 系统的数字格式：小数点为“.”，小数位数为“2”，数字分组符为“;”，数字分组为“12，34，56，789”，列表项分隔符为“;”，负号为“-”，负数格式为“（1.1）”，度量单位用“公制”，显示起始的零为“.7”。将窗口画面保存为“数字格式设置.jpg”。

6. 设定 Windows 系统的长时间样式为“hh:mm:ss”，上午符号为“上午”，下午符号为“下午”。将窗口画面保存为“时间格式设置.jpg”。

7. 设定 Windows 系统日期格式：短日期样式为“yy/mm/dd”；长日期样式为“dd mmmm yyyy”。将窗口画面保存为“日期格式设置.jpg”。

8. 设置 Windows 货币符号为“$”，货币正数格式为“R 1.1”，货币负数格式为“R-1.1”，小数位数为 2 位，数字分组符号为“,”，数字分组为每组 3 个数字。将窗口画面保存为“货币格式设置.jpg”。

9. 设置语言栏悬浮于桌面上，并在非活动时以透明状态显示语言栏。设置切换到“微软拼音输入法”的快捷键为<左 Alt+Shift+0>。将窗口画面保存为“输入法设置.jpg”。

实验二（公共）

【实验目的】

（1）掌握桌面的个性化设置方法。

（2）掌握文件和文件夹的基本操作。

（3）学会“控制面板”的使用。

（4）掌握创建账户与密码。

【实验设备（工具、软/硬件要求）】

（1）个人计算机。

（2）Windows 7 操作系统。

【实验要求】

（1）对显示器分辨率和桌面进行个性化设置。

① 设置显示器的分辨率为 1024×768 像素。

② 设置桌面主题为“建筑”。

③ 使用自己的照片（或任意图片）作为桌面。

（2）修改系统时间和日期：修改系统日期为 2023 年 8 月 8 日，时间为 8:18。

（3）对文件与文件夹的创建、移动、复制、删除和属性设置等进行管理操作。

① 在桌面上建立一个名称为“教学”的文件夹，然后将“教学”文件夹复制两个，分别命名为“老师”和“学生”，并将“老师”文件夹移动到“教学”文件夹中，将“学生”文件夹复制到“教学”文件夹中，最后将桌面上的“学生”文件夹删除。

② 在 D 盘上建立一个名称为“资料”的文件夹，然后在“记事本”中输入“计算机考试”字样，将文件以“练习”为名称保存到刚才创建的“资料”文件夹中，然后删除“资料”文件夹。

③ 打开“回收站”窗口，还原“资料”文件夹，然后清空回收站。

（4）创建一个新账户，并为其设置密码。

① 创建一个名称为“张三”的新账户。

② 对该账户进行管理操作。

a. 设置账户密码为 123456。

b. 更改账户图片。

c. 删除账户。

第 3 章

Word 2016 文字处理软件

Word 2016 是 Microsoft 公司推出的 Office 办公系列软件中的一个重要组件，是 Windows 平台上受欢迎的强大的文字处理软件之一，它适于制作各种文档，如书籍、信函、传真、公文、报刊、表格、图表、图形等材料。Word 2016 具有许多方便优越的性能，可以让用户在极短的时间内高效地得到极佳的文件。

3.1 Word 2016 基础知识

3.1.1 Word 2016 的基本功能和运行环境

中文版 Word 2016 是包含在中文版 Microsoft Office 2016 套装软件中的一个文字处理软件。它功能齐全，包括文字编辑、表格绘制、插图处理、格式设置、排版设置和打印，是一个全能的排版系统。同前期版本的 Word 相比，Word 2016 增加了许多新功能，特别是增加了与 Internet 和 WWW 相关联的功能，顺应了网络时代的需求。因此，它已成为当今世界上应用得较为广泛的文字处理软件之一。

Word 2016 功能更加强大，主要体现在以下几个方面：

1）使用个性化菜单和工具栏，用户可以按照自己的意愿和使用习惯来定制菜单和工具栏。

2）更容易使用的自动完成任务功能，具备更强的检测常见的输入、拼写和语法错误的能力。

3）增强的剪贴板功能可使用户对 Word 文档更容易进行编辑。

4）表格的嵌套和移动性使用户对表格的操作更加灵活、方便。

5）提供一种全新的 Web 工作方式，使用户可以通过 Web 服务器与他人进行协作，达到资源共享。

6）多语言支持，使用户可以更加容易地改变其所使用的语言，令用户的操作具有更强的灵活性。

3.1.2 Word 2016 的启动与退出

1. 启动 Word 2016

Word 2016 的启动方法主要有以下几种：

方法 1：双击已建立的 Word 2016 快捷启动图标。

方法 2：单击桌面“开始”按钮，选择“Word 2016”命令。

2. 退出 Word 2016

Word 2016 的退出方法主要有以下几种：

方法 1：直接单击 Word 程序标题栏最右侧的“关闭”按钮 ☒。

方法 2：选择“文件”选项卡“关闭”命令。

方法 3：右击 Word 程序标题栏的空白处，在快捷菜单中选择“关闭”命令。

方法 4：按<Alt+F4>组合键。

方法 5：右击在任务栏上的要关闭的 Word 文档图标，在出现的快捷菜单中选择“关闭窗口”命令。

若退出 Word 2016 时，文件未保存过或在原来保存的基础上做了修改，Word 2016 将提示用户是否保存编辑或修改的内容，用户可以根据需要单击“保存”“不保存”或“取消”按钮。

3.1.3 Word 2016 的窗口

1. 窗口的组成

当用户成功地启动了 Word 2016 之后，将打开 Word 2016 的用户界面，窗口组成如图 3-1 所示。

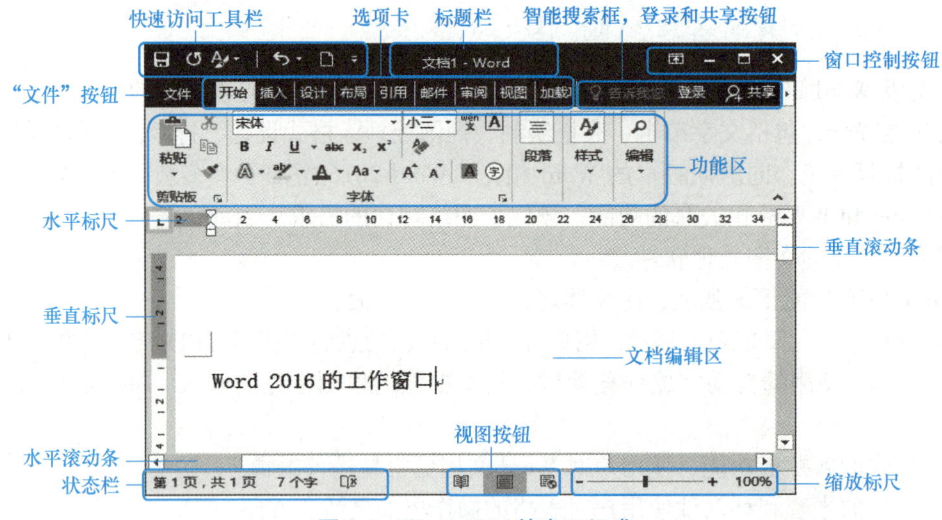

图 3-1 Word 2016 的窗口组成

Word 2016 窗口主要由标题栏、“文件”按钮、快速访问工具栏、标尺、窗口控制按钮、功能区、文档编辑区、滚动条及状态栏等组成，并可以由用户根据自己的需要自行修改和设定。

1）标题栏：位于屏幕最上方，颜色呈浅灰色，显示当前正在编辑的文档的名称。

2）“文件”按钮：位于标题栏的左下侧。相当于早期版本的“文件”菜单，执行与文档有关的基本操作，如打开、保存、关闭等，打印任务也被整合到其中。用户可以很方便地展开菜单以显示更多的 Word 命令。

3）快速访问工具栏：位于标题栏的左侧。提供默认的按钮或用户自定义添加的按钮，可以加速命令的执行。相当于早期版本中的工具栏。用户可以自定义快速访问工具栏。此处包含几种常用的按钮，如“撤销”“恢复”“保存”“新建”和“打开”等。

4）标尺：包括水平、垂直、缩放标尺。主要用来显示页面的大小，即窗口中字符的位置，同时也可以用标尺进行段落缩进和边界调整。标尺具有可选性，用户可以根据自己的需要显示或隐藏标尺。

5）窗口控制按钮：由“最小化”“最大化”和“关闭”按钮组成，用于控制调整窗口的不同状态。

6）功能区：提供常用命令的直观访问方式，相当于早期版本中的菜单栏和命令。功能区由选项卡、组和命令 3 部分组成。组的右下角的小方框是对话框启动器，单击即弹出相应组的对话框。

7）文档编辑区：文档编辑区是编辑文本的主要区域，它位于窗口中央，占据窗口的大部分区域，处理文档时，就在文档编辑区中进行编辑或其他操作。在文档编辑区会看到一个闪烁的光标，指示文档中当前字符的插入位置。

8）滚动条：包括垂直和水平滚动条，是用来上下和左右移动文档内容的工具。

9）状态栏：位于窗口底部的左侧，显示当前编辑对象的有关信息，如总页数、当前页数、字数等。

2. 常见的视图形式

Word 2016 提供了显示方式不同的编辑模式（即“视图”），包括“页面”视图、“阅读”视图、“Web 版式”视图、“大纲”视图和“草稿”视图 5 种。在编辑文档时，还可以按照设置显示比例编辑文档。

（1）“页面”视图

“页面”视图是以页的方式出现的文档显示模式，是一种“所见即所得”的显示方式。在“页面”视图中，可以查看与实际打印效果一致的文档，以便进一步美化文字和格式。它是 Word 2016 的默认视图。

建立文档的许多工作需要在“页面”视图中进行，例如，在文档中插入页眉和页脚、插入图文框、利用绘图工具绘图等。用户可以利用鼠标滚轮滚动到文档的正文之外，以便查看诸如页眉、页脚、脚注、页号等项目。

切换到“页面”视图的方法：切换到“视图”选项卡，在“视图”组中选择“页面视图”命令，或单击屏幕右下角的“页面视图”按钮。

（2）“阅读”视图

“阅读”视图适用于阅读长篇文章。在字数较多的情况下，它会自动分成多屏。想要停止阅读文档，按<Esc>键即可切换回“页面”视图。

（3）“Web 版式”视图

在“Web 版式”视图中，Microsoft Word 能优化 Web 页面，使其外观与在 Web 或 Intranet（内联网）上发布时的外观一致，即显示文档在浏览器中的外观。例如，文档将以一个不带分页符的长页显示，文字和表格将自动换行以适应窗口。在“Web 版式”视图中，还可以看到背景、自选图形和其他在 Web 文档及屏幕上查看文档时常用的效果。

切换到“Web 版式”视图的方法：切换到“视图”选项卡，在“视图”组中选择

“Web 版式视图”命令，或单击屏幕右下角的“Web 版式视图”按钮。

（4）“大纲”视图

“大纲”视图能够显示文档的结构。大纲视图中的缩进和符号并不影响文档在普通视图中的外观，而且也不会被打印出来。

使用“大纲”视图，可以方便地查看和调整文档的结构，多用于处理长文档。用户可以在“大纲”视图中上下移动标题和文本，从而调整它们的顺序，或者将正文或标题“提升”到更高的级别或“降低”到更低的级别，改变原来的层次关系。

在“大纲”视图中，可以折叠文档，即只显示文档的各个标题，或展开文档，以便查看整个文档。这样，移动和复制文字、重组长文档都变得非常容易。

切换到“大纲”视图的方法：切换到“视图”选项卡，在“视图”组中选择“大纲视图”命令即可。

（5）“草稿”视图

“草稿”视图取消了页面边距、页眉页脚等元素，只显示标题和正文。用户可以在该视图下直接修改文本。

3.2 文档的基本操作

一般情况下，利用 Word 处理文档的过程包括创建新文档或打开已有文档；文档输入（文字、数字、表格、图形对象等）；文档存盘（保存、另存为）。

3.2.1 创建新文档

每次启动 Word 2016 时，Word 应用程序已经为用户创建了一个基于默认模板的名为“文档 1”的新文档。用户也可以用其他的方法创建新文档。

1. 使用“文件”菜单中的“新建”命令

1）选择“文件”选项卡“新建”命令。

2）单击“可用模板”中的“空白文档”项即可。

另外，如果要创建基于某种模板的文档，需要单击要创建文档的类型的模板名，然后单击“创建”按钮或双击模板名即可。

2. 利用自定义快速访问工具栏中的“新建”工具按钮

单击自定义快速访问工具栏中的“”按钮。该方法用于创建基于 Word 默认模板的新文档。

3. 使用快捷键<Ctrl+N>

Word 对新创建的文档按照“文档 1”“文档 2”……顺序依次命名。每一个新建文档对应一个独立的文档窗口，任务栏上也有一个相应的文档按钮与之对应。单击各个文档按钮即可在各窗口之间进行切换。

3.2.2 打开和关闭文档

对于已经保存过的文档，如果用户要再次打开进行修改或查看，这就需要将其调入内存并在 Word 窗口中显示出来。

1. 打开 Word 文档的基本方法

1）选择“文件”选项卡“打开”命令，或单击快速启动栏中的“打开”按钮，则会弹出“打开”任务面板。

2）在对话框左侧的列表中，选择要找的 Word 文件所在的驱动器、文件夹，同时在对话框下面的“文件类型”下拉列表框中选择文件的类型，则在窗口区域中显示该驱动器和文件夹中所包含的所有文件夹和文件。

3）单击要打开的文件名，或在“文件名”文本框中输入文件名。

4）单击“打开”按钮即可。

2. 利用其他的方法打开 Word 文档

方法 1：单击 Windows 桌面上的“开始”按钮，将指针移到“文档”项，会展开用户最近使用过的文档列表，单击需要的文档即可打开它。

方法 2：在 Word 环境下，单击“文件”按钮，选择“最近所用文件”命令。

方法 3：在“我的电脑”或“资源管理器”中，找到要打开的 Word 文件，双击该文件即可。

另外，如果想同时打开多个 Word 文档，可以在打开文件对话框中选中想打开的多个文件名（方法是按住<Ctrl>键或<Shift>键，再单击用户要打开的文件名），然后单击“打开”按钮即可。

单击“打开”按钮的下三角按钮，在弹出的菜单中可以选择“以副本方式打开”命令，这样可以再创建另外一个副本。也可以选择“打开并修复”命令，当文件出现问题不能正常被打开时，常用到此命令。

如果在文件和文件夹窗口没有显示所需文件，则可在“文件类型”下拉列表框中选择相应的文件类型。

方法 4：单击“打开”任务面板中的“最近”选项，也可以查看最近打开过的文档。

3. 关闭文档

要关闭当前正编辑的某一个文档，可选择“文件”选项卡“关闭”命令；也可以通过右击任务栏上的该文档按钮，在出现的快捷菜单中选择“关闭”命令。

3.2.3　输入文档内容

文本包括数字、字母和汉字的组合。在文档窗口中有一个闪烁光标，即为插入点，在文档中输入的内容总是出现在插入点处。

1. 移动插入点

当输入文本时，应先移动插入点到目标位置，再在该处输入文本。Word 提供了多种移动插入点的方法。

（1）使用鼠标

1）将鼠标指针指向指定位置，然后单击。

2）单击滚动条内的上、下箭头，或拖动滚动条，可以将显示位置迅速移动到文档的任何地方。

3）上下滚动鼠标的滚轮，然后选择位置。

要回到上次编辑的位置，按<Shift+F5>组合键即可实现。该快捷键可以使光标在最后编辑过的3个位置间循环切换。此功能也可以在不同的两个文档间实现。当Word关闭文档时，它也会记下此时的编辑位置，再次打开时，按<Shift+F5>组合键即可回到关闭文档时的编辑位置，非常方便。

（2）使用键盘

使用键盘的快捷键，也可以移动插入点，常用的快捷键及其功能见表3-1。

表3-1　常用的快捷键及其功能

快捷键	功能	快捷键	功能
←	左移一个字符	Ctrl+←	左移一个词
→	右移一个字符	Ctrl+→	右移一个词
↑	上移一行	Ctrl+↑	移至当前段首
↓	下移一行	Ctrl+↓	移至下段段首
Home	移至插入点所在行的行首	Ctrl+Home	移至文档首
End	移至插入点所在行的行尾	Ctrl+End	移至文档尾
PageUp	翻到上一页	Ctrl+PageUp	移至窗口顶部
PageDown	翻到下一页	Ctrl+PageDown	移至窗口底部

2. 输入文本

在文档中输入内容有各种方法，如键盘输入、自动图文集、插入其他文件中的内容、输入时的自动校正，以及命令的撤销与重复等。当然，Word在输入文本到一行的最右边时，不需要按<Enter>键转行，Word会根据页面的大小自动换行。在用户输入下一个字符时将自动转到下一行的开头。

要生成一个段落，可以按<Enter>键，系统会在行尾插入一个“↵”，称为“段落标记”或“硬回车”符，并将插入点移到新段落的首行处。

如果需要在同一段落内换行，可以按<Shift+Enter>组合键，系统会在行尾插入一个“↓”符号，称为“软回车”符。

在“开始”选项卡上的“段落”组中，单击“显示/隐藏编辑标记”按钮，即可控制段落标记是否显示。

当需要将两个段落合并成一个段落，可以采取删除分段处的段落标记，即把插入点移到分段处的段落标记前，然后按<Delete>键，或把插入点移到分段处的段落标记后，然后按<Backspace>键，删除该段落标记，即完成段落的合并。

3. 输入符号

输入文本时，经常会遇到一些需要插入的特殊符号，如数学运算符（∈、∮、≌）或拉丁字母等。Word提供了完善的特殊符号列表，通过简单的菜单操作即可轻松完成输入。选择“插入”|“符号”|“其他符号”命令，在弹出的图3-2所示的“符号”对话框中选择“符号”选项卡，再单击“子集”的下三角按钮，在下拉列表中选择数学运算符，即可输入相应的数学运算符号。

4. 使用动态键盘

动态键盘又称软键盘，Windows 7提供了13种动态键盘。动态键盘为用户输入一些特殊符号，如数字序号、数学符号和希腊字母提供了方便。

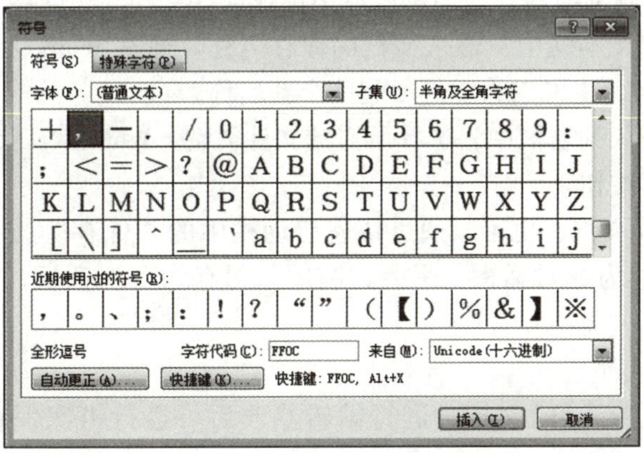

图 3-2　“符号”对话框

使用软键盘的方法：打开任意输入法，然后在输入法状态条上右击“软键盘”图标，再从弹出的快捷菜单中选择一种软键盘的名称（即在对应的软键盘名称前打上一个“●”），如图 3-3 所示。例如要输入“℃”符号，可单击软键盘上对应的数字<9>键或直接按下键盘上的<9>键即可。

再次单击“软键盘”图标，软键盘消失。

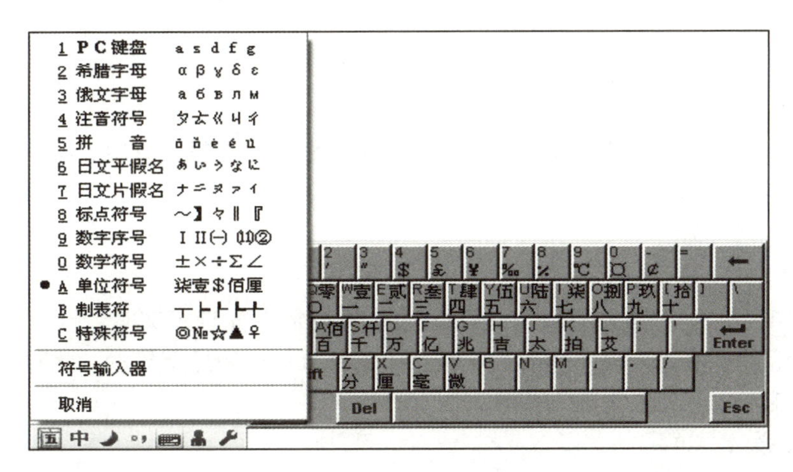

图 3-3　“单位符号”软键盘

3.2.4　保存文档

对于用户在文档窗口中输入的文档内容，仅是保存在计算机内存中并显示在显示器上，如果希望将该文档保存下来备用，就要对它进行命名并保存到磁盘上。在文档的编辑过程中，经常保存文档是一个好习惯。Word 默认的文档保存位置是 C:\My Documents。当然也可以根据用户自己的需要进行更改。

1. 保存新文档

1）单击“文件”选项卡，单击“保存”命令，或按<F12>键，打开“另存为”对话框。

2）单击对话框左侧选项列，在显示区域中选择保存文件的驱动器或文件夹。

3）在“文件名”文本框中，输入文档的保存名称。通常 Word 会建议一个文件名，用户可以使用这个文件名，也可以为文件另起一个新名称。

4）在“保存类型”列表框中，选择所需的文件类型。Word 默认类型为 .docx。

5）单击“保存”按钮。

此外，首次保存新文档，也可以通过快速启动栏中的“保存”按钮来实现，单击该按钮也会弹出一个“另存为”对话框。另外，利用“另存为”对话框，用户还可以创建新的文件夹。

2. 保存已命名的文档

对于已经命名并保存过的文档，进行编辑修改后可进行再次保存。这时可通过单击“保存”按钮，或选择“文件”选项卡“保存”命令来实现。

3. 换名保存文档

如果用户打开旧文档，对其进行了编辑和修改，但又希望留下修改之前的原始资料，这时用户就可以将正在编辑的文档进行换名保存。方法如下：

1）选择“文件”选项卡“另存为”命令，弹出“另存为”对话框。

2）选定希望的保存位置。

3）在“文件名”文本框中输入新的文件名，单击“保存”按钮即可。

3.3 文档的基本编辑

在输入文本的过程中，光标定位，及文本选定、修改、复制、剪切等操作是经常的，只有掌握了这些基本操作，才能使用 Word 对文本进行编辑。

3.3.1 编辑文档内容

在 Word 中为了加快文档的编辑和修改速度，有时需要先选定文本。选定文本可以用键盘，也可以用鼠标。在选定文本内容后，被选中的部分呈蓝底黑字显示，此时便可方便地对其进行删除、替换、移动、复制等操作。

1. 选定文本

（1）使用鼠标选定文本

选定文本的常用方法是使用鼠标。使用鼠标选定文本的常用操作方法见表 3-2。

表 3-2 使用鼠标选定文本的常用操作方法

选定内容	操作方法
文本	拖过这些文本
一个单词	双击该单词
一行文本	将鼠标指针移动到该行的左侧，直到指针变为指向右边的箭头，然后单击
多行文本	将鼠标指针移动到该行的左侧，直到指针变为指向右边的箭头，然后向上或向下拖动鼠标

（续）

选定内容	操作方法
一个句子	按住<Ctrl>键，然后单击该句中的任意位置
一个段落	将鼠标指针移动到该段落的左侧，直到指针变为指向右边的箭头，然后双击，或者在该段落中的任意位置三击
多个段落	将鼠标指针移动到该段落的左侧，直到指针变为指向右边的箭头，然后双击，并向上或向下拖动鼠标
一大块文本	单击要选定内容的起始处，然后滚动到要选定内容的结尾处，在按住<Shift>键的同时单击
整篇文档	将鼠标指针移动到文档中任意正文的左侧，直到指针变为指向右边的箭头，然后三击
一块矩形文本	按住<Alt>键，然后拖过要选定的文本

（2）使用键盘选定文本

使用键盘选定文本时，离不开<Shift>键的配合。选定文本的方法是按住<Shift>键并按移动插入点的键。使用键盘选定文本的常用操作方法和功能说明见表 3-3。

表 3-3　使用键盘选定文本的常用操作方法和功能说明

操作方法	功能说明
Shift+↑	上移一行
Shift+↓	下移一行
Shift+←	左移一个字符
Shift+→	右移一个字符
Shift+PageUp	上移一屏
Shift+PageDown	下移一屏
Ctrl+A	整个文档

2. 插入与改写文本

在空白文档的任意位置双击，光标即在该位置上闪烁，此时就能在此位置插入内容；对于在已有文档中插入文本，在文档的任意位置处单击，即可在该位置上插入内容。

Word 的编辑方式有两种：插入方式和改写方式。在插入方式下编辑文本时，由键盘输入的字符在光标处插入；在改写编辑方式下，将把插入点后的字符改写成键盘输入的字符。

用户可按<Ins>键在插入和改写两种方式之间切换。单击状态栏上的 插入 按钮，亦可在插入和改写两种方式之间切换。

3. 删除文本

当需要删除一两个字符时，可以直接用<Delete>键或<Backspace>键。当删除的文字很多时，先选定要删除的文本，然后进行以下操作：

方法 1：按<Delete>键或者<Backspace>键删除。

方法 2：用鼠标单击“开始”选项卡中“剪贴板”组的剪切按钮，或者在“自定义快速访问栏”中选择“剪切”命令，或按<Ctrl+X>快捷键。

使用方法 1，选定的内容被删除并且不放入剪贴板中；而使用方法 2 时，选定内容被删除，但同时将内容放入剪贴板中。Word 2016 中的剪贴板最多可存放 24 次被剪切或复制的内容。

4. 复制文本

复制文本与移动文本操作相类似，只需将“剪切”变为“复制”命令即可。

使用拖拽特性进行复制操作时，先选定要复制的文本，按住<Ctrl>键不放，然后按住鼠标左键进行拖动，指针处会出现一个小虚框和一个“+”符号，将选定的文本拖动到目标处，释放鼠标左键即可。

5. 移动文本

移动文本指将选定的文本移动到另一位置。分为远距离移动和近距离移动两种。

远距离移动文本的操作步骤如下：

1）选定要移动的文本。

2）单击“开始”选项卡中“剪贴板”组内的“剪切”按钮，或者单击“自定义快速启动栏”中的“剪切”按钮。

3）将插入点定位到欲插入的目标处。

4）单击“开始”选项卡中的“粘贴”按钮，或单击“自定义快速启动栏”中的“粘贴”按钮即可。

近距离移动文本的操作步骤如下（主要利用鼠标拖曳文本）：

1）选定要移动的文本。

2）将鼠标指针移动到已选定的文本，这时指针转变为指向左上角的箭头。

3）按住鼠标左键，拖动鼠标，到达待插入的目标处后释放鼠标左键即可。

另外，近距离移动文本也可以采用远距离移动文本的操作方法来进行。

3.3.2 文档内容的查找与替换

Word 2016 允许对字符文本甚至文本中的格式进行查找和修改。

1. 定位

定位是根据选定的定位操作将插入光标移动到指定的位置。操作步骤如下：

1）选择“开始”选项卡“编辑”组中“替换”命令，打开“查找和替换”对话框，然后选择“定位”选项卡。

2）在“定位目标”列表框中，单击所需的项目类型，如“页”。

3）执行下列操作之一：

要定位到特定项目，如第 8 页，在“输入页号”文本框中输入 8，然后单击“定位”按钮。

要定位到下一个或前一个同类项目，不要在“输入页号”文本框中输入内容，而应直接单击“下一处”或“前一处”按钮，如图 3-4 所示。

2. 查找无格式文字

1）选择“开始”选项卡“编辑”组中“替换”按钮，打开“查找和替换”对话框，然后选择“查找”选项卡。

2）在“查找内容”文本框内输入要查找的文字，再单击“查找下一处”按钮即可。

如需取消正在进行的查找，按<Esc>键。

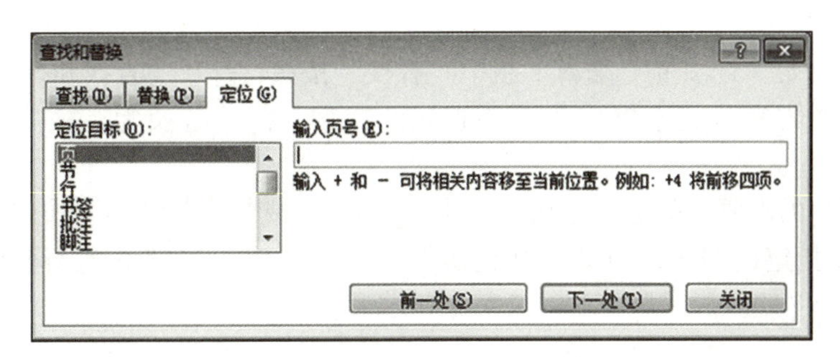

图 3-4 “定位”选项卡

3. 查找具有特定格式的文字

1）选择“开始”选项卡“编辑”组中“替换”按钮，打开“查找和替换”对话框，然后选择“查找”选项卡。

2）要搜索具有特定格式的文字，在“查找内容”文本框内输入要查找的文字。如果只需搜索特定的格式，则删除“查找内容”文本框中的文字。

3）单击“格式”按钮（如果看不到“格式”按钮，单击“更多”按钮即可出现），然后选择所需格式，如图 3-5 所示。

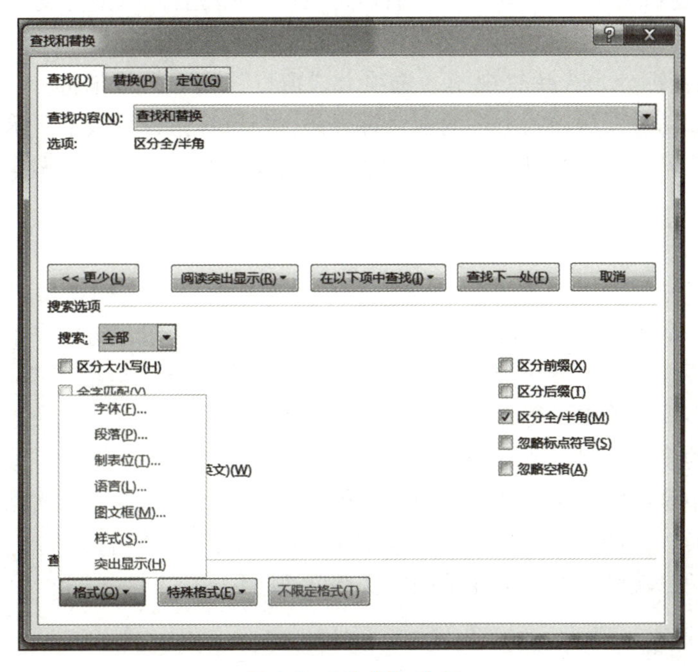

图 3-5 “格式”按钮

4）如果要清除已指定的格式，单击“不限定格式”按钮即可。

5）单击“查找下一处”按钮。

按<Esc>键可取消正在执行的查找。

如果要查找特殊字符，则无须在“查找内容”文本框中输入文字，直接单击“特殊字符”按钮选择相应选项即可。

4. 替换文字和格式

1）选择“开始”选项卡“编辑”组中“替换”按钮，打开“查找和替换”对话框。

2）在“查找内容”文本框内输入要查找的文字，在“替换为”文本框内输入替换文字。

3）根据用户的需要，单击“查找下一处”“替换”或“全部替换”按钮。

如果要替换指定的格式，对“查找内容”和“替换为”的格式进行选择，其余步骤一致。

3.3.3 多窗口和多文档操作

1. 窗口的拆分

Word 的文档窗口可以进行拆分，方便编辑文档。窗口拆分是指使用窗口中的拆分按钮，将同一个文档分成上下两个窗口显示，以便查看一个长文档的不同部分。拆分窗口的方法如下：

1）选择“视图”选项卡“窗口”组中“拆分”命令。

2）鼠标指针变成上下箭头形状且与屏幕上出现的一条灰色水平线相连，找到需要拆分的位置单击。

3）若要调整窗口大小，只需把鼠标指针移到此水平线上，当指针变成上下箭头时，拖动鼠标可调整窗口大小。

4）如果想取消拆分，选择“视图”选项卡“窗口”组中“取消拆分”命令即可。

还可以直接拖动垂直滚动条上端的窗口拆分条，当鼠标指针变成上下箭头时，向下拖动找到需要拆分的位置，单击即可。可以在两个窗口之间进行切换，在这两个窗口中可以进行各种编辑操作。

2. 多文档编辑

Word 允许同时打开多个文档进行编辑，每一个文档有一个文档窗口。多文档窗口与窗口的拆分不是同一个概念。窗口拆分是指使用窗口中的拆分按钮，将同一个文档分成上下两个窗口显示，以便查看一个长文档的不同部分。而多个文档窗口是指在 Word 中同时打开多个文档，以便在多个文档中进行编辑。

打开要编辑的多个文档，然后选择“视图”选项卡“窗口”组中“切换窗口”命令，在下拉菜单列表中显示所有被打开的文档名，单击文档名即可切换当前文档窗口，也可以在任务栏中单击切换。选择“窗口”组中“全部重排”命令，可将打开的文档的窗口都同时显示在屏幕上，用户就可以方便地在不同的文档间进行编辑了。

3.3.4 自动更新与拼写检查

在默认情况下，Word 对输入的字符自动进行拼写检查。用红色波形下划线表示可能的拼写问题、输入错误的或不可识别的单词，用绿色波形下划线表示可能的语法问题。编辑文档时，如果想对输入的英文单词的拼写错误及句子的语法错误进行检查，则可使用 Word 提供的拼写与语法检查功能。

1. 输入时自动检查拼写和语法错误

1）选择“文件”选项卡“选项”命令，打开“Word 选项”对话框的“校对”选项卡，选中“键入时检查拼写”和“随拼写检查语法”复选框。

2）在文档中输入字符。

3）右击有红色或绿色波形下划线的字，然后选择所需的命令或可选的拼写。

2. 集中检查拼写和语法错误

完成整篇文档的编辑后，也可以选择“审阅”选项卡“校对”组中“拼音与语法”命令来检查可能的拼写和语法问题，然后逐条确认更正。

在默认情况下，Word 同时检查拼写和语法错误。如果只想检查拼写错误，可选择“文件”选项卡“选项”命令，打开“Word 选项”对话框的“校对”选项卡，取消选中“随拼写检查语法”复选框，再单击“确定”按钮。

Word 在进行拼写和语法错误检查时，只对错误列表中已标记的错误进行检查，否则拼写检查不会对其做标记。

3. 自动更正

若要自动检测和更正输入错误、拼写错误的单词和成语，以及不正确的大小写等，可以使用 Word 提供的“自动更正”功能。

（1）使用自动更正功能

1）选择“文件”选项卡“选项”命令，打开“Word 选项”对话框的“校对”选项卡，单击“自动更正选项”按钮，弹出“自动更正”对话框。

2）打开“自动更正”选项卡，然后对“自动更正”的各项功能进行设置。

（2）创建自动更正词条

在输入字符时，会经常输入一些又长又容易出错的单词或者词组，如果将这些词条定义为自动更正词条，在输入时就会省时省力了。方法如下：

1）选择“文件”选项卡“选项”命令，打开“Word 选项”对话框的“校对”选项卡，单击“自动更正选项”按钮，弹出“自动更正”对话框。

2）在“替换”文本框中输入经常错误输入或拼写错误的单词或短语，如“M”。

3）在“替换为”文本框中，输入正确拼写的单词或希望自动更正的词条，如“Microsoft Word”。

4）单击“添加”按钮，将此词条添加到列表中。以后输入字符“M”时，Word 会将其更正为“Microsoft Word”。

（3）删除词条

用户在“自动更正”对话框中，选中要删除的词条，然后单击“删除”按钮，再单击“确定”按钮即可删除已设置的某一词条。

3.4　格式化文档

3.4.1　字符格式的设置

在默认情况下，Word 2016 所有的输入文字会以宋体、五号字（中文）和 Times New Roman 体、五号字（英文）显示。通常情况下，用户会改变文档内容的字体、字形、字号等设置。这时便可以通过菜单和工具栏中相应的命令对文字进行修饰，以获得更好的效果。

要为某一部分文本设置字符格式，则必须先选定这部分文本。如果没有选定文本，而进行字符格式的设置，那么，从当前位置开始，输入的字符都会沿用已经设置了的字符格式。

1. 利用“字体”组设置字符的字体、字形和字号

1）选定需要进行字符格式设置的文本。

2）单击“开始”选项卡“字体”组中的“字体”框右边的下拉按钮，出现下拉列表，选择需要的字体名。

3）单击“开始”选项卡“字体”组中的“字号”框右边的下拉按钮，出现下拉列表，选择需要的字号。

4）如果还需要设置字形，则单击“字体”组中的“加粗”或“倾斜”快捷按钮。（注意：“加粗”或“倾斜”按钮属于开关按钮，选中时呈凹下状态，未选中时呈凸起状态。）

5）当选定文字时，会自动弹出字体编辑快捷栏，可以利用它进行操作。

2. 利用“字体”对话框设置字符的字体、字形和字号

1）选定需要进行字符格式设置的文本。

2）单击“开始”选项卡“字体”组右下角的展开按钮，打开“字体”对话框，如图 3-6所示。

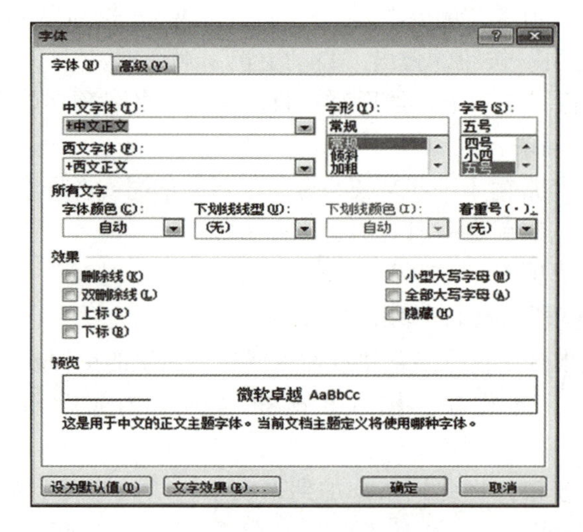

图 3-6 “字体”对话框

3）单击“中文字体”下拉按钮，打开字体下拉列表。选择想要的字体，该字体名显示到列表框内。若要对英文进行设置，则选择“西文字体”下拉列表中的字体名。

4）选择“字形”列表框中的字形名，设置所需字形。

5）选择“字号”列表框中的字号，设置所需字号。

6）选择完毕后，单击“确定”按钮，返回编辑区。

需要注意的是，单击“设为默认值”按钮，并回答提示问题，可将所选择的字体、字形、字号等参数修改为系统的默认值。其他默认值的修改类似。

3. 下划线的设置

下划线的设置可分为两种情况：添加普通下划线和添加装饰性下划线。添加普通下划线的操作步骤如下：

1）选定需要添加下划线的文字。

2）单击“开始”选项卡“字体”组右下角的展开按钮，打开“字体”对话框。

3）在该对话框中的“下划线线型”列表框中选择相应的线型即可。

也可以直接单击“开始”选项卡“字体”组中“下划线”右侧的下拉按钮，在弹出的列表中选择所需的线形。如果只添加单下划线，可直接单击“下划线”按钮。

添加装饰性下划线的操作步骤如下：

1）选定需要添加下划线的文字。

2）单击“开始”选项卡“字体”组右下角的展开按钮，打开“字体”对话框。

3）在“下划线线型”下拉列表框中选择所需线型。

4）在“下划线颜色”下拉列表框中选择所需颜色，然后单击“确定”按钮即可。

也可以直接单击“字体”组中“下划线”右侧的下拉按钮，同样打开“字体”对话框，在其中选择所需的下划线线型及下划线颜色，如图 3-7 所示。

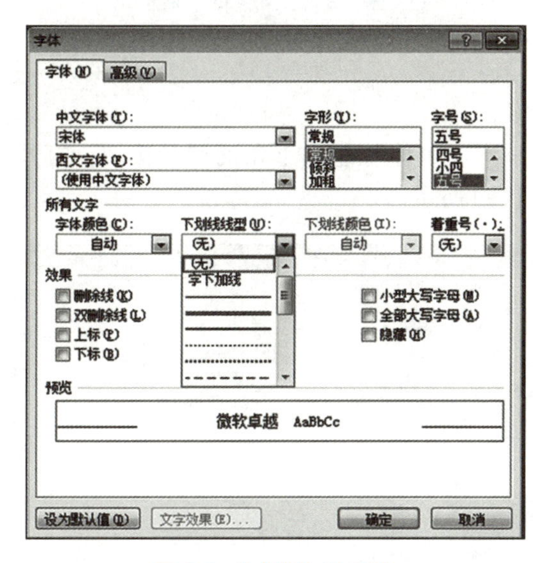

图 3-7 “字体”选项卡

当选定文字时，会自动弹出字体编辑快捷栏，可以利用它进行操作。

4. 字体的颜色与着重号

1）选定需要修改格式的文字。

2）单击“开始”选项卡“字体”组右下角的展开按钮，打开“字体”对话框的“字体”选项卡，在“字体颜色”下拉列表框中选择所需的颜色。

3）如果要添加“着重号”，则在“着重号”下拉列表框中选择所需的着重号。

也可以直接单击“字体”组上“字体颜色”按钮右侧的下拉按钮，同样打开“字体”对话框，在其中选择所需的颜色。若直接单击“字体颜色”按钮，可将最近使用过的颜色应用于所选文字。

当选定文字时，会自动弹出字体编辑快捷栏，可以利用它进行操作。

5. 设置字体效果

在某些情况下，用户需要对部分文字进行效果处理，如设置阳文、阴文、空心或阴影格式等。

1）选定需要修改格式的文字。

2）单击“开始”选项卡“字体”组右下角的展开按钮，打开“字体”对话框的“字体”选项卡。

3）在图 3-8 所示的“效果”选项组中，选择所需效果，单击“确定”按钮即可。

如果使用了“隐藏”效果，而又要在屏幕上显示被隐藏的文字，可单击“开始”选项卡“段落”组中的“显示/隐藏编辑标记”按钮。

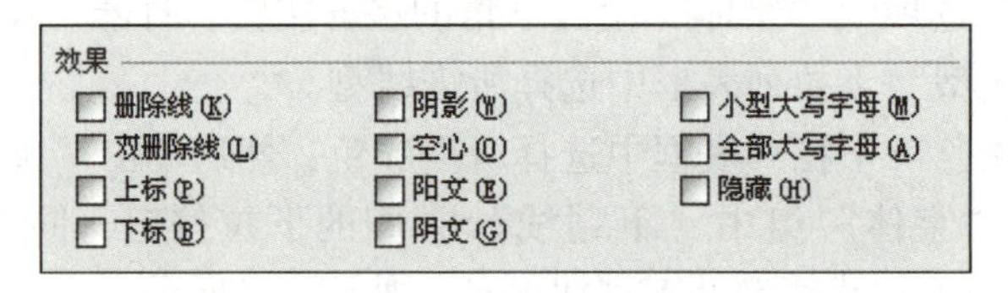

图 3-8　设置字体效果

6. 字符间距的设置

1）选定要更改的文字。

2）单击“开始”选项卡“字体”组右下角的展开按钮，打开“字体”对话框，切换到“高级”选项卡，如图 3-9 所示。

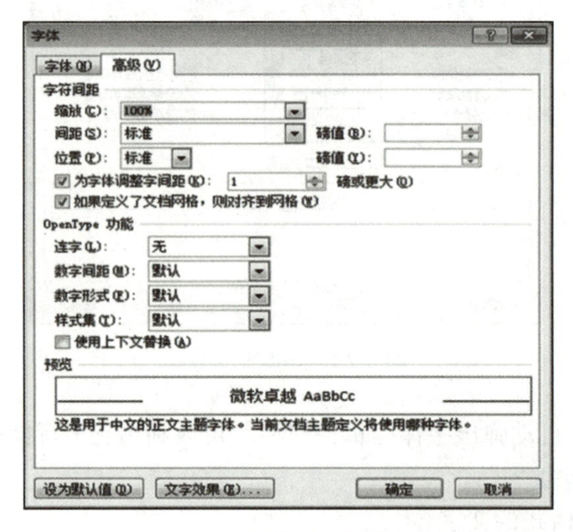

图 3-9　“高级”选项卡

3）在“缩放”列表框中输入所需的百分比。

4）如果要均匀加宽或紧缩所有选定字符的间距，可在“间距”列表框中选择“加宽”或“紧缩”选项，并在“磅值”微调框中指定要调整的间距的大小。

5）在“位置”列表框中选择“提升”或“降低”选项，并设置其磅值。最后单击“确定”按钮即可。

也可以直接单击“开始”选项卡“段落”组中“中文版式”按钮右侧的下拉按钮，弹出下拉列表，在“字符缩放”中选择需要的字符缩放比例。

7. 中文版式

中文 Word 2016 中，提供了一些符合中文排版习惯的功能，即所谓的中文版式。

（1）带圈字符

1）选定要设置带圈格式的字符。

2）单击“开始”选项卡“字体”组中的“带圈字符”按钮㊫，打开“带圈字符”对话框，如图 3-10 所示。

3）在“样式”选项区域中选中“缩小文字”或“增大圈号”选项。

4）在“圈号”列表框中选择某一种类型的圈号。最后单击“确定”按钮即可。

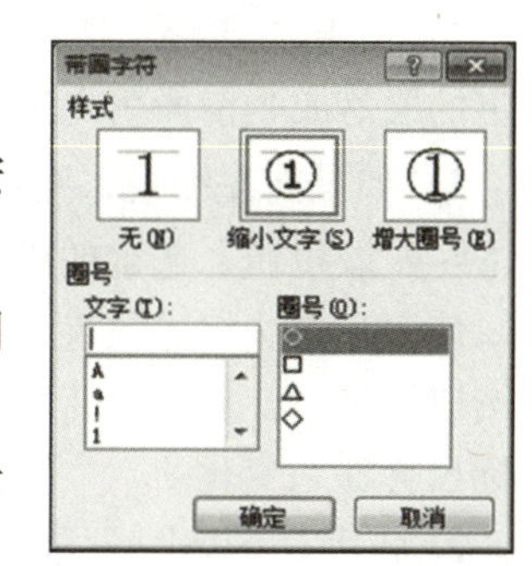

图 3-10　“带圈字符”对话框

需要取消已设置的带圈格式，则可选中“带圈字符”对话框中的“无”样式。

（2）标注汉语拼音

利用“拼音指南”功能，可在中文字符上标注汉语拼音。如果想使用这项功能，首先需要选定一段文字，然后单击“开始”选项卡“字体”组中的“拼音指南”按钮。一次最多只能选定 30 个字符并自动标记拼音，如图 3-11 所示。

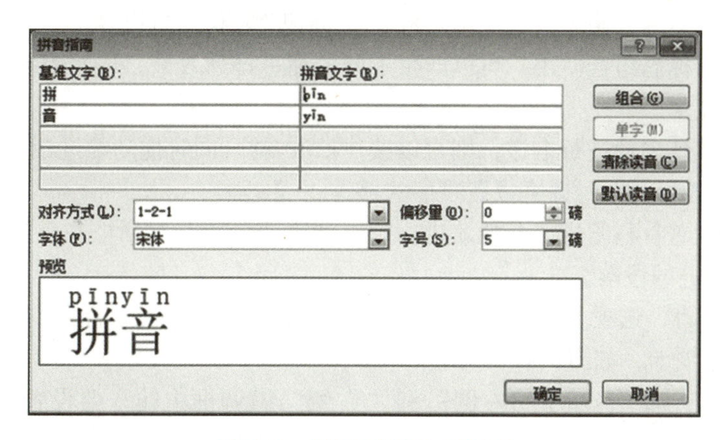

图 3-11　“拼音指南”对话框

另外，用户还可利用“纵横混排”功能产生纵横混排的中文排版效果。

3.4.2　段落格式的设置

在 Word 中，段落是独立的信息单位，具有自身的格式特征。对段落的格式化是指在一个段落的范围内对内容进行排版，使得整个段落显得更美观大方、更符合规范。每个段落的结尾处都有段落标记。文档中段落格式的设置取决于文档的用途及用户所希望的效果。通常，会在同一篇文档中设置不同的段落格式。当按<Enter>键结束一段开始另一段时，生成的新段落会具有与前一段相同的段落格式。

用户可以对段落进行缩进、文本对齐方式、行距和间距等格式设置。

1. 用功能区中的按钮对文字进行缩进

缩进是指将要缩进段落的左右边界或段落的起始位置向右或向左移动。移动后，要缩进段落的文字将按缩进后的宽度重新排版。

1）选定要缩进的段落。

2）单击“开始”选项卡“段落”组中的“增加缩进量”按钮。单击一次该按钮，选定的段落或当前段落左边起始位置向右缩进 1 个字符。

3）如果向左缩进，则单击“开始”选项卡“段落”组中的“减少缩进量”按钮。单击一次该按钮，选定的段落或当前段落左边起始位置向左前进 1 个字符。

使用该方法缩进的尺寸是固定的，如果不想采用固定方式，可选用其他的方法。用功能区按钮缩进时，只能改变缩进段落左边界的位置，而不能改变右边界的位置。标尺行上的缩进标尺会随之变化。

2. 利用“标尺”设置段落的缩进

首先选定要缩进的段落，然后执行下列操作之一：

设置首行缩进：在水平标尺上，将“首行缩进”标记拖动到希望首行文本开始的位置。

设置悬挂缩进：在水平标尺上，将“悬挂缩进”标记拖动到所需的缩进起始位置。

左缩进：可以设置文本的左边界位置。在水平标尺上，将“左缩进”标记拖动至所需的文本左边界起始位置。

右缩进：用同样的方法，可拖动“右缩进”标记，移动右边界。

上述 4 个缩进标志组合使用，可以产生不同的缩进排列效果，从而使各段落按用户不同的需要排列段落宽度。

如果希望比较精确地进行缩进，则可以按住<Alt>键，同时拖动缩进标记。

3. 利用“段落”命令对话框设置段落的缩进

为更精确地设置首行缩进或悬挂缩进，则可利用“段落”对话框来完成。

1）选定要缩进的段落。

2）单击“开始”选项卡“段落”组中的右下角的展开按钮，打开“段落”对话框的“缩进和间距”选项卡，如图 3-12 所示。

3）在“缩进”选项区域下“左侧”和“右侧”微调框中输入要设置的左缩进和右缩进的值。

4）在“特殊格式”下拉列表框中，选择“首行缩进”选项或“悬挂缩进”选项。在“缩进值”文本框中，设置首行缩进或悬挂缩进量。首行缩进的单位可以是厘米或字符，用户可以自行输入“厘米”或“字符”作为缩进的单位。最后单击“确定”按钮即可。

4. 文本的对齐方式

在编辑文档时，有时为了特殊格式的需要，要设置文本的对齐方式。例如，文档的标题一般要居中、正文文字要两端对齐等。用户可以利用“开始”选项卡“段落”组中的按钮来设置文本段落的对齐方式。首先选定要设置文本对齐方式的段落。

（1）左对齐文本

单击“开始”选项卡“段落”组中的“左对齐”按钮即可。

（2）居中对齐文本

单击“开始”选项卡“段落”组中的“居中”按钮即可。在使用“居中”功能之前，要确保左、右缩进标记处于左、右页边距上。

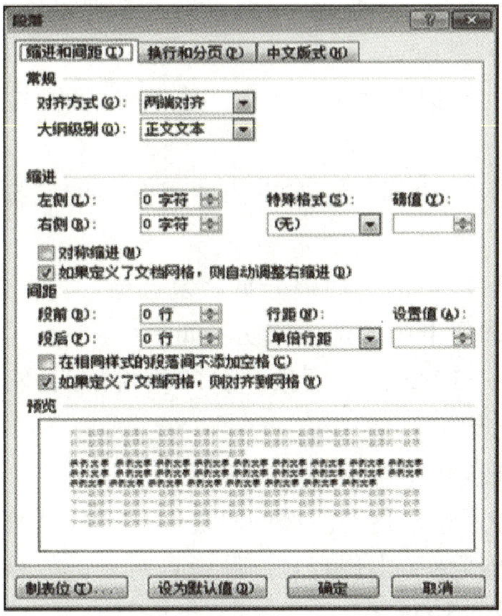

图 3-12　“段落”对话框的“缩进和间距”选项卡

（3）右对齐文本

单击“开始”选项卡“段落”组中的“右对齐”按钮 即可。

（4）两端对齐文本

单击“开始”选项卡“段落”组中的“两端对齐”按钮 。当该按钮处于按下状态时，文字的左右两侧将分别与左、右页边距对齐。当该按钮处于无阴影状态时，只是文字的左侧与左页边距对齐，同时左对齐按钮处于按下状态。

（5）分散对齐文本

单击“开始”选项卡“段落”组中的“分散对齐”按钮 即可。“分散对齐”可使 Word 在选定段落的字符间添加空格，使文字均匀分布在该段落的页边距之间。分散对齐的文本也可以有首行缩进。

如果需要撤销段落的某种对齐方式，则再次单击该对齐按钮即可，使其处于凸起状态。当然，也可以在“段落”对话框中的“缩进和间距”选项卡中设置文本的对齐方式。

5. 段落的行距与间距

行距表示各行文本之间的垂直距离。段落的间距是不同段落之间的垂直距离，即指当前段或选定段与前段和后段的距离。要更改行距和间距的操作步骤如下：

1）选定要更改其行距或段落间距的段落。

2）单击“开始”选项卡“段落”组右下角的展开按钮，打开“段落”对话框的“缩进和间距”选项卡。

3）要改变行距，在“行距”列表框中选择所需的选项。

4）要增加各个段落的前后间距，在“段前”或“段后”微调框中输入所需的间距。单击“确定”按钮即可。如果选定的文本包含的是多个段落，则被选定的文本包含段落之间的间距，也就是“段前”间距与“段后”间距之和。

如果选择的行距为“固定值”或“最小值”，则需在“设置值”微调框中输入所需的行间隔。如果选择了“多倍行距”，则需在“设置值”微调框中输入行数。

6. 段落中的换行和分页

Word 2016 是自动分页的。但有时为了需要，希望将新的段落安排在下一页，可进行如下操作：

1）单击“开始”选项卡“段落”组右下角的展开按钮，打开“段落”对话框，切换到“换行和分页”选项卡。

2）选中“分页”选项区域中的“段前分页”复选框。再单击“确定”按钮即可。

此外，“换行和分页”选项卡中各选项的功能如下：

① 孤行控制：防止 Word 2016 在页面顶端打印段落末行或在页面底端打印段落首行。该选项是 Word 2016 的默认选项。

② 段中不分页：防止在段落中出现分页符。

③ 与下段同页：防止在所选段落与后面一段之间出现分页符。

④ 取消行号：防止所选段落旁出现行号。此设置对未设行号的文档或节无效。

⑤ 取消断字：防止段落自动断字。

7. 格式刷的使用

“格式刷”是 Word 2016 中非常有用的一个工具，其功能是将一个选定文本的格式复制到另一个文本上去，以减少手工操作的时间，并保持文字格式的一致。用户根据需要可以复制字符格式和段落格式。

（1）复制字符格式

1）选定具有要复制的格式的文本。

2）单击“开始”选项卡“剪贴板”组中的“格式刷”按钮，指针呈刷子状。

3）选定要应用此格式的文本。

（2）复制段落格式

1）选定具有要复制的格式的段落（包括段落标记）。

2）单击“开始”选项卡“剪贴板”组中的“格式刷”按钮，指针呈刷子状。

3）选定要应用此格式的段落。

另外，如果想要将选定格式复制到多个位置，可双击“格式刷”按钮。复制完毕后再次单击该按钮或按<Esc>键即可。

8. 样式

（1）样式的概念

样式是指一组已经命名的字符和段落格式。它规定了标题、题注及正文等各个文本元素的格式。用户可以将一种样式应用于某个段落，或段落中选定的字符上。这样所选定的段落或字符便具有该样式定义的格式。利用它可以快速改变文本的外观。当应用样式时，只需执行一步操作就可应用一系列的格式。

在 Word 中有很多已经设置好的样式，如标题样式、正文样式等。使用样式可以对具有相同格式的段落和标题进行统一控制，而且还可以通过修改样式对使用该样式的文本的格式进行统一修改。

样式可分为字符样式和段落样式两种。

字符样式影响段落内选定文字的外观，例如，文字的字体、字号、加粗及倾斜的格式设置等。即使某段落已整体应用了某种段落样式，该段中的字符仍可以有自己的样式。段落样式控制段落外观的所有方面，如文本对齐、制表位、行间距、边框等。

Word 本身自带了许多样式，称为内置样式。如果 Word 提供的标准样式不能满足需要，就可以自己建立样式，称为自定义样式。用户可以删除自定义样式，却不能删除内置样式。

（2）样式的分类

字符格式是指由样式名称来标识的字符格式的组合。它提供字符的字体、字号、字符间距和特殊效果等。字符样式仅作用于段落中选定的字符。如果需要突出段落中的部分字符，可以定义和使用字符样式。

段落样式是指由样式名称来标识的一套字符格式和段落格式，包括字体、制表位、边框、段落格式等。段落格式只能作用于整个段落，而不是段落中选定的字符。

创建文档时，如果没有使用指定模板，Word 将使用默认的 Normal 模板。单击“开始”选项卡“样式”组右下角的展开按钮，就会打开样式列表，显示全部样式格式。

从“样式”下拉列表框中可以明显区分出字符样式和段落样式。字符样式用一个加粗且带下划线的字母“a”表示，段落样式用段落标记符号“↵”来表示。

（3）新建样式

新建字符样式的方法如下：

1）单击“开始”选项卡“样式”组右下角的展开按钮，打开“样式”下拉列表，如图 3-13 所示。

2）单击按钮，弹出“根据格式设置创建新样式”对话框，如图 3-14 所示。在“名称”文本框中输入样式的名称。

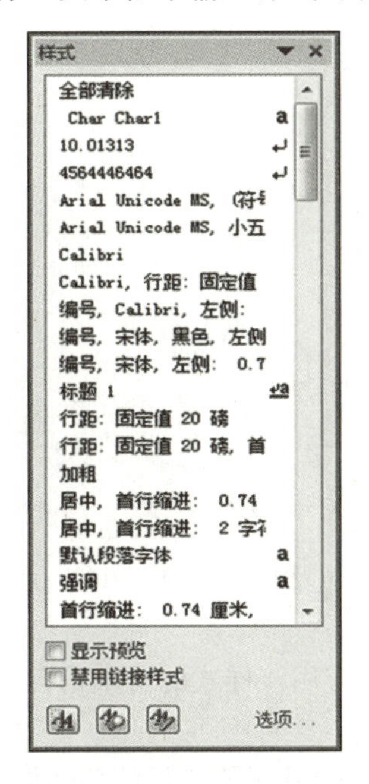

图 3-13　“样式”下拉列表

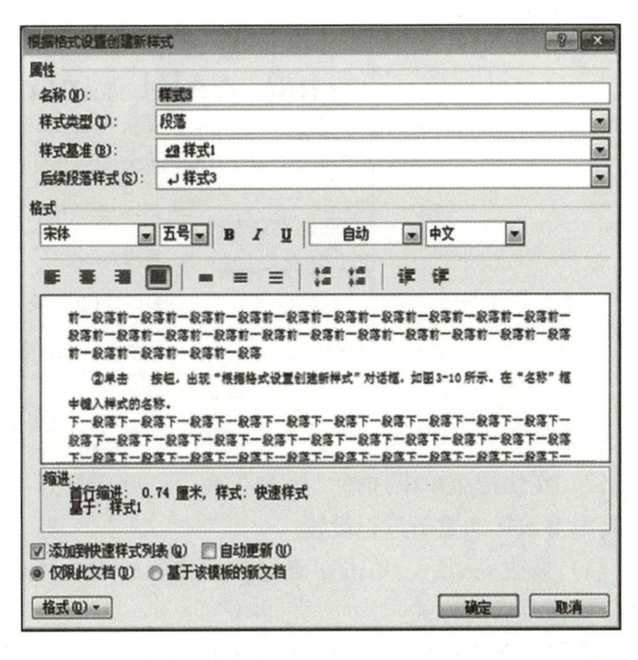

图 3-14　“根据格式设置创建新样式”对话框

3）单击“根据格式设置创建新样式”对话框中的 格式(O) 按钮右边的下三角按钮，在下拉列表框中选择“字符”和“段落”分别设置新建样式的字体为“楷体”、段落格式为“左对齐”、行距为1.5倍。

“根据格式设置创建新样式”对话框中各项的含义如下：

①“名称”文本框：用于输入新建的样式名称。

②“样式类型”下拉列表框：为新建的样式选择样式类型。如选择下拉列表框中的“段落”选项，则新建一个段落样式。

③“后续段落样式”下拉列表框：指在应用本样式段落后下一段落默认使用的样式。

④“添加到快速样式列表”复选框：将修改添加到创建该文档的模板中，否则，修改只对当前文档有效。

⑤“自动更新”复选框：如果修改了样式，则自动更新应用了该样式的文本。

4）单击“确定”按钮。

用户也可以采用另外一种更快捷的新建段落样式的方法，即选定包含所需样式的文本，单击“开始”选项卡“样式”组中“样式”任务窗格上的“其他”按钮，选择“创建样式”命令，输入新建样式的名称，按<Enter>键即可。

（4）应用已定义的样式

1）要应用段落样式，可单击段落或者选定要修改的一组段落。

2）要应用字符样式，可单击单词或者选定要修改的一组单词。

3）单击“开始”选项卡“样式”组中“样式”任务窗格中要应用的样式名即可。

（5）修改样式

1）在“开始”选项卡“样式”组中右击“样式”任务窗格中要修改的样式名称，如图3-15所示。

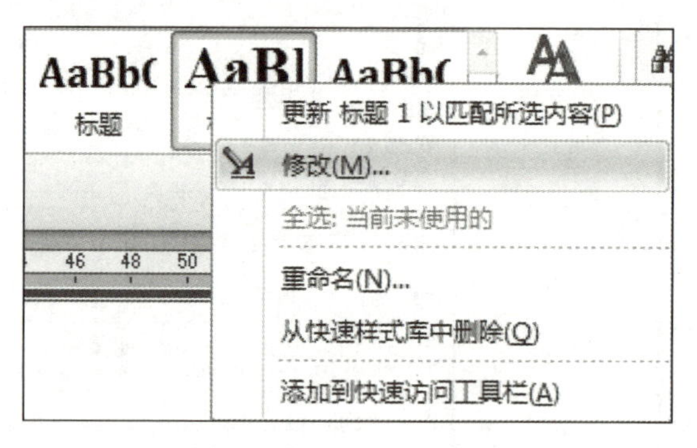

图3-15 “样式”右击快捷菜单

2）在快捷菜单中选择“修改”命令，则会打开“修改样式”对话框，如图3-16所示。在其中对该样式重新进行设置。

3）修改完毕后，单击“确定”按钮。样式被修改后，文档中应用该样式的文本也会自动应用修改后的样式。

若要在基于此模板的新文档中使用经过修改的样式，则可选中“基于该模板的新文档”单选按钮，Word会将更改后的样式添加至活动文档所基于的模板。

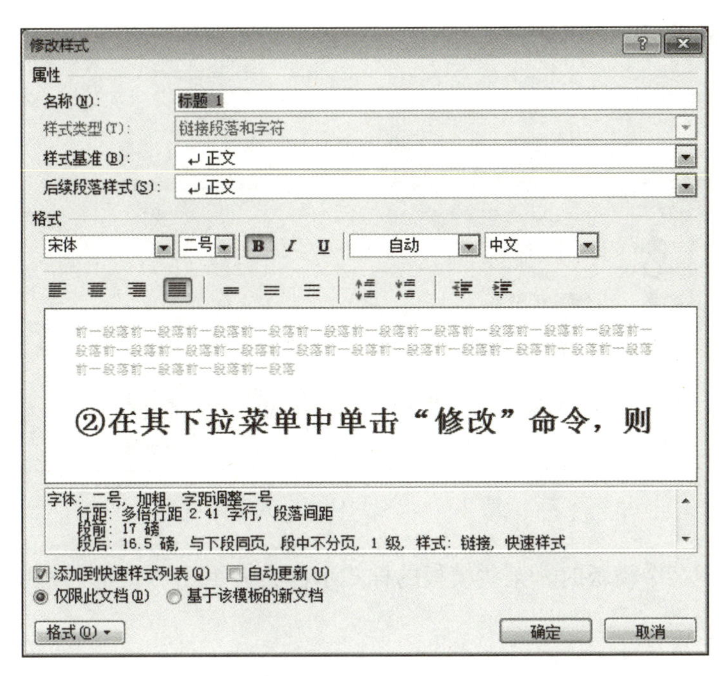

图 3-16　“修改样式”对话框

（6）删除样式

1）在“开始”选项卡“样式”组中右击“样式”任务窗格中要删除的样式名称。

2）选择“从样式库中删除”命令即可。

如果要清除文本的格式，首先选定要清除格式的文本，然后单击“开始”选项卡“样式”组中“样式”任务窗格上的“其他”按钮，选择“清除格式”命令，则文本原有的格式就会被清除，代之以当前文档使用的默认格式。

9. 模板

（1）模板的概念

模板就是某种文档的式样和模型，又称样式库，是一群样式的集合。利用模板可以生成一个具体的文档。因此，模板就是一种文档的模型。

模板是创建标准文档的工具。模板决定文档的基本结构和文档设置，如页面设置、自动图文集词条、字体、快捷键指定方案、菜单、页面布局、特殊格式和样式。任何 Word 文档都是以模板为基础创建的。当用户新建一个空白文档时，实际上是打开了一个名为“Normal. dot”的文件。

模板的两种基本类型为共用模板和文档模板。共用模板包括 Normal 模板，所含设置适用于所有文档。文档模板（如“新建”对话框中的备忘录和传真模板）所含设置仅适用于以该模板为基础的文档。例如，如果用备忘录模板创建备忘录，备忘录能同时使用备忘录模板和任何共用模板的设置。Word 提供了许多文档模板，用户也可以创建自己的文档模板。

（2）模板的使用

1）选择“文件”选项卡“新建”命令，打开“可用模板”窗口，如图 3-17 所示。

2）在其中选择需要的模板类型。最后单击“创建”按钮即可。

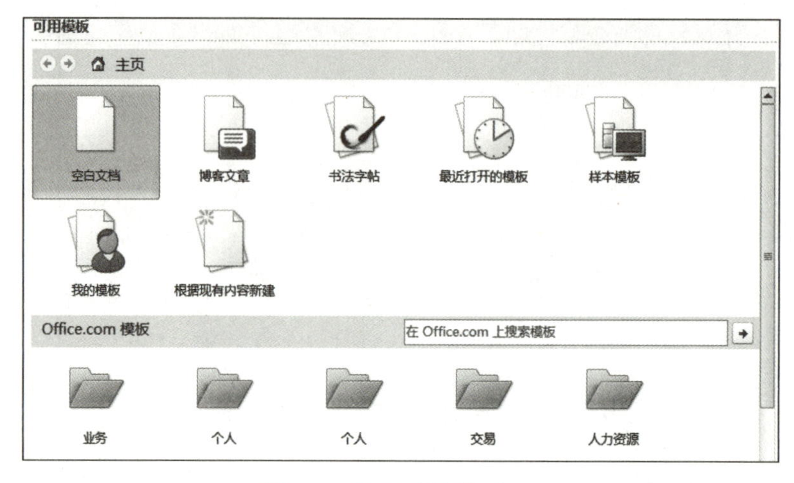

图 3-17 “可用模板”窗口

提示： 当选中某个模板时，某些模板的样式示例会显示在“预览”框中。

（3）模板的修改

模板存放在文件夹 Templates 中。

1）选择“文件”选项卡“打开”命令，然后找到并打开要修改的模板。

2）更改模板中的文本和图形、样式、格式、自动图文集词条等。单击“保存”按钮进行保存。

更改模板后，并不影响基于此模板的已有文档的内容。只有在选中“自动更新文档样式”复选框的情况下，打开已有文档时，Word 才更新修改过的样式。在打开已有文档前，选择“工具”选项卡“模板和加载项”命令，然后设置此选项才有效。

要确定模板文件的位置，可在 Word 文档的窗口中，选择“文件”选项卡“另存为”命令，在弹出的“另存为”对话框中的“文件类型”下拉列表框中选择“文件模板(.dotx)”，这时就可以看到模板文件了。单击对话框工具栏中的按钮返回上一级，就可以看到文件夹 Templates 所在的路径了。

3.4.3 文档的页面设置

1. 设置纸张大小

常用的纸张有 A3、A4、B4、B5、16 开等多种规格，Word 为用户内置了多种纸张规格，可根据需要进行选择。操作步骤如下：

1）单击“布局”选项卡“页面设置”组右下角的展开按钮，在弹出的“页面设置”对话框中单击切换到“纸张”选项卡，如图 3-18 所示。

2）选择某一规格的纸张。其下方的“高度”和“宽度”微调框中会显示出该种纸型大小的数值，并在“预览”框中会显示出纸型的预览效果。最后单击“确定”按钮即可。

如只需要改变部分文档的纸张大小，可选定所需页面然后改变纸张大小，在“应用于”下拉列表框中选择“所选文字”选项即可。

2. 设置页边距

页边距是页面四周的空白区域。通常情况下，在页边距内的可打印区域中插入文字和图形。然而，也可以将某些项目放置在页边距区域中，如页眉、页脚和页码等。

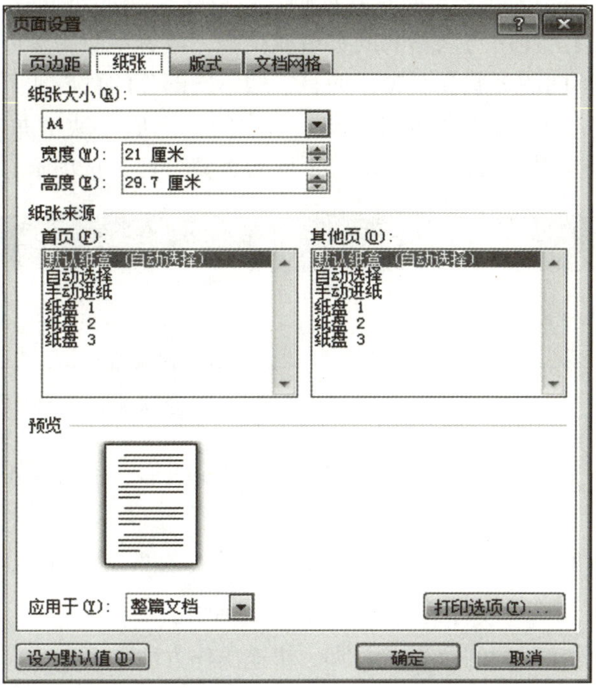

图 3-18　“页面设置”对话框中的“纸张”选项卡

1）单击“布局”选项卡“页面设置”组右下角的展开按钮，在弹出的“页面设置”对话框中切换到“页边距”选项卡。

2）在“上”“下”“左”“右”微调框中分别输入页边距的数值。

3）单击“确定”按钮即可。

提示：使用鼠标拖动“水平标尺”和“垂直标尺”上的页边距边界，也可以更改页边距。如要指定精确的页边距值，只需在拖动边界的同时按住<Alt>键，标尺上就会显示页边距值。

3. 设置打印方向

一般情况下，打印文档都采用的是“纵向”，而当文档的宽度大于高度时，应选用“横向”打印方向。

1）单击“布局”选项卡“页面设置”组右下角的展开按钮，在弹出的“页面设置”对话框中切换到“页边距”选项卡。

2）选中“纸张方向”选项区域中的“纵向”或“横向”单选按钮。

3）单击“确定”按钮即可。

提示：要改变部分文档的页面方向，可先选定所需页面然后改变纸张方向，在“应用于”下拉列表框中选择“所选文字”选项即可。

4. 创建页眉和页脚

页眉和页脚通常用于打印文档。页眉和页脚中可以包括页码、日期、公司徽标、文档标题、文件名或作者名等文字或图形，这些信息通常打印在文档中每页的顶部或底部。页眉打印在上页边距中，而页脚打印在下页边距中。

在文档中可自始至终用同一个页眉或页脚，也可在文档的不同部分用不同的页眉和页脚。例如，可以在首页上使用与众不同的页眉或页脚，或者不使用页眉和页脚。还可以在奇数页和偶数页上使用不同的页眉和页脚，而且文档不同部分的页眉和页脚也可以不同。

1）单击“插入”选项卡“页眉和页脚”组中的“页眉”或“页脚”下拉按钮，选择“编辑页眉”或“编辑页脚”命令，出现“页眉和页脚工具”选项卡，如图 3-19 所示。

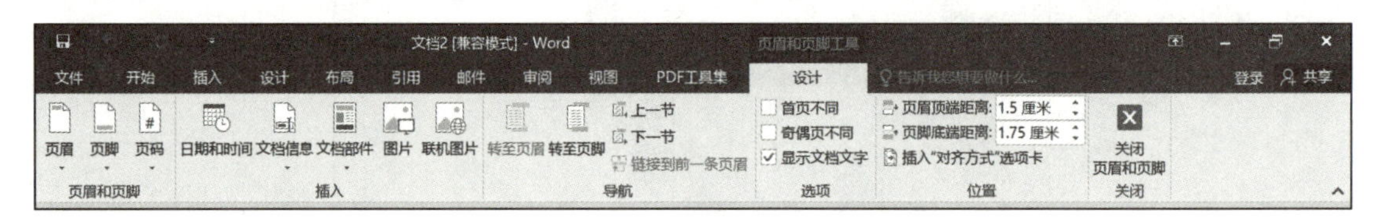

图 3-19 “页眉和页脚工具”选项卡

2）如果要创建页眉，可在页眉编辑区输入文字或图形，也可单击“页眉和页脚工具”选项卡上的按钮。

3）如果要创建页脚，单击“转至页脚”按钮以移动到页脚编辑区，输入页脚内容。

4）创建完毕后，单击“关闭页眉和页脚”按钮即可。

为文档的奇偶页创建不同的页眉或页脚，快速操作方法如下：

在“页眉和页脚工具”选项卡的“选项”组中，选中“奇偶页不同”复选框，这时单击“导航”组中的“上一节”和“下一节”按钮就可以在“奇数页页眉（脚）”编辑区或“偶数页页眉（脚）”编辑区间切换，以便对页眉或页脚进行输入或修改。

5. 删除页眉或页脚

1）用上述方法打开“页眉和页脚工具”选项卡。

2）在页眉或页脚编辑区中，选定要删除的文字或图形，然后按<Delete>键。

注意：删除一个页眉或页脚时，Word 自动删除整个文档中同样的页眉或页脚。要删除文档中某个部分的页眉或页脚，可先将该文档分成节，然后断开各节间的连接。

6. 插入页码

1）在“页眉和页脚工具”选项卡中，单击“页码”下拉按钮。

2）在下拉菜单中选择是将页码打印于“页面顶端”的页眉中还是“页面底部”的页脚中。

3）选择其他所需选项即可。

7. 删除页码

1）在“页眉和页脚工具”选项卡中，单击“页眉”或“页脚”下拉按钮，选择“编辑页眉”或“编辑页脚”命令，进入页眉或页脚编辑状态。

2）如果已将页码置于页面底部，则单击“转至页脚”按钮，切换至页脚。

3）选定一个页码。如果页码是使用“插入”选项卡“页眉和页脚”组中“页码”下拉列表中的命令插入的，则应同时选定页码周围的图文框。

4）按<Delete>键删除页码。单击“页眉和页脚工具”选项卡中的“关闭页眉和页脚”按钮。

8. 插入脚注和尾注

脚注和尾注用于在打印文档中为文档中的文本提供解释、批注及相关参考资料。脚注用于对文档内容进行注释说明，而尾注用于说明引用的文献。具体操作如下：

1）移动光标至需要插入脚注和尾注的位置。

2）单击“引用”选项卡“脚注”组右下角的展开按钮，打开“脚注和尾注”对话框，如图 3-20 所示。

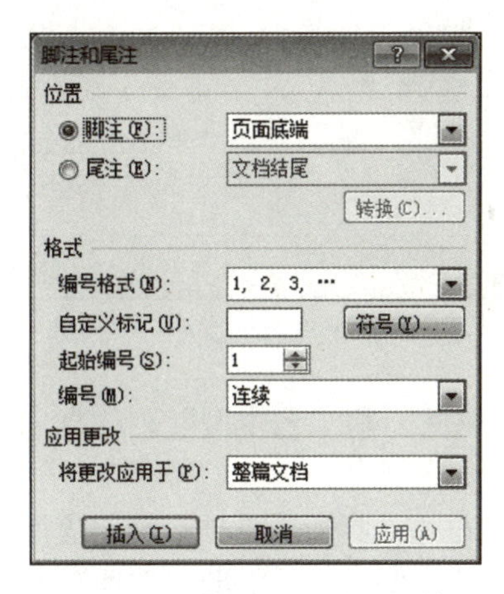

图 3-20 “脚注和尾注”对话框

3）在“位置”选项区域，选中“脚注”或“尾注”单选按钮，然后在其后的下拉列表框中选择脚注或尾注的位置，单击“插入”按钮，即可在光标位置插入脚注和尾注的编号，同时在页面底端出现该脚注和尾注的编号，用户在此位置输入脚注和尾注的文字。

9. 修改或删除脚注或尾注

在页面视图下可以直接对脚注或尾注的内容进行修改或删除。还可以双击脚注或尾注编号，转至脚注或尾注，然后修改或删除其中的内容（此时脚注或尾注的编号仍存在）。

如果文档同时包含脚注和尾注，单击“引用”选项卡中的“下一条脚注”或“下一条尾注”按钮，可以在这些脚注和尾注之间进行转换。

选中脚注或尾注的编号，按<Delete>键，即可删除该脚注或尾注（包括脚注或尾注的编号）。

3.4.4 文档的背景设置

在处理 Word 文档过程中，有时为了获得一些特殊效果，需要为页面、文字或段落加上背景，即边框和底纹。

1. 为文档中的页面添加边框

1）单击“设计”选项卡“页面背景”组中的“页面边框”按钮，弹出“边框和底纹”对话框，如图 3-21 所示。

2）如果希望边框只出现在页面的指定边缘（例如只出现在页面的顶部边缘），选择“设置”选项区域中的“自定义”选项，然后在“预览”选项区域中单击要添加边框的位置。

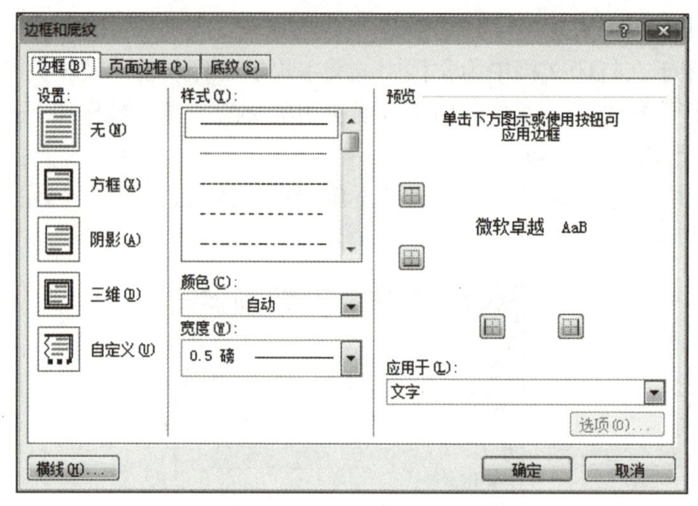

图 3-21 “边框和底纹”对话框

3）在“样式”“颜色”“宽度”和“艺术型”列表框中选择线型、宽度、颜色，以及是否指定艺术型。

4）在“应用于”下拉列表框中选择所需选项以确定应用范围。

5）要指定边框在页面上的精确位置，可单击“选项”按钮，在弹出的对话框中进行详细设置，再单击“确定”按钮即可。

2. 为文档中的文字添加边框

可以通过添加边框来将某些段落或选定文字与文档中的其他部分区分开来。

1）选定需要添加边框的段落或文字。

2）使用上述方法打开“边框和底纹”对话框，切换到“边框”选项卡。

3）在“应用于”下拉列表框中可以选择“段落”或“文字”选项。

4）如果要指定边框相对于文本的精确位置，可在“应用于”下拉列表框中选择“段落”选项，然后单击“选项”按钮，在弹出的对话框中进行相应的设置。最后单击“确定”按钮即可。

如果为字符添加简单的边框，单击“开始”选项卡“字体”组中的“字符边框”按钮 A 即可。

3. 为文档中的文字添加底纹

可以使用底纹来突出显示文字。

1）选定需要添加底纹的段落或文字。

2）使用上述方法打开“边框和底纹”对话框，然后切换到“底纹”选项卡。

3）设置底纹图案，选择填充颜色。

4）在“应用于”下拉列表框中选择相应的选项。最后单击“确定”按钮即可。

如果为字符添加简单的底纹，单击“开始”选项卡“字体”组中的“字符底纹”按钮 A 即可。

也可以通过“字体”组中的“以不同颜色突出显示文本”按钮 ab 来构造一个突出显示的效果。

4. “边框和底纹”对话框中“横线”按钮的使用

除了在“边框和底纹”对话框的“线型”列表框中列出的线型之外，还可以在文档中插入一条漂亮的横线，以分隔段落。在此使用的横线，实际上是 Microsoft 剪辑库 5.0 中有关线段的图形。

1）单击要插入横线的位置。

2）使用上述方法打开“边框和底纹”对话框。

3）单击“横线”按钮，在弹出的“横线”对话框中选择需要的横线线型，如图 3-22 所示。

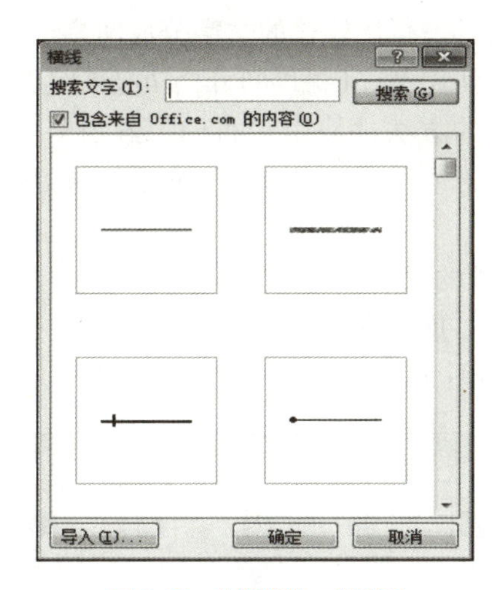

图 3-22　“横线”对话框

4）选中所需线型，单击“确定”按钮即可。

5. 为页面添加水印效果

水印是指打印时显示在已存在的文档文字的上方或下方的任何文字或图形。用户可以插入不同颜色、样式、大小、方向和字体的水印，还可以根据需要选择或输入要作为水印的文字。

插入水印的方法：单击“设计”选项卡“页面背景”组中的“水印”下拉按钮，选择“自定义水印”命令，打开“水印”对话框，选择所需的水印类型后，单击“确定”按钮即可。

删除水印的方法：单击“设计”选项卡“页面背景”组中的“水印”下拉按钮，选择“删除水印”命令即可。

6. 为页面添加颜色

Word 还提供了为文档添加页面颜色的功能。具体操作步骤如下：

1）单击“设计”选项卡“页面背景”组中的“页面颜色”下拉按钮，弹出颜色面板。

2）将指针放在主题颜色或标准色色版的任意颜色上，页面即可随时预览该颜色的效果。单击颜色，所选择的颜色即可应用于该文档的所有页上。

3）如这篇文档需要应用的页面颜色与最近应用的文档相同，可直接选择最近使用的颜色。

如果想选用的颜色在以上色版中没有，可以选择其他颜色进行自定义。

另外，还可以为文档设置不同的填充效果。具体操作步骤如下：

1）单击“设计”选项卡“页面背景”组中的“页面颜色”下拉按钮。

2）选择“填充效果”命令打开“填充效果”对话框，在“渐变”等选项卡中设置“颜色”“透明度”“底纹样式”“变形”“纹理”“图案”或“图片”等效果，最后单击“确定”按钮即可。

3.4.5 文档分栏等基本排版

1. 分栏

有时候用户需要将文档的某一行比较长的文字分成两栏或三栏，使页面文字便于阅读，更加美观、生动，此时就需要使用 Word 提供的分栏功能来完成。

对文档进行分栏的最简单的方法是使用“布局”选项卡“页面设置”组中的“分栏”按钮来完成。但在一般的情况下，可通过“分栏”对话框来处理。

（1）分栏

1）选定将要进行分栏排版的文本。

2）单击“布局”选项卡“页面设置”组中“分栏”下拉按钮，选择“更多分栏”命令，打开“分栏”对话框，如图 3-23 所示。

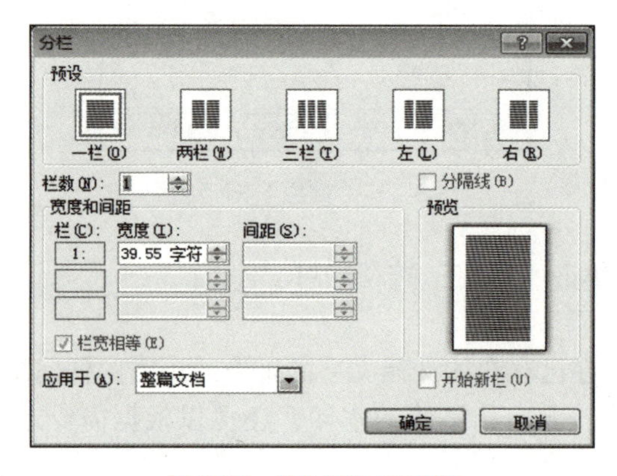

图 3-23 “分栏”对话框

3）在“预设”选项区域中选择分栏格式及栏数，如果栏数不满足要求，可在“栏数”微调框中设置。

4）若希望各栏的宽度不相同，可取消选中“栏宽相等”复选框，然后分别在“宽度”和“间距”微调框内进行操作。

5）选中“分隔线”复选框，可以在各栏之间加入分隔线。

6）在“应用于”下拉列表框中选择应用范围后，选中“开始新栏”复选框，则在当前光标位置插入“分栏符”，并使用上述分栏格式建立新栏。

7）单击“确定”按钮，Word 会按设置进行分栏。

（2）设置等长栏

当文档不满一页时进行分栏设置，Word 会把它分为一个不等长的栏，为了使栏相等，可采用如下方法：

1）将光标置于已分栏文档的结尾位置。

2）单击“布局”选项卡“页面设置”组中的“分隔符”下拉按钮，出现“分隔符”下拉菜单。

3）在“分隔符”下拉菜单中，选中“分节符”选项区域中的“连续”单选按钮。

4）单击“确定”按钮，即可获得一个等长的栏。

提示：只有在页面视图中才能看到分栏的情形。若想快速地调整栏间距，可通过“水平标尺”来完成。

2. 插入分隔符

在排版时，根据需要可以插入一些特定的分隔符。Word 2016 提供了段落分页符、自动换行符、分栏符和分节符等几种重要的分隔符，通过对这些分隔符的设置和使用可以实现不同的功能。

（1）插入段落分隔符

输入文字过程中，每按一次<Enter>键，结束一个段落，在当前的光标位置插入一个段落标记，同时创建一个新段落。段落分隔符是区别段落的标志，通过对段落分隔符的操作，可以将一段文字分为两段或将两段文字合并为一段。

把一段内容分成两段的方法：将光标移到要分段的断点处按<Enter>键。

将两段文字合并为一段文字的方法：将光标移到段落标记处，按<Delete>键。

提示：如果段落分隔符总是显示在屏幕上，使用“开始”选项卡“段落”组中的“显示/隐藏编辑标记”按钮无法去掉时，可选择“文件”选项卡“选项”命令，打开“Word 选项”对话框，单击“显示”命令，取消选中“段落标记”复选框，即可让“段落”组中的“显示/隐藏编辑标记”按钮起作用。

（2）插入分页符

当输入一页时，Word 会自动增加一个新页，同时在新页的前面产生一个自动分页符。如果在自动分页符前面插入一行文字，那么放不下的文字，会自动移到下一页。

在编辑文档过程中，有时需要将某些文字放在一页的开头。无论在前面插入多少行文字，都需要保证该部分内容在某页开始的位置，那么就需要在该部分文字前面插入人工分页符。

插入人工分页符的方法如下：

1）将插入点移到要插入分页符的位置。

2）单击“布局”选项卡中的“分隔符”下拉按钮，弹出“分隔符”下拉列表，如图 3-24 所示。

3）选择“分页符”选项。

提示：人工分页符在普通视图下可以像删除字符一样删除。

（3）设置分节符

分节符是为在一节中设置相对独立的格式而插入的标记，如不同的页眉和页脚、不同的分栏等。

1）将光标移动到需要设置分节符的开始位置。

2）单击“布局”选项卡中的“分隔符”下拉按钮，弹出“分隔符”下拉列表。

3）在“分节符”选项组中选择需要使用的分节符即可。

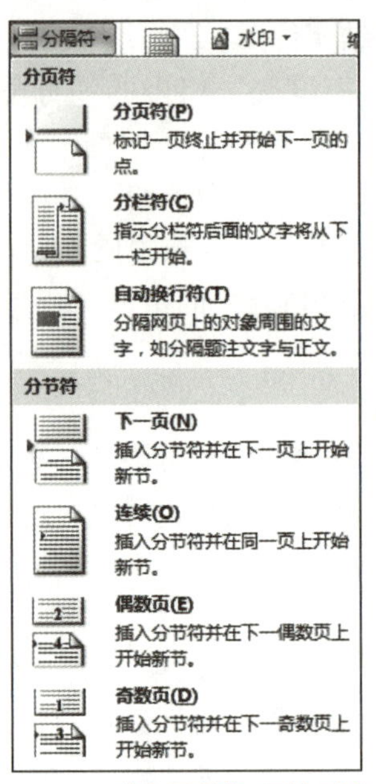

图 3-24 “分隔符”下拉列表

“分节符”选项组中的各选项的含义如下：

① 下一页：光标当前位置以后的内容移到下一页（按<Ctrl+Enter>组合键，也可以开始一个新页）。

② 连续：光标当前位置以后的内容将进行新的设置安排，但其内容不转到下一页，而是从当前空白处开始。

③ 偶数页/奇数页：光标当前位置以后的内容将会到下一个偶数页/奇数页上，Word 会自动在偶数页/奇数页之间空出一页。

在普通视图下，分节符可以像文字一样被删除。建立新节后，对新节所做的格式操作都将被记录在分节符中。一旦删除了分节符，那么后面的节将服从前面节的格式设置，因此，删除分节符的操作一定要慎重。

3. 项目符号和编号

给文档添加项目符号或编号，可使文档更容易阅读和理解。在 Word 2016 中，可以在输入时自动产生带项目符号或带编号的列表，也可以在输入完文本后进行这项操作。

（1）自动创建项目符号与编号

一般情况下，在安装 Word 2016 后，Word 已经具有自动创建项目符号与编号的功能。如果计算机上没有这项功能，则可按如下步骤进行操作：

1）选择“文件”选项卡“选项”命令，打开“Word 选项”对话框，打开“校对”选项卡“自动更正选项”命令，打开“自动更正”对话框，切换到“自动套用格式”选项卡，如图 3-25 所示。

2）在“应用”选项区域中选中“自动项目符号列表”复选框。

3）单击“确定”按钮，即可在输入文本时，自动创建项目符号或编号。如果要创建项目符号或编号，可输入“1.”或“*”，再按<Space>键或<Tab>键，然后输入任何所需文字。当按<Enter>键添加下一列表项时，Word 会自动插入下一个编号或项目符号。若要结束

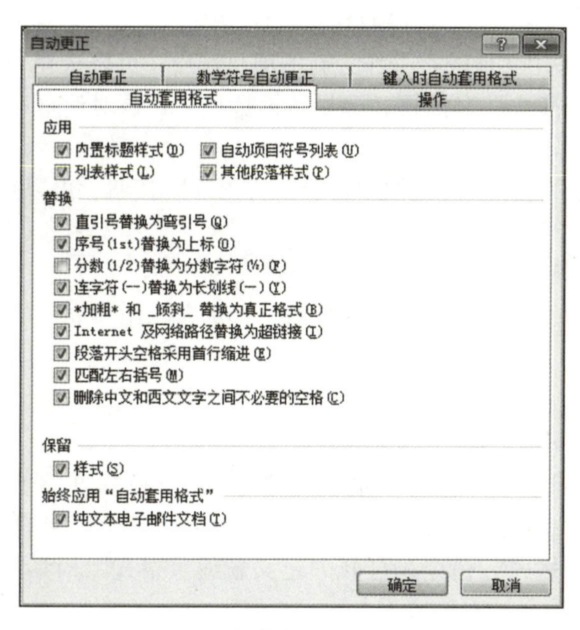

图 3-25　“自动套用格式”选项卡

列表，可按两次<Enter>键；也可通过按<Backspace>键删除列表中的最后一个编号或项目符号来结束该列表。

如果 Word 已经有自动创建项目符号和编号的功能，而用户在输入时又不希望使用该功能，则可以打开“自动更正”对话框，在“自动套用格式”选项卡中，取消选中“自动项目符号列表”复选框，然后单击“确定”按钮即可。

（2）添加项目符号

如果要将已经输入的文本转换成项目符号列表，则可按如下步骤进行操作：

1）选定要添加项目符号的段落。

2）单击“开始”选项卡“段落”组中的“项目符号”下拉按钮，打开“项目符号”下拉列表，如图 3-26 所示。

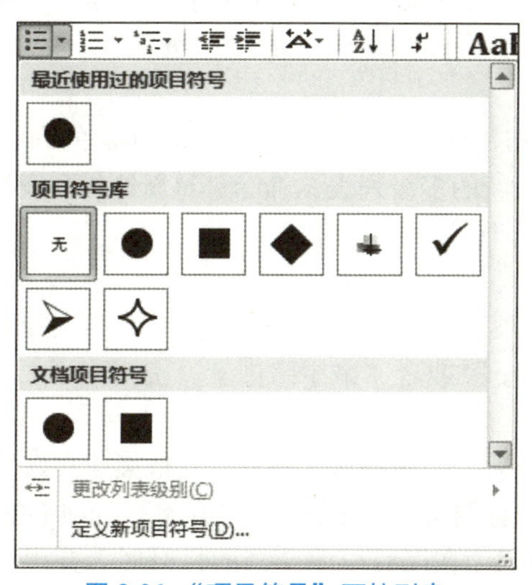

图 3-26　“项目符号”下拉列表

3）“项目符号库”中提供了8种项目符号（其中的“无”选项用于取消所选段落的项目符号）。如果用户想采用其他的符号作为新的项目符号，可以选择“定义新项目符号”命令，打开“定义新项目符号”对话框，选择所需选项。在该对话框中通过“符号”按钮还可以选择新的项目符号。

4）在“定义新项目符号”对话框中，单击“图片”按钮，可以打开剪辑库中的图片作为新的项目符号。

5）单击“确定”按钮，添加项目符号完成。

如要添加简单的项目符号，还可通过单击“段落”组中的“项目符号”按钮来添加。

（3）添加编号

1）选定要添加编号的段落。

2）单击“开始”选项卡“段落”组中的“编号”下拉按钮，打开“编号”下拉列表。

3）在“编号库”选项组中提供了8种编号。如果用户想采用其他格式、样式的编号，可以选择“定义新编号格式”命令，打开“定义新编号格式”对话框，选择所需选项，再单击“确定”按钮即可。

如要添加简单的编号，还可通过单击“段落”组中的“编号”按钮，或单击“插入”选项卡“符号”组中的“编号”按钮来添加。

（4）创建多级符号列表

在段首输入数学序号，如一、二；（一）、（二）；1、2，然后按<Enter+Tab>组合键，则下一个段落将使用下级编号格式。如在段首输入1.1、1-1之类的序号时，然后按<Enter+Tab>组合键，则下一个段落将使用图3-27所示的下级编号格式。

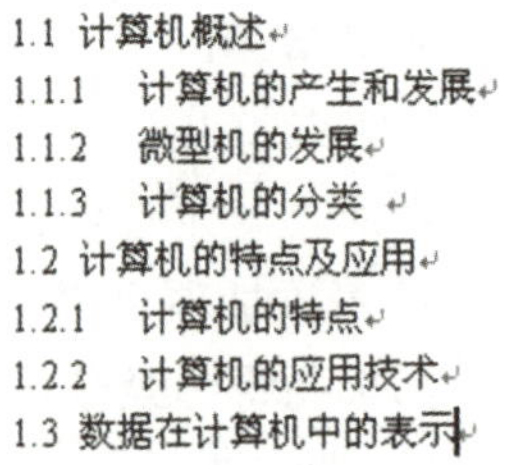

每按一次<Enter+Tab>组合键（或单击“段落”组中的“增加缩进量”按钮），编号会降低一个级别。而每按一次<Enter+Shift+Tab>组合键（或单击“段落”组中的“减少缩进量”按钮），编号会上升一个级别。

1.1 计算机概述
1.1.1 计算机的产生和发展
1.1.2 微型机的发展
1.1.3 计算机的分类
1.2 计算机的特点及应用
1.2.1 计算机的特点
1.2.2 计算机的应用技术
1.3 数据在计算机中的表示

图3-27 多级符号列表

另外，还可以使用菜单命令来创建多级符号列表，其操作步骤如下：

1）单击“开始”选项卡“段落”组中的“多级列表”下拉按钮，打开“多级列表”下拉列表。

2）在“列表库”选项卡中提供了8种编号，单击所需的列表格式即可。用户也可以根据自己的需要，选择“定义新的多级列表”命令，重新选择列表格式。

3）单击“确定”按钮，返回到文档中。

4）输入列表项，每输入一项后按<Enter>键。

5）要将多级符号列表项移至合适的编号级别中，可单击该项目的任意一处，再单击“段落”组中的“增加缩进量”或者“减少缩进量”按钮。

4. 编辑长文档

当完成一篇文档的构思后，应先把该文档的纲目框架建立好，创建纲目时也需要应用样式，可以是内置的样式，如标题1、标题2（从“开始”选项卡中“样式”的下拉列表中选择），也可以自定义样式。因为在以后抽取文档的目录时，要求文档必须使用了这些样式。

设置好纲目后，再输入正文，以后就可方便地使用大纲视图进行目录的调整。

（1）在大纲视图中建立纲目结构

在大纲视图中建立纲目结构的具体操作步骤如下：

1）在页面视图中，单击“开始”选项卡“样式”的下拉按钮，在弹出的下拉列表中选择样式 1，如图 3-28 所示。

·3.1 Word 基础知识

3.1.1 Word 的基本功能和运行环境

3.1.2 Word 的启动与退出

3.1.3 窗口组成

图 3-28　创建应用标题样式的纲目

2）输入正文内容，如图 3-29 所示。

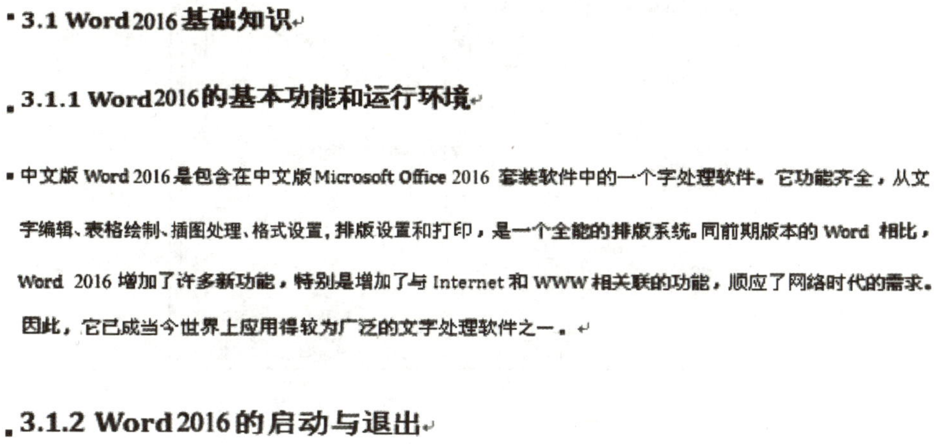

·3.1 Word 2016 基础知识

·3.1.1 Word2016 的基本功能和运行环境

· 中文版 Word 2016 是包含在中文版 Microsoft Office 2016 套装软件中的一个字处理软件。它功能齐全，从文字编辑、表格绘制、插图处理、格式设置，排版设置和打印，是一个全能的排版系统。同前期版本的 Word 相比，Word 2016 增加了许多新功能，特别是增加了与 Internet 和 WWW 相关联的功能，顺应了网络时代的需求。因此，它已成当今世界上应用得较为广泛的文字处理软件之一。

·3.1.2 Word2016 的启动与退出

图 3-29　输入正文内容

3）在文档录入完成后，如果需要调整目录结构或级别，单击“大纲视图”按钮，切换到大纲视图。

4）选中某个标题，在“大纲工具”组的 2 级 中会显示该标题的级别，此时可单击“大纲工具”组中的“升级”按钮或“降级”按钮来调整该标题或段落的大纲级别。

5）在“大纲工具”组上的显示级别列表框 显示级别(S): 3 级 中下选择显示级别，则会设置在大纲视图中的最低级别，如图 3-30 所示。

6）单击标题前的按钮，可以选中该标题至下一同级标题间的内容。双击按钮可以展开该标题至下一同级标题间的内容。

（2）抽取目录

在一篇文档中，如果各级标题都应用了标题样式（可以是内置样式或自定义样式），Word 就会识别相应的标题样式，从而自动完成目录的制作。如果以后用户对标题进行了调

第 3 章 Word 2016文字处理软件
3.1 Word 2016基础知识
3.1.1 Word 2016的基本功能和运行环境
3.1.2 Word 2016的启动与退出
3.1.3 Word 2016的窗口

图 3-30 显示大纲级别

整，也可以很方便地利用目录的更新功能，快速地重新生成调整后的新目录。具体操作步骤如下：

1）移动光标插入点到需要生成目录的位置（一般在页首的位置）。

2）选择“引用”选项卡中“目录”组中的“目录”下拉按钮，单击“自定义目录”命令，打开“目录”对话框，如图 3-31 所示。

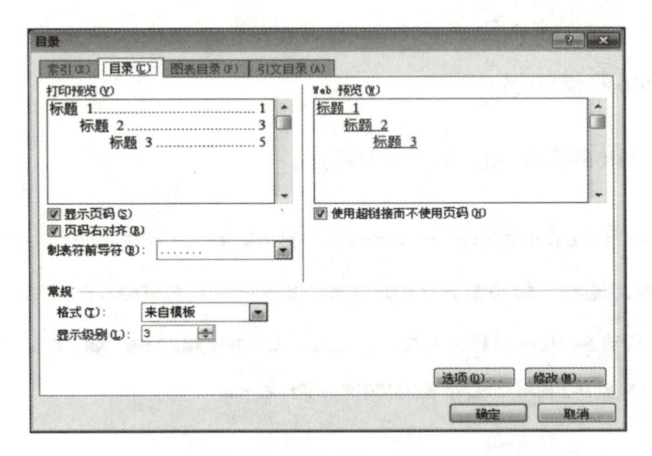

图 3-31 “目录”对话框

3）选中“显示页码”复选框，以便在目录中显示页码；选中“页码右对齐”复选框，可以使页码右对齐页边距。在“显示级别”微调框中指定要显示的最低级别。

4）单击“修改”按钮，打开“样式”对话框，在其中可设定各级目录的格式，如图 3-32 所示。

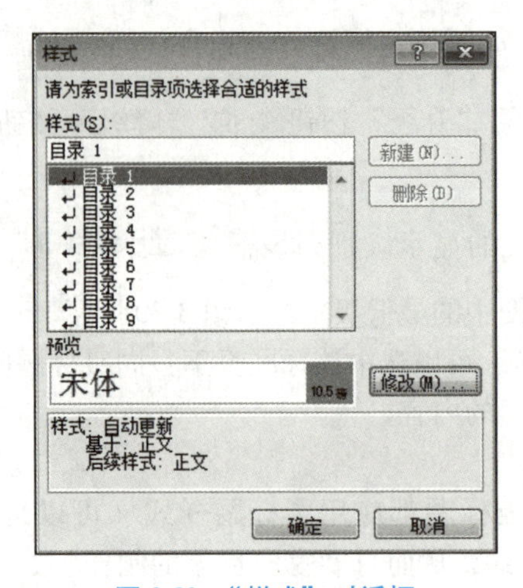

图 3-32 “样式”对话框

5）单击“确定”按钮，返回“目录”对话框，再单击“确定”按钮就可以从文档中抽取目录了，如图 3-33 所示。

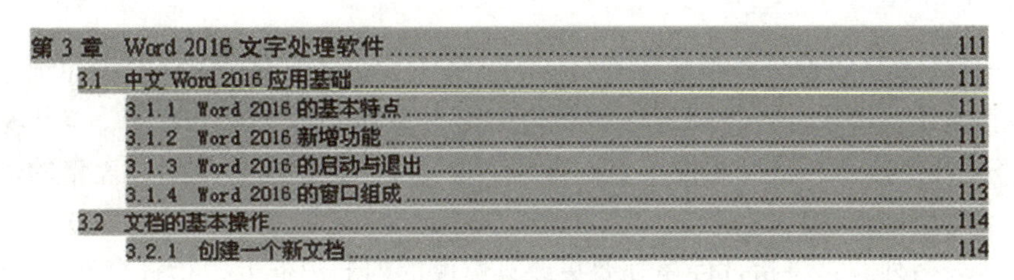
第 3 章　Word 2016 文字处理软件 111
3.1　中文 Word 2016 应用基础 111
3.1.1　Word 2016 的基本特点 111
3.1.2　Word 2016 新增功能 111
3.1.3　Word 2016 的启动与退出 112
3.1.4　Word 2016 的窗口组成 113
3.2　文档的基本操作 114
3.2.1　创建一个新文档 114

图 3-33　抽取的目录

3.5　表格处理

3.5.1　表格的创建

表格由不同行和列的单元格组成，可以在单元格中填写文字和插入图片。表格经常用于组织和显示信息，此外，还可以用表格按列对齐数字，然后对数字进行排序和计算，也可以用表格创建令人惊喜的页面版式及排列文本和图形。

1. 创建简单表格

1）单击要创建表格的位置。

2）单击“插入”选项卡中的“表格”下拉按钮。

3）拖动鼠标，在“插入表格”区域选定所需的行数和列数。

另外，单击“插入”选项卡中“表格”下拉按钮，选择“插入表格”命令，打开“插入表格”对话框，利用该对话框也可以快速创建简单表格。

2. 创建复杂表格

1）单击要创建表格的位置。

2）单击“插入”选项卡“表格”组中的“绘制表格”按钮，指针变为笔形，出现“表格工具”选项卡组。

3）要确定表格的外围边框，可以先绘制一个矩形然后在矩形内绘制行、列框线。

4）如果要清除一条或一组框线，可单击“表格工具”|“布局”选项卡“绘图”组中的“橡皮擦”按钮，然后拖过要擦除的线条。

5）表格创建完毕后，单击其中的单元格，便可输入文字或插入图形。

提示：绘制表格时，按住<Ctrl>键可以自动应用文字环绕格式。

3. 在表格中创建表格

1）单击“表格工具”|“布局”选项卡“绘图”组中的“绘制表格”按钮，指针变为笔形。

2）将笔形指针移动到要创建嵌套表格（即表格中的表格）的单元格中。

3）绘制新表格。先绘制一个矩形以确定表格的边界，然后再在矩形中绘制行、列框线。

4）嵌套表格创建完成后，单击某个单元格，就可以开始输入文字或插入图形了。

3.5.2 表格的修改

1. 调整整个表格或部分表格的尺寸

1）调整整个表格尺寸：将指针停留在表格上，直到“表格尺寸控点”□出现在表格的右下角。将指针停留在表格尺寸控点上，直到出现一个双向箭头，然后将表格的边框拖动到所需尺寸。

2）改变表格列宽：将指针停留在要更改其宽度的列的边框上，指针会变为 ◂‖▸，然后拖动边框，直到得到所需的列宽为止。

3）改变表格行高：将指针停留在要更改其高度的行的边框上，指针会变为 ÷，然后拖动边框，直到得到所需的行高为止。

4）平均分布各行或各列：选中要平均分布的多行或多列，单击“表格工具”|“布局”选项卡“单元格大小”组中的“分布行”按钮或“分布列”按钮。

提示：可以使用 Word 2016 窗口中的“水平标尺”和“垂直标尺”来调整列宽和行高。还可以使用表格的自动调整功能来调整表格的大小。

2. 行、列和单元格的插入

（1）行的插入

1）将光标置于待插入行的上方或下方。

2）在“表格工具”|“布局”选项卡“行和列”组中，单击“在上方插入”或“在下方插入”按钮，即可在所选行的上方或下方插入一个新行。

若要在表格末尾快速添加一行，单击最后一行的最后一个单元格，然后按<Tab>键即可。

提示：也可使用“绘制表格”工具在所需的位置绘制行。

（2）列的插入

1）将光标置于待插入列的左侧或右侧。

2）在“表格工具”|“布局”选项卡“行和列”组中，单击“在左侧插入”或“在右侧插入”按钮，即可在所选列的左侧或右侧插入一个新列。

若要在表格最后一列的右侧添加一列，右击最右边一列的外侧，在弹出的快捷菜单中选择“插入”|“在右侧插入列”命令即可。

提示：也可使用“绘制表格”工具在所需的位置绘制列。

（3）单元格的插入

1）将光标置于要插入单元格的位置。

2）单击“表格工具”|“布局”选项卡“行和列”组中右下角的展开按钮，打开“插入单元格”对话框，选择相应的选项后，单击“确定”按钮。

也可以在要插入单元格的位置上右击，然后选择“插入”|“插入单元格”命令，打开“插入单元格”对话框，选择相应的选项后，单击“确定”按钮。

3. 行、列和单元格的删除

（1）行和列的删除

1）将光标置于要删除的行或列。

2）在“表格工具”|“布局”选项卡“行和列”组中“删除”的子菜单中选择相应的命令以确定删除列或行。

另外，用户也可以在选中某一行或列后，利用右击快捷菜单中的“剪切”命令来删除行或列。

注意：当删除了行或列后，其中的内容将一起被删除。

（2）单元格的删除

1）将光标置于要删除的单元格中。

2）选择“表格工具”|“布局”选项卡“行和列”组中“删除”|“删除单元格”命令，打开“删除单元格”对话框，选择相应的选项后，单击“确定”按钮。

也可以在单元格中直接右击，在弹出的快捷菜单中选择“删除单元格”命令，弹出“删除单元格”对话框，选择相应的选项后，单击“确定”按钮。

另外，还可以通过单击“开始”选项卡中的“剪切”按钮来删除选定的单元格中的内容。

4. 合并与拆分单元格、表格

（1）合并单元格

用户可将同一行或同一列中的两个或多个单元格合并为一个单元格。例如，可以横向合并单元格以创建横跨多列的表格标题。

方法 1：单击“表格工具”|“布局”选项卡“绘图”组中的“橡皮擦”按钮，然后在要删除的分隔线上拖动。

方法 2：选定单元格，然后单击“表格工具”|“布局”选项卡“合并”组中的“合并单元格”按钮，能快速合并多个单元格。

方法 3：选定单元格，右击，在弹出的快捷菜单中选择“合并单元格”命令，可快速合并多个单元格。

如果要将同一列中的若干单元格合并成纵跨若干行的纵向表格标题，可单击“表格工具”|“布局”选项卡“对齐方式”组中的“文字方向”按钮改变标题文字的方向。

（2）拆分单元格

方法 1：单击“表格工具”|“布局”选项卡“绘图”组中的“绘制表格”按钮，指针变成笔形，拖动笔形指针可以创建新的单元格。

方法 2：选定单元格，然后单击“表格工具”|“布局”选项卡“合并”组中的“拆分单元格”按钮，弹出“拆分单元格”对话框，如图 3-34 所示。在对话框中输入“列数”和“行数”的值，单击“确定”按钮。

图 3-34 “拆分单元格”对话框

方法 3：选定单元格，右击，在弹出的快捷菜单中选择“拆分单元格”命令，弹出“拆分单元格”对话框，在其中进行操作。

（3）拆分表格

1）要将一个表格拆分成两个表格，先单击选中要拆分成的第二个表格的首行。

2）选择“表格工具”|“布局”选项卡“合并”组中的“拆分表格”命令。

提示：如果要在表格前插入文本，先单击表格的第一行，然后选择“表格工具”|“布局”选项卡“合并”组中的“拆分表格”命令即可。

3.5.3 表格的修饰

1. 使用表格自动套用格式

（1）对已经建立的表格使用表格自动套用格式

1）选定表格，单击“表格工具”|“设计”选项卡“表格样式”中的“其他”按钮，弹出下拉列表，如图3-35所示。

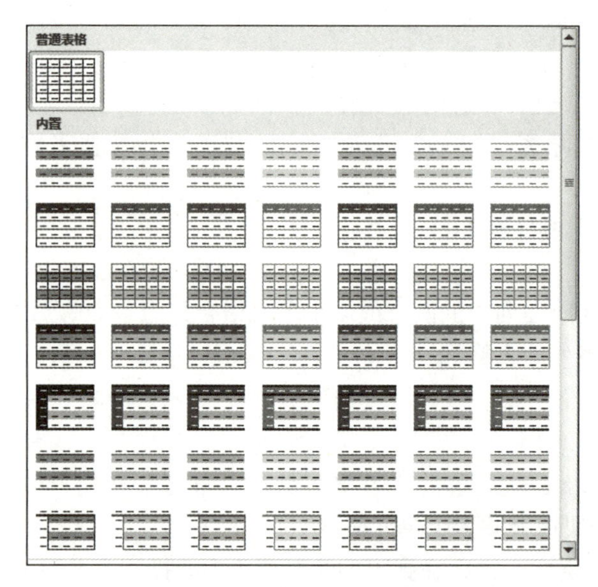

图3-35 “表格样式”菜单

2）单击样式列表中所需样式即可。

（2）新建表格时使用表格自动套用格式

1）将光标置于文档中需要插入表格的位置。

2）单击“插入”选项卡“表格”下拉列表中的“快速表格”按钮。

3）在右侧的内置展开列表中，选择所需样式，然后单击即可。

2. 设置边框和底纹

1）选定表格或单元格（包括结束标记）。

2）选择“表格工具”|“设计”选项卡“边框”下拉按钮，弹出“边框和底纹”对话框，如图3-36所示。打开“边框”选项卡，选择所需选项，确认在“应用于”下拉列表中选择了正确的“表格”或“单元格”选项。

3）切换到“底纹”选项卡，选择所需选项，确认在“应用于”下拉列表中选择了正确的“表格”或“单元格”选项。

4）单击“确定”按钮，即可设置表格的边框和底纹。

另外，在“设计”选项卡“页面背景”组中单击“页面边框”按钮，可快捷地更改表格的边框和底纹。使用“表格工具”|“设计”选项卡“边框”组中的“笔画粗细”

“笔样式”和“笔颜色”按钮，可选定新的边框格式，然后可在原有边框的基础上绘制新的边框。

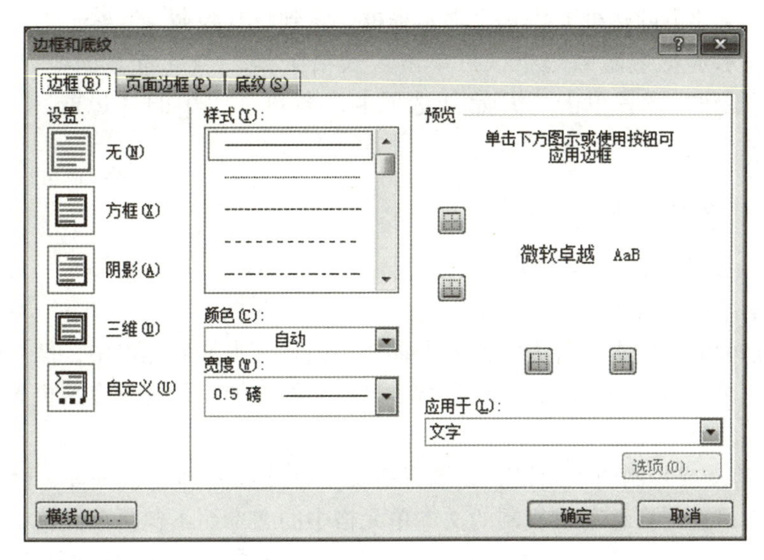

图 3-36 “边框和底纹”对话框

3. 设置表格在页面中的位置

(1) 移动表格

1）将指针停留在表格上，直到“表格移动控点”⊞出现在表格的左上角。

2）将指针停留在表格移动控点上，直到四向箭头出现。

3）将表格拖动到新的位置。

提示：也可以通过“剪贴板”来移动表格。

(2) 设置表格的对齐方式

1）单击选定表格，单击“表格工具”|“布局”选项卡“表”组中的“属性”按钮，或选择右击快捷菜单中的“表格属性”命令，打开“表格属性”对话框，切换到“表格”选项卡。

2）在“对齐方式”选择区域中，选择所需选项。

3）要设置左对齐表格的左缩进量，可在“左缩进”微调框中输入数值。最后单击“确定”按钮即可。

提示：要快速对齐页面中的表格，可先选定表格，然后使用“段落”组中的对齐按钮。

(3) 设置表格的文字环绕

1）单击选定表格，单击“表格工具”|“布局”选项卡“表”组中的“属性”按钮，或选择右击快捷菜单中的“表格属性”命令，打开“表格属性”对话框，切换到“表格”选项卡。

2）单击“文字环绕”选项区域中的“环绕”图标，单击“确定”按钮即可。

提示：如果是使用“绘制表格”工具创建表格，可在绘制表格时按<Ctrl>键，以自动应用文字环绕方式。

4. 显示或隐藏表格虚框

在 Microsoft Word 文档中，默认情况下，所有表格都具有 0.5 磅的黑色单实线边框，这是可打印的。如果要删除边框，则仍会显示虚框，直到将其隐藏。

如果希望显示虚框或隐藏虚框，可单击“表格工具”|“布局”选项卡“表”组中的“查看网格线”按钮，或者单击“开始”选项卡“段落”组中的“边框”|“查看网格线”按钮。

3.5.4 表格中数据的输入与编辑

1. 表格中数据的输入、移动或复制

（1）在表格中输入内容

如要在表格中输入文本，首先将插入点移至要输入文本的单元格中，然后输入文本。当输入的文本到达单元格右边线时会自动换行，且单元格会加大行高以容纳更多的内容。

（2）移动或复制单元格

1）选定要移动或复制的单元格。如果只将文本移动或复制到新位置，而不改变新位置的原有文本，就只选定要移动或复制的文本单元格中的文本而不包括单元格结束标记。

2）将选定内容拖至新位置。如要复制选定内容，在按住<Ctrl>键的同时将选定内容拖至新位置。

提示：也可以利用“剪贴板”来移动或复制单元格的内容。

（3）移动或复制行、列中的内容

1）选定表格的一整行或列（即包括行尾标记）。

2）选择“开始”选项卡“剪贴板”组中的“剪切”或“复制”命令，将该行或列的内容存放到剪贴板中。

3）在表格的另外位置选定一整行或列，或者将插入点置于该行或列的第一个单元格中。

4）选择“开始”选项卡“剪贴板”组中的“粘贴”命令，移动（或复制）的行（或列）被插入表格选定行的上方或列的左侧，并不替换选择行（或列）的内容。

提示：也可以使用右击快捷菜单命令或按快捷键<Ctrl+V>完成粘贴操作。

2. 删除表格及其内容

1）选定表格。

2）在“表格工具”|“布局”选项卡“行和列”组中“删除”的子菜单中，选择相应的命令以确定删除整个表格、列、行或单元格。

如要删除整张表格，也可以使用如下的方法：先选中整张表格，然后单击“开始”选项卡“剪贴板”组中的“剪切”按钮即可。

3. 设置表格的标题

有时一个比较大的表格可能在一页上无法完全显示出来。当一个表格被分到多页上时，总希望在每一页开头的第一行设置一个标题行。具体步骤如下：

1）选定要作为表格标题的一行或多行（注意：选定内容必须包括表格的第一行，否则 Word 将无法执行操作）。

2）选择“表格工具”|“布局”选项卡“数据”组中的“重复标题行”命令。

注意：Word 能够依据自动分页符（软分页符）自动在新的一页上重复表格的标题。如

果在表格中插入人工分页符，则 Word 无法自动重复表格标题。

4. 设置单元格中的文本对齐方式

表格中的文本和 Word 文档中的文本操作方式基本相同，甚至也可以更改文字的显示方向。为了使表格更加美观和规范，就必须对表格中文字的对齐方式进行设置。

1）选定表格或单元格。

2）在“开始”选项卡“段落”组中选择一种对齐方式即可。

也可以单击“表格工具”|“布局”选项卡“对齐方式”组中的按钮，选择其中的一种对齐方式。

5. 表格的跨页显示与防止表格跨页断行

（1）表格的跨页显示

1）单击要出现在下一页上的行。

2）选择“布局”选项卡“页面设置”组中的“分隔符”命令，或者按<Ctrl+Enter>组合键。

（2）防止表格跨页断行

1）单击选定表格，单击“表格工具”|“布局”选项卡“表”组中的“属性”按钮，打开“表格属性”对话框，单击“行”选项卡。

2）取消“允许跨页断行”复选框的选中状态即可。

6. 表格与文字的相互转换

（1）将文字转换为表格

将文字转换成表格时，使用分隔符（根据需要选用的段落标记、制表符或逗号、空格等字符）标记新列开始的位置。Word 用段落标记标明新的一行表格的开始。如果仅选择段落标记作为分隔符，Word 只会将文字转换成只有一列的表格。转换操作具体如下：

1）在文档中需要划分列的位置插入所需的分隔符（如空格）。

2）选定要转换成表格的文字，确保已经设置好了所需要的分隔符。

3）在“插入”选项卡“表格”的子菜单中选择“文字转换成表格”命令。

4）在打开的“将文字转换成表格”对话框中选择所需选项。最后单击“确定”按钮即可。

（2）将表格转换为文字

1）选定要转换成文字的行或表格。

2）选择“表格工具”|“布局”选项卡“数据”组中的“转换为文本”命令。

3）在“文字分隔符”选项区域中选择所需的字符，作为替代列边框的分隔符。最后单击“确定”按钮即可。

3.5.5　表格内数据的处理

Word 可以对表格中的数据进行加、减、乘、除、平均等计算，也可以对表格中的数据进行排序。

1. 表格内数据的排序

Word 对表格中的数据进行排序时，可按几种排序方式进行排序。

1）按拼音排序：Microsoft Word 会将以标点或符号（例如，!、#、$、%或&）开头的条目排在最前面，然后是以数字开头的条目，随后是以字母开头的条目，最后是以汉字开头的条目。注意：Word 将日期和数字视为文字，例如，“Item 12” 会排在 “Item 2” 之前。

2）按数字排序：Word 将忽略数字以外的其他所有字符。数字可以位于段落中任何位置。

3）按日期排序：Word 将符号连字符、斜杠（/）、逗号、句点和冒号（:）作为有效的日期分隔符。如果 Word 无法识别某个日期或时间，则会把该项置于列表的开头或结尾处（这取决于排列顺序是升序还是降序）。

（1）使用菜单命令进行排序

1）选定要排序的列表或表格。

2）选择“表格工具”|“布局”选项卡“数据”组中的“排序”命令，弹出“排序”对话框。如图 3-37 所示。

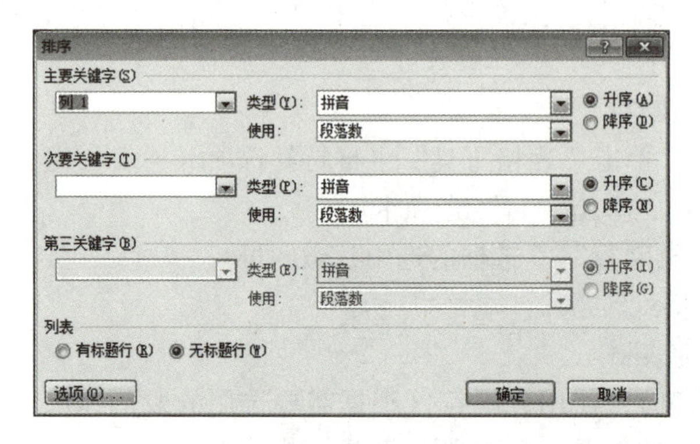

图 3-37 “排序”对话框

3）在该对话框中进行相应的排序设置，最后单击“确定”按钮即可。

提示：当主要关键字有相同值时，可再选择次要关键字进行排序。

（2）使用排序按钮进行排序

1）确定将要以之为依据进行排序的列，将插入点置于该列中。

2）单击“开始”选项卡“段落”组中的“排序”按钮，打开“排序”对话框，在其中可实现对表格的排序设置。

2. 表格中数值的计算

在 Word 的计算中，系统对表格中的单元格是以下面的方式进行标记的：在行的方向以字母 A~Z 进行标记；而列的方向从“1”开始，以自然数进行标记。例如，一行一列的单元格标记为 A1。

在表格中进行计算时，可以用像 A1、A2、B1、B2 这样的形式引用表格中的单元格。Word 中的单元格引用始终是绝对地址，而且不带“$”符号。

（1）行或列的直接求和

1）选定要放置求和结果的单元格。

2）选择“表格工具”|“布局”选项卡“数据”组中的“公式”命令。

3）如果选定的单元格位于一列数值的底端，Microsoft Word 将建议采用公式 =SUM(ABOVE) 进行计算。如果该公式正确，直接单击“确定”按钮。

如果选定的单元格位于一行数值的右端，Word 将建议采用公式=SUM(LEFT)进行计算。如果该公式正确，直接单击“确定”按钮。

注意：如果该行或列中含有空单元格，则 Word 将不对这一整行或整列进行累加。要对整行或整列求和，在每个空单元格中输入 0。

(2) 单元格数值的计算

1) 单击选定要放置计算结果的单元格。

2) 选择“表格工具”|“布局”选项卡“数据”组中的“公式”命令。

3) 在“公式”文本框中输入公式。

也可以在“粘贴函数”下拉列表框中，选择所需的公式。例如，要进行求和，则选择公式“SUM”。

4) 在公式的括号中输入单元格引用，可引用单元格的内容。例如，需要计算单元格 A1 和 B4 中数值的和，应建立这样的公式：=SUM(A1,B4)。

5) 在“编号格式”文本框中输入数字的格式。最后单击“确定”按钮即可。

注意：Word 是以域的形式将结果插入选定单元格的。在域代码和域结果之间可以按<Shift+F9>组合键进行切换。如果所引用的单元格发生了更改，请选定该域，然后按<F9>键，即可更新计算结果。

3. 插入公式

Microsoft 公式编辑器是一个单独的、能够独立工作的程序。实际上它单独包含在“Office 工具”中。因此，如果在安装 Office 时用户没有安装“Office 工具”组件中的“公式”，将无法启动和使用“公式编辑器”。此时，只能重新安装 Office 工具中的“公式”组件。

(1) 插入公式

1) 将光标置于要插入公式的位置。

2) 单击“插入”选项卡中的“公式”命令，出现一个下拉菜单，然后选择“插入新公式”命令，出现“公式工具”选项卡，如图 3-38 所示。

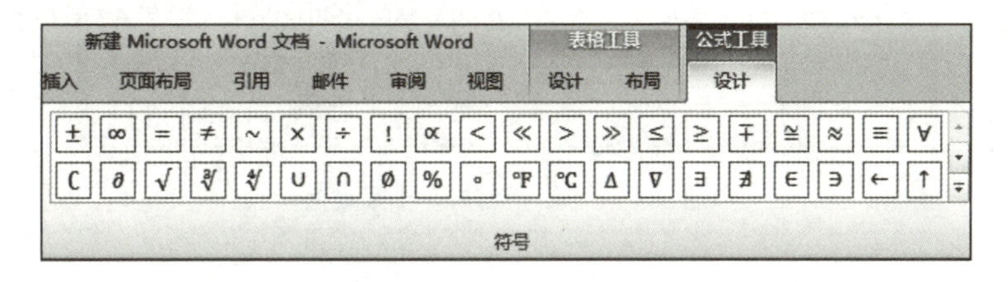

图 3-38 “公式工具”选项卡

3) 在“公式工具”|“设计”选项卡的“符号”组中选择符号，然后输入变量和数字，以构造公式。

4) 单击公式以外的 Word 文档可返回到文本编辑状态。

(2) 编辑公式

1) 双击要编辑的公式，出现“公式工具”选项卡。

2) 使用“公式工具”选项卡中的选项编辑公式。

3) 单击公式以外的 Word 文档可返回到文本编辑状态。

3.6 各种对象的处理

在 Word 2016 中，可插入图片、图形、艺术字等对象来增强文档的效果。图片是由其他文件创建的图形。在 Word 中，图片对象分为位图和矢量图两大类。位图不能直接编辑，但可以调整其亮度、对比度和灰度等特性；而矢量图则可以通过“图片工具”选项卡来进行编辑操作。通过使用“图片工具”选项卡中的工具按钮和命令可以更改和增强图片。在某些情况下，必须取消图片的组合并将其转换为图形对象后才能使用。图形对象包括自选图形、曲线、线条和艺术字图形对象。使用“图片工具”选项卡中的调整、大小、边框、阴影效果组等工具，可以更改和增强这些对象。

3.6.1 图片的应用

1. 插入图片

1）单击要插入图片的位置。

2）选择“插入”选项卡“插图”组中的“图片”命令，打开“插入图片”任务窗格，选择合适图片即可如图 3-39 所示。

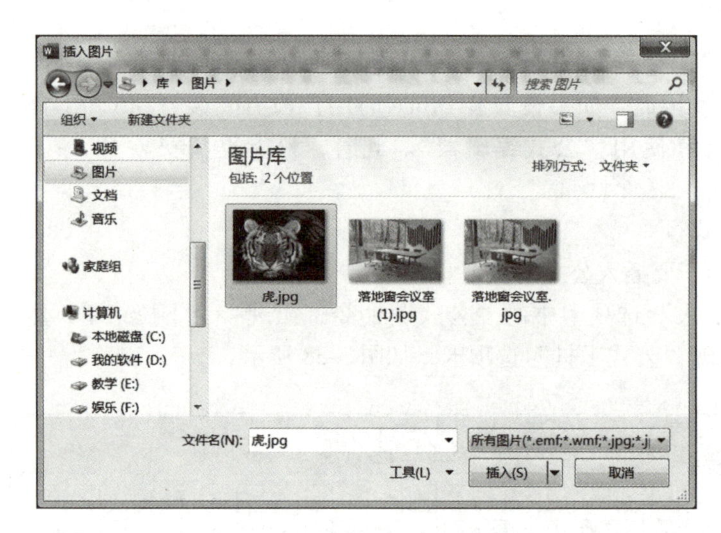

图 3-39 “插入图片”任务窗格

2. 改变图片的大小

1）选定图片，使图片的四周出现 8 个控制点。

2）将鼠标指针置于控制点上，使其变成双向箭头。

3）拖动鼠标即可改变选定图片的大小。

另外，也可以利用“设置图片格式”面板改变图片的大小。

3. 改变图片的位置

有时需要对多个图片同时进行操作。要选定多个图片时，首先需要选定一个图片，然后按住<Ctrl>键，再单击需要选定的下一个图片。

1）选定一个图片或多个图片。

2）将鼠标置于选定的对象上，鼠标指针变成移动指针形状后，单击。

3）将图片拖动到新的位置（用户也可以同时按住<Alt>键拖动）。

如果拖动图片时按住<Shift>键，则只能横向或纵向移动图片。用户也可选定对象，然后通过按箭头键来微移它。在按住<Ctrl>键的同时按箭头键可以逐个像素地移动对象。

4. 使用“调整”功能设置图片格式

在创建图片后，也可以利用“图片工具”|“格式”选项卡“调整”组中的工具按钮来设置图片的格式。

打开“图片工具”|“格式”选项卡，如图 3-40 所示。

图 3-40　“图片工具”|“格式”选项卡

“调整”组中的常用按钮及其作用如下：

：删除背景，可以对图片进行背景消除操作，标记要保留或删除的区域。

：校正，可以调整图片的锐化、柔化效果以及亮度和对比度。

：颜色，可以对图片的颜色饱和度、色调等进行调整，还可以重新对图片进行着色。

：艺术效果，可以设置粉笔素描、塑封、影印等图片效果。

：压缩图片，可以删除图片的裁剪区域，改变图片分辨率。

：更改图片，可以重新选择一张图片替换现有图片。

：重设图片，可以取消已设置的图片效果，重新开始。

还可以在“图片工具”|“格式”选项卡“排列”组中的“环绕文字”下拉列表中，选择一种环绕方式，若想看到其他的环绕方式可选择“其他布局选项”命令。

5. 剪裁图片

1）选定要剪裁的图片。

2）双击选定的图片，打开“图片工具”|“格式”选项卡，选择“大小”组中“裁剪”命令，图片周围出现 8 个裁剪点，在裁剪点上按住鼠标左键并拖动鼠标到合适的位置即可。

另外，还可以右击图片选择“设置图片格式”选项，打开“设置图片格式”面板，在“图片”选项卡的“剪裁”选项组中输入对图片的宽度、高度等剪裁的数值即可。

6. 设置文字对图片的环绕方式

在文档中插入图片以后，在默认状态下，文字对图片的环绕方式为“嵌入型”。重新设置文字的环绕方式的操作步骤如下：

1）选定图片。

2）单击“图片工具”|“格式”选项卡“排列”组中“位置”或“环绕文字”命令，根据需要选择一种环绕方式，想看其他的环绕方式可选择“其他布局选项”命令。

3.6.2 图形的建立和编辑

在 Word 2016 中，除了能插入已有的图片外，还可以使用“绘图工具”组来绘制图形。一般情况下，图形的绘制需要在页面视图中进行。

1. 绘制简单图形

使用“绘图工具”组中的“直线”“箭头”“矩形”和“椭圆”可绘制简单的图形。下面以椭圆为例介绍一般操作步骤：

1）单击“插入”选项卡“插图”组中的“形状”下拉按钮，在下拉列表中选择椭圆图形。

2）在文档区域内按住已变为“十”字形的鼠标左键进行拖动，直到椭圆变为满意的大小为止。

3）释放鼠标，图形的周围出现尺寸控点，拖动控点还可以改变图形的大小。

4）如果图形的大小已满足要求，则可利用“形状样式”给图形边框或内部着色，然后在椭圆以外的其他位置单击一下，尺寸控点消失，完成椭圆的绘制。

如果要画正方形或圆，可在拖动鼠标的同时按住<Shift>键，也可以在选择“矩形”或“椭圆”图形后，直接在文档中单击，就能获得一个预定义大小的正方形或圆。另外，要想从起点开始以 15°角为单位画线，在拖动鼠标时要按住<Shift>键。如要想从起点开始，同时向两个相反的方向延长线条，则在拖动鼠标时要按住<Ctrl>键。

2. 使用自选图形

Word 2016 附带了一组现成的可在文档中使用的自选图形，如线条、基本形状、箭头总汇、流程图、标注及星与旗帜等。

1）单击“插入”选项卡“插图”组中的“形状”下拉按钮，可在弹出的图形列表中选择所需图形，如图 3-41 所示。

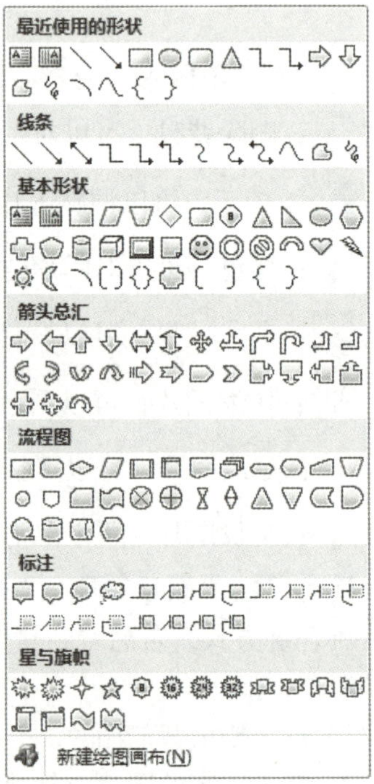

2）在要插入自选图形的位置单击，拖动图形至所需大小。若要保持图形的长宽比例，在拖动图形的同时按<Shift>键。

图 3-41 选择所需图形

对图形可以调整大小、旋转、翻转、着色，以及组合生成更复杂的图形。许多图形都有调整控点（黄色小菱形的控点），用来调整大多数自选图形的外观，而不调整其大小。例如，可以通过拖动控点使笑脸变成哭脸，或者改变箭头中箭尖的大小，如图 3-42 所示。

3. 在自选图形中添加文字

在自选图形中添加文字，可以制作图文并茂的文档。操作方法是右击要添加文字的自选图形，从弹出的快捷菜单中选择“添加文字”命令，此时插入点定位于自选图形的内部，然后输入所需文字即可，如图 3-43 所示。

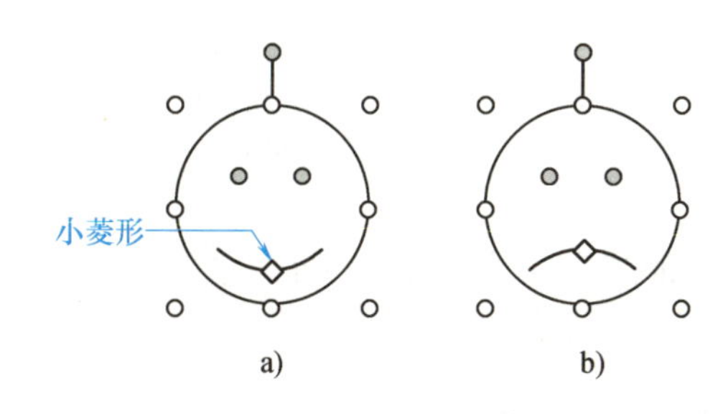

图 3-42　调整自选图形形状

a）拖动小菱形之前　b）拖动小菱形之后

图 3-43　在自选图形中添加文字

4. 选择、移动、复制和删除图形对象

单击图形，则该图形被选定。要选定多个图形，则需要按住<Shift>键，再单击其他图形。然后就可以使用与对文本进行移动、复制和删除相同的方法来操作图形。

选定图形对象后，可以按箭头键进行微移。当按住<Ctrl>键的同时按箭头键进行微移时，图形可以逐个像素地进行移动。

5. 设置线条宽度和颜色

1）选定要设置线条宽度或颜色的图形。

2）单击“绘图工具”选项卡“形状样式”组中的“形状轮廓”下拉按钮，弹出下拉列表，选择所需颜色、粗细、虚线和箭头的样式即可。

6. 设置阴影或三维效果

1）选定要设置阴影或三维效果的图形。

2）单击“绘图工具”选项卡中的“阴影效果”按钮 阴影效果，打开阴影效果列表，选择所需的阴影样式即可。

3）单击“绘图工具”选项卡中的“三维效果”按钮 三维效果，打开三维效果列表，选择所需的三维效果样式即可。

在 Word 中，可以为对象添加阴影或三维效果，但不能同时应用这两种效果。例如，对有阴影的图形对象应用三维效果，阴影将会消失。

7. 组合与取消组合图形对象

（1）组合图形对象

1）在按住<Shift>键的同时单击每个要组合的对象。

2）单击“绘图工具”|“格式”选项卡“排列”组中的“组合”下拉按钮中的“组合”命令；或在选定对象后右击，在弹出的快捷菜单中选择“组合”命令。

（2）取消图形对象的组合

1）选定要解除组合的对象。

2）单击“绘图工具”|“格式”选项卡“排列”组中的“组合”下拉按钮中的“取消组合”命令；或在选定对象后右击，在弹出的快捷菜单中选择“取消组合”命令。

3.6.3 艺术字、文本框的使用和编辑

在 Word 中可以插入有特殊效果的艺术字，它可以作为图形对象处理。

1. 插入艺术字

1）单击“插入”选项卡“文本”组中的“艺术字”下拉按钮，打开“艺术字库”列表，如图 3-44 所示。

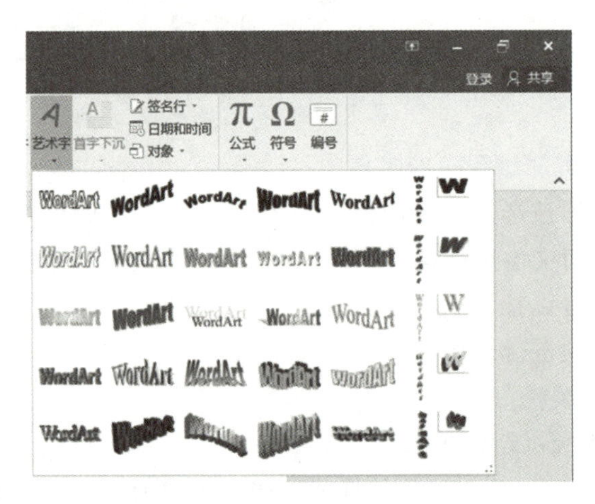

图 3-44 “艺术字库”列表

2）单击所需的艺术字图形对象，弹出“编辑艺术字文字”对话框。

3）在“文本”区域中，输入要设置为“艺术字”格式的文字，单击“确定”按钮。

2. 编辑艺术字

插入艺术字后，有时需要对其进行重新编辑。下面简单介绍编辑艺术字时的常用操作。

1）先选定要编辑的艺术字，这时会出现“艺术字工具”选项卡，如图 3-45 所示。如果没有出现，请双击该艺术字。

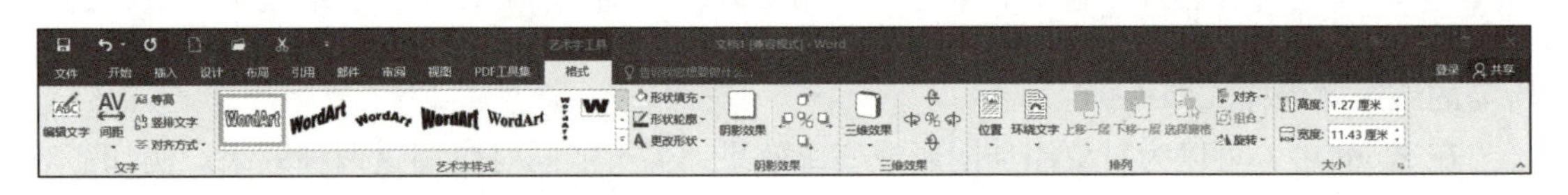

图 3-45 “艺术字工具”选项卡

2）要更改艺术字的样式，只需单击“艺术字样式”组中的任意艺术字形即可。

3）要更改艺术字的字体和大小，单击“艺术字工具”|“格式”选项卡“文字”组中的“编辑文字”按钮，在弹出的“编辑艺术字文字”对话框中选择需要的字体和文字的大小即可。另外，用户也可以直接使用鼠标拖动“艺术字”周围的控点来进行修改大小。

4）要更改艺术字的形状，可单击“艺术字样式”组中“更改形状”按钮，在下列列表中选择需要的艺术字形状。

5）如需要艺术字自由旋转，可选择“排列”组中的“旋转”按钮，在列表中选择不同的旋转方法。

6）若艺术字要竖排，单击“文字”组中“竖排文字”按钮即可。

7）如需要设置艺术字阴影，可单击“阴影效果”按钮，在列表中选择所需要的阴影样式，并进行相关的阴影设置。

8）如需要设置艺术字的三维效果，可单击“三维效果”按钮，在列表中选择所需要的三维效果样式，并进行相应的三维设置。

3. 首字符下沉

首字符下沉是将一段中的第一个字放大后显示，并下沉到下面的几行中。

1）将光标置于要设置首字下沉的段落中。

2）选择“插入”选项卡“文本”组中的“首字下沉”下拉列表中“首字下沉选项”命令，打开“首字下沉”对话框，如图 3-46 所示。

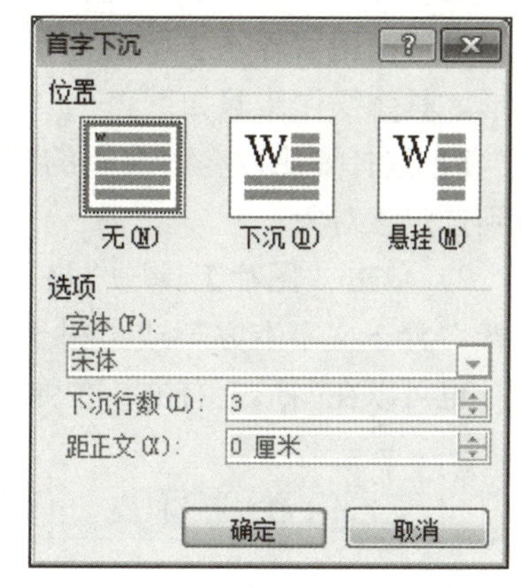

图 3-46　“首字下沉”对话框

3）在“首字下沉”对话框的“位置”选项区域，选择所需的格式类型。

4）在“选项”选项区域内，选择字体、下沉行数及距正文的距离。

5）单击“确定”按钮，即可按所设要求设置段落首字下沉。

4. 文本框的应用

文本框是一种可以移动、大小可调的存放文本或图形的容器。在 Word 中，文本框有横排和竖排两种。利用竖排文本框可以在横排文字的文档中插入竖排方式的文本。用户可将文本框置于页面上的任意位置。还可以使用“文本框工具”选项卡中的工具按钮和命令来增强文本框的效果，如更改其填充颜色等，操作方法与处理其他任何图形对象没有区别。

（1）插入文本框及文本的输入

1）选择“插入”选项卡“文本”组中“文本框”|“绘制文本框”或“绘制竖排文本框”命令。

2）在文档中需要插入文本框的位置单击并进行拖动。

3）插入文本框之后，光标会自动位于文本框内。用户可以像输入其他文本一样向文本框中输入文本，也可以采用移动、复制、粘贴等操作向文本框中添加文本。

另外，还可以先选定要放入文本框的字符或图片，再单击所需的“文本框”样式按钮，即可将选定字符或图片放入文本框中。

（2）设置文本框的格式

1）选定要进行格式设置的文本框。

2）在选定的文本框上右击（必须在文本框上，而不是在文本框的文本上），在弹出的快捷菜单中选择“设置自选图形|图片格式”命令，打开“设置文本框格式”对话框。

3）在“颜色与线条”选项卡中，设置文本框的填充颜色、线条的颜色和线型。

4）在“大小”选项卡中，调节文本框的尺寸和旋转。

5）在“版式”选项卡中，设置文字和文本框的环绕方式及水平对齐方式。

6）在“文本框”选项卡中，设置文本框中文字的边距和标注的格式。

（3）删除文本框

文本框的删除与Word中其他内容的删除操作一样，在此不再赘述。

5. 图文混排

（1）将文字环绕在图片或自选图形周围

1）右击选定的图片或自选图形。

2）在弹出的快捷菜单中选择“设置图片格式”或“设置自选图形/图片格式”命令。

3）在弹出的对话框中选择“版式”选项卡，再选择相应的环绕类型。

（2）分层放置文字与图形

通过使用“浮于文字上方”或“衬于文字下方”文字环绕方式，可以分层放置文字和图形。具体操作步骤如下：

1）选择要更改叠放次序的图形。如果对象不可见，按<Tab>键或<Shift+Tab>组合键，直到选定该对象。

2）单击“图片工具”|“格式”选项卡“排列”组中的“环绕文字”下拉按钮，然后选择“浮于文字上方”或“衬于文字下方”命令。

也可以在图形上右击，在弹出的快捷菜单中选择相应命令，并根据需要进行设置。

3.7 文档的保护和打印输出

3.7.1 设置保护文档密码

有时用户需要为文档设置必要的保护措施，以防止重要的文档被轻易打开。这时可以给文档设置“打开权限的密码”。

选择“文件”选项卡“另存为”|“浏览”命令，打开“另存为”对话框，在弹出的“另存为”对话框中单击“工具”下拉按钮，在弹出的列表中选择“常规选项”命令，如图3-47所示。

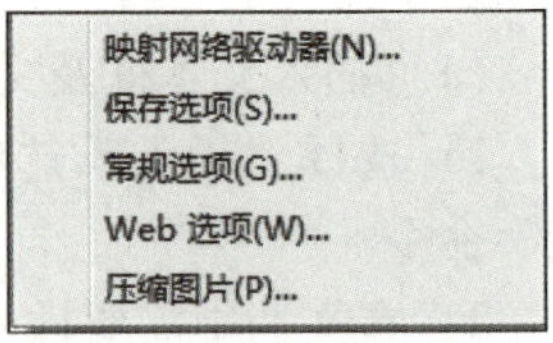

映射网络驱动器(N)...
保存选项(S)...
常规选项(G)...
Web 选项(W)...
压缩图片(P)...

图3-47 “工具”下拉列表

弹出“常规选项”对话框，如图3-48所示。在其中可设置两种密码：一种是打开时需要的密码，一种是修改时需要的密码。

在“打开文件时的密码”文本框中输入密码，单击“确定”按钮。在“确认密码”对话框中再输入一遍密码，单击“确定”按钮。返回“另存为”对话框，单击其中的“保存”按钮即可。

这样，以后每次打开文档时，都必须先输入密码才能打开该文档。

在“修改文件时的密码”文本框中输入密码，其具体操作步骤与“给文件加保护密码”基本一样。输入了修改文件时的密码，则对该文件做了修改并试图保存时，要求用户输入修改密码，否则不能保存。

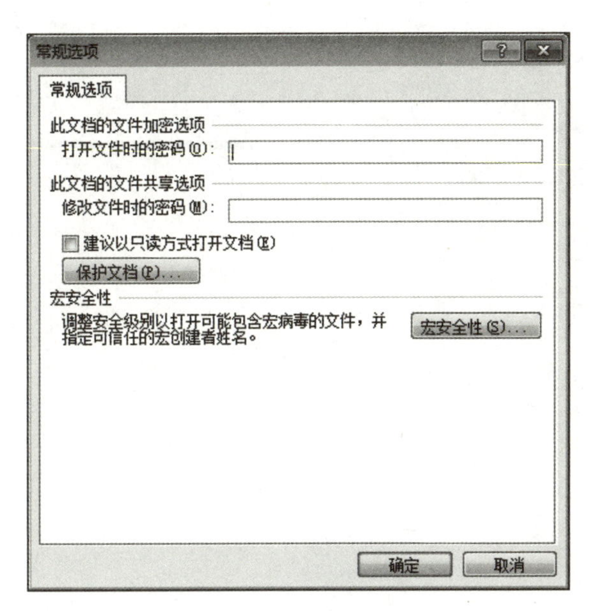

图 3-48　“常规选项”对话框

另外，密码可以使用特殊字符，区分英文大小写。

如只设置了“打开文件时的密码”，则文件被打开后，就可以进行修改保存了。

3.7.2　打印预览与输出

当文档编辑、排版完成后，就可以打印输出了。打印前，可以利用打印预览功能先查看一下排版是否理想。如果满意则打印，否则可继续修改排版。文档打印操作可以使用“文件”|“打印”命令实现。

1. 打印预览

选择“文件”选项卡“打印”命令。在打开的“打印”窗口面板右侧就是打印预览，如图 3-49 所示。

2. 打印文档

通过“打印预览”查看满意后，就可以打印了。打印前，最好先保存文档，以免意外丢失。Word 提供了许多灵活的打印功能。可以打印一份或多份文档，也可以打印文档的某一页或几页。当然，在打印前，应该准备好并打开打印机。

（1）打印一份文档

打印一份当前文档的操作最简单，只要单击“打印”窗口面板上的“打印”按钮即可。

（2）打印多份文档副本

如果要打印多份文档副本，那么应在“打印”窗口面板上的“份数”微调框中输入要打印的文档份数，然后单击“打印”按钮。

（3）打印某一页或者几页

如果仅打印文档中的某一页或几页，则应单击“打印所有页”右下侧下拉按钮，在下拉列表的“文档”选项组中，选择“打印当前页”选项，那么只打印当前插入点所在的一页：如果选择“自定义打印范围”选项，那么还需要进一步设置需要打印的页码或页码范围。

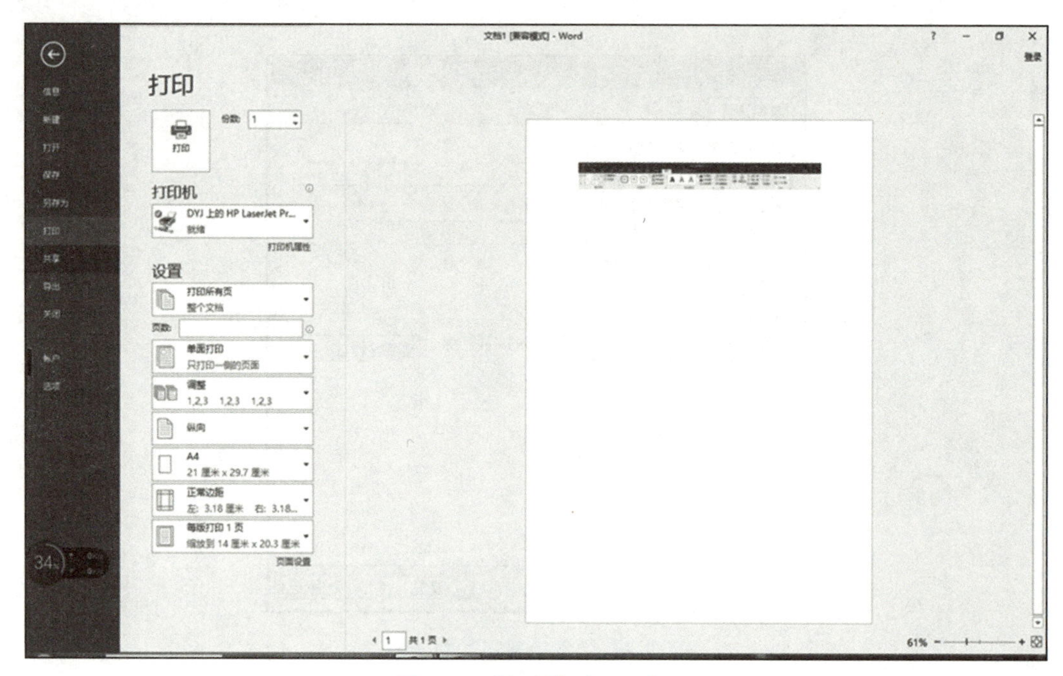

图 3-49 “打印”窗口面板

习 题 三

一、选择题

1. 鼠标指针指向某个工具栏上的一个按钮时，显示按钮名称的黄色矩形是（　　）。

A. 标记　　B. 菜单　　C. 工具提示信息　　D. 帮助信息

2. 下列关于新建一个空白文档的操作正确的是（　　）。

A. 从“文件”菜单中选择“新建”命令，单击“新建”对话框中的空白文档，然后单击“确定”按钮

B. 从“文件”菜单中选择“新建”命令，单击“新建”对话框中的电子邮件，然后单击“确定”按钮

C. 从“文件”菜单中选择“新建”命令，单击“新建”对话框中的 Web 页，然后单击“确定”按钮

D. 以上说法都不对

3. 下列可实现“保存”命令的操作是（　　）。

A. 单击工具栏中的“保存”按钮

B. 选择“文件”|“保存”命令

C. 按快捷键<Ctrl+S>，弹出“另存为”对话框

D. 选择“文件”|“另存为”命令

4. 下面用键盘来选定一行文字的操作正确的是（　　）。

A. 将插入点的光标移至此行文字的行首，按<Ctrl+End>组合键

B. 将插入点的光标移至此行文字的行首，按<Shift+End>组合键

C. 将插入点的光标移至此行文字的行首，按<Alt+End>组合键

D. 将插入点的光标移至此行文字的行首，按<Ctrl+Enter>组合键

5. 当光标位于文档末端时，（　　）使用组合键能够选定整篇文档。

A. <Ctrl+Shift+End>　　B. <Ctrl+Shift+Home>

C. <Ctrl+A>　　D. <Ctrl+Alt+A>

6. 用鼠标来选定几个文字的操作正确的是（　　）。

A. 将指针移至所选文字开始处，单击，在文字结束处再单击

B. 将指针移至所选文字开始处，右击，在文字结束处再右击

C. 将指针移至所选文字开始处，按住鼠标左键不放拖到所选文字结束处释放鼠标左键

D. 将指针移至所选文字开始处，按住鼠标右键不放拖到所选文字结束处释放鼠标右键

7. 下列关于剪贴板的说法中不正确的是（　　）。

A. 剪贴板中的内容可以全部粘贴，也可以有选择地粘贴

B. 全部粘贴的时候，粘贴的顺序是随机的

C. 单击“清空剪贴板”按钮就可以将剪贴板中的内容全部清空

D. 粘贴时都是粘贴最近一次剪切的内容

8. 粘贴文件的快捷键是（　　）。

A. <Ctrl+N>　　B. <Alt+N>　　C. <Ctrl+V>　　D. <Alt+V>

9. 下列有关页眉和页脚的说法中不正确的是（　　）。

A. 在进行页眉和页脚的设置时，在文档页面上方和下方出现两个虚线框

B. 在进行页眉和页脚的设置时，文档的每一项都需要输入页眉和页脚的内容，即使是相同的内容

C. 在“页面设置”选项卡中也可以进行页眉和页脚的设置

D. 页眉和页脚的内容也可以设置对齐方式

10. 下列说法中不正确的是（　　）。

A. 文档的纸张可以设置为横向，也可以设置为纵向

B. 文档纸张的类型是在纸型下拉式列表中选择的

C. 纸型标签里的各个选项的应用范围是整个文档

D. 纸型标签里有一个预览框

二、填空题

1. 如果要把一篇文稿中的“computer”都替换成“计算机”，应选择“编辑”组中的______命令，在弹出的“查找和替换”对话框的“查找内容”文本框中输入______，在“替换为”文本框中输入______，然后单击______按钮。

2. 在 Word 2016 中的常用工具栏中有一个“格式刷”按钮，它的作用是______。

3. Word 2016 文稿中的注释一般有脚注和尾注两种。脚注放在______，而尾注则出现在______。

4. 在 Word 2016 文稿中插入图片，可以直接插入，也可以在______或______中插入。

5. 在 Word 2016 中，“剪切板”组中的“剪切”命令的作用是______。

6. 利用 Word 2016 制作表格的一种方法是把选定的正文转换为表格，在选定正文后，应选择______组中“表格”下拉列表的______命令，再在弹出的对话框中设置相应的选项。

7. 在 Word 2016 中，要想把一些常用的文本字段和复杂的表格、图形方便地插入文稿，可以利用 Word 2016 提供的______功能。

实验三（公共）

【实验目的】制作个人简历。

【实验要求】

（1）启动 Word 2016，创建一个新文档，以“个人简历”为文件名保存。

（2）插入“现代型”封面，封面上插入艺术字“个人简介”4 个字，艺术字格式要求：填充蓝色、强调文字颜色 1、金属棱台、映像、72 号、宋体、加粗。

（3）在封面下方插入文字“姓名:”“专业:”“毕业院校:”和“联系方式:”，文字格式要求：黑色、加粗、20 号、宋体。个人简历封面效果如图 3-50 所示。

（4）在第二页文档第一行输入标题“个人简历”，标题格式要求：宋体、二号、加粗、居中。

（5）在下方插入 16×5 的表格，对表格进行单元格的合并与拆分、单元格的插入和删除、行高和列宽的调整等操作，然后输入文字内容，文字格式要求：宋体、五号、黑色、加粗。设置单元格对齐方式为“水平居中”。个人简历主页格式如图 3-51 所示。

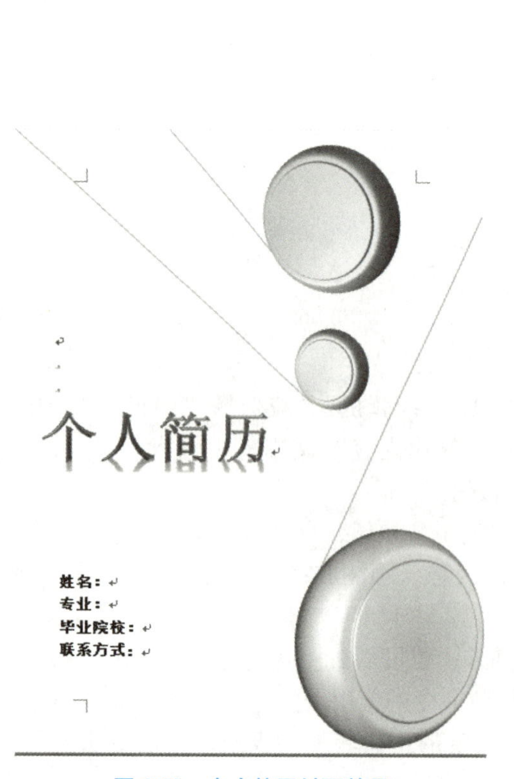

图 3-50　个人简历封面效果

个人简历

姓名		性别		
民族		籍贯		
出生日期		政治面貌		
学历		身高		
专业				
求职意向				
毕业院校				
联系电话		邮箱		
语言能力				
主修课程				
个人技能				
奖惩情况				
社会实践				
兴趣爱好				
成绩		外语	计算机	总分
	大一			
	大二			
	大三			
	平均分			
自我评价				

图 3-51　个人简历主页格式

（6）选定整个表格，将外框线修改为如下格式：黑色实线、2. 25 磅粗细。将内框线修改为如下格式：黑色实线、1 磅粗细。将“主修课程”的上框线、“个人技能”和“兴趣爱好”的下框线修改为如下格式：双线、0. 75 磅粗细。

（7）将所有标题文字部分添加颜色为 RGB（192，192，192）的底纹，成绩里的表格添加斜线表头，在照片单元格插入剪贴画，设置为浮于文字上方。最终效果如图 3-52 所示。

个人简历

姓名		性别		
民族		籍贯		
出生日期		政治面貌		
学历		身高		
专业				
求职意向				
毕业院校				
联系电话		邮箱		
语言能力				
主修课程				
个人技能				
奖惩情况				
社会实践				
兴趣爱好				
成绩	课程 年级	外语	计算机	总分
	大一	80	82	
	大二	82	81	
	大三	83	86	
	平均分			
自我评价				

图 3-52　个人简历主页最终效果

实验四（公共）

【实验目的】制作春节板报。

春节是中国最热闹、最盛大的古老传统节日，也是中国人所独有的节日，为了弘扬中国传统文化，请你动手设计一个中国元素十足的春节板报。

【实验要求】

（1）使用 Word 2016，创建一个文件名为“春节”的新文档，将页面设置为上、下、左、右页边距皆为 2cm，纸张方向为横向。

（2）设置页面边框为红色气球艺术型，将页面等分为 3 栏。

（3）在第一栏插入艺术字“新年快乐”、图片以及标注图形，并输入相应文字。艺术字格式为：填充红色、强调文字颜色 2、粗糙棱台、小初号、加粗、文字效果为双波形 2。“云形标注”中输入文字，文字格式要求：Times New Roman、三号、红色。

（4）在第二栏插入自选图形，之后插入文本框及图片，排列方式如图 3-53 所示，在“横卷形”中输入文字，文字格式要求：小五号、宋体。

（5）插入文本框，在文本框中插入图片，文本框轮廓设置为虚线圆点类型，接着插入文本框，输入文字，文字格式要求：小五号、宋体。

（6）在第三栏的文字中插入两幅图片，与文字位置关系设置为紧密环绕，将图片放到适当位置。文字为小五号、宋体。

春节板报最终效果如图 3-53 所示。

新年快乐

春联和饺子

春联又叫“春贴”“门对”。它以对仗工整、简洁的文字描绘美好形象，抒发美好愿望，是我国特有的文学形式。每逢春节，无论城市还是农村，家家户户都精选大红春联贴于门上，辞旧迎新，增加喜庆的节日气氛。传统春联是用毛笔书写的，但现代也有印制的春联。

北方年夜饭有吃饺子的传统，但各地吃饺子的习俗都不相同。有的地方除夕之夜吃饺子，有的地方初一吃饺子，北方一些山区还有初一到初五每天早上吃饺子的习俗。按照我国古代记时法，晚上11时到第二天凌晨1时为子时。饺子就意味着更岁交子。与北方不同，南方的年夜饭通常有火锅和鱼。火锅沸煮，热气腾腾，温馨撩人、红红火火；“鱼”和“余”谐音，象征“吉庆有余”，也喻示着生活幸福，“年年有余”。南方还有一些地方过春节讲究吃年糕，年年高（糕）升，象征收成一年比一年高，境界一年比一年高。

春节是除旧布新的日子。春节虽定在农历正月初一，但春节的活动却并不止于正月初一这一天。从腊月二十三（或二十四）小年起，人们便开始“忙年”：扫房屋、洗头沐浴、准备春节美食等。所有这些活动有一个共同的主题，即“辞旧迎新”。人们以盛大的仪式和热情迎接新年、迎接春天。

春节也是祭祖祈年的日子。春节还是阖家团圆、访亲拜友的日子。除夕，全家欢聚一堂，吃着“年夜饭”。长辈给孩子们分发“压岁钱”。一家人团坐“守岁”。元日子时交年时刻，鞭炮齐响，辞旧岁、迎新年的活动气氛达到高潮。元日后，开始走亲访友，互送礼品，以庆新年。

春节更是民众娱乐狂欢的节日。元日以后，各种丰富多彩的娱乐活动竞相开展：耍狮子、舞龙灯、扭秧歌、踩高跷、杂耍等。为新春佳节增添了浓郁的喜庆气氛。此时，正值“立春”前后，古时还要举行盛大的迎春仪式。鞭牛迎春，祈愿风调雨顺、五谷丰收。

图 3-53 春节板报最终效果

实验五（公共）

【实验目的】论文排版。

【实验要求】

打开已有的论文排版文档，完成以下操作。

（1）页面上边距 2. 5cm、下边距 2cm、左边距 2. 5cm、右边距 2cm，装订线位置选择左侧。

（2）封面输入“毕业论文”4 个字，格式要求：黑体、初号、加黑、居中。填写信息部分要求如下。标题格式要求：小三号、黑体、加粗。内容部分格式要求：小三号、楷体 GB2312。日期部分格式要求：小三号、黑体。

（3）论文题目格式要求：黑体，小二号、居中，距上下文各空一行。“摘要”格式要求：两字中间加两个中文空格，三号、黑体、居中，上下文各空一行。“关键词”3 个字格式要求：宋体、小四号、加粗，上文空一行，首行空两格。

（4）所有正文内容格式要求：中文用小四号、宋体、1.5 倍行距；英文用小四号、Times New Roman；新的章必须另起一页，包括结论、致谢、参考文献。

（5）一级标题格式要求：三号、宋体，论文标题及一级标题距下文空一行。

（6）二级标题格式要求：小三号、宋体、与下文 1.5 倍行距。

（7）三级标题格式要求：四号、宋体、与下文 1.5 倍行距。

（8）添加页眉和页脚。摘要和目录部分不添加页眉，但是页脚采用罗马数字编号。正文部分页眉为“毕业设计”，字体设置为小五号、宋体、居中，页眉以横线与正文间隔；页脚为页码，页码格式为阿拉伯数字，字体设置为小五号、Times New Roman 字体、居中。

（9）自动生成目录，修改目录格式。“目录”二字居中，中间空两格，字体设置为三号、黑体，距上下文空一行；目录内容 1.5 倍行距，一级标题用小四号、宋体、加黑，中文摘要用罗马数字编页，二级及以下标题（包括二级标题）用小四号、宋体；参考文献、附录、致谢均编页码。

（10）给第 2.4.1 小节和第 2.4.2 小节中内容加上编号。

（11）“结论”两字的字体设置为三号、宋体，距下文空一行。结论是新的一章，因此要另起一页，但不加章节号。“结论”二字顶左边线。

（12）“致谢”两字的字体设置为三号、宋体，其正文的字体设置为小四、宋体。“致谢”两字中间空两格，致谢正文部分同其他正文的字体和间距一致。

（13）“参考文献”标题的字体设置为四号、宋体，距下文空一行。参考文献正文部分的字体设置为五号、宋体、1.5 倍行距。

全国计算机等级考试（二级）模拟题 1

请在“答题”菜单下选择“进入考生文件夹”命令，并按照题目要求完成下面的操作。

注意：以下的文件必须保存在考生文件夹下。

在考生文件夹下打开文档 Word.docx，按照要求完成下列操作并以该文件名（Word.docx）保存文档。

某高校为了使学生更好地进行职场定位和职业准备，提高就业能力，该校学工处将于 2023 年 4 月 28 日（星期五）18:30—21:30 在校国际会议中心举办题为“领慧讲堂”就业讲座，特别邀请资深媒体人、著名艺术评论家赵蕈先生担任演讲嘉宾。

请根据上述活动描述，利用 Microsoft Word 制作一份宣传海报（宣传海报的样式请参考“Word-海报参考样式.docx”文件），要求如下：

（1）调整文档版面，要求页面高度 35cm，页面宽度 27cm，页边距（上、下）为 5cm，页边距（左、右）为 3cm，并将考生文件夹下的图片“Word-海报背景图片.jpg”设置为海报背景。

（2）根据“Word-海报参考样式 . docx”文件，调整海报内容文字的字号、字体和颜色。

（3）根据页面布局需要，调整海报中“报告题目”“报告人”“报告日期”“报告时间”和“报告地点”信息的段落间距。

（4）在“报告人：”位置后面输入报告人姓名（赵蕈）。

（5）在“主办：校学工处”位置后另起一页，并设置第二页的页面纸张大小为 A4 篇幅，纸张方向设置为“横向”，页边距设置为“普通”页边距。

（6）在新页面的“日程安排”段落下面，复制本次活动的日程安排表（请参考“Word-活动日程安排 . xlsx”文件），要求表格内容引用 Excel 文件中的内容，如若 Excel 文件中的内容发生变化，Word 文档中的日程安排信息会随之发生变化。

（7）在新页面的“报名流程”段落下面，利用 SmartArt 制作本次活动的报名流程（学工处报名、确认座席、领取资料、领取门票）。

（8）设置“报告人介绍”段落下面的文字排版布局同参考示例文件中所示的样式一致。

（9）更换报告人照片为考生文件夹下的“Pic 2. jpg”照片，将该照片调整到适当位置，注意不要遮挡文档中的文字内容。

（10）保存本次活动的宣传海报设计文件名为 Word. docx。

原文档如图 3-54 所示。

“领慧讲堂”就业讲座↵
报告题目：大学生人生规划↵
报 告 人：↵
报告日期：2023 年 4 月 28 日(星期五)↵
报告时间：18:30-21:30↵
报告地点：校国际会议中心↵
欢迎大家踊跃参加！↵
主 办：校学工处 ↵
“领慧讲堂”就业讲座之大学生人生规划 活动细则↵
日程安排：↵
报名流程：↵
报告人介绍：↵
赵老师是资深媒体人、著名艺术评论家、著名书画家，曾任某周刊主编，现任某出版集团总编辑、硬笔书协主席、省美协会员、某画院特聘画家。他的书法、美术、文章、摄影作品千余幅（篇）在全国 200 多家报刊上发表，名字及作品被收入多种书画家辞典。他的书画作品被日本、美国、韩国等海外一些机构和个人收藏。赵老师在国内外多次举办过专题摄影展和书画展。↵

图 3-54 原文档

海报设计参考如图 3-55 和图 3-56 所示。

下面为各题目的解题步骤。

1）题（1）的解题步骤。

步骤 1：打开考生文件夹下的 Word. docx。

步骤 2：根据题目要求，调整文档版面。单击“布局”选项卡下“页面设置”组的展开按钮。打开“页面设置”对话框，在“纸张”选项卡下设置页面高度和页面宽度。这里分别在“高度”和“宽度”微调框中设置“35 厘米”和“27 厘米”。

步骤 3：设置好后单击“确定”按钮。按照上面同样的方式打开“页面设置”对话框，切换到“页边距”选项卡，根据题目要求在“上”和“下”微调框中都设为“5 厘米”，在“左”和“右”微调框中都设为“3 厘米”。然后单击“确定”按钮。

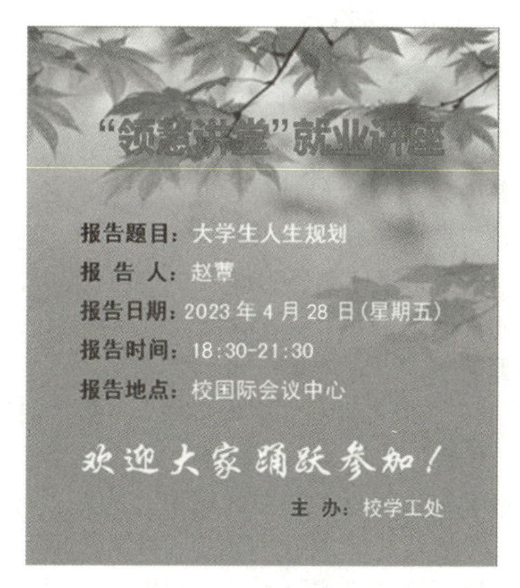

图 3-55　海报效果 1

图 3-56　海报效果 2

步骤 4：单击“设计”选项卡下“页面背景”组中的“页面颜色”下拉按钮，在弹出的下拉列表中选择“填充效果”命令，弹出“填充效果”对话框，切换至“图片”选项卡，单击“选择图片”按钮，打开“插入图片”对话框，选择目标文件“Word-海报背景图片.jpg”。设置完毕后单击“确定”按钮。

2）题（2）的解题步骤。

根据“Word-海报参考样式.docx”文件，选中标题“‘领慧讲堂’就业讲座”，单击“开始”选项卡下“字体”组中的“字体”下拉按钮，在下拉列表中选择“微软雅黑”选项，在“字号”下拉列表中选择“48”号选项，在“字体颜色”下拉列表中选择“红色”选项；单击“段落”组中的“居中”按钮使其居中。按同样方式设置正文部分的字体，这里把正文部分设置为黑体、28号，字体颜色为深蓝和“白色、文字1”。将“欢迎大家踊跃参加!”设置为华文行楷，48号，“白色、文字1”。

3）题（3）的解题步骤。

步骤1：选中“报告题目”“报告人”“报告日期”“报告时间”和“报告地点”等正文所在的段落信息，单击“开始”选项卡下“段落”组中的展开按钮，弹出“段落”对话框。在“缩进和间距”选项卡的“间距”选项区域中，及其“行距”下拉列表框中，选择合适的行距，这里选择“1.5倍行距”，在“段前”和“段后”微调框中都设为“1行”；在“缩进”选项区域中，选择“特殊格式”下拉列表框中的“首行缩进”选项，并在右侧对应的“缩进值”微调框中选择“3字符”选项。

步骤2：选中“欢迎大家踊跃参加!”字样，单击“开始”选项卡下“段落”组中的“居中”按钮，使其居中显示。按照同样的方式设置“主办：校学工处”为右对齐。

4）题（4）的解题步骤。

在“报告人:”位置后面输入报告人“赵蕈”。

5）题（5）的解题步骤。

步骤1：将鼠标指针置于“主办：校学工处”位置后面，单击“布局”选项卡下“页面设置”组中的“分隔符”下拉按钮，在下拉列表中选择“下一页”选项即可另起一页。

步骤：2：选定第二页，单击“布局”选项卡“页面设置”组中的展开按钮，弹出“页面设置”对话框。切换至“纸张”选项卡，选择“纸张大小”下拉列表框中的“A4”选项。

步骤3：切换至“页边距”选项卡，选择“纸张方向”选项区域下的“横向”选项。

步骤4：单击“页面设置”组中的“页边距”下拉按钮，在弹出的下拉列表中选择“普通”选项。

6）题（6）的解题步骤。

步骤1：打开“Word-活动日程安排.xlsx”文件，选中表格中的所有内容，按<Ctrl+C>键，复制所选内容。

步骤2：切换到Word.docx文件中，将光标置于“日程安排:”后按<Enter>键，另起一行，单击“开始”选项卡下“剪切板”组中“粘贴”下拉列表中的“选择性粘贴”按钮，弹出“选择性粘贴”对话框。选中“粘贴链接”单选按钮，在“形式”下拉列表框中选择“Microsoft Excel 工作表对象”选项。

步骤3：单击“确定”按钮后。若更改“Word-活动日程安排.xlsx”文件单元格的内容，则Word文档中的信息也同步更新。

7）题（7）的解题步骤。

步骤1：将光标置于“报名流程”字样后，按<Enter>键另起一行。单击“插入”选项卡下“插图”组中的“SmartArt”按钮，弹出“选择 SmartArt 图像”对话框，选择“流程”下拉列表框中的“基本流程”选项。

步骤 2：单击“确定”按钮后，选中圆角矩形，然后单击“SmartArt 工具”|“设计”选项卡下“创建图形”组中的“添加形状”下拉按钮，在弹出的下拉列表中选择“在后面添加形状”选项。设置完毕后，即可得到与参考样式相匹配的图形。

步骤 3：在文本中输入相应的流程名称。

步骤 4：选中 SmartArt 图形，单击“SmartArt 工具”|“设计”选项卡“SmartArt 样式”组中的“更改颜色”下拉按钮，在弹出的下拉列表中选择“彩色”中的“彩色-强调文字颜色”选项，在“SmartArt 样式”中选择“强烈效果”选项，即可完成报名流程的设置。

8）题（8）的解题步骤。

步骤 1：选中“赵”字，单击“插入”选项卡下“文本”组中的“首字下沉”按钮，在弹出的下拉列表中选择“首字下沉选项”，弹出“首字下沉”对话框，在“位置”选项区域中选择“下沉”选项，在“选项”区域中的“字体”下拉列表框中选择“+中文正文”选项，将“下沉行数”微调框设为“3”。

步骤 2：按照前述同样的方式把“报告人介绍”段落下面的文字字体颜色设置为“白色，背景 1”。

9）题（9）的解题步骤。

选定图片，单击“图片工具”|“格式”选项卡下“调整”组中的“更改图片”按钮，弹出“插入图片”对话框，选择“Pic 2. jpg”图片，单击“插入”按钮，实现图片的更改，拖动图片到恰当位置。

10）题（10）的解题步骤。

单击“保存”按钮保存本次的宣传海报设计文件名为“Word. docx”。

第4章

Excel 2016 表格处理软件

Excel 2016 是 Microsoft Office 办公软件之一，是一个基于 Windows 环境下的电子表格处理软件。Excel 2016 具有直观的表格计算、丰富的统计图形显示和简捷灵活的数据管理功能，并能方便地实现与经济管理信息系统软件的数据资源共享，支持财务信息的处理及决策分析，在财务管理、统计、金融投资、经济分析和规划决策等多方面有着广泛的应用，被世界财经管理人员公认为是卓越的信息分析和信息处理软件工具。目前在国内的各行各业中，Excel 2016 已经得到了广泛的应用。具体来说，Excel 2016 的功能主要包括工作表管理、数据库管理、数据分析和图表管理、对象的链接和嵌入、数据清单管理和数据汇总，以及数据透视表等。

4.1 Excel 2016 基础知识

4.1.1 Excel 2016 的基本功能

1. 表格制作功能

Excel 2016 最基本的功能就是制作表格。利用 Excel 2016 提供的网格线可以绘制需要的表格，通过对表格进行格式处理，就可以得到适合输出的满意表格。

2. 数据处理功能

Excel 2016 提供多种公式输入方式，并可通过自定义公式和 Excel 2016 软件提供的丰富函数对数据进行计算和各种分析处理，使数据得到更加直观的展现。

3. 数据的图表显示功能

通过 Excel 2016 提供的多种图形格式样板，可以对工作表或数据清单进行图表化显示，对图表进行格式设置可以使生成的图表更加精美。

4. 数据共享

Excel 2016 提供数据共享功能，可以实现多个用户共享同一个工作簿文件，建立超链接。

4.1.2 Excel 2016 的启动与退出

在计算机中安装了 Excel 2016 后，便可以通过以下几种方法启动。

方法 1：双击桌面上的 Excel 2016 快捷启动图标。

方法 2：单击桌面“开始”按钮，选择“Excel 2016”命令，如图 4-1 所示。

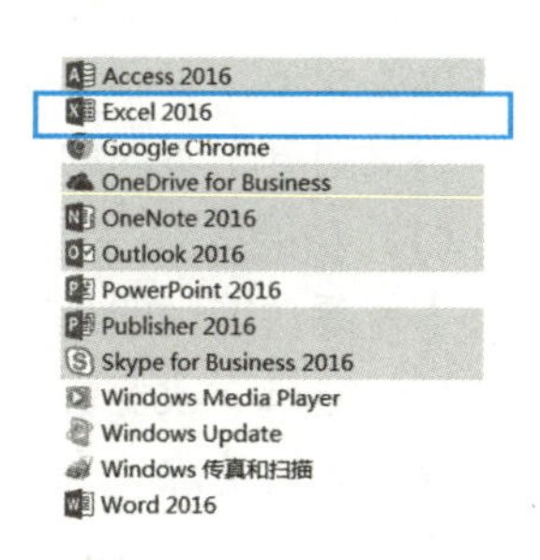

图 4-1　Excel 2016 安装后的程序组位置

方法 3：直接打开已存在的电子表格，则在启动的同时也打开了该文件。

如果想退出 Excel 2016，可选择下列任意一种方法。

方法 1：选择“文件”|“关闭”命令。

方法 2：右击标题栏空白处，在出现的快捷菜单中选择“关闭”命令。

方法 3：单击 Excel 2016 窗口右上角的“关闭”按钮。

方法 4：按<Alt+F4>组合键。

在退出 Excel 2016 时，如果还没保存当前的工作表，会弹出一个提示对话框（见图 4-2），询问是否保存所做修改。

图 4-2　退出 Excel 2016 时的询问对话框

如果用户想保存文件，则单击“是”按钮，不想保存就单击“不保存”按钮，如果又不想退出 Excel 2016 了就请单击“取消”按钮。

4.1.3　Excel 2016 的窗口

Excel 2016 应用程序启动后，打开的 Excel 2016 工作窗口如图 4-3 所示。

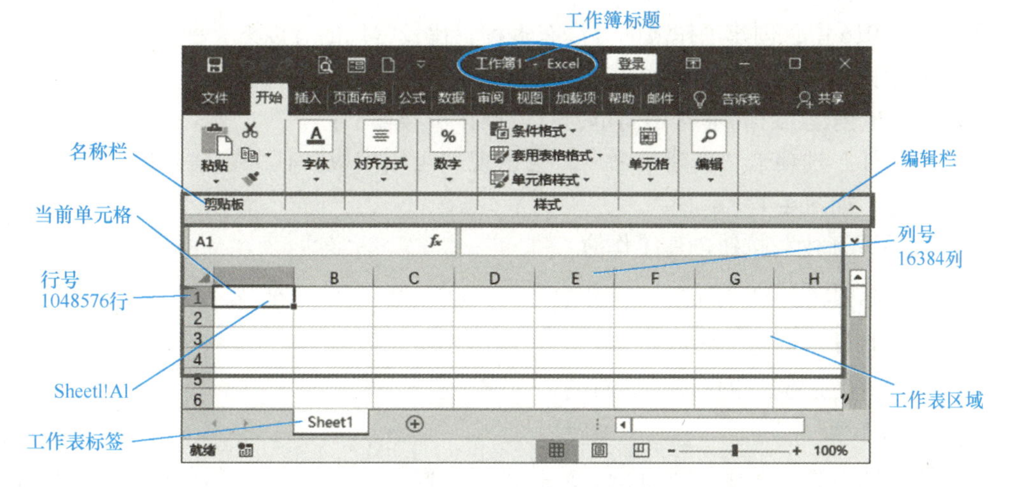

图 4-3　Excel 2016 工作窗口

Excel 2016 工作窗口由位于上部的功能区和下部的工作表区组成。功能区包含所操作文档的工作簿标题、各种选项卡及相应命令按钮；工作表区包括名称栏、编辑栏、状态栏、工作表标签和工作表区域等。选项卡中集成了相应的操作命令，根据命令功能的不同和每个选项卡内又划分了不同的组。

（1）功能区

工作簿功能区的最顶部是标题栏，在标题栏左侧右击后弹出的快捷菜单中包含还原窗口、移动窗口、改变窗口大小、最大（小）化窗口和关闭窗口等功能，此外，标题栏还包括保存、撤销清除、恢复清除、自定义快速访问工具栏等功能；标题栏右侧包含工作簿窗口的最小化、最大化/向下还原、关闭等按钮。拖动标题栏可以改变窗口的位置，双击标题栏可放大窗口到最大化或还原到最大化之前的窗口。

功能区包含一系列选项卡，各选项卡内均含有若干组，选项卡主要包括文件、开始、插入、页面布局、公式、数据、审阅、视图等。根据操作对象的不同，还会增加相应的选项卡。用它们可以进行绝大多数 Excel 2016 操作。使用时，先单击选项卡名称，然后在其组中选择所需功能。通过 Excel 2016“帮助”可了解选项卡大部分功能。

（2）工作表区

工作表区位于工作簿的下方，包含名称栏、编辑栏、状态栏、工作表标签和工作表区域等。

4.2 工作表的基本操作

在 Excel 2016 中，工作簿就是计算和存储数据的文件，是多张工作表的集合。一个工作簿中默认有 1 张工作表，工作簿的默认名称是工作簿 *N*，扩展名为 .xlsx。工作表是由多个单元格连续排列形成的一张表格，每个工作表中有若干行，分别用数字 1，2，…来表示；工作表中又有若干列，分别用字母 A，B，…来表示。工作表名称默认用 Sheet*N* 来表示。

4.2.1 工作簿的操作

1. 新建工作簿

在 Excel 2016 中，创建工作簿的方法有多种，比较常用的有以下 3 种。

（1）利用选项卡命令新建工作簿

利用选项卡创建工作簿非常用简单，具体操作步骤如下：

选择“文件”选项卡“新建”命令，会出现“可用模板”任务窗格，选定“空白工作簿”选项即可，如图 4-4 所示。

（2）利用“新建”按钮创建工作簿

直接单击标题栏上的“新建”按钮。

（3）利用快捷键创建工作簿

按<Ctrl+N>快捷键，也可以创建新的工作簿。

2. 保存工作簿

单击标题栏中的“保存”按钮，或选择“文件”选项卡中的“保存”命令可以实现保存操作，在工作中要注意随时保存工作成果。

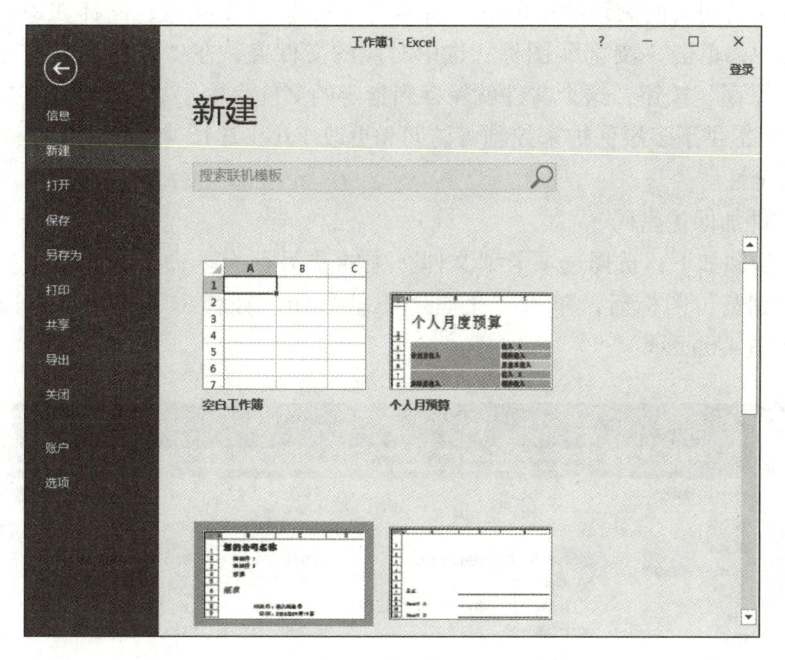

图 4-4　“可用模板”任务窗格

在“文件”选项卡中还有一个“另存为”命令。前面已经打开的工作簿，如果定好了名字，在使用“保存”命令时就不会弹出“另存为”任务窗格，而是直接保存到相应的文件中。但有时希望把当前的工作做一个备份，或者不想改动当前的文件，要把所做的修改保存在另外的文件中，这时就要用到“另存为”命令了。选择“文件”选项卡中的“另存为”命令，弹出“另存为”任务窗格，如图 4-5 所示。

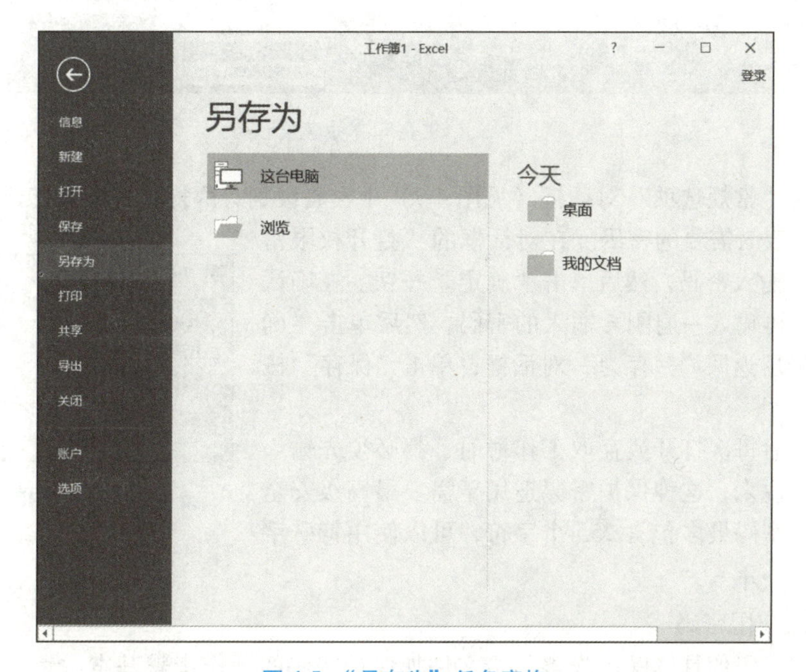

图 4-5　“另存为”任务窗格

这个任务窗格同前面见到的一般的“保存”对话框是相同的，同样如果想把文件保存到某个文件夹中，单击“浏览”图标，选中对应的文件夹，在“文件名”文本框中输入文件名，单击“保存”按钮，这个文件就保存到指定的文件夹中了。

Excel 2016 提供了多层保护来控制可访问和更改 Excel 2016 数据的用户，其中最高的一层是文件级安全性。

（1）给文件加保护密码

具体操作步骤如下：选择选项卡“文件”中的“另存为”命令，弹出“另存为”任务窗格。单击“浏览”图标后，单击“工具”下拉按钮，在弹出下拉菜单中选择“常规选项”命令，如图 4-6 所示。

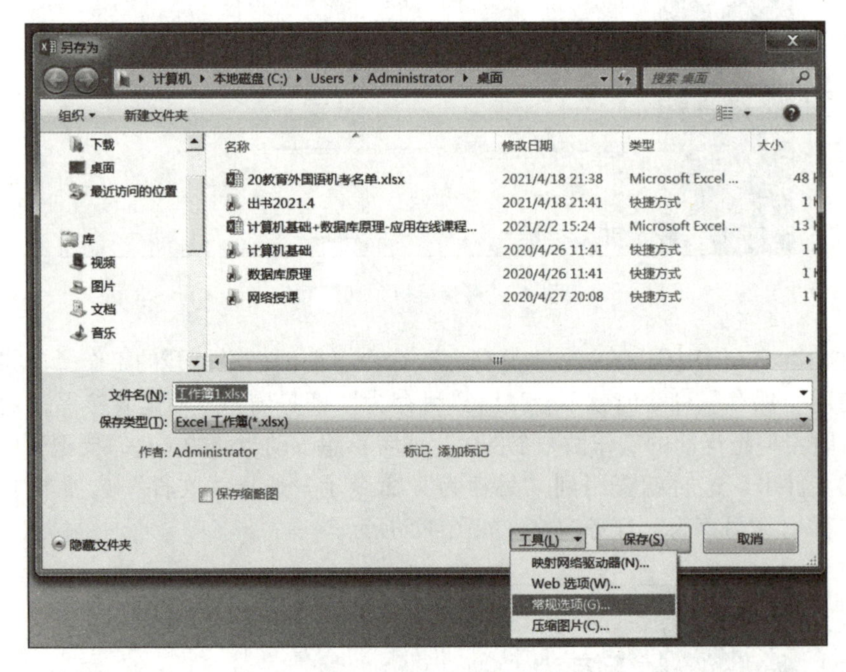

图 4-6 “工具”下拉菜单

在打开的“常规选项”对话框（见图 4-7）中密码级别有两种：一种是打开时需要的密码，一种是修改时需要的密码。在对话框的“打开权限密码”文本框中输入密码，然后单击“确定”按钮。在确认密码对话框中再输入一遍刚才输入的密码，然后单击“确定”按钮。最后返回“另存为”对话框，单击“保存”按钮即可。

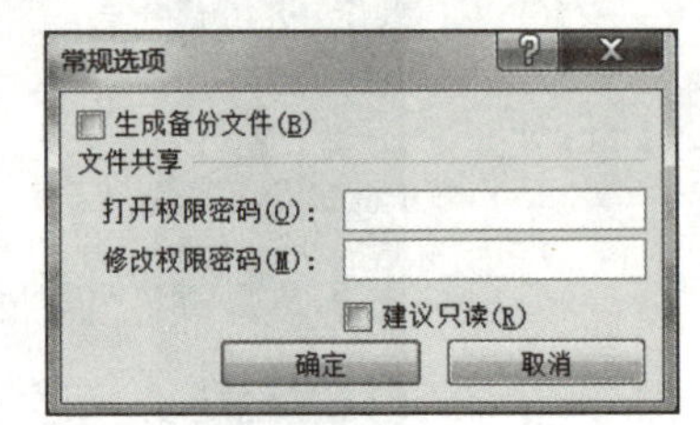

图 4-7 “常规选项”对话框

这样，以后每次打开或存取工作簿时，都必须先输入该密码。一般说来，这种保护密码适用于需要最高级安全性的工作簿。密码最多包含 255 个字符，可以使用特殊字符，并且区分大小写。

（2）修改权限密码

修改权限密码的具体操作步骤与给文件加保护密码的操作步骤基本一致，只是在“常规选项”对话框的“修改权限密码”文本框中输入密码，然后单击“确定”按钮即可。

这样，在不了解该密码的情况下，用户可以打开、浏览和操作工作簿，但不能存储该工作簿，从而达到保护工作簿的目的。和文件保存密码一样，修改权限密码最多也是包含 15 个字符，可以使用特殊字符，并且区分大小写。

（3）只读方式保存和备份文件的生成

以只读方式保存工作簿可以实现以下目的：一是当多数人同时使用某一工作簿时，如果有人需要修改内容，那么其他用户应该以只读方式打开该工作簿；二是当工作簿需要定期维护，而不需要做经常性的修改时，将工作簿设置成只读方式，可以防止无意中修改工作簿。

可在“常规选项”对话框中选中“生成备份文件”复选框，那么用户每次存储该工作簿时，Excel 2016 将创建一个备份文件。备份文件和源文件在同一目录下，且文件名一样，扩展名为 . xlk。这样，当由于操作失误而造成源文件毁坏时，就可以利用备份文件进行恢复。

保护工作簿可防止用户添加或删除工作表，或是显示隐藏的工作表。同时，还可防止用户更改已设置的工作簿显示窗口的大小或位置。这些保护可应用于整个工作簿。

具体操作步骤如下：选择选项卡“审阅”中的“保护工作簿”命令，弹出“保护结构和窗口”对话框，如图 4-8 所示。根据实际需要选中“结构”或“窗口”复选框。若需要设置密码，则在对话框的“密码（可选）”文本框中输入密码，并在弹出的确认密码对话框中再输入一遍刚才输入的密码，然后单击“确定”按钮。密码最多可包含 255 个字符，并且可有特殊字符，且区分大小写。

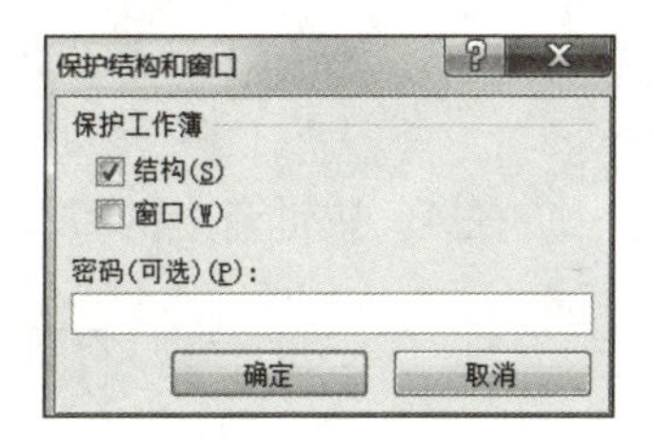

图 4-8 “保护结构和窗口”对话框

3. 打开工作簿

如果要编辑系统中已存在的工作簿，首先要将其打开。打开工作簿的方法有 3 种：

方法 1：选择选项卡“文件”中的“打开”命令。

方法 2：单击工具栏中的“打开”按钮。

方法 3：按<Ctrl+O>组合键。

打开工作簿的具体操作步骤如下：

1）执行上面任意方法，打开“打开”任务窗格，如图 4-9 所示。

2）单击“浏览”图标，选定指定目录下的文件后，单击“打开”按钮即可打开该文件。

4. 关闭工作簿

在对工作簿中的工作表编辑完成以后，可以关闭工作簿。如果工作簿经过了修改还没有保存，那么 Excel 2016 在关闭工作簿之前会提示是否保存现有的修改（见图 4-10）。此外，在 Excel 2016 中，关闭工作簿主要有以下几种方法：

方法 1：单击 Excel 2016 窗口右上角的“关闭”按钮。

方法 2：选择“文件”|“关闭”命令。

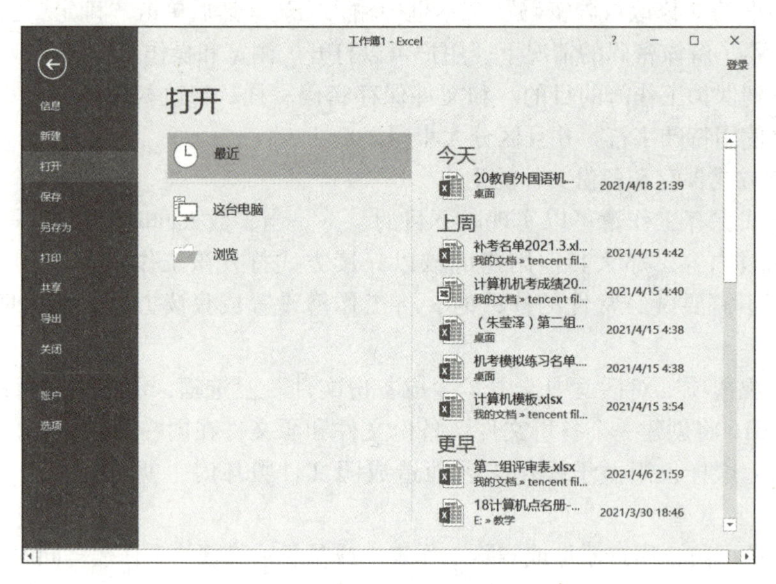

图 4-9 “打开”任务窗格

方法 3：右击 Excel 2016 窗口标题栏空白处，再从弹出的快捷菜单中选择“关闭”命令。

方法 4：按键盘上的<Alt+F4>组合键。

图 4-10 保存提示对话框

4.2.2 工作表的操作

工作表包含在工作簿中。工作表是由排列成行和列的单元格组成的二维表格。每个工作表的列标题用字母 A，B，…，Z，AA，AB，…，XFD 表示，共 16384 列；行标题用数字 1，2，…，1048576 表示，共 1048576 行。因此，一个工作表就有 16384×1048576 个单元格。在创建新的工作簿时，会默认创建 1 张工作表，即 Sheet1，表格底部的工作表标签显示工作表的名称。

1. 工作表之间的切换

由于一个工作簿具有多张工作表，且它们不可能同时显示在一个屏幕上，所以要不断地在工作表之间切换，以完成不同的工作。例如第一张工作表是学生课程表、第二张工作表是学生信息表、第三张工作表是学生成绩表、第四张工作表是考试情况分析图表等。

在 Excel 2016 中可以利用工作表标签快速地在不同的工作表之间切换。在切换过程中，单击有工作表名称的标签即可切换到该工作表。此时，工作表标签变为白色，成为活动工作表。此外，如果要切换到当前工作表的前一张工作表，还可以按<Ctrl+PageUp>组合键；如果要切换到当前工作表的后一张工作表，可以按<Ctrl+PageDown>组合键。如果要切换的工作表标签没有显示在当前的窗口中，可以通过滚动按钮来进行切换。滚动按钮是一个非常方便的切换工具。单击它可以快速切换到第一张工作表或者最后一张工作表。也可以改变标签分割条的位置，以便显示更多的工作表标签。

2. 新建与重命名工作表

（1）新建工作表

有时一个工作簿中可能需要更多的工作表，这时用户可以采用直接插入操作来新建工作表。用户可以插入一个工作表，也可以插入多个工作表。

插入工作表的具体操作步骤如下：

单击“Sheet1”工作表标签右侧的加号按钮 ，即可快速地在 Sheet1 的右侧新增加一张名为“Sheet2”的工作表。继续单击 ，可以依次增加“Sheet3”“Sheet4”等。

此外，用户也可以利用快捷菜单命令插入工作表，具体操作步骤为：在工作表标签上右击，弹出的快捷菜单如图 4-11 所示，选择“插入”命令即可。

图 4-11　工作表标签的右击快捷菜单

插入新工作表的快捷键为<Shift+F11>，系统将自动插入工作表，并按顺序对其命名。

（2）重命名工作表

为了使工作表更加形象，让人一看就知道工作表中的内容是什么，用户可以为工作表重新命名。

以将系统默认的名称 Sheet1 更改为“我的班级”为例，其操作步骤如下：

1）选定 Sheet1 工作表标签。

2）单击“开始”选项卡“单元格”组中的“格式”下拉列表，选择“重命名工作表”命令，这时工作表名称高亮度显示，直接输入新名称即可，如图 4-12 所示。

图 4-12　更改工作表名称

此外，重命名工作表还有两种常用的操作方法：

方法 1：在工作表标签上右击，选择“重命名”命令。

方法 2：双击工作表标签，直接输入新名称。

3. 移动、复制和删除工作表

移动、复制和删除工作表是常用操作。用户可以在同一个工作簿上移动或复制工作表，也可以将工作表移动到另一个工作簿中。在移动或复制工作表时要特别注意，因为工作表移动后与其相关的计算结果或图表可能会受到影响。

将工作簿 1 中的 Sheet1 移动复制到工作簿 2 中的操作步骤如下：

1）打开工作簿 1 和工作簿 2。

2）切换至工作簿 1，选定 Sheet1 工作表。

3）单击“开始”选项卡“单元格”组中的“格式”下拉列表，选择“移动或复制工作表”命令，打开“移动或复制工作表”对话框；也可以在 Sheet1 工作表标签上右击，在弹出的快捷菜单中选择“移动或复制”命令（见图 4-13），打开“移动或复制工作表”对话框。

4）单击“工作簿”右端的下拉按钮，选择“工作簿 2”，然后再选择指定位置，如果选择“Sheet1”工作表，那么工作表将移动或复制到 Sheet1 前面，如图 4-14 所示。

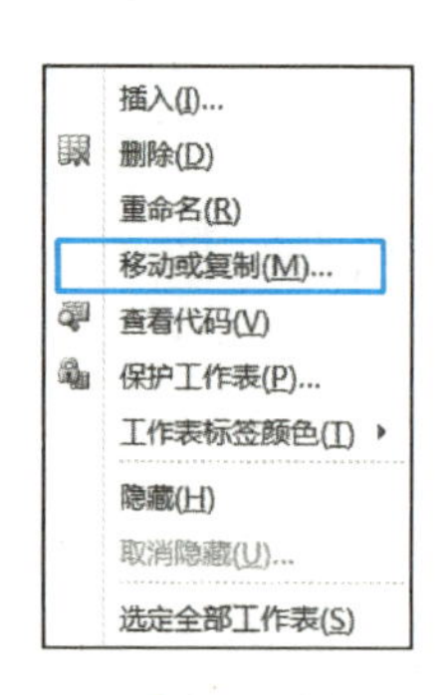

图 4-13　工作表标签的右击快捷菜单

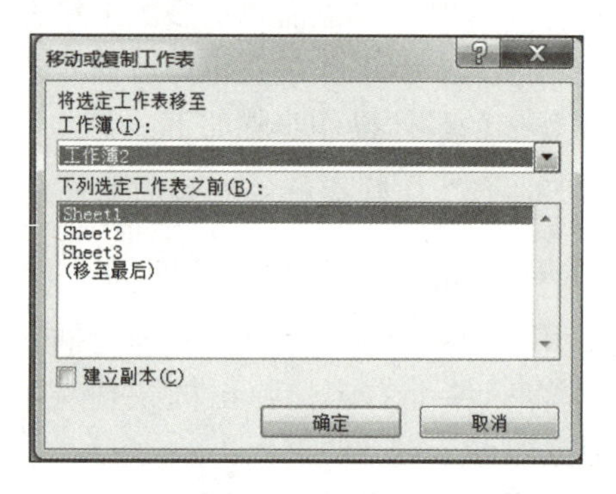

图 4-14　“移动或复制工作表”对话框

5）如果要复制工作表，而不移动，则选中“建立副本”复选框。

6）单击“确定”按钮，Sheet1 被移动到工作簿 2 中，被命名为 Sheet1（2），如图 4-15 所示。

图 4-15　移动或复制的工作表

如果用户觉得工作表没用了，可以随时将它删除，但被删除的工作表不能还原。

删除工作表的具体操作步骤如下：

1）选定一个或多个工作表。

2）选择“开始”选项卡“单元格”组中的“删除”|“删除工作表”命令，弹出一个如图 4-16 所示的对话框。

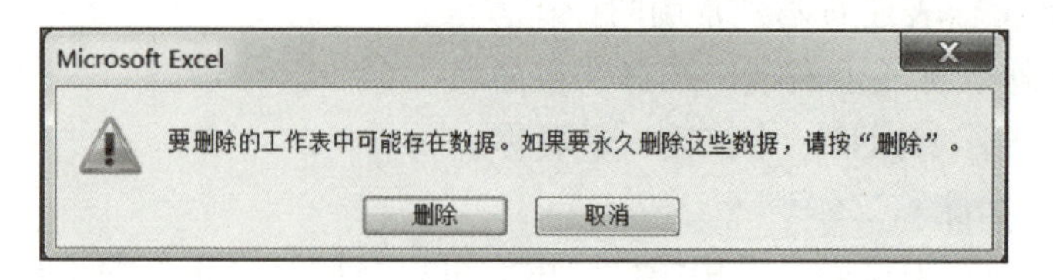

图 4-16　删除确认对话框

3）单击“删除”按钮。用户也可以右击工作表标签，在弹出的快捷菜单中选择“删除”命令，从而实现删除工作表。

4. 工作表的拆分与冻结

如果要查看工作表中相隔较远的内容，来回拖动很麻烦，这时可以用多窗口来进行比较。工作表的拆分步骤如下：

1）选定要拆分的工作表。

2）单击选项卡“视图”中的拆分按钮▭，Excel 2016 便以选定的单元格为中心自动拆分成 4 个窗口，效果如图 4-17 所示。

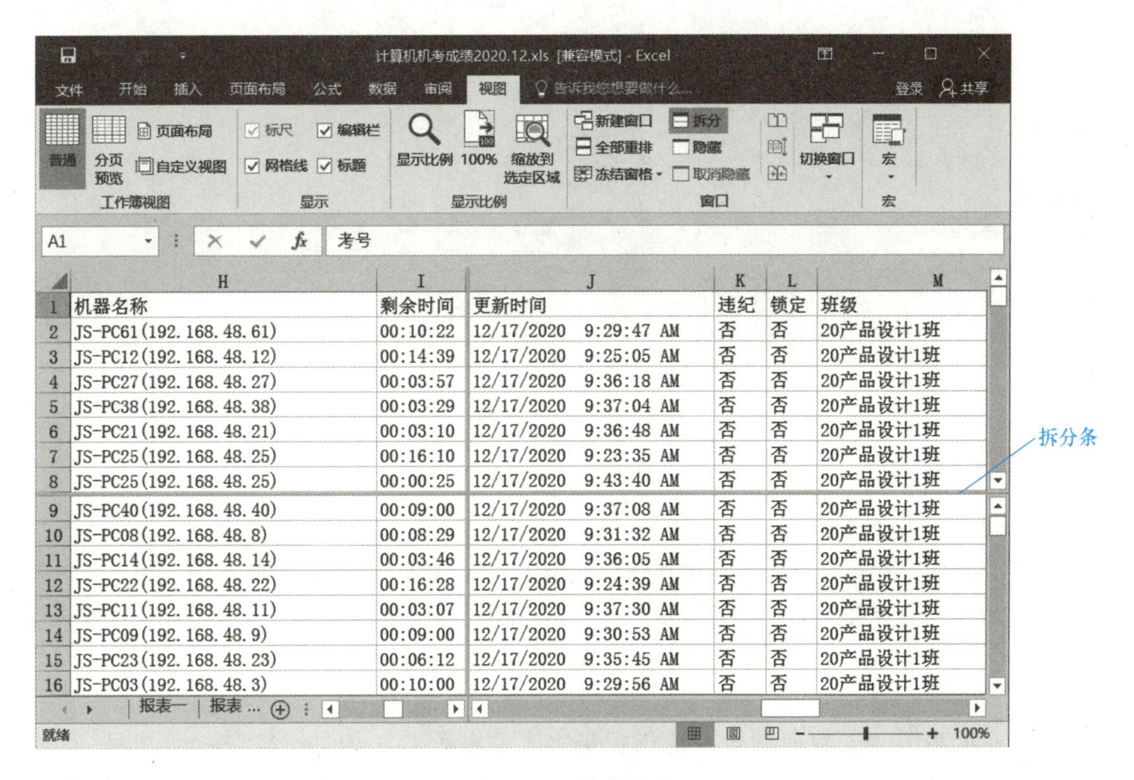

	H	I	J	K	L	M
1	机器名称	剩余时间	更新时间	违纪	锁定	班级
2	JS-PC61(192.168.48.61)	00:10:22	12/17/2020 9:29:47 AM	否	否	20产品设计1班
3	JS-PC12(192.168.48.12)	00:14:39	12/17/2020 9:25:05 AM	否	否	20产品设计1班
4	JS-PC27(192.168.48.27)	00:03:57	12/17/2020 9:36:18 AM	否	否	20产品设计1班
5	JS-PC38(192.168.48.38)	00:03:29	12/17/2020 9:37:04 AM	否	否	20产品设计1班
6	JS-PC21(192.168.48.21)	00:03:10	12/17/2020 9:36:48 AM	否	否	20产品设计1班
7	JS-PC25(192.168.48.25)	00:16:10	12/17/2020 9:23:35 AM	否	否	20产品设计1班
8	JS-PC25(192.168.48.25)	00:00:25	12/17/2020 9:43:40 AM	否	否	20产品设计1班
9	JS-PC40(192.168.48.40)	00:09:00	12/17/2020 9:37:08 AM	否	否	20产品设计1班
10	JS-PC08(192.168.48.8)	00:08:29	12/17/2020 9:31:32 AM	否	否	20产品设计1班
11	JS-PC14(192.168.48.14)	00:03:46	12/17/2020 9:36:05 AM	否	否	20产品设计1班
12	JS-PC22(192.168.48.22)	00:16:28	12/17/2020 9:24:39 AM	否	否	20产品设计1班
13	JS-PC11(192.168.48.11)	00:03:07	12/17/2020 9:37:30 AM	否	否	20产品设计1班
14	JS-PC09(192.168.48.9)	00:09:00	12/17/2020 9:30:53 AM	否	否	20产品设计1班
15	JS-PC23(192.168.48.23)	00:06:12	12/17/2020 9:35:45 AM	否	否	20产品设计1班
16	JS-PC03(192.168.48.3)	00:10:00	12/17/2020 9:29:56 AM	否	否	20产品设计1班

图 4-17　工作表拆分

如果窗口已冻结，将在冻结处拆分窗口。另外，当窗口未冻结时，还可以用下面的方法将 Excel 2016 窗口拆分成上下或左右并列的两个窗口：将鼠标指针移至水平或垂直拆分条上，当指针变成双箭头时，按住鼠标左键会有一条灰色的垂直线或水平线出现，将其拖至表格中即可。

要取消拆分窗口，可双击拆分条或者再次单击“视图”选项卡中的拆分按钮▭。

当工作表较大时，向下或向右滚动浏览时将无法在窗口中显示前几行或前几列，使用“冻结”功能可以始终显示表的前几行或前几列。

冻结第一行（列）的方法：选定第二行（列），在选项卡“视图”|“窗口”命令组中，选择“冻结窗格”|“冻结拆分窗格”命令，如图 4-18 所示。

冻结前两行（列）的方法：选定第三行（列），在选项卡“视图”|“窗口”命令组中，选择“冻结窗格”|“冻结拆分窗格”命令。

选择“视图”选项卡的“窗口”组内的“取消冻结窗格”命令可取消冻结。

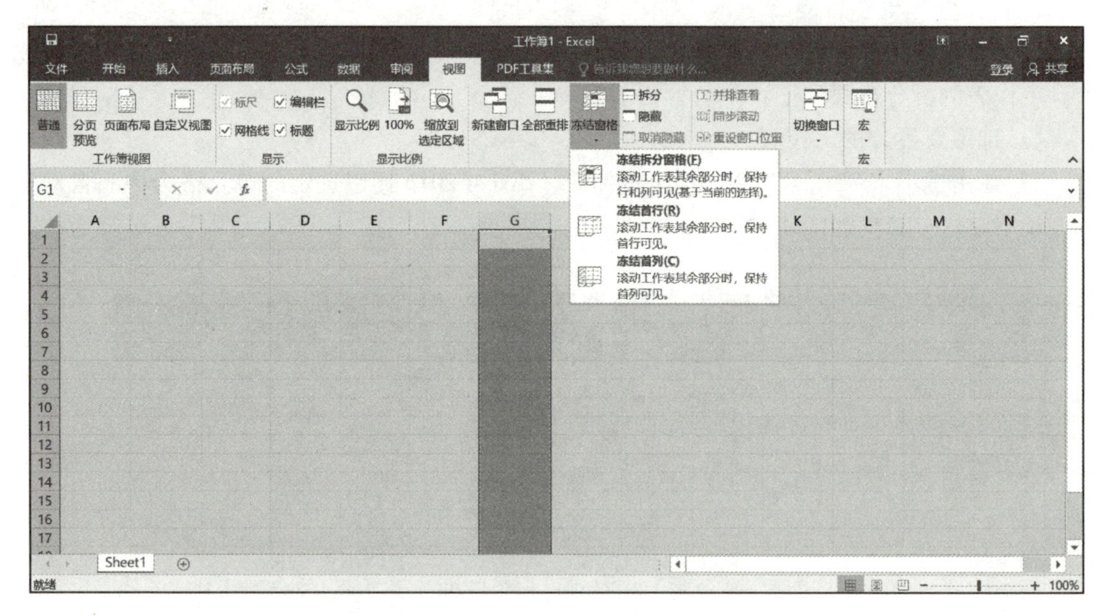

图 4-18　冻结窗格

4.2.3　输入数据

1. 基本数据的输入

当用户选定某个单元格后，即可在该单元格内输入内容。在 Excel 2016 中，用户可以输入文本、数字、日期和时间，以及逻辑值等。可以通过自己打字输入，也可以根据设置自动输入。

（1）数字

在 Excel 2016 中，数值型数据使用得最多，它由数字 0~9、正号（+）、负号（-）、小数点（.）、顿号（、）、分数号（/）、百分号（%）、指数符号（E 或 e）、货币符号（￥或 $）、千位分隔号（,）等组成。输入数值型数据时，Excel 2016 自动将其靠单元格右边对齐。

需要注意的是，如果输入的是分数，如 1/5，应先输入“0”和一个空格，然后输入“1/5”。若直接输入“1/5”，Excel 2016 会把该数据当作日期格式处理，存储为“1 月 5 日”。此外，负数有两种输入方式：一种是直接输入负号和数，如输入“-5”；另一种是输入括号和数，如输入“(5)”。两者的效果相同。输入百分数时，先输入数字，再输入百分号即可。

当用户输入的数字过长超出单元格的宽度时，会产生两种显示结果（见图 4-19）：当单元格格式为默认的常规格式时，会自动采用科学记数法来显示；若列宽已被规定，输入的数据则显示为“####”。用户可以通过调整列宽使之完整显示。

（2）文本

文本型数据是由字母、汉字和其他字符开头的数据，如表格中的标题、名称等。在默认情况下，文本型数据靠单元格左边对齐。

如果数据全部由数字组成，如电话号码、邮编、学号等，输入时应在数据前输入单引号“ ' ”（如“ ' 610032”），Excel 2016 就会将其看作文本型数据，并沿单元格左边对齐。若直接输入由“0”开头的学号，Excel 2016 会将其视为数值型数据而省略掉“0”并且右对齐，只有加上单引号才能将其作为文本型数据左对齐并保留下“0”。

当输入的文字过多超过了单元格的宽度时，会产生两种结果：

1）如果右边相邻的单元格中没有数据，则超出的部分会显示在右边相邻单元格中。如图 4-20 所示的 A1 单元格，其超出的内容显示在相邻的 B1 单元格内。

2）如果右边相邻的单元格已有数据，则超出部分不显示，如图 4-20 所示的 A2 单元格。超出部分内容依然存在，只要扩大列宽就可以看到全部内容。

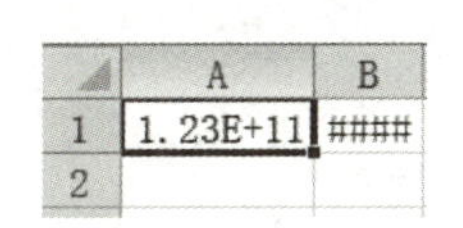

图 4-19　输入的数字超出单元格宽度时的情况

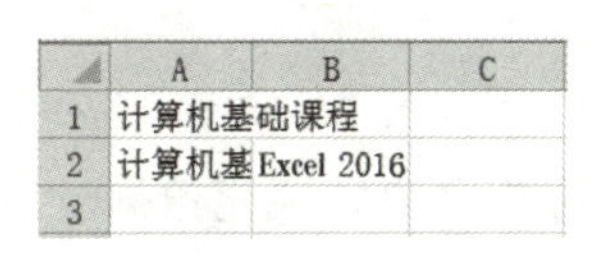

图 4-20　输入的文字超出单元格宽度时的情况

（3）日期和时间

在 Excel 2016 中，日期的表现形式有多种，例如 2016 年 11 月 26 日的表现形式有 2016 年 11 月 26 日、2016/11/26、2016-11-26、26-NOV-16。

在默认情况下，日期和时间型数据在单元格中右对齐。如果输入的是 Excel 2016 不能识别的日期或时间格式，输入的内容将被视为文字型数据，并在单元格中左对齐。

在 Excel 2016 中，时间分 12 小时制和 24 小时制。如果要基于 12 小时制输入时间，首先在时间后输入一个空格，然后输入 AM 或 PM（也可以输入 A 或 P），用来表示上午或下午；否则，Excel 2016 将以 24 小时制计算时间。例如，如果输入 12:00 而不是 12:00 PM，将被视为 12:00AM。如果要输入当天的日期，可按<Ctrl+；（分号）>组合键；如果要输入当前的时间，可按<Ctrl+Shift+;>或<Ctrl+：（冒号）>组合键。时间和日期还可以相加、相减，并可以包含到其他运算中。如果要在公式中使用日期或时间，可用带引号的文本形式输入日期或时间值。例如，="2016/11/25"-"2016/10/5"的差值为 51。

（4）逻辑值

Excel 2016 中的逻辑值只有两个：False（逻辑假）和 True（逻辑真）。在默认情况下，逻辑值在单元格中居中对齐。另外，Excel 2016 公式中的关系表达式的值也为逻辑值。

2. 自动填充

Excel 2016 为用户提供了强大的自动填充功能。通过这一功能，用户可以非常方便地填充数据。自动填充数据是指在一个单元格内输入数据后，与其相邻的单元格可以自动地输入有一定规律的数据。它们可以是相同的数据，也可以是一组序列（等差或等比）。自动填充数据的方法有两种：利用菜单命令和利用鼠标拖动。

（1）利用菜单命令自动填充数据

1）选定含有数值的单元格。

2）选择“开始”选项卡“编辑”组中的“填充”命令，打开图 4-21 所示的下拉菜单。

3）从中选择“序列”命令，打开图4-22所示的“序列”对话框。

4）在“序列”对话框中设置序列产生的位置、要填充的类型和步长值等信息。

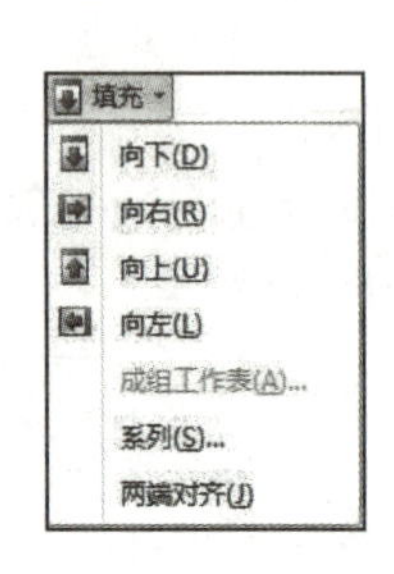

图4-21 “填充”下拉菜单

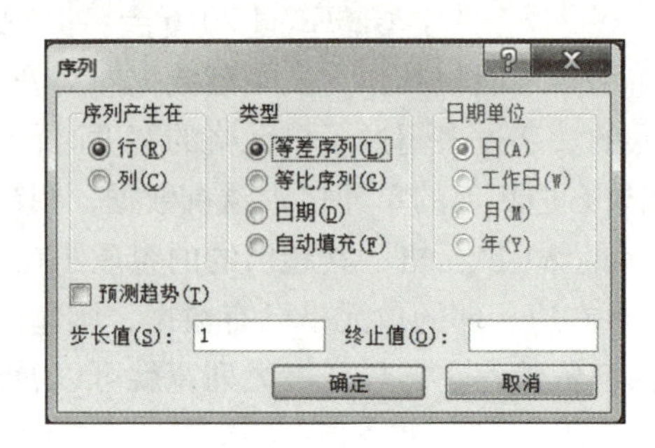

图4-22 “序列”对话框

（2）利用鼠标拖动自动填充数据

用户可以通过拖动鼠标的方法来输入相同的数值（在只选定一个单元格的情况下），如果选定了多个单元格并且各单元格的值存在等差或等比的规则，则可以输入一组等差或等比数据。

1）在单元格中输入数值，如“10”。

2）将鼠标放到单元格右下角的实心方块上，指针变成实心十字形状。

3）拖动鼠标，即可在选定范围内的单元格内输入相同的数值，如图4-23所示。

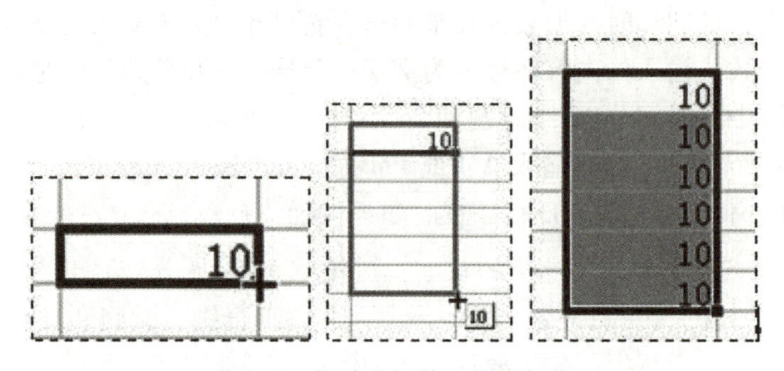

图4-23 拖动鼠标输入相同数值

注意：

① 当初始值为纯数字或纯字符时，填充相当于数据复制。若要填充递增数值，先按住<Ctrl>键再填充，数值会依次递增1。

② 当初始值为文字和数值混合形式时，填充时文字不变，数值递增。若在填充的同时按住<Ctrl>键，则内容原样复制。

3. 自定义自动填充序列

Excel提供了创建自定义填充序列的功能，当拖动鼠标自动填充时会按照自定义序列中事先定义好的内容进行填充。

1）选择“文件”选项卡中的“选项”命令，在弹出的“Excel选项”对话框中，依次单击“高级”|“常规”|“编辑自定义列表”按钮，打开图4-24所示的“自定义序列”对话框。

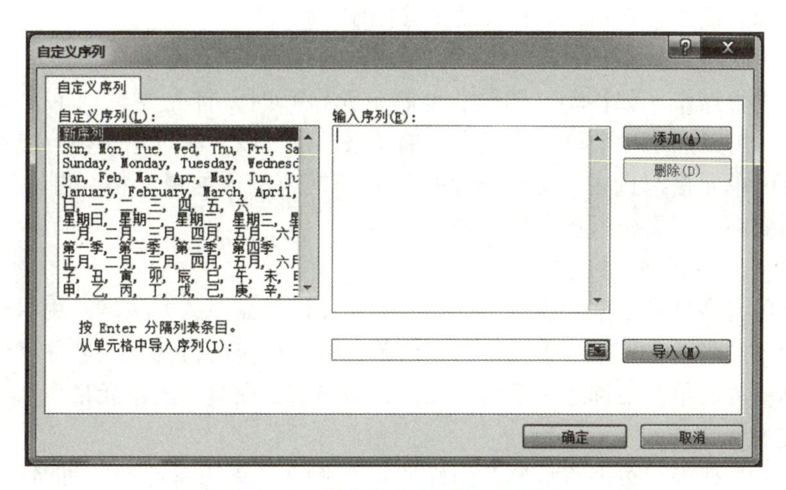

图 4-24　“自定义序列”对话框

2）要创建新的自定义序列可在“输入序列”列表框中输入要定义的序列。例如，新建自定义序列“东、西、南、北”，可在“输入序列”列表框中输入“东”后，按<Enter>键，接着依次输入至序列最后一项，如图 4-25 所示。然后单击“添加”按钮，新添加的序列即可在“自定义序列”列表框中显示。最后，单击“确定”按钮。

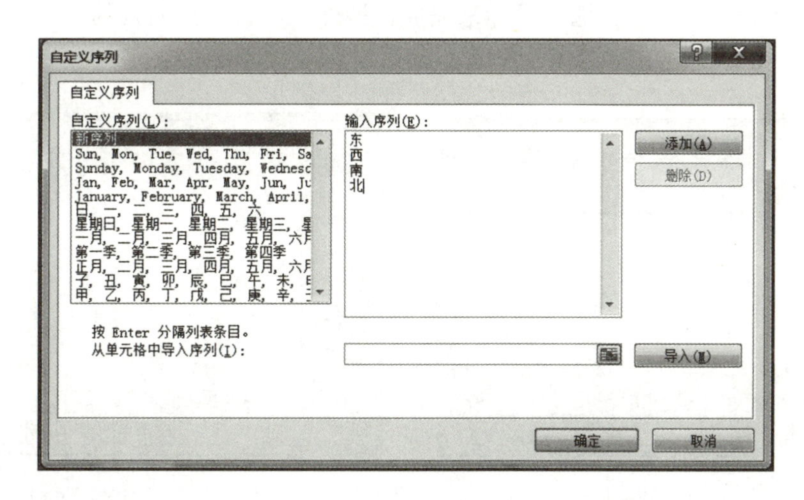

图 4-25　输入自定义序列

3）使用自定义序列功能输入数据时，只要在单元格中输入一个项目数据，然后拖动填充柄即可输入该序列。

若要删除自定义序列可在“自定义序列”列表框中单击要删除的序列，然后单击“删除”按钮即可。注意：只能删除用户自定义的序列，而系统预设的自动填充序列不能删除也不能修改。当选中系统预设的自定义序列时“添加”和“删除”按钮均呈灰色显示。

4.2.4　单元格的操作

对工作表的编辑主要是指针对单元格、行、列及整个工作表进行的包括撤销、恢复、复制、粘贴、移动、插入、删除、查找和替换等操作。

1. 选定单元格

对单元格进行操作（如移动、删除、复制单元格）时，首先要选定单元格。用户根据要编辑的内容，可以选定一个单元格或多个单元格，也可以一次选定一整行或一整列，还可以一次将所有的单元格都选中。熟练地掌握选定不同范围内的单元格，可以加快编辑的速度，从而提高效率。下面介绍选定单元格的方法。

（1）选定一个单元格

选定一个单元格是最常见的操作。选定一个单元格最简便的方法就是用鼠标单击所需编辑的单元格即可。当选定了某个单元格后，该单元格所对应的行列号或名称将会显示在名称框内。在名称框内的单元格称之为活动单元格，即当前正在编辑的单元格。

（2）选定整个工作表

要选定整个工作表，单击行标签及列标签交汇处的“全选”按钮（即A列左侧的空白框）即可，如图4-26所示。

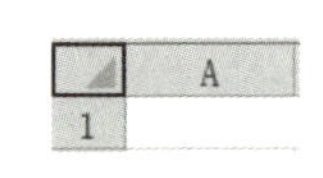

图4-26 选定整个工作表

（3）选定整行

选定整行单元格可以通过拖动鼠标来完成，另外还有一种更简单的方法，即单击行首的行标签，如图4-27所示。

（4）选定整列

选定整列单元格可以通过拖动鼠标来完成，另外也可以单击列首的列标签，如图4-28所示。

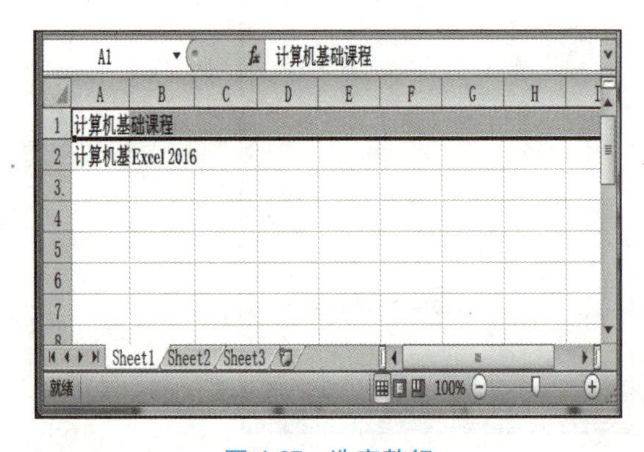

图4-27 选定整行

图4-28 选定整列

（5）选定多个相邻的单元格

如果想选定连续的单元格，单击起始单元格，按住鼠标左键不放，然后再将鼠标拖至需连续选定单元格的终点即可，这时所选区域反白显示，如图4-29所示。

在Excel 2016中，也可通过键盘选择一个范围区域，常用的方法有两种：

1）名称框输入法。在名称框中输入要选定单元格范围的左上角单元格与右下角单元格的行列号，然后按<Enter>键即可，如A1：D9。

2）<Shift>键帮助法。

方法1：定位某行（列）号标号或单元格后，按住<Shift>键，然后单击后（下）面的行（列）标号或单元格，即可同时选中两者之间的所有行（列）或单元格区域。

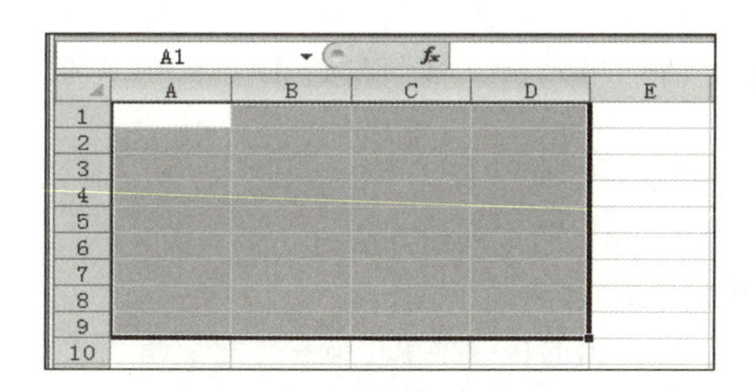

图 4-29　选定多个相邻的单元格

方法 2：定位某行（列）号标号或单元格后，按住<Shift>键，然后按键盘上的方向键，即可扩展选择连续的多个行（列）或单元格区域。

（6）选定多个不相邻的单元格

用户不但可以选择连续的单元格，还可选择间断的单元格。方法是：先选定一个单元格，然后按<Ctrl>键，再选定其他单元格即可，如图 4-30 所示。

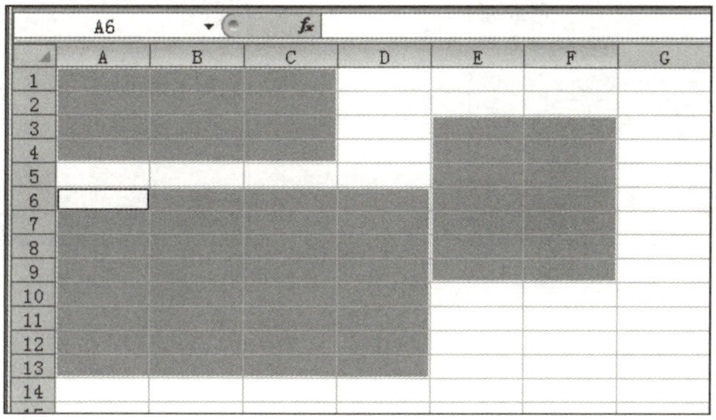

图 4-30　选定多个不相邻的单元格

选定多个不相邻的单元格也可使用键盘，比如要选定图 4-30 所示的单元格，在名称框内输入“A1：C4,E3：F9,A6：D13”，然后按<Enter>键即可。其中的逗号把几个相邻区域并联起来，而如果在名称框内输入“A1：C8　B4：D11”，按<Enter>键确认后选择的区域为“B4 至 C8”，这里的空格表示取相邻区域的交集。

2. 编辑单元格

以单元格为对象常用的操作有插入、删除、移动，以及调整单元格大小等。下面就具体介绍这几种操作方法。

（1）插入单元格、行或列

插入单元格、行或列的具体操作步骤如下：

1）选定单元格，选定单元格的数量就是插入单元格的数量，例如选定 7 个，则会插入 7 个单元格。

2）单击“开始”选项卡中“插入”插入右侧的下拉按钮，选择“插入单元格”“插入工作表行”或“插入工作表列”命令。

如果选择了“插入单元格”命令，则打开图 4-31 所示的“插入”对话框。选中“活动单元格右移”或“活动单元格下移”复选框。单击“确定”按钮，即可插入单元格。

如果选择了“插入工作表行”或“插入工作表列”命令，则会直接插入一行或一列。

另外，还有一种插入单元格、行或列的方法：

1）选定单元格、整行或整列。

2）在选定区域右击，在弹出的快捷菜单中选择“插入”命令。若选定区域为单元格，将弹出“插入”对话框；若选定区域为行或列，则直接插入一整行或一整列。

（2）删除单元格、行或列

单元格、行或列可以插入，也可以删除，操作步骤方便又简单。具体操作步骤如下：

1）选定要删除的单元格、行或列。

2）选择“开始”选项卡“单元格”组中“删除”下拉箭头，单击“删除单元格”命令，弹出“删除”对话框，选择相应命令如图 4-32 所示。

3）选中相应的复选框。

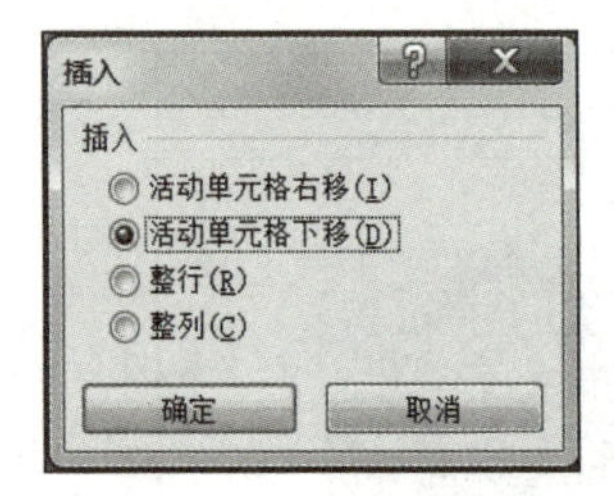

图 4-31 “插入”对话框

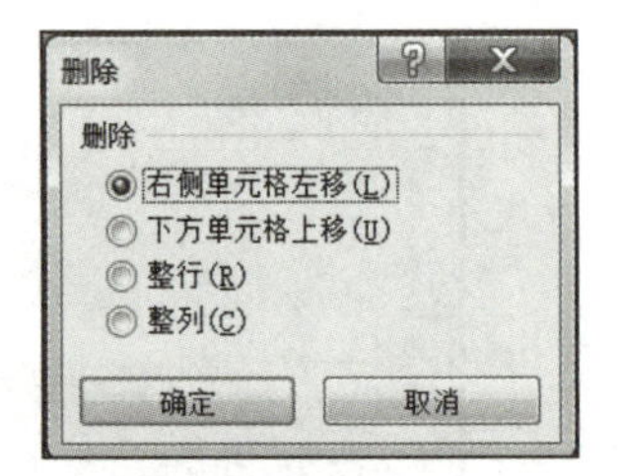

图 4-32 “删除”对话框

4）单击“确定”按钮。

（3）移动单元格

移动单元格就是将一个单元格或若干个单元格中的数据或图表从一个位置移至另一个位置。具体的操作步骤如下：

1）选定所要移动的单元格。

2）将鼠标放置到该单元格的边框位置，当指针变成菱形箭头形状时，按下鼠标左键并拖动，即可移动单元格了，如图 4-33 所示。

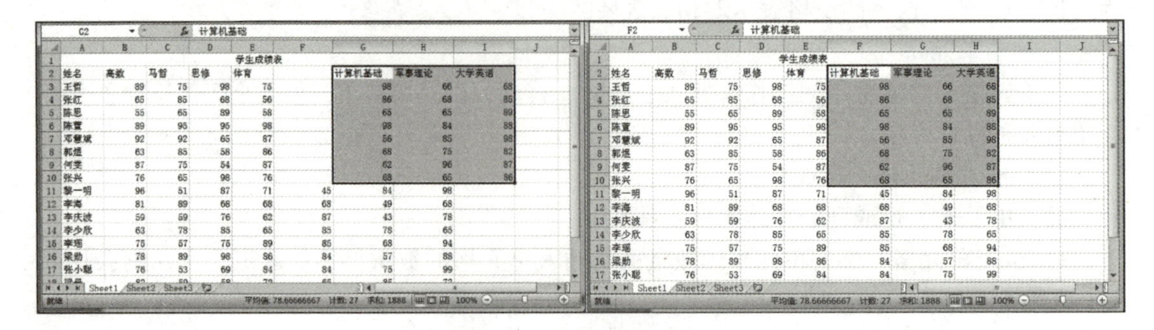

图 4-33 移动单元格

4.3　格式化工作表

4.3.1　单元格的格式设置

1. 利用“设置单元格格式”对话框

在 Excel 2016 中，对工作表中的不同单元格数据，可以根据需要设置不同的格式，如设置单元格中的数据类型、文本的对齐方式、字体，以及单元格的边框和底纹等。Excel 2016 有一个“设置单元格格式”对话框，专门用于设置单元格的格式。右击要设置格式的单元格，弹出图 4-34 所示的快捷菜单，选择“设置单元格格式”命令，即可打开“设置单元格格式”对话框，如图 4-35 所示。另外，也可通过选择“开始”选项卡“单元格”组中“格式”|“设置单元格格式”命令打开该对话框。“设置单元格格式”对话框包含 6 个选项卡，分别为“数字”选项卡、“对齐”选项卡、“字体”选项卡、“边框”选项卡、“填充”选项卡和“保护”选项卡（因为“保护”选项卡与设置单元格格式没有直接关系，所以下面不对其进行详细讲解）。

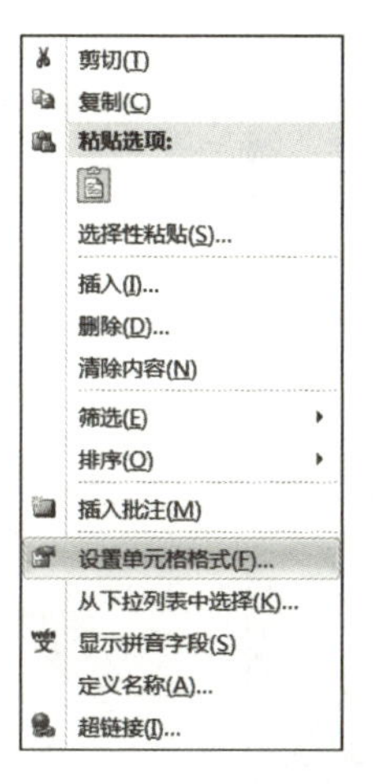

图 4-34　单元格右击快捷菜单

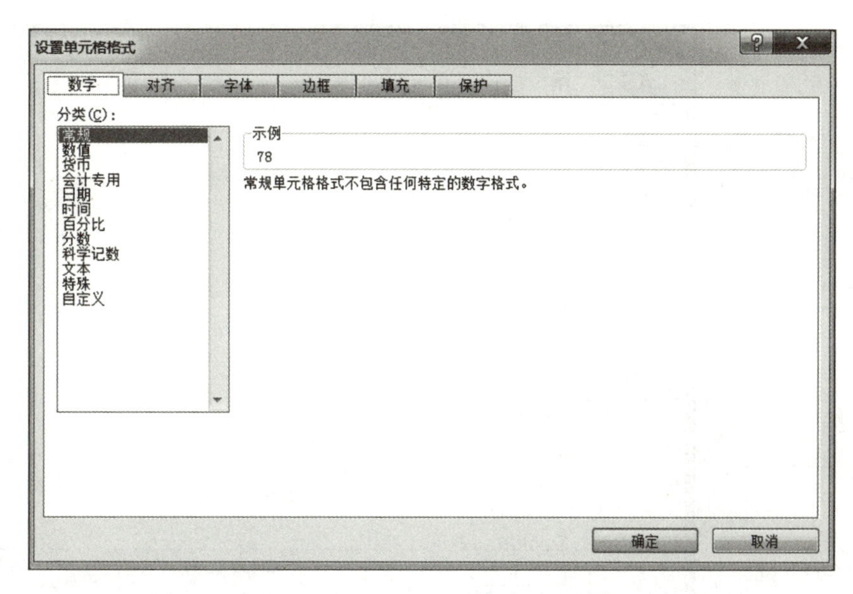

图 4-35　“设置单元格格式”对话框（“数字”选项卡）

（1）“数字”选项卡

Excel 2016 提供了多种数字格式。在对数字进行格式化时，可以设置不同小数位数、百分号、货币符号等来表示同一个数，这时单元格显示的是格式化后的数字，编辑栏中显示的是系统实际存储的数据。如果要取消数字的格式，可以使用“开始”选项卡“编辑”组中“清除”|“清除格式”命令。

在 Excel 2016 中，可以使用数字格式更改数字（包括日期和时间）的显示形式，而不更改数字本身，即应用的数字格式并不会影响单元格中的实际数值。

选定需要格式化数字所在的单元格或单元格区域后，右击，选择“设置单元格格式”命令，打开“设置单元格格式”对话框的“数字”选项卡，在“分类”列表框中可以看到11种内置格式。

“常规”数字格式是默认的数字格式。对于大多数情况，在设置为“常规”格式的单元格中输入的内容可以正常显示。但是，如果单元格的宽度不足以显示整个数字，则“常规”格式将对该数字进行取整，并对较大数字使用科学记数法显示。

“会计专用”“日期”“时间”“分数”“科学记数”“文本”和“特殊”等数字格式选定后其具体选项会显示在“分类”列表框的右边。

如果内置数字格式不能按需要显示数据，则可使用“自定义”功能创建自定义数字格式。自定义数字格式是使用格式代码来描述数字、日期、时间或文本显示方式的。

(2)“对齐”选项卡

系统在默认情况下，输入单元格的数据是按照文字左对齐、数字右对齐、逻辑值居中对齐的方式来进行排列的。可以通过设置对齐方式，来使版面更加美观。

在“设置单元格格式”对话框的“对齐”选项卡中，可设定所需对齐方式，如图4-36所示。

图4-36 “对齐”选项卡

“水平对齐”的格式有：常规（系统默认的对齐方式）、靠左（缩进）、居中、靠右（缩进）、填充、两端对齐、跨列居中、分散对齐（缩进）。

“垂直对齐”的格式有：靠上、居中、靠下、两端对齐、分散对齐。

在“方向”选项区域中，可以将选定的单元格内容完成从-90°到+90°的旋转，这样就可将表格内容由水平显示转换为各个角度的显示。

若选中“自动换行”复选框，则当单元格中的内容宽度大于列宽时，会自动换行（不是分段）。

提示：若要在单元格内强行分段，可按<Alt+Enter>组合键。

对于“合并单元格”复选框，当需要将选定的单元格（一个以上）合并时，选中它；当需要拆分选定的合并单元格时，取消选中它。

（3）“字体”选项卡

Excel 2016 在默认的情况下，输入的字体为“宋体”，字形为“常规”，字号为“12（磅）”。可以根据需要通过工具栏中的工具按钮很方便地重新设置字体、字形和字号，还可以添加下划线和改变其颜色。当然，也可以通过菜单命令的方法进行设置。如果需要取消字体的格式，可使用“开始”选项卡“编辑”组中的“清除”|“清除格式”命令。

在“字体”选项卡（见图 4-37）中，可以更改与字体有关的设置。有关设置方法与 Word 中的相似，这里不再赘述。

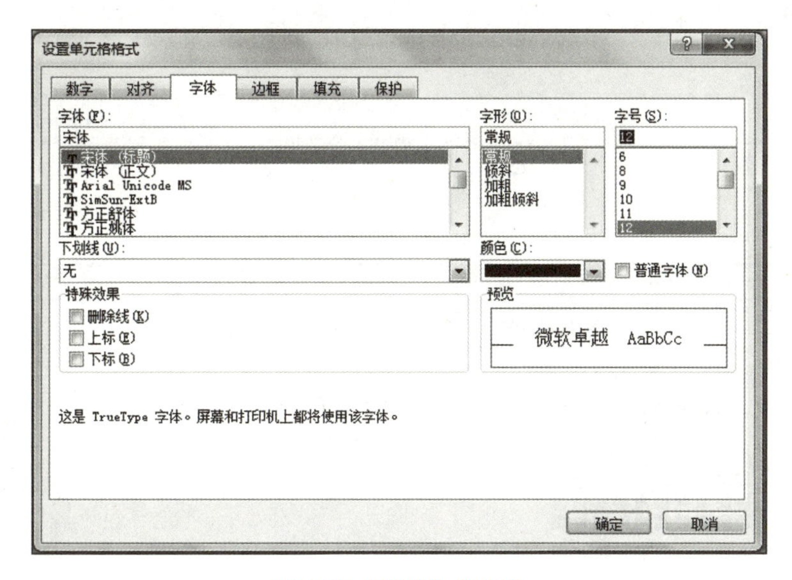

图 4-37　“字体”选项卡

（4）“边框”选项卡

工作表中显示的网格线是为方便编辑工作表而预设的（相当于 Word 表格中的虚框），是打印不出来的。

若需要打印网格线，则可以在“页面布局”选项卡的“工作表选项”组中进行设置。此外，还可以在“边框”选项卡中进行设置。

若需要强调工作表的一部分或某一特殊表格，可在“边框”选项卡（见图 4-38）中设置特殊的网格线。

在该选项卡中设置的对象是被选定单元格的边框。

使用该选项卡设置单元格边框时应注意：

1）除了边框线外，还可以为单元格添加对角线（用于添加表头斜线等）。

2）不一定同时添加四周边框线，可以仅仅为单元格的某一边添加边框线。

（5）“填充”选项卡

“填充”选项卡用于设置单元的背景颜色和底纹，如图 4-39 所示。

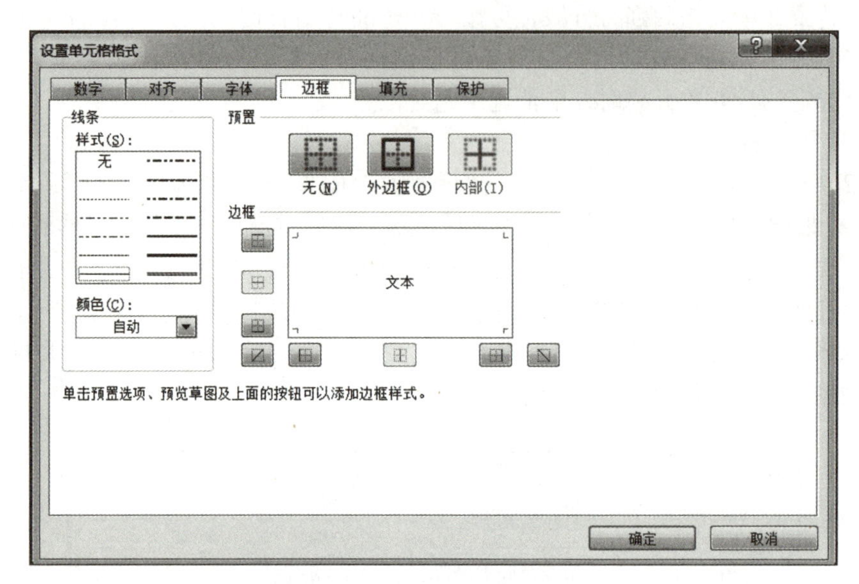

图 4-38 “边框”选项卡

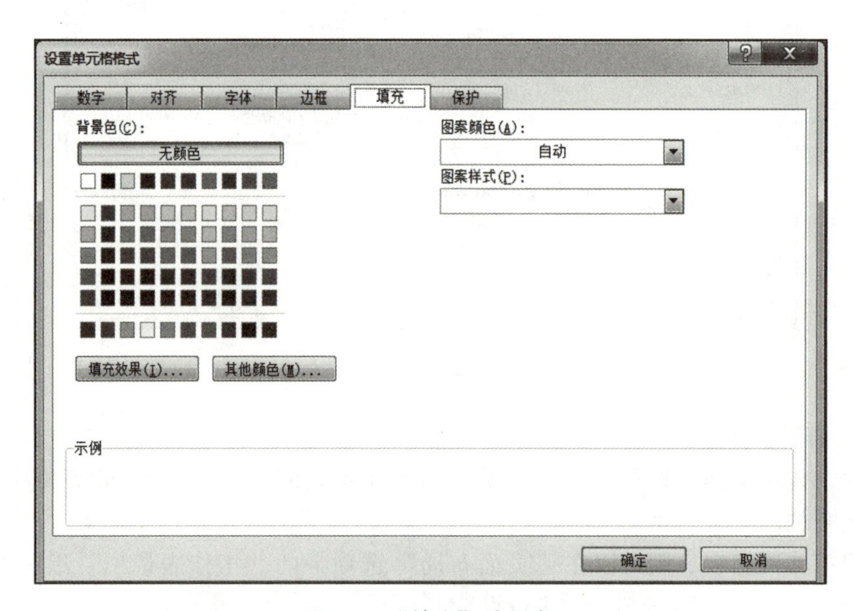

图 4-39 “填充”选项卡

2. 单元格格式化的其他方法

(1) 利用菜单命令

1) 用选项卡中的命令格式化数字。选定包含数字的单元格，例如 12345.67 后，单击“开始”选项卡中“格式”组的“其他”下拉按钮，弹出图 4-40 所示的“单元格样式”面板。选择“数字格式”中的“百分比”“货币”“货币 [0]”“千位分隔”和“千位分隔 [0]”选项，可以设置数字格式。其中，“货币 [0]”格式等同于“货币”格式保留到整数位；“千位分隔 [0]”格式等同于“千位分隔”格式保留到整数位。

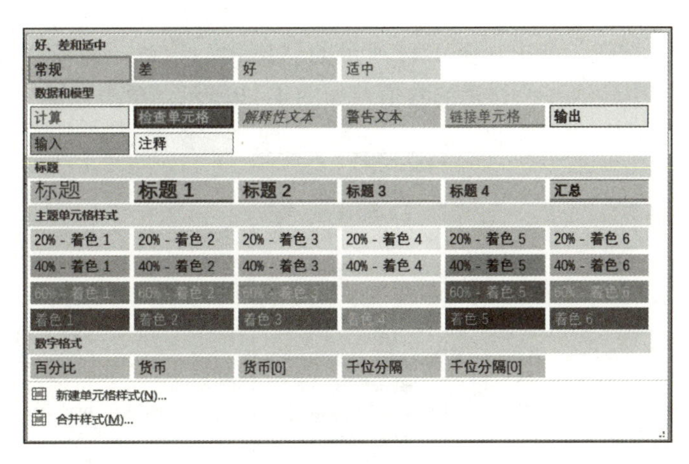

图 4-40 “单元格样式”面板

2）利用选项卡中的命令格式化文字。选定需要进行格式化的单元格后，单击“开始”选项卡中“字体”组中的加粗、倾斜、下划线等按钮，或在字体、字号下拉列表框中选择所需的字体、字号。

3）利用选项卡中的命令设置对齐方式。选定需要格式化的单元格后，单击“开始”选项卡中“对齐方式”组中的顶端对齐、垂直居中、底端对齐、左对齐、居中、右对齐、合并后居中、减少缩进量、增加缩进量、自动换行、方向按钮即可。

4）利用选项卡中的命令设置边框与底纹。选定需要添加边框的单元格或单元格区域，单击“开始”选项卡中“字体”组中的边框或填充颜色下拉按钮，然后在下拉列表中选择所需的边框线或背景填充色。

（2）复制格式

当格式化表格时，往往有些操作是重复的，这时可以使用 Excel 2016 提供的复制格式功能来提高格式化的效率。

1）用工具栏中的按钮复制格式。选定需要复制的源单元格后，单击工具栏中的“格式刷”按钮 （这时所选定的单元格出现闪动的虚线边框），然后用格式刷样式的指针，选定目标单元格即可。

2）用菜单命令复制格式。选定需要复制格式的源单元格后，选择“开始”选项卡“剪贴板”组中“复制”命令（这时所选定单元格出现闪动的虚线边框）；选定目标单元格后，单击“开始”选项卡“剪贴板”组中“粘贴”下拉按钮，然后在弹出的“选择性粘贴”对话框中，设置需复制的项目。

4.3.2　设置列宽和行高

在 Excel 2016 中设置行高和列宽的方法如下：

1）拖拉法：将指针移到行（列）标题的交界处，当其变成双向拖拉箭头状时，按住鼠标左键向右（下）或向左（上）拖拉，即可调整行（列）或宽（高）。

2）双击法：将指针移到行（列）标题的交界处，双击，即可快速将行（列）的行高（列宽）调整为“最合适的行高（列宽）”。

3）设置法：选定需要设置行高（列宽）的行（列），单击“开始”选项卡“单元格”组中的“格式”下拉按钮，弹出如图 4-41 所示的“格式”菜单，选择“行高（列宽）”命令，在弹出的对话框中输入一个合适的数值，如图 4-42 所示，单击“确定”按钮返回即可。

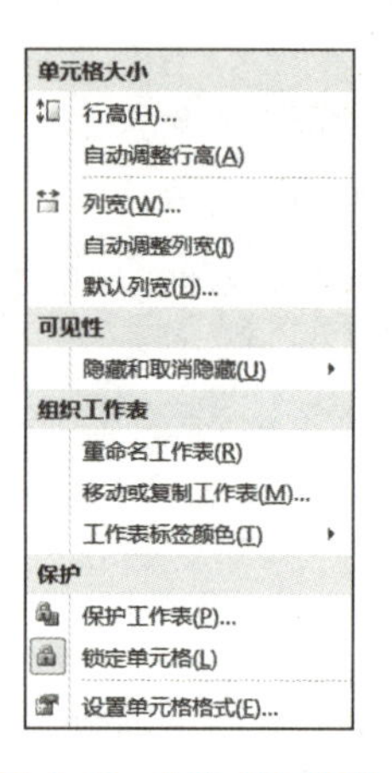

图 4-41 “格式”菜单

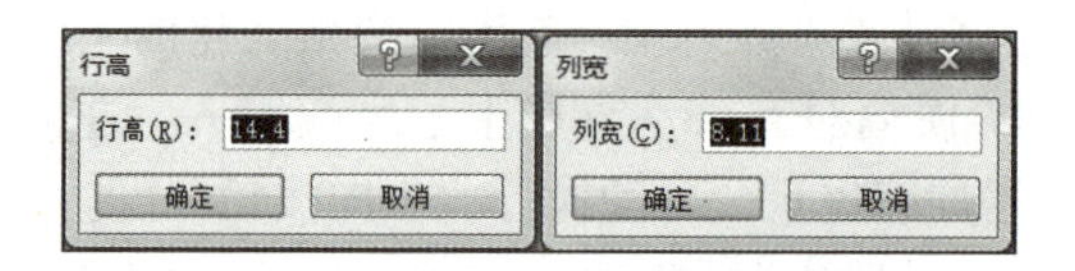

图 4-42 “行高（列宽）”对话框

4）调整整个工作表的列宽或行高的方法：单击工作表左上角顶格“全选”按钮，拖动某列线或某行线，即可改变整个工作表的列宽或行高，形成全部相同的列宽或行高。

4.3.3 设置条件格式

条件格式是指当指定条件为真时，Excel 2016 自动应用于单元格的格式。如果想为某些符合条件的单元格应用某种特殊格式，使用条件格式功能可以比较容易地实现。如果再结合使用公式，条件格式功能会变得更强大。

例如，想在一个“学生成绩表”中突出显示计算机基础大于 75 分的学生，具体操作步骤如下：

1）选定 F3：F20 单元格区域。

单击“开始”选项卡“样式”组中“条件格式”下拉按钮，选择“突出显示单元格规则”|“大于”选项，如图 4-43 所示。出现“大于”条件格式样式设置对话框，如图 4-44 所示。

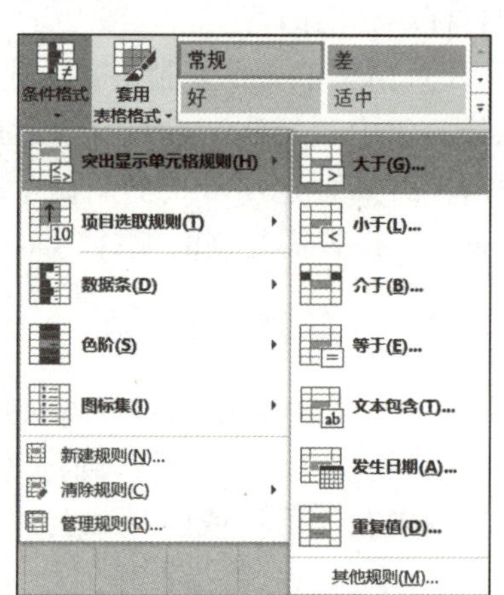

图 4-43 “条件格式”设置命令

3）在该对话框中输入“75”，样式设置为“浅红填充色深红色文本”。

最终工作表的效果如图 4-45 所示。

使用条件格式功能将学生计算机基础成绩根据要求

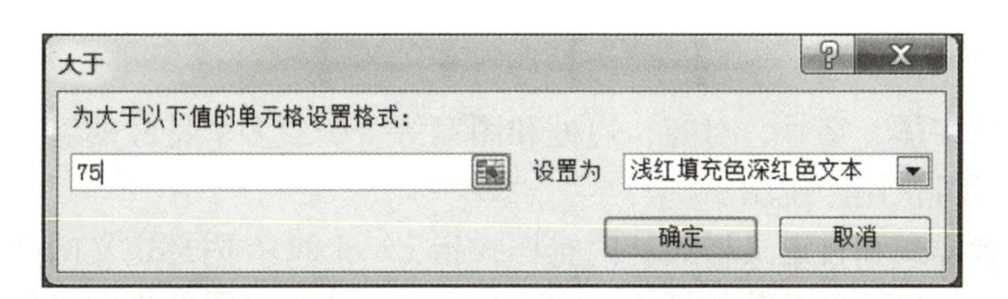

图 4-44　“大于”条件格式样式设置对话框

	A	B	C	D	E	F	G	H
1	学生成绩表							
2	姓名	高数	马哲	思修	体育	计算机基础	军事理论	大学英语
3	王哲	89	75	98	75	98	66	68
4	张红	65	85	68	56	86	68	85
5	陈思	55	65	89	58	65	65	89
6	陈萱	89	95	95	98	98	84	88
7	邓慧斌	92	92	65	87	56	85	98
8	郭煜	63	85	58	86	68	75	82
9	何雯	87	75	54	87	62	96	87
10	张兴	76	65	98	76	68	65	86
11	黎一明	96	51	87	71	45	84	98
12	李海	81	89	68	68	68	49	68
13	李庆波	59	59	76	62	87	43	78
14	李少欣	63	78	85	65	85	78	65
15	李瑶	75	57	75	89	85	68	94
16	梁勋	78	89	98	86	84	57	88
17	张小聪	76	53	69	84	84	75	99
18	梁丹	82	59	58	72	65	85	72
19	赵仲鸣	89	54	62	76	68	95	96
20	董瑶	71	59	58	68	92	68	85

图 4-45　“条件格式”应用效果

以指定颜色与背景图案显示。这种格式是动态的，如果改变计算机基础成绩的分数，格式会自动调整。

若要删除条件格式，只需在选定单元格后单击“开始”选项卡“样式”组中“条件格式”下拉按钮，选择“清除规则”|“清除所选单元格的规则”命令（见图 4-46）即可。

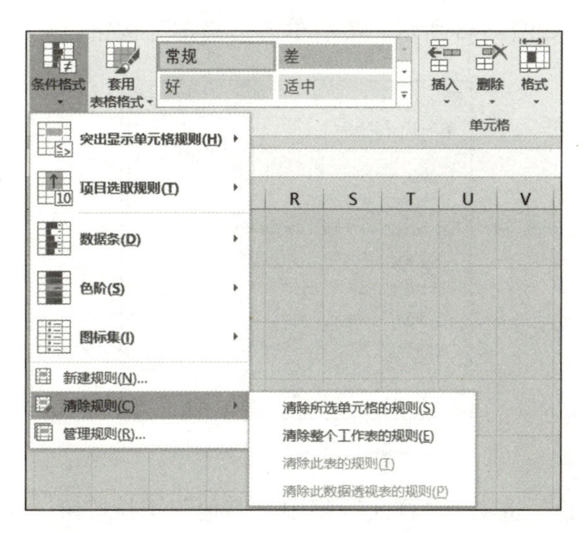

图 4-46　删除条件格式

4.3.4 使用样式

样式是单元格字体、字号、对齐、边框和图案等一个或多个特性的组合，将这样的组合加以命名和保存后可供用户使用。

样式包括内置样式和自定义样式。内置样式指 Excel 2016 内部定义的样式，用户可以直接使用，包括常规、货币和百分数等；自定义样式是用户根据需要自定义的组合设置的，需定义样式名。样式设置是利用“开始”选项卡内的“样式”组中的命令完成的。

以学生成绩表为例（见图 4-47），对其进行如下样式设置：

	A	B	C	D	E	F	G	H
1	学生成绩表							
2	姓名	高数	马哲	思修	体育	计算机基础	军事理论	大学英语
3	王哲	89	75	98	75	98	66	68
4	张红	65	85	68	56	86	68	85
5	陈思	55	65	89	58	65	65	89
6	陈萱	89	95	95	98	98	84	88
7	邓慧斌	92	92	65	87	56	85	98
8	郭煜	63	85	58	86	68	75	82
9	何雯	87	75	54	87	62	96	87
10	张兴	76	65	98	76	68	65	86
11	黎一明	96	51	87	71	45	84	98
12	李海	81	89	68	68	68	49	68
13	李庆波	59	59	76	62	87	43	78
14	李少欣	63	78	85	65	85	78	65
15	李瑶	75	57	75	89	85	68	94
16	梁勋	78	89	98	86	84	57	88
17	张小聪	76	53	69	84	84	75	99
18	梁丹	82	59	58	72	65	85	72
19	赵仲鸣	89	54	62	76	68	95	96
20	董瑶	71	59	58	68	92	68	85

图 4-47 学生成绩表

1）选定 A1 : H1 单元格区域，单击“开始”选项卡“样式”组中“其他”下拉按钮，选择“新建单元格样式”命令，弹出“样式”对话框。

2）输入样式名“表标题”，单击“格式”按钮，弹出“设置单元格格式”对话框。

3）设置“数字”为常规格式，“对齐”为水平居中和垂直居中，“字体”为华文彩云 11，“边框”为左、右、上、下边框，“图案颜色”为标准色浅绿色，单击“确定”按钮，返回“样式”对话框，如图 4-48 所示。最后单击“确定”按钮。

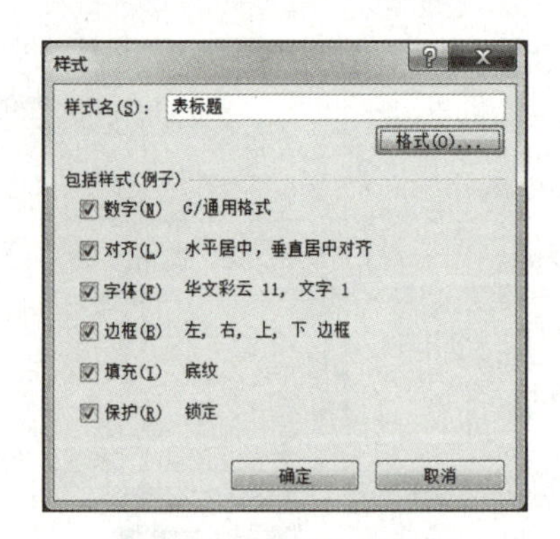

图 4-48 “样式”对话框

4）再次单击“开始”选项卡“样式”组中“其他”下拉按钮，选择“自定义”|“表标题”选项。

设置的最终效果如图 4-49 所示。

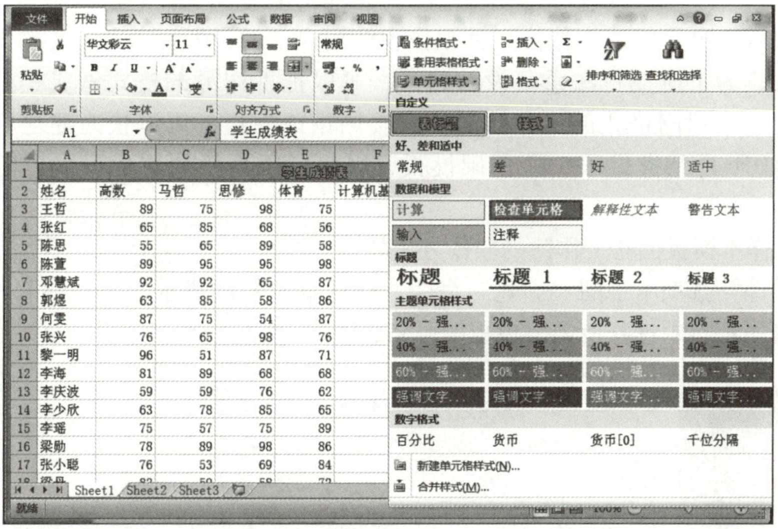

图 4-49　设置“表标题”后的效果

4.3.5　自动套用格式

使用“自动套用格式”功能可自动识别 Excel 2016 工作表中的汇总层次及明细数据的具体情况，然后统一对它们的格式进行修改。Excel 2016 的“自动套用格式”功能向用户提供了简单、古典、会计序列和三维效果等格式，每种格式都包括有不同的字体、字号、数字、图案、边框、对齐方式、行高、列宽等设置项目，基本可满足用户在各种不同条件下设置工作表格式的要求。

“自动套用格式”面板在“开始”选项卡“样式”组中，如图 4-50 所示。

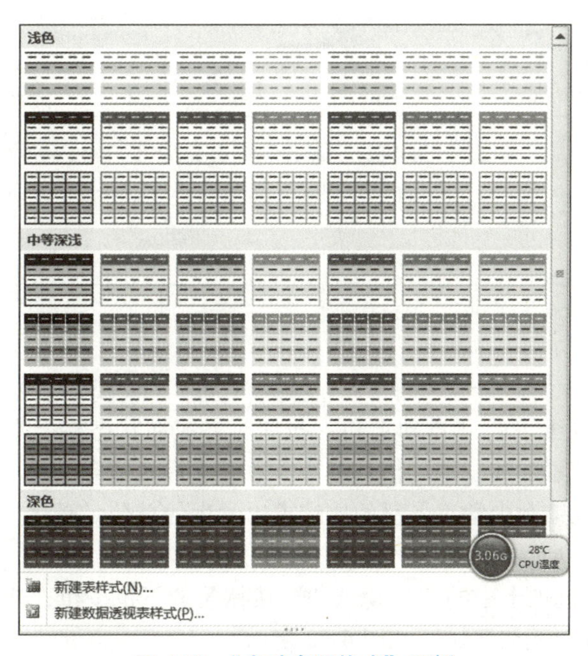

图 4-50　“自动套用格式”面板

4.3.6 使用模板

模板是含有特定格式的工作簿，其工作表结构也已经设置。若某工作簿文件的格式以后要经常使用，为了避免每次重复设置格式，可以把工作簿的格式做成模板并保存，以后每当要建立与之相同格式的工作簿时，直接调用该模板，可以快速建立所需的工作簿文件。Excel 2016 已经提供了一些基础模板，用户可以直接使用也可以自己创建个性化模板。

用户使用样本模板创建工作簿的操作方法如下：

选择“文件”选项卡中的“新建”命令，打开如图 4-51 所示的“新建”任务窗格。在右侧的“新建”窗口中选择所需的模板即可完成创建。

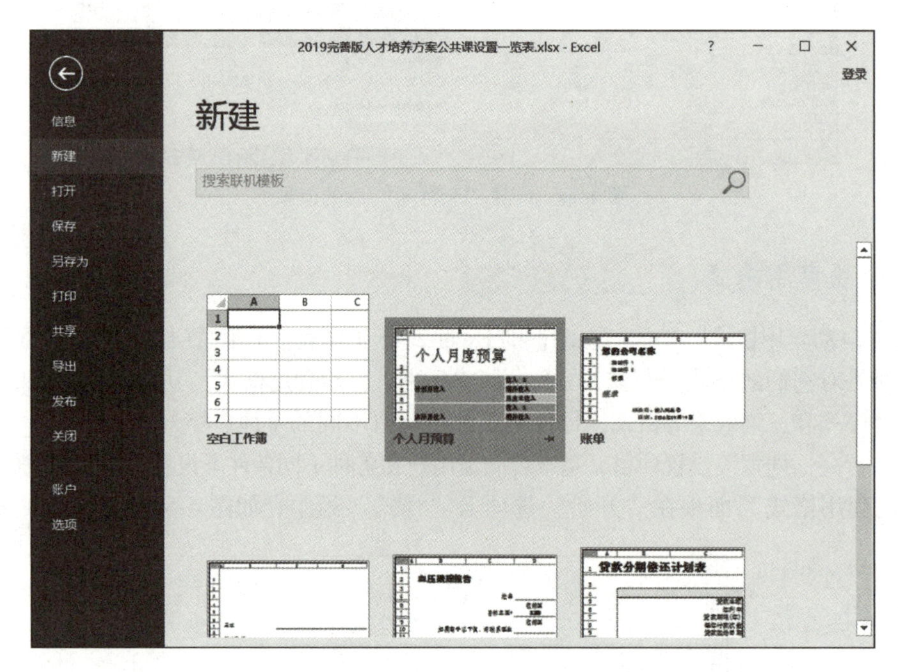

图 4-51 “新建”任务窗格

4.4 单元格处理

4.4.1 自动计算

利用“公式”选项卡下的“自动求和”按钮 Σ，或在状态栏上右击，无须输入公式即可自动计算一组数据的累加和、平均值、统计个数、求最大值和求最小值等。

例如，根据学生成绩表中学生各科的成绩求出学生的总分。具体操作步骤如下：

1）选定 B3：I20 单元格区域。

2）单击“公式”选项卡中的“自动求和”按钮 Σ 的下拉按钮，选择“求和”命令，计算结果显示在 I3：I20 单元格区域，如图 4-52 所示。

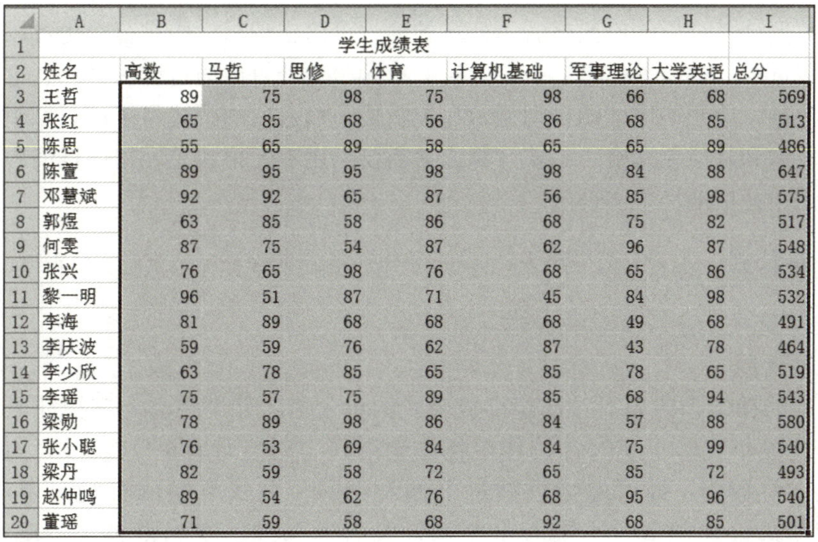

	A	B	C	D	E	F	G	H	I
1					学生成绩表				
2	姓名	高数	马哲	思修	体育	计算机基础	军事理论	大学英语	总分
3	王哲	89	75	98	75	98	66	68	569
4	张红	65	85	68	56	86	68	85	513
5	陈思	55	65	89	58	65	65	89	486
6	陈萱	89	95	95	98	98	84	88	647
7	邓慧斌	92	92	65	87	56	85	98	575
8	郭煜	63	85	58	86	68	75	82	517
9	何雯	87	75	54	87	62	96	87	548
10	张兴	76	65	98	76	68	65	86	534
11	黎一明	96	51	87	71	45	84	98	532
12	李海	81	89	68	68	68	49	68	491
13	李庆波	59	59	76	62	87	43	78	464
14	李少欣	63	78	85	65	85	78	65	519
15	李瑶	75	57	75	89	85	68	94	543
16	梁勋	78	89	98	86	84	57	88	580
17	张小聪	76	53	69	84	84	75	99	540
18	梁丹	82	59	58	72	65	85	72	493
19	赵仲鸣	89	54	62	76	68	95	96	540
20	董瑶	71	59	58	68	92	68	85	501

图 4-52　“学生成绩表”求和结果

4.4.2　输入公式

1. 公式的形式

公式的一般形式为

=<表达式>

表达式可以是算数表达式、关系表达式和字符串表达式等。

2. 运算符

运算符分为算术运算符、字符运算符和关系运算符 3 类，表 4-1 按优先级顺序列出了运算符的功能。

表 4-1　运算符的功能

运算符	功能	举例
-	负号	-6，-B1
%	百分号	5%
^	乘方	6^2（即 6^2）
*，/	乘、除	6*7，12/5
+，-	加、减	7+7，10-2
&	字符串连接	“China” & “2008”（即 China2008）
=，<> >，>= <，<=	等于、不等于 大于、大于等于 小于、小于等于	6=4 的值为假，6<>3 的值为真 6>4 的值为真，6>=3 的值为真 6<4 的值为假，6<=3 的值为假

3. 公式的输入

选定要放置计算结果的单元格后，公式的输入可以在编辑栏内进行，也可以双击该单元格在单元格内进行。在编辑栏中输入公式时，单元格地址可以通过键盘输入，也可以通过直接单击该单元格，单元格地址即自动显示在编辑栏。输入后的公式可以进行编辑或修改，还可以将公式复制到其他单元格。公式计算通常需要引用单元格或单元格区域的内容，这种引用是通过使用单元格地址来实现的。

4.4.3 复制公式

1. 公式复制的方法

（1）拖动复制

拖动复制的操作步骤如下：选定存放公式的单元格，移动空心十字指针至单元格右下角。待指针变成小实心十字时，按住鼠标左键沿列（对行计算时）或行（对列计算时）拖动，直至末尾数据，即可完成公式的复制和计算。公式复制的快慢可由小实心十字指针距虚框的远近来调节：小实心十字指针距虚框越远，复制得越快；反之，复制得越慢。

（2）输入复制

输入复制是在公式输入结束后立即完成公式的复制。具体操作步骤如下：选定需要使用该公式的所有单元格，用上面介绍的方法输入公式，完成后按<Ctrl+Enter>组合键，该公式即可被复制到已选定的所有单元格。

（3）选择性粘贴

选择性粘贴的操作步骤如下：选定存放公式的单元格，单击工具栏中的“复制”按钮。然后选定需要使用该公式的单元格区域，右击，在弹出的快捷菜单中选择“选择性粘贴”命令。打开“选择性粘贴”对话框，选中“粘贴”单选按钮，单击“确定”按钮，公式即可被复制到已选定的单元格中。

2. 单元格地址的引用

在 Excel 2016 中，单元格的引用包括绝对引用、相对引用和混合引用 3 种。

（1）绝对引用

绝对引用，如 $F$6，是指总是在指定位置引用单元格 F6。如果公式所在单元格的位置发生改变，绝对引用的单元格始终保持不变。如果多行或多列地复制公式，绝对引用将不做调整。在默认情况下，新公式使用的是相对引用，需要将它们转换为绝对引用。例如，如果将单元格 B2 中的绝对引用复制到单元格 B3，则在两个单元格中一样，都是 $F$6。

（2）相对引用

相对引用是指引用包含公式和被引用单元格的相对位置，即如果公式所在单元格的位置改变，引用也随之改变。如果多行或多列地复制公式，引用也会自动调整。在默认情况下，新公式使用的是相对引用。例如，如果将单元格 B2 中的相对引用（如 A1）复制到单元格 B3，将自动从“=A1”调整为“=A2”。

（3）混合引用

混合引用是指绝对引用列和相对引用行，或是绝对引用行和相对引用列。绝对引用列和相对引用行的形式如 $A1、$B1 等；绝对引用行和相对引用列的形式如 A$1、B$1 等。

如果公式所在单元格的位置改变，则相对引用改变，而绝对引用不变。如果多行或多列地复制公式，相对引用自动调整，而绝对引用不做调整。例如，如果将一个混合引用（如 A $1）从 A2 复制到 B3，它将从“=A $1”调整为“=B $1”。

在 Excel 2016 中输入公式时，若能正确使用<F4>键，可容易地对单元格的相对引用和绝对引用进行切换。例如，在某单元格中输入公式“=SUM(B4：B8)”，选定整个公式，按<F4>键，该公式的内容变为“=SUM($B $4：$B $8)”，即对行、列单元格均进行绝对引用。第二次按<F4>键，公式内容又变为“=SUM(B $4：B $8)”，即对行进行绝对引用，对列进行相对引用。第三次按<F4>键，公式则变为“=SUM($B4：$B8)”，表示对行进行相对引用，对列进行绝对引用。第四次按下<F4>键时，公式变回到初始状态“=SUM(B4：B8)”，即对行和列的单元格均进行相对引用。需要说明的一点是，使用<F4>键的切换功能只对所选定的公式段有效。

4.4.4　应用函数

在日常工作中有时需要计算大量的数据，Excel 2016 提供了丰富的函数，用户通过使用这些函数就能对复杂数据进行计算。函数是已经定义好的公式，使用函数可以直接进行计算，还可以对工作表中的数据进行汇总、求平均和统计等运算。

函数的格式为

函数名（参数 1，参数 2，……）

说明：

1）如果公式以函数开始，需要在函数前加“=”。

2）参数可以有一个，也可以有多个。如果有多个参数，参数间用“,”分隔。没有参数时也必须有括号。

3）参数可以是数字、文本、逻辑值、单元格、单元格区域、公式或函数。

1. 输入函数

函数的输入有直接输入和利用函数向导输入两种方法。

（1）直接输入

按照函数的语法格式直接输入。和公式的输入方法一样，首先选定单元格，在编辑栏中输入“=”，然后输入函数，例如“=MAX(A1:D6)”，该函数是对单元格区域中的数据求最大值。

（2）利用函数向导输入

1）选定要输入公式的单元格。

2）选择“公式”|“插入函数”命令，或单击编辑栏后的“插入函数”按钮 fx，打开“插入函数”对话框，如图 4-53 所示。

3）在“或选择类别”下拉列表框中选择需要的函数类别，然后在“选择函数”列表框中选择所需要的函数名。

4）单击“确定”按钮，打开“函数参数”对话框，如图 4-54 所示。在参数框中输入常量或者单元格区域。

5）单击“确定”按钮。

插入函数
搜索函数(S):
请输入一条简短说明来描述您想做什么，然后单击"转到"
转到(G)
或选择类别(C): 常用函数
选择函数(N):
FREQUENCY
AVERAGE
SUMIF
IF
DAVERAGE
DCOUNT
SUM
FREQUENCY(data_array,bins_array)
以一列垂直数组返回一组数据的频率分布
有关该函数的帮助
确定
取消

图 4-53 “插入函数”对话框

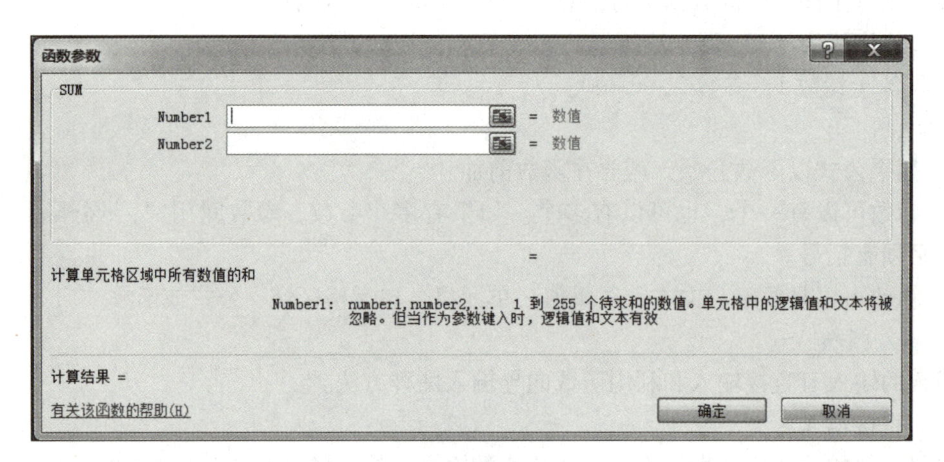

图 4-54 “函数参数”对话框

2. 常用函数

(1) 数学函数

1) 绝对值函数 ABS。

格式：ABS(number)。

功能：返回参数 number 的绝对值。

示例：ABS(-6) 的返回值为 6。

2) 取整函数。

格式：INT(number)。

功能：返回参数 number 的最小整数部分。

示例：INT(8.9) 的返回值为 8，INT(-8.9) 的返回值为-9。

3) 随机函数 RAND()。

格式：RAND( )。

功能：返回 [0，1) 之间的随机数。可以用公式 “=RAND( ) * (b-a)+a” 产生介于 [a，b) 之间的随机数，如果产生的随机数要等于 b，则在括号中加 1，即公式改为 “=RAND( ) * (b-a+1)+a”。

4）四舍五入函数 ROUND。

格式：ROUND(number,num-digits)。

功能：将参数 number 四舍五入，小数部分保留 num-digits 位。

示例：ROUND(-8.97866，3) 的返回值为-8.979。

5）求余数函数 MOD。

格式：MOD(number,divisor)。

功能：返回参数 number 除以 divisor 得到的余数。

示例：MOD(10，3) 的返回值为 1。注意：参数 divisor 不能为零。

6）求平方根函数 SQRT。

格式：SQRT(number)。

功能：返回参数 number 的平方根。

示例：SQRT(25) 的返回值为 5。注意：参数 number 必须大于等于零。

7）圆周率 PI( )。

格式：PI( )。

功能：返回圆周率 π 的值 3.14159265358979。注意：该函数没有参数。

8）求和函数 SUM。

格式：SUM(number1,number2,…)。

功能：用于求出指定参数的总和。

9）条件求和函数 SUMIF。

格式：SUMIF(range,criteria,sum-range)。

功能：根据指定条件 criteria 对若干单元格求和。参数 range 表示用于条件判断的单元格区域；criteria 表示条件，其形式可以为数字、表达式或文本；sum-range 为满足条件时实际求和的单元格区域。

【例 4-1】 求学生成绩表中男生高数成绩总和。

操作步骤如下：

1）选定要存放结果的 C22 单元格。

2）单击编辑栏中的“插入函数”按钮 fx，在打开的“插入函数”对话框中选择 SUMIF 函数，单击“确定”按钮。

3）在弹出的“函数参数”对话框中，单击 Range 右侧的折叠按钮，暂时折叠起对话框，露出工作表，选择单元格区域 B3∶B20，如图 4-55 所示；然后再次单击折叠按钮，展开“函数参数”对话框。

4）单击 Criteria 右侧的折叠按钮，暂时折叠起对话框，露出工作表，选定条件单元格 B3，然后再次单击折叠按钮，展开“函数参数”对话框。

5）单击 Sum-range 右侧的折叠按钮，暂时折叠起对话框，露出工作表，选定条件实际求

=SUMIF(B3:B20)

姓名	性别	高数	马哲	思修	体育	计算机基础	军事理论	大学英语	总分
王哲	男	89	75	98	75	98	66	68	569
张红	女	65	85	68	56	86	68	85	513
陈思	女	55	65	89	58	65	65	89	486
陈萱	女	89	95	95	98	98	84	88	647
邓慧斌	男	92	92	65	87	56	85	98	575
郭煜	男	63	85	58	86	68	75	82	517
何雯	女	87	75	54	87	62	96	87	548
张兴	男	76	65	98	76	68	65	86	534
黎一明	男	96	51	87	71	45	84	98	532
李海	男	81	89	68	68	68	49	68	491
李庆波	男	59	59	76	62	87	43	78	464
李少欣	男	63	78	85	65	85	78	65	519
李瑶	女	75	57	75	89	85	68	94	543
梁勋	男	78	89	98	86	84	57	88	580
张小聪	女	76	53	69	84	84	75	99	540
梁丹	女	82	59	58	72	65	85	72	493
赵仲鸣	男	89	54	62	76	68	95	96	540
董瑶	女	71	59	58	68	92	68	85	501

男生高数成绩总和：B3:B20)

函数参数 B3:B20

图 4-55　选择参数范围

和单元格区域 C3：C20，然后再次单击折叠按钮，展开“函数参数”对话框，如图 4-56 所示。

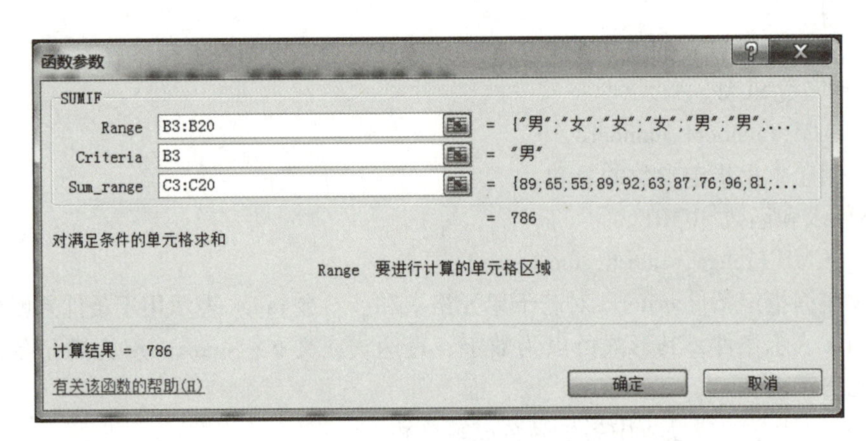

图 4-56　函数参数设置

6）单击“确定”按钮，结果显示在 C22 单元格中，如图 4-57 所示。

（2）统计函数

1）AVERAGE 函数。

格式：AVERAGE(number1,number2,…)。

功能：对参数表中的参数求平均值。最多可以包含 30 个参数，参数可以是数字、数组或引用。若引用参数中包含文字、逻辑值或空单元格，则将忽略这些参数，但包含的零值的单元格将计算在内。

示例：在例 4-1 中，在单元格 K3 输入 AVERAGE(C3：I3)，即求得学生“王哲”的平均分，如图 4-58 所示。

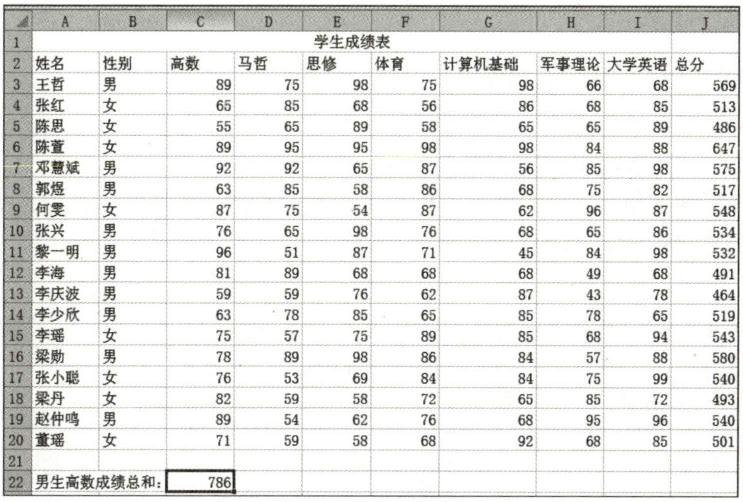

	A	B	C	D	E	F	G	H	I	J
1	学生成绩表									
2	姓名	性别	高数	马哲	思修	体育	计算机基础	军事理论	大学英语	总分
3	王哲	男	89	75	98	75	98	66	68	569
4	张红	女	65	85	68	56	86	68	85	513
5	陈思	女	55	65	89	58	65	65	89	486
6	陈萱	女	89	95	95	98	98	84	88	647
7	邓慧斌	男	92	92	65	87	56	85	98	575
8	郭煜	男	63	85	58	86	68	75	82	517
9	何雯	女	87	75	54	87	62	96	87	548
10	张兴	男	76	65	98	76	68	65	86	534
11	黎一明	男	96	51	87	71	45	84	98	532
12	李海	男	81	89	68	68	68	49	68	491
13	李庆波	男	59	59	76	62	87	43	78	464
14	李少欣	男	63	78	85	65	85	78	65	519
15	李瑶	女	75	57	75	89	85	68	94	543
16	梁勋	男	78	89	98	86	84	57	88	580
17	张小聪	女	76	53	69	84	84	75	99	540
18	梁丹	女	82	59	58	72	65	85	72	493
19	赵仲鸣	男	89	54	62	76	68	95	96	540
20	董瑶	女	71	59	58	68	92	68	85	501
21										
22	男生高数成绩总和:		786							

图 4-57　SUMIF 函数应用示例

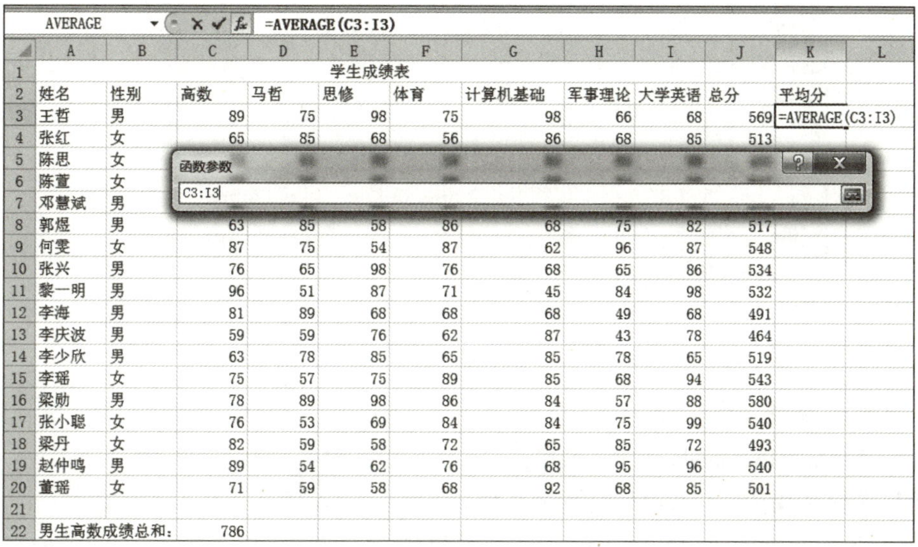

AVERAGE　=AVERAGE(C3:I3)

	A	B	C	D	E	F	G	H	I	J	K	L
1	学生成绩表											
2	姓名	性别	高数	马哲	思修	体育	计算机基础	军事理论	大学英语	总分	平均分	
3	王哲	男	89	75	98	75	98	66	68	569	=AVERAGE(C3:I3)	
4	张红	女	65	85	68	56	86	68	85	513		
5	陈思	女										
6	陈萱	女										
7	邓慧斌	男										
8	郭煜	男	63	85	58	86	68	75	82	517		
9	何雯	女	87	75	54	87	62	96	87	548		
10	张兴	男	76	65	98	76	68	65	86	534		
11	黎一明	男	96	51	87	71	45	84	98	532		
12	李海	男	81	89	68	68	68	49	68	491		
13	李庆波	男	59	59	76	62	87	43	78	464		
14	李少欣	男	63	78	85	65	85	78	65	519		
15	李瑶	女	75	57	75	89	85	68	94	543		
16	梁勋	男	78	89	98	86	84	57	88	580		
17	张小聪	女	76	53	69	84	84	75	99	540		
18	梁丹	女	82	59	58	72	65	85	72	493		
19	赵仲鸣	男	89	54	62	76	68	95	96	540		
20	董瑶	女	71	59	58	68	92	68	85	501		
21												
22	男生高数成绩总和:		786									

函数参数

C3:I3

图 4-58　AVERAGE 函数应用示例

2）COUNT 函数。

格式：COUNT(number1,number2,…)。

功能：统计参数中的数字参数个数和包含数字的单元格个数。COUNT 函数在计数时把数字、空值、逻辑值、日期和文本都计算进去，但是错误值或无法转换成数据的内容则被忽略。如果参数是一个引用，则只计算引用的数字和日期的个数，空白单元格、逻辑值、文字和错误值将被忽略。

示例：COUNT("day",1,TRUE,2016-5-30,,8) 的结果为 5。

3）COUNTA 函数。

格式：COUNTA(number1,number2,…)。

功能：统计参数中的非空白单元格个数。如果参数是单元格引用，则引用中的空白单元格也被忽略。

示例：=COUNTA("day",1,TRUE,2016-5-30,,8,"") 的结果为 7。

4）COUNTIF 函数。

格式：COUNTIF(range,criteria)。

功能：计算指定区域 range 内满足条件 criteria 的单元格的数目。其中，参数 range 为要计算满足条件的单元格数目的单元格区域；参数 criteria 表示条件，形式可以是数字、表达式或文本。

示例：在例 4-1 的学生成绩表中，计算高数成绩超过 90 分的学生人数，用公式"=COUNTIF(C3：C20,">=90")"计算，如图 4-59 所示。

D22 =COUNTIF(C3:C20,">=90")

	A	B	C	D	E	F	G	H	I	J	K
1	学生成绩表										
2	姓名	性别	高数	马哲	思修	体育	计算机基础	军事理论	大学英语	总分	平均分
3	王哲	男	89	75	98	75	98	66	68	569	81.28571
4	张红	女	65	85	68	56	86	68	85	513	
5	陈思	女	55	65	89	58	65	65	89	486	
6	陈萱	女	89	95	95	98	98	84	88	647	
7	邓慧斌	男	92	92	65	87	56	85	98	575	
8	郭煜	男	63	85	58	86	68	75	82	517	
9	何雯	女	87	75	54	87	62	96	87	548	
10	张兴	男	76	65	98	76	68	65	86	534	
11	黎一明	男	96	51	87	71	45	84	98	532	
12	李海	男	81	89	68	68	68	49	68	491	
13	李庆波	男	59	59	76	62	87	43	78	464	
14	李少欣	男	63	78	85	65	85	78	65	519	
15	李瑶	女	75	57	75	89	85	68	94	543	
16	梁勋	男	78	89	98	86	84	57	88	580	
17	张小聪	女	76	53	69	84	84	75	99	540	
18	梁丹	女	82	59	58	72	65	85	72	493	
19	赵仲鸣	男	89	54	62	76	68	95	96	540	
20	董瑶	女	71	59	58	68	92	68	85	501	
21											
22	高数成绩90分以上的人数：			2							
23											

图 4-59　COUNTIF 函数应用示例

5）最大值 MAX 和最小值 MIN 函数。

格式：MAX/MIN(number1,number2,…)。

功能：返回指定参数中的最大值/最小值。

示例：公式"=MAX(45,89,67)"的结果为 89，"=MIN(45,89,67)"的结果为 45。

6）FREQUENCY 函数。

格式：FREQUENCY(range1,range2)。

功能：将某个区域 range1 中的数据按一列垂直数组 range2 进行频率分布统计，统计结果存放在 range2 右边列的对应位置。

【例 4-2】　在学生成绩表中统计高数成绩在 0~59、60~69、70~79、80~89 和 90~100 各区间的学生人数。

操作步骤如下：

1）在单元格区域 D22：D26 输入分段点的分数 59、69、79、89、100。

2）选定显示结果的区域 F22：F26。

3）在编辑栏中输入公式"=FREQUENCY(C3：C20,D22：D26)"。

4）按<Ctrl+Shift+Enter>组合键，结果如图 4-60 所示。

F22　{=FREQUENCY(C3:C20,D22:D26)}

	A	B	C	D	E	F	G	H	I	J
7	邓慧斌	男	92	92	65	87	56	85	98	575
8	郭煜	男	63	85	58	86	68	75	82	517
9	何雯	女	87	75	54	87	62	96	87	548
10	张兴	男	76	65	98	76	68	65	86	534
11	黎一明	男	96	51	87	71	45	84	98	532
12	李海	男	81	89	68	68	68	49	68	491
13	李庆波	男	59	59	76	62	87	43	78	464
14	李少欣	男	63	78	85	65	85	78	65	519
15	李瑶	女	75	57	75	89	85	68	94	543
16	梁勋	男	78	89	98	86	84	57	88	580
17	张小聪	女	76	53	69	84	84	75	99	540
18	梁丹	女	82	59	58	72	65	85	72	493
19	赵仲鸣	男	89	54	62	76	68	95	96	540
20	董瑶	女	71	59	58	68	92	68	85	501
21										
22	高数成绩各段的人数:			59		2				
23				69		3				
24				79		5				
25				89		6				
26				100		2				
27										

图 4-60　FREQUENCY 函数应用示例

（3）文本函数

1）LEFT 函数。

格式：LEFT(text,num-chars)。

功能：从一个字符串 text 左端开始，返回指定的 num-chars 长度的子字符串。

示例：LEFT("Hello World",3）的结果为 Hel。

2）RIGHT 函数。

格式：RIGHT(text,num-chars)。

功能：从一个字符串 text 右端开始，返回指定的 num-chars 长度的子字符串。

示例：RIGHT("北京欢迎您!",4）的结果为“欢迎您!”。

3）MID 函数。

格式：MID(text,start-num,num-chars)。

功能：从一个字符串 text 指定位置 start-num 开始，返回指定的 num-chars 长度的子字符串。

示例：MID("北京欢迎您!",3,2）的结果为“欢迎”。

4）字符串长度函数 LEN。

格式：LEN(text)。

功能：返回字符串 text 的长度，空格也计算在内。

示例：LEN("Hello Everyone!"）的返回值为 15。

5）转小写字母函数 LOWER。

格式：LOWER（字符串）。

功能：将字符串全部转换为小写字母。

示例：公式“=LOWER("TREE")”的结果为“tree”。

6）转大写字母函数 UPPER。

格式：UPPER（字符串）。

功能：将字符串全部转换为大写字母。

示例：公式“=UPPER("tree")”的结果为“TREE”。

（4）逻辑函数

1）与函数 AND。

格式：AND(logical-text1,logical-text2,…)。

功能：所有参数的逻辑值为真时返回 TRUE，若有一个参数的逻辑值为假则返回 FALSE。

示例：AND(3<6,FALSE) 的结果为 FALSE。

2）或函数 OR。

格式：OR(logical-text1,logical-text2,…)。

功能：只要参数中有一个逻辑值为真时就返回 TRUE，只有当所有参数的逻辑值均为假时才返回 FALSE。

示例：OR(3<6,FALSE) 的结果为 TRUE。

3）非函数 NOT。

格式：NOT(logical-text)。

功能：返回与参数的逻辑值相反的结果，即如果参数的逻辑值为 TRUE，则结果为 FALSE，如果参数的逻辑值为 FALSE，则结果为 TRUE。

示例：NOT(3<6) 的结果为 FALSE。

4）条件函数 IF。

格式：IF(logical-text,value-if-true,value-if-false)。

功能：根据对逻辑条件 logical-text 的判断，返回不同的结果。如果参数 logical-text 的值为 TRUE，则返回 value-if-true 的值；如果 logical-text 的值为 FALSE，则返回 value-if-false 的值。

示例：如果成绩在 A1 单元格中，公式为“=IF(A1>=90,"优秀","及格")”。若 A1 单元格的值大于等于 90，结果为“优秀”；如果 A1 单元格的值小于 90，结果为“及格”。

【例 4-3】 假设成绩存储在 A1∶A10 单元格区域中，根据成绩在 B1∶B10 单元格区域中给出其等级：0~59 为不及格、60~69 为及格、70~79 为中等、80~89 为良好和 90~100 为优秀。

操作步骤如下：

1）在单元格 B1 中输入“=IF(A1>=90,"优秀",IF(A1>=80,"良好",IF(A1>=70,"中等",IF(A1>=60,"及格","不及格"))))”。

2）利用填充柄将公式复制给 B2∶B10。

（5）日期和时间函数

1）DATE 函数。

格式：DATE(year,month,day)。

功能：返回指定日期的序列号。在输入函数前，将单元格格式设为“日期”，则结果为日期格式。参数 year 表示年份。如果 year 介于 0~1899 之间，将该值加上 1900 作为结果中的年份；如果 year 介于 1900~9999 之间，则该数值直接作为年份；如果 year 小于 0 或者大于等于 10000，则结果为错误值#NUM!。参数 month 表示月份，如果所输入的月份值大于 12，年份将加 1，超出的月份从 1 月份开始向后推算。参数 day 表示天数，如果所输入的天数值大于该月份的最大值，月份将加 1，超出的天数从 1 开始向后推算。

示例：

DATE(10,6,1）的结果为“1910-6-1”。

DATE(2016,6,1）的结果为“2016-6-1”。

DATE(2016,6,35）的结果为“2016-7-5”。

DATE(2016,16,1）的结果为“2017-4-1”。

2）YEAR 函数。

格式：YEAR(serial-number)。

功能：返回指定日期 serial-number 对应的年份。返回值为 1900~9999 之间的整数。参数 serial-number 为一个日期类型，应该使用 DATE 函数输入日期，或者用字符串形式输入日期格式并且用双引号引起来。

示例：YEAR("2016-6-1"）的结果为 2016，YEAR(DATE(2016,6,1)）的结果也为 2016。

3）MONTH 函数。

格式：MONTH(serial-number)。

功能：返回指定日期 serial-number 对应的月份。返回值为 1~12 之间的整数。

示例：MONTH("2016-6-1"）的结果为 6，MONTH(DATE(2016,6,1)）的结果也为 6。

4）DAY 函数。

格式：DAY(serial-number)。

功能：返回指定日期 serial-number 对应的天数（该月中的第几天）。返回值为 1~31 之间的整数。

示例：DAY("2016-6-1"）的结果为 1，DAY(DATE(2016,6,1)）的结果也为 1。

5）NOW 函数。

格式：NOW()。

功能：返回计算机系统当前的日期和时间。

示例：计算机系统的当前日期为 2016 年 6 月 1 日 6 时 30 分，则 NOW(）的结果为“2016-6-1 6：30”。

6）TIME 函数。

格式：TIME(hour,minute,second)。

功能：返回参数 hour（小时）、minute（分钟）、second（秒）所对应的时间。

示例：TIME(6,30,15）的结果为“6：30：15 AM”。

4.5　图表处理

图表是 Excel 2016 比较常用的对象之一。与工作表相比，图表具有十分突出的优势，它不仅能够直观地表现出数值大小，还能更形象地反映出数据的对比关系和发展趋势。图表常以图形的方式来显示工作表中数据。

图表的类型有多种，分别为柱形图、条形图、折线图、饼图、XY 散点图、面积图、圆环图、雷达图、曲面图、气泡图、股价图、圆柱图、圆锥图和棱锥图，共计 14 种。Excel 2016 的默认图表类型为柱形图。

4.5.1 图表的组成

图表的基本组成如图 4-61 所示。

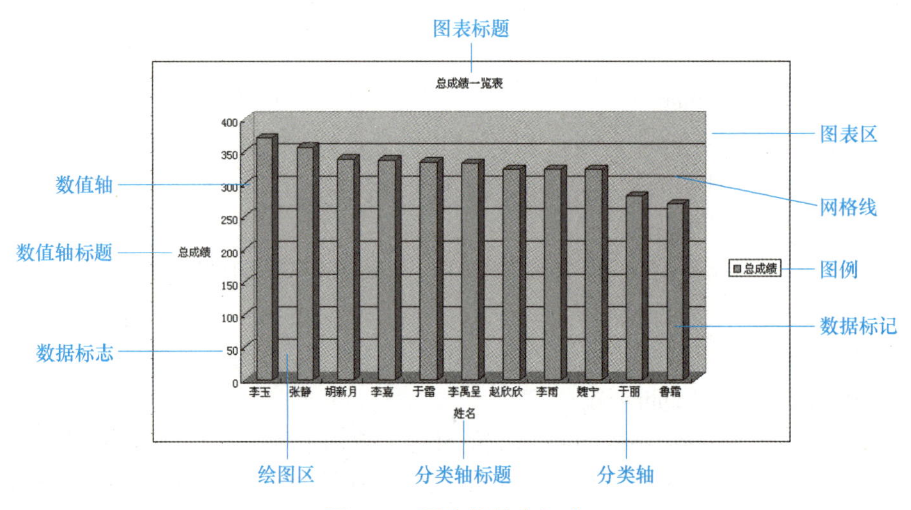

图 4-61 图表的基本组成

1）图表区：整个图表及其包含的元素。

2）绘图区：在二维图表中，以坐标轴为界并包含全部数据系列的区域。在三维图表中，绘图区以坐标轴为界并包含数据系列、分类名称、刻度线和坐标轴标题。

3）图表标题：一般情况下，一个图表应该有一个文本标题，它可以自动与坐标轴对齐或在图表顶端居中显示。

4）数据分类（分类轴）：图表上的一组相关数据点，取自工作表的一行或一列。图表中的每个数据系列以不同的颜色和图案加以区别。在同一图表中可以绘制一个及一个以上的数据系列。

5）数据标记：图表中的条形面积、圆点扇形或其他类似符号，来自于工作表单元格的单一数据点或数值。图表中所有相关的数据标记构成了数据系列。

6）数据标志：根据不同的图表类型，数据标志可以是数值、数据系列名称、百分比等。

7）坐标轴：为图表提供计量和比较的参考线，一般包括 x 轴（分类轴）、y 轴（数值轴）。各轴旁边有对应的轴标题。

8）刻度线：坐标轴上的短度量线，用于区分图表上的数据分类数值或数据系列。

9）网格线：图表中从坐标轴刻度线延伸开来并贯穿整个绘图区的可选线条系列。

10）图例：图例项和图例项标示的方框，用于标示图表中的数据系列。图例项标示用于标示图表上相应数据系列的图案和颜色的方框。

11）背景墙及基底：三维图表中包含在三维图形周围的区域。用于显示维度和边角尺寸。

12）数据表：在图表下面的网格中显示每个数据系列的值。

4.5.2　创建图表

如果用户要创建一个图表，可以在“插入”选项卡中的“图表”组中选择所需要的图表类型。例如，现根据学生成绩表中“王哲”“张红”和“陈思”3 名同学的成绩创建三维簇状柱形图。具体操作步骤如下：

1）选定要创建图表的数据区域 A2：A5 和 C2：I5，如图 4-62 所示。

2）单击“插入”选项卡“图表”组中的“柱形图”下拉按钮，出现图 4-63 所示的柱形图列表，选择“三维簇状柱形图”，图表将自动显示于工作表内，如图 4-64 所示。

C2　　fx　高数

	A	B	C	D	E	F	G	H	I	J	K
1	学生成绩表										
2	姓名	性别	高数	马哲	思修	体育	计算机基础	军事理论	大学英语	总分	平均分
3	王哲	男	89	75	98	75	98	66	68	569	81.29
4	张红	女	65	85	68	56	86	68	85	513	73.29
5	陈思	女	55	65	89	58	65	65	89	486	69.43
6	陈萱	女	89	95	95	98	98	84	88	647	92.43

图 4-62　选定要创建图表的数据区域

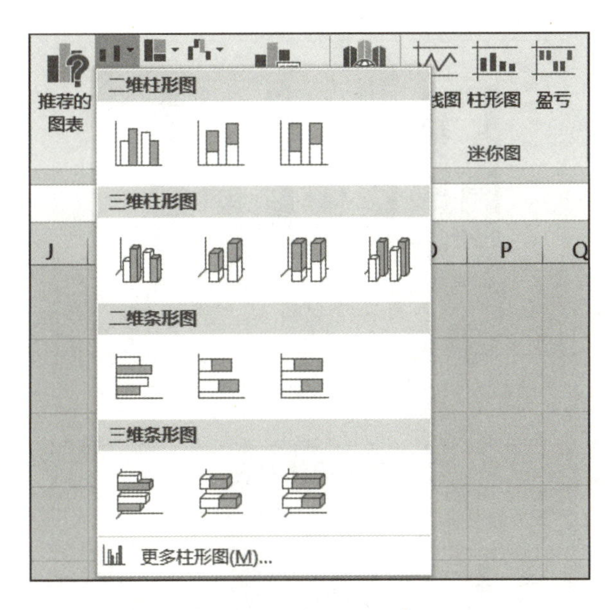

图 4-63　柱形图列表

3）此时，功能区出现“图表工具”选项卡，如图 4-65 所示。选择“设计”选项卡下“图表样式”组中的样式可以改变图表的图形颜色，如图 4-66 所示。选择“设计”选项卡下“图表布局”组中的样式可以改变图表的布局，如图 4-67 所示。

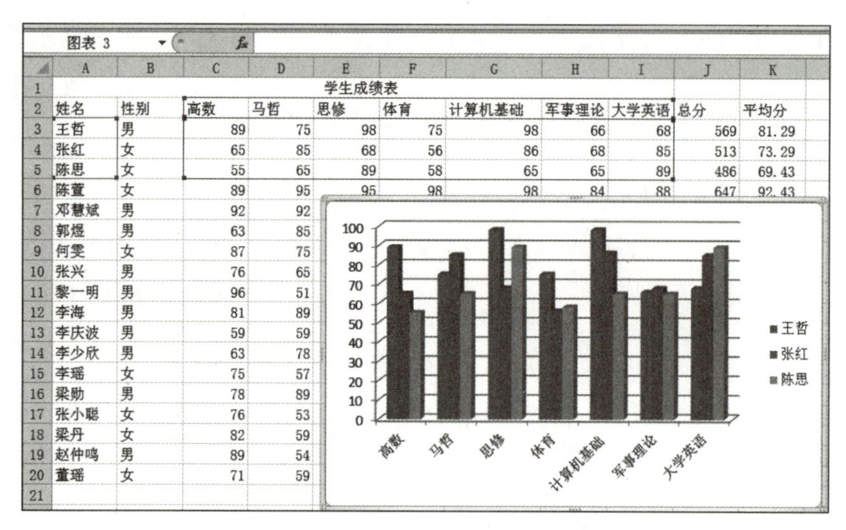

	A	B	C	D	E	F	G	H	I	J	K
1					学生成绩表						
2	姓名	性别	高数	马哲	思修	体育	计算机基础	军事理论	大学英语	总分	平均分
3	王哲	男	89	75	98	75	98	66	68	569	81.29
4	张红	女	65	85	68	56	86	68	85	513	73.29
5	陈思	女	55	65	89	58	65	65	89	486	69.43
6	陈萱	女	89	95	95	98	98	84	88	647	92.43
7	邓慧斌	男	92	92							
8	郭煜	男	63	85							
9	何雯	女	87	75							
10	张兴	男	76	65							
11	黎一明	男	96	51							
12	李海	男	81	89							
13	李庆波	男	59	59							
14	李少欣	男	63	78							
15	李瑶	女	75	57							
16	梁勋	男	78	89							
17	张小聪	女	76	53							
18	梁丹	女	82	59							
19	赵仲鸣	男	89	54							
20	董瑶	女	71	59							
21											

图 4-64　创建三维簇状柱形图

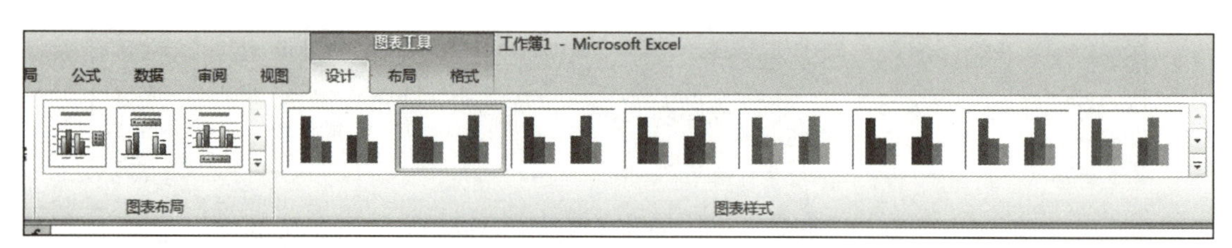

图 4-65　“图表工具”|“设计”选项卡

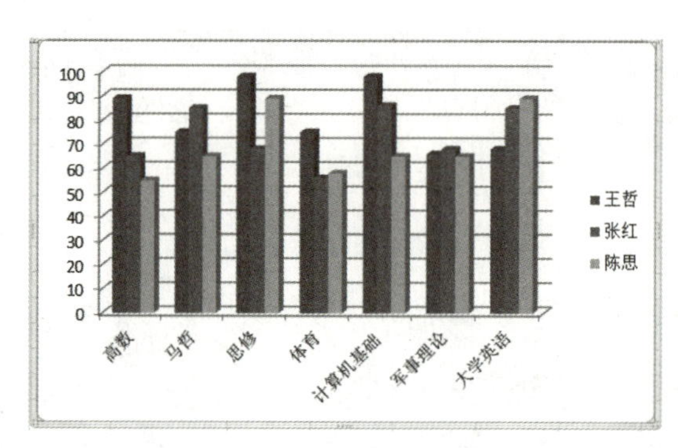

图 4-66　改变图表样式

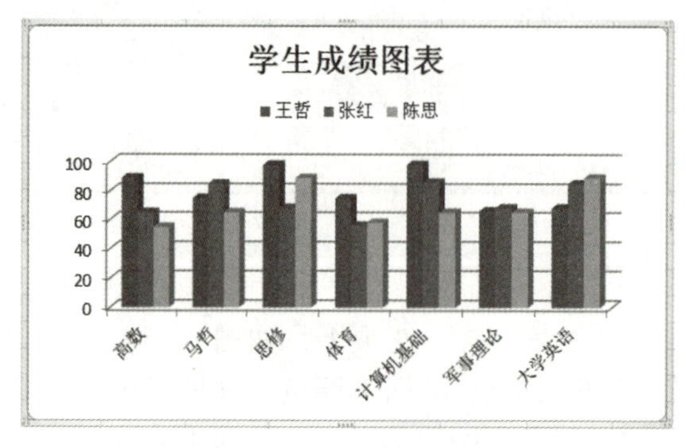

图 4-67　改变图表布局

4）选择“设计”选项卡中的“移动图表”命令，打开图 4-68 所示的“移动图表”对话框。利用该对话框可将图表移动至新的工作表中。创建的独立图表如图 4-69 所示。

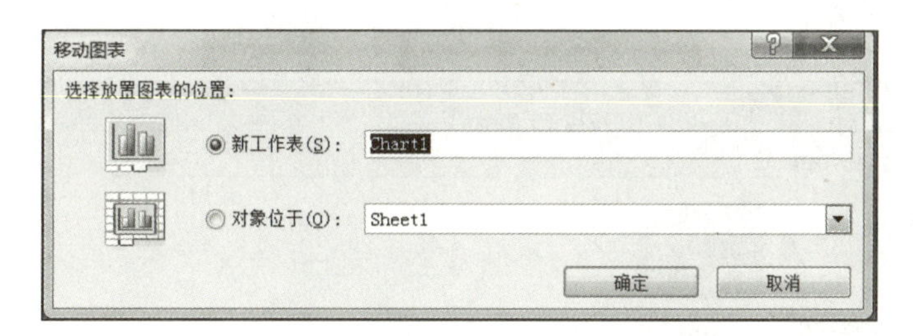

图 4-68　“移动图表”对话框

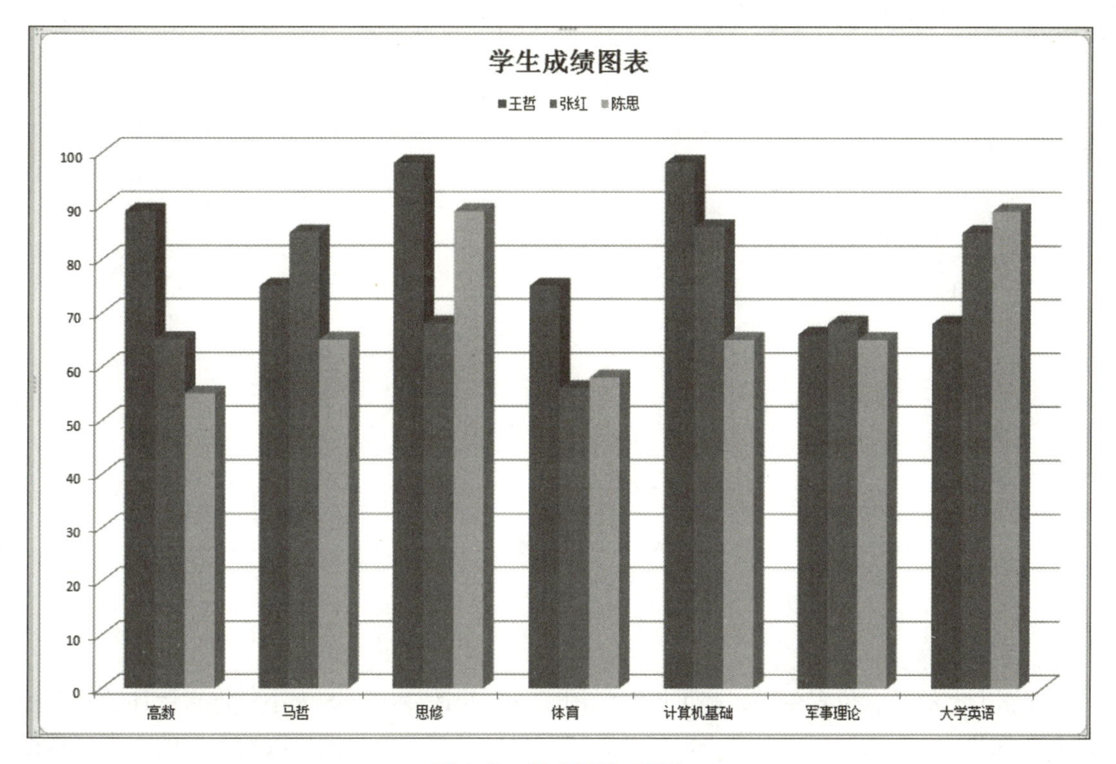

图 4-69　创建的独立图表

4.5.3　编辑图表

图表生成后，可以对其进行编辑，例如制作图表标题、向图表中添加文本、设置图表选项、删除数据系列、移动和复制图表等。

选定要修改的图表后，会在功能区出现“图表工具”选项卡，其中包括“设计”“布局”和“格式”选项卡，利用其中的命令和按钮可以修改或编辑已生成的图表；或者在选定图表后右击，利用弹出的快捷菜单命令（见图 4-70）对图表进行编辑和修改。

图 4-70　图表右击快捷菜单

1. 修改图表类型

在图表绘图区右击，在弹出的快捷菜单中选择“更改图表类型”命令，弹出图 4-71 所示的对话框，例如修改为“折线图”。单击“确定”按钮即可。

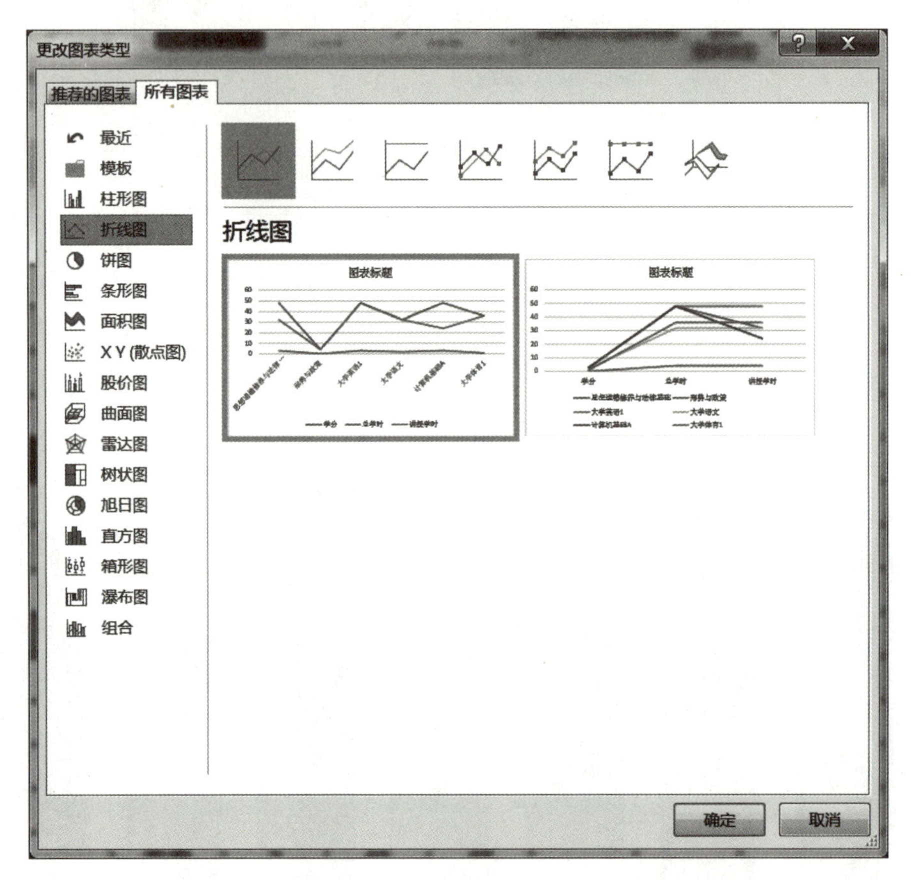

图 4-71 “更改图表类型”对话框

2. 改变图表大小

在图表上的任意位置单击，都可以激活图表。要想改变图表的大小，将指针移动到图表的 4 个角之一，当指针变成双箭头形状时，按下鼠标左键并拖动即可改变图表的大小。在拖动过程中，有虚线指示，若此时释放鼠标左键则会显示图表轮廓。

3. 移动和复制图表

若要移动图表，只需在图表范围内的任意空白位置按下鼠标左键并拖动，即可移动该图表。在拖动鼠标的过程中，有虚线指示，若此时释放鼠标左键则会显示图表轮廓。如果按住 <Ctrl>键拖动图表时，可以将图表复制到新位置。

4. 更改图表中的数据

在已完成的图表中，若对工作表中的源数据进行修改，图表中的信息也会随之变化。

如果希望在已制作好的图表中增加或删除部分数据，例如要在第 4. 5. 2 小节的案例中增加“陈萱”的数据显示，具体操作步骤如下：

右击图表绘图区，在弹出的快捷菜单中选择“选择数据”命令，在弹出的“选择数据源”对话框中重新选择“图表数据区域”，如图 4-72 所示。

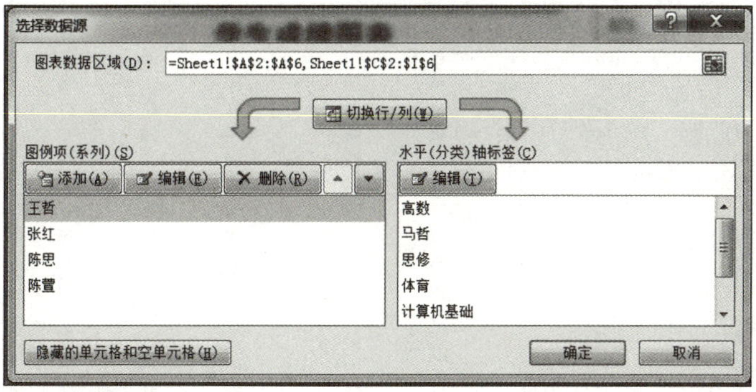

图 4-72　添加一行数据

删除图表中的源数据同样通过“选择数据源”对话框完成，只需在图表上删除所需的图表序列即可。

4.5.4　修饰图表

图表建立完成后一般要对图表进行一系列的修饰，使其更加清楚、美观。利用“图表选项”对话框可以对图表的网格线、数据表、数据标志等进行编辑和设置。此外，还可以对图表进行颜色、图案、线形、填充效果、边框和图片等方面的修饰，对图表中的图表区、绘图区、坐标轴、背景墙和基底等也能进行设置。

4.6　电子表格的高级操作

在实际工作中常面临大量的数据需要及时、准确地进行处理，这时可借助数据清单功能。Excel 2016 允许采用数据库的管理方式对以数据清单形式存放的工作表进行各种排序、筛选、分类汇总、统计和建立数据透视表等操作。

数据清单是指包含一组相关数据的一系列工作表数据行。数据清单由标题行（表头）和数据两部分组成。数据清单中的行相当于数据库中的记录，行标题相当于记录名；数据清单中的列相当于数据库中的字段，列标题相当于字段名。例如，学生成绩数据清单如图 4-73 所示。

4.6.1　数据的排序

用户可以根据数据清单中的数值对数据清单中的行列数据进行排序。排序时，Excel 2016 将利用指定的排序顺序重新排列行、列或各个单元格。可以根据一列或多列的内容按升序（1~9，A~Z）或降序（9~1，Z~A）对数据清单进行排序。

Excel 2016 默认是按字母顺序对数据清单进行排序。如果需要按时间顺序对月份和星期数据进行排序，可使用自定义排序顺序。此外，也可以通过生成自定义排序顺序使数据清单按指定的顺序排序。

例如，对所有学生根据总分（见图 4-73）进行降序排列，有以下几种方法。

A1 姓名

	A	B	C	D	E	F	G	H	I	J	K
1	姓名	性别	高数	马哲	思修	体育	计算机基础	军事理论	大学英语	总分	平均分
2	王哲	男	89	75	98	75	98	66	68	569	81.29
3	张红	女	65	85	68	56	86	68	85	513	73.29
4	陈思	女	55	65	89	58	65	65	89	486	69.43
5	陈萱	女	89	95	95	98	98	84	88	647	92.43
6	邓慧斌	男	92	92	65	87	56	85	98	575	82.14
7	郭煜	男	63	85	58	86	68	75	82	517	73.86
8	何雯	女	87	75	54	87	62	96	87	548	78.29
9	张兴	男	76	65	98	76	68	65	86	534	76.29
10	黎一明	男	96	51	87	71	45	84	98	532	76.00
11	李海	男	81	89	68	68	68	49	68	491	70.14
12	李庆波	男	59	59	76	62	87	43	78	464	66.29
13	李少欣	男	63	78	85	65	85	78	65	519	74.14
14	李瑶	女	75	57	75	89	85	68	94	543	77.57
15	梁勋	男	78	89	98	86	84	57	88	580	82.86
16	张小聪	女	76	53	69	84	84	75	99	540	77.14
17	梁丹	女	82	59	58	72	65	85	72	493	70.43
18	赵仲鸣	男	89	54	62	76	68	95	96	540	77.14
19	董瑶	女	71	59	58	68	92	68	85	501	71.57

图 4-73　学生成绩数据清单

1. 利用按钮进行升序或降序排序

使用“数据”选项卡“排序和筛选”组中的排序按钮，可以对清单中的数据进行升序或降序排列。具体操作步骤如下：

1）选定数据清单的 J2 单元格。

2）单击“数据”选项卡“排序和筛选”组中的“降序”排序按钮，即可完成按总分降序排序，如图 4-74 所示。此方法只能按照一个关键字进行排序。

J2 =SUM(C2:I2)

	A	B	C	D	E	F	G	H	I	J	K
1	姓名	性别	高数	马哲	思修	体育	计算机基础	军事理论	大学英语	总分	平均分
2	陈萱	女	89	95	95	98	98	84	88	647	92.43
3	梁勋	男	78	89	98	86	84	57	88	580	82.86
4	邓慧斌	男	92	92	65	87	56	85	98	575	82.14
5	王哲	男	89	75	98	75	98	66	68	569	81.29
6	何雯	女	87	75	54	87	62	96	87	548	78.29
7	李瑶	女	75	57	75	89	85	68	94	543	77.57
8	张小聪	女	76	53	69	84	84	75	99	540	77.14
9	赵仲鸣	男	89	54	62	76	68	95	96	540	77.14
10	张兴	男	76	65	98	76	68	65	86	534	76.29
11	黎一明	男	96	51	87	71	45	84	98	532	76.00
12	李少欣	男	63	78	85	65	85	78	65	519	74.14
13	郭煜	男	63	85	58	86	68	75	82	517	73.86
14	张红	女	65	85	68	56	86	68	85	513	73.29
15	董瑶	女	71	59	58	68	92	68	85	501	71.57
16	梁丹	女	82	59	58	72	65	85	72	493	70.43
17	李海	男	81	89	68	68	68	49	68	491	70.14
18	陈思	女	55	65	89	58	65	65	89	486	69.43
19	李庆波	男	59	59	76	62	87	43	78	464	66.29

图 4-74　按“总分”降序排序后的数据清单

2. 利用“排序”命令进行排序

利用“数据”选项卡“排序与筛选”组中的“排序”命令可以进行更多关键字排序。

例如，在上例的基础上增加以“高数”成绩为次要关键字进行降序排列，具体操作步骤如下：

1）选定数据清单，选择“数据”选项卡“排序与筛选”组中“排序”命令，打开“排序”对话框。

2）在“主要关键字”下拉列表框中选择“总分”列，选择“降序”次序，单击“添加条件”按钮，在新增的“次要关键字”下拉列表框中，选择“高数”列，选择“降序”次序，如图 4-75 所示，单击“确定”按钮即可。

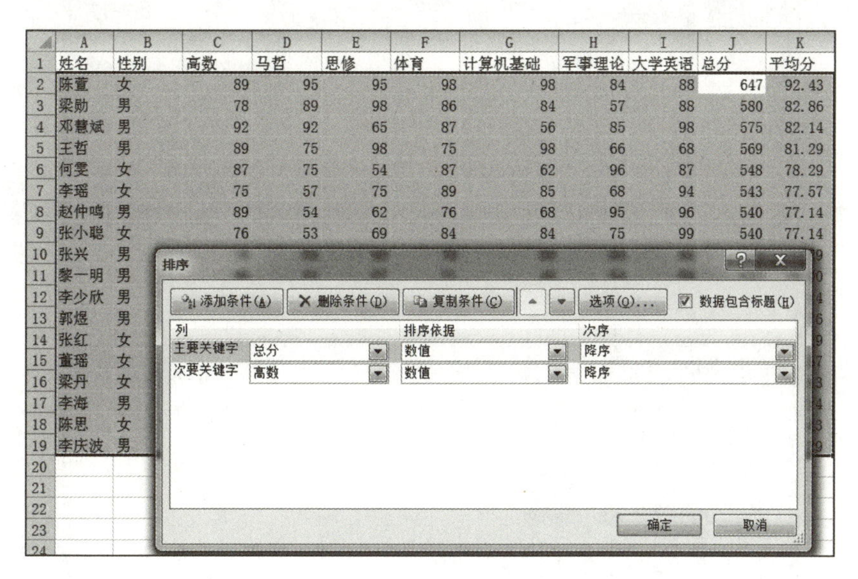

图 4-75　“排序”对话框

排序结果如图 4-76 所示。

	A	B	C	D	E	F	G	H	I	J	K
1	姓名	性别	高数	马哲	思修	体育	计算机基础	军事理论	大学英语	总分	平均分
2	陈萱	女	89	95	95	98	98	84	88	647	92.43
3	梁勋	男	78	89	98	86	84	57	88	580	82.86
4	邓慧斌	男	92	92	65	87	56	85	98	575	82.14
5	王哲	男	89	75	98	75	98	66	68	569	81.29
6	何雯	女	87	75	54	87	62	96	87	548	78.29
7	李瑶	女	75	57	75	89	85	68	94	543	77.57
8	赵仲鸣	男	89	54	62	76	68	95	96	540	77.14
9	张小聪	女	76	53	69	84	84	75	99	540	77.14
10	张兴	男	76	65	98	76	68	65	86	534	76.29
11	黎一明	男	96	51	87	71	45	84	98	532	76.00
12	李少欣	男	63	78	85	65	85	78	65	519	74.14
13	郭煜	男	63	85	58	86	68	75	82	517	73.86
14	张红	女	65	85	68	56	86	68	85	513	73.29
15	董瑶	女	71	59	58	68	92	68	85	501	71.57
16	梁丹	女	82	59	58	72	65	85	72	493	70.43
17	李海	男	81	89	68	68	68	49	68	491	70.14
18	陈思	女	55	65	89	58	65	65	89	486	69.43
19	李庆波	男	59	59	76	62	87	43	78	464	66.29

图 4-76　利用“排序”命令进行多关键字排序的结果

3. 自定义排序

当用户对排序有特殊要求时，可以按自定义的方式对其排序。例如，在 A1∶A7 单元格区域中分别输入“四、三、一、二、五、六、日”，选择“排序”对话框中“次序”下拉列表项中的“自定义序列”选项（见图 4-77），弹出“自定义序列”对话框。在其中选择自定义序列进行排序，如图 4-78 所示。

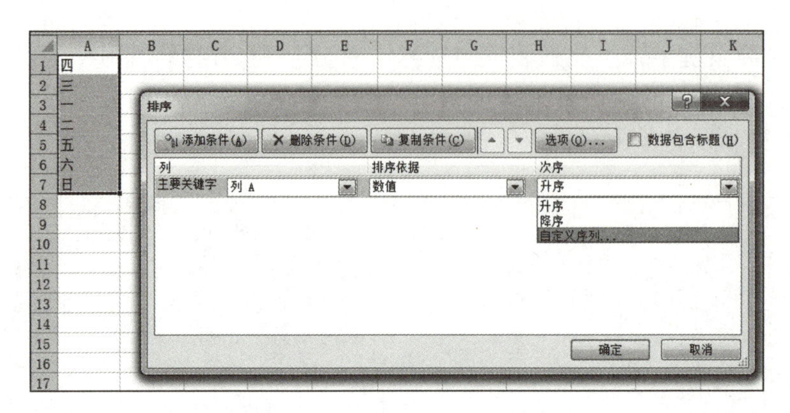

图 4-77 “自定义序列”选项

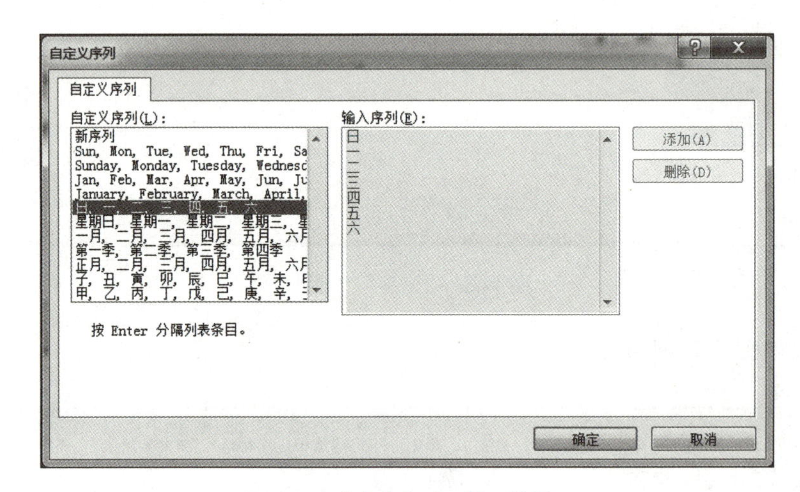

图 4-78 “自定义序列”对话框

4.6.2 数据的筛选

用户在对数据进行分析时，常会从全部数据中按需选出部分数据。例如，从学生成绩表中选出成绩优秀（成绩>=90）的学生，或选出某院系的学生等。这就要用到 Excel 2016 提供的“自动筛选”和“高级筛选”功能。

1. 自动筛选

自动筛选是一种快速的筛选方法，用户可通过它快速选出数据。其具体操作步骤如下：

1）单击数据清单中任一单元格，或选定整张数据清单。

2）单击“数据”选项卡中的“筛选”按钮。这时可以看到，在数据清单的每个字段名右侧都出现了一个下拉按钮，如图 4-79 所示。

3）单击要筛选的那一项的下拉按钮，就会出现相应的下拉列表。例如，要筛选出“计算机基础”成绩大于或等于 90 分的同学，可以单击“计算机基础”右侧的下拉按钮，在弹出的下拉列表中选择“数字筛选”中的“大于或等于”选项，如图 4-80 所示。打开“自定义自动筛选方式”对话框，输入分数“90”，如图 4-81 所示。单击“确定”按钮后显示筛选结果，如图 4-82 所示。

姓名	性别	高数	马哲	思修	体育	计算机基础	军事理	大学英	总分	平均分
王哲	男	89	75	98	75	98	66	68	569	81.29
张红	女	65	85	68	56	86	68	85	513	73.29
陈思	女	55	65	89	58	65	65	89	486	69.43
陈萱	女	89	95	95	98	98	84	88	647	92.43
邓慧斌	男	92	92	65	87	56	85	98	575	82.14
郭煜	男	63	85	58	86	68	75	82	517	73.86
何雯	女	87	75	54	87	62	96	87	548	78.29
张兴	男	76	65	98	76	68	65	86	534	76.29
黎一明	男	96	51	87	71	45	84	98	532	76.00
李海	男	81	89	68	68	68	49	68	491	70.14
李庆波	男	59	59	76	62	87	43	78	464	66.29
李少欣	男	63	78	85	65	85	78	65	519	74.14
李瑶	女	75	57	75	89	85	68	94	543	77.57
梁勋	男	78	89	98	86	84	57	88	580	82.86
张小聪	女	76	53	69	84	84	75	99	540	77.14
梁丹	女	82	59	58	72	65	85	72	493	70.43
赵仲鸣	男	89	54	62	76	68	95	96	540	77.14
董瑶	女	71	59	58	68	92	68	85	501	71.57

图 4-79　数据筛选

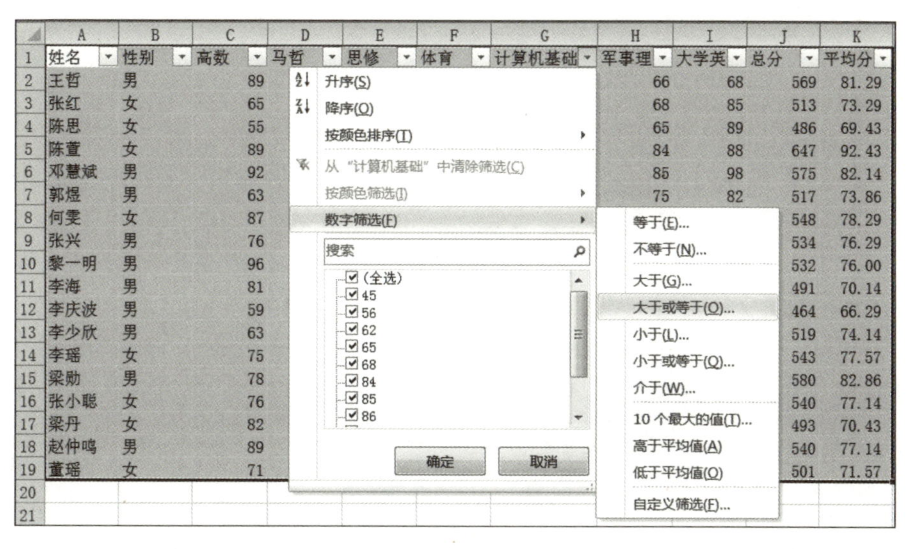

图 4-80　自动筛选下拉列表

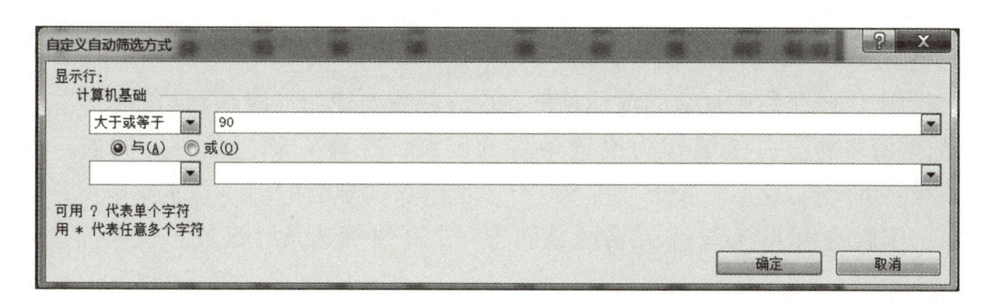

图 4-81　“自定义自动筛选方式”对话框

	A	B	C	D	E	F	G	H	I	J	K
1	姓名	性别	高数	马哲	思修	体育	计算机基础	军事理	大学英	总分	平均分
2	王哲	男	89	75	98	75	98	66	68	569	81.29
5	陈萱	女	89	95	95	98	98	84	88	647	92.43
19	董瑶	女	71	59	58	68	92	68	85	501	71.57

图 4-82 筛选结果

在此基础上可以进行二次筛选，例如筛选出“计算机基础”成绩 90 分以上的女同学的记录。具体操作步骤如下：

在上面筛选结果的基础上，单击“性别”右侧的下拉按钮，弹出其自动筛选下拉列表，如图 4-83 所示，选中“女”复选框，单击“确定”按钮即可。二次筛选结果如图 4-84 所示。

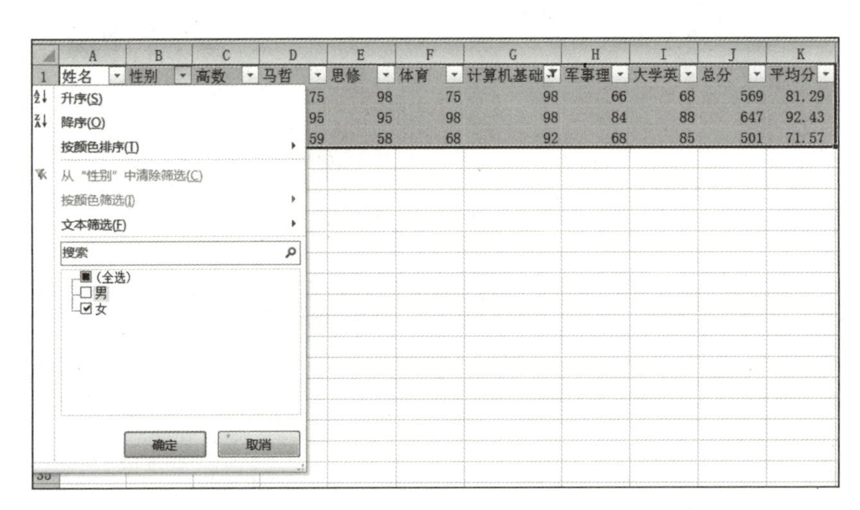

图 4-83 筛选计算机基础成绩 90 分以上的女同学的记录

	A	B	C	D	E	F	G	H	I	J	K
1	姓名	性别	高数	马哲	思修	体育	计算机基础	军事理	大学英	总分	平均分
5	陈萱	女	89	95	95	98	98	84	88	647	92.43
19	董瑶	女	71	59	58	68	92	68	85	501	71.57

图 4-84 二次筛选结果

选择选项卡“数据”选项卡“排序与筛选”组中的“清除”命令，即可恢复显示所有数据。

2. 高级筛选

实际应用中往往遇到更复杂的筛选条件，这时就需要使用高级筛选功能。

选择数据清单的空白区域作为设置条件的区域，并输入筛选条件。例如，要筛选出“高数”成绩在 85 分以上、“总分”在 600 分以上的女同学的记录，具体操作步骤如下：

1）在工作表的 C21：G22 单元格区域创建一个高级筛选条件区域，输入筛选条件，如图 4-85 所示。

2）单击“数据”选项卡“排序和筛选”组中的“高级”按钮，会弹出图 4-86 所示的

	A	B	C	D	E	F	G	H	I	J	K
17	梁丹	女	82	59	58	72	65	85	72	493	70.43
18	赵仲鸣	男	89	54	62	76	68	95	96	540	77.14
19	董瑶	女	71	59	58	68	92	68	85	501	71.57
20											
21			性别		高数		总分				
22			女		>=85		>=600				
23											

图 4-85　高级筛选条件区域

“高级筛选”对话框。在此对话框中，“方式”选项区中有“在原有区域显示筛选结果”和“将筛选结果复制到其他位置”两个单选按钮，选中前者则筛选结果显示在原数据清单位置，选中后者则筛选结果被“复制到”指定区域，而源数据仍然在原处。这里选中“将筛选结果复制到其他位置”单选按钮，然后在“复制到”地址框中输入 $ A $ 23 ∶ $ K $ 33，则筛选结果将放在以 A23 为起始位置的区域中。

	A	B	C	D	E	F	G	H	I	J	K
1	姓名	性别	高数	马哲	思修	体育	计算机基础	军事理论	大学英语	总分	平均分
2	王哲	男	89	75	98	75	98	66	68	569	81.29
3	张红	女	65	85	68	56	86	68	85	513	73.29
4	陈思	女	55	65					89	486	69.43
5	陈萱	女	89	95					88	647	92.43
6	邓慧斌	男	92	92					98	575	82.14
7	郭煜	男	63	85					82	517	73.86
8	何雯	女	87	75					87	548	78.29
9	张兴	男	76	65					86	534	76.29
10	黎一明	男	96	51					98	532	76.00
11	李海	男	81	89					68	491	70.14
12	李庆波	男	59	59					78	464	66.29
13	李少欣	男	63	78					65	519	74.14
14	李瑶	女	75	57					94	543	77.57
15	梁勋	男	78	89					88	580	82.86
16	张小聪	女	76	53	69	84	84	75	99	540	77.14
17	梁丹	女	82	59	58	72	65	85	72	493	70.43
18	赵仲鸣	男	89	54	62	76	68	95	96	540	77.14
19	董瑶	女	71	59	58	68	92	68	85	501	71.57
20											
21			性别		高数		总分				
22			女		>=85		>=600				

高级筛选
方式
◉ 在原有区域显示筛选结果(F)
○ 将筛选结果复制到其他位置(O)
列表区域(L): $A$1:$K$19
条件区域(C): $C$21:$G$22
复制到(T): $A$23:$K$33
☐ 选择不重复的记录(R)
确定　取消

图 4-86　“高级筛选”对话框

3）选中“在原有区域显示筛选结果”单选按钮，在“列表区域”中指定要筛选的数据区域为 $ A $ 1 ∶ $ K $ 19，再在“条件区域”中指定已输入条件的区域 $ C $ 21 ∶ $ G $ 22。单击“确定”按钮，高级筛选完成，如图 4-87 所示。

	A	B	C	D	E	F	G	H	I	J	K
1	姓名	性别	高数	马哲	思修	体育	计算机基础	军事理论	大学英语	总分	平均分
5	陈萱	女	89	95	95	98	98	84	88	647	92.43
20											
21			性别		高数		总分				
22			女		>=85		>=600				
23											

图 4-87　高级筛选完成

4）此外“高级筛选”对话框中还有一个“选择不重复的记录”复选框，选中它，则筛选时去掉重复的记录。

4.6.3 数据的分类汇总

分类汇总是对数据清单上的数据进行分析的一种方法，使用分类汇总功能可以对记录按某一字段分类，然后对数据进行求和、求平均值等计算。分类汇总前必须对需要分类的字段排序。

1. 单字段分类汇总

例如，在学生成绩数据清单中，新增“系别”字段并以“系别”为分类字段求总分的平均值。具体操作步骤如下：

1）先选定汇总列“系别”，对数据清单按汇总列字段“系别”进行排序。

2）在要分类汇总的数据清单中，单击任意单元格。

3）选择“数据”选项卡“分级显示”组中的“分类汇总”命令，打开“分类汇总”对话框，如图 4-88 所示。

4）在“分类字段”下拉列表框中，选择需要用来分类汇总的数据列“系别”。

5）在“汇总方式”下拉列表框中，选择用于计算分类汇总的方式“平均值”。

6）在“选定汇总项”列表框中，选中要对其汇总计算的数值列“总分”对应的复选框。

7）单击“确定”按钮，即可进行分类汇总，其结果如图 4-89 所示。

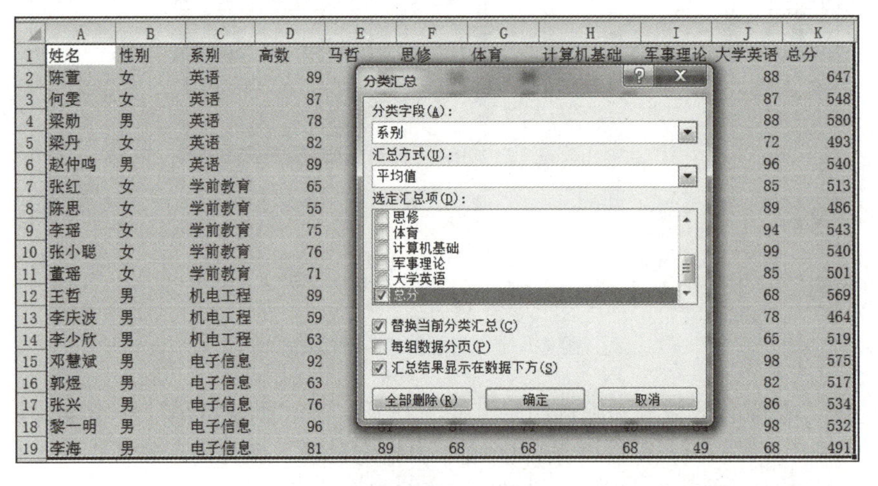

图 4-88 “分类汇总”对话框

2. 多字段分类汇总

多字段分类汇总多用于先对某个字段进行单字段分类汇总，然后再对汇总后的数据做进一步的分类。

例如，在以“系别”为分类字段求总分的平均值的基础上，再按“性别”为分类字段分别统计男生和女生的总分平均值。具体操作步骤如下：

1）对“系别”和“性别”列排序。选择“数据”选项卡“排序与筛选”组中“排序”命令，打开“排序”对话框，在“主要关键字”下拉列表框中选择“系别”列，排序次序为“降序”，在“次要关键字”下拉列表框中选择“性别”列，排序次序为“降序”。

	A	B	C	D	E	F	G	H	I	J	K
1	姓名	性别	系别	高数	马哲	思修	体育	计算机基础	军事理论	大学英语	总分
2	陈萱	女	英语	89	95	95	98	98	84	88	647
3	何雯	女	英语	87	75	54	87	62	96	87	548
4	梁勋	男	英语	78	89	98	86	84	57	88	580
5	梁丹	女	英语	82	59	58	72	65	85	72	493
6	赵仲鸣	男	英语	89	54	62	76	68	95	96	540
7			英语 平均值								561.6
8	张红	女	学前教育	65	85	68	56	86	68	85	513
9	陈思	女	学前教育	55	65	89	58	65	65	89	486
10	李瑶	女	学前教育	75	57	75	89	85	68	94	543
11	张小聪	女	学前教育	76	53	69	84	84	75	99	540
12	董瑶	女	学前教育	71	59	58	68	92	68	85	501
13			学前教育 平均值								516.6
14	王哲	男	机电工程	89	75	98	75	98	66	68	569
15	李庆波	男	机电工程	59	59	76	62	87	43	78	464
16	李少欣	男	机电工程	63	78	85	65	85	78	65	519
17			机电工程 平均值								517.3333
18	邓慧斌	男	电子信息	92	92	65	87	56	85	98	575
19	郭煜	男	电子信息	63	85	58	86	68	75	82	517
20	张兴	男	电子信息	76	65	98	76	68	65	86	534
21	黎一明	男	电子信息	96	51	87	71	45	84	98	532
22	李海	男	电子信息	81	89	68	68	68	49	68	491
23			电子信息 平均值								529.8
24			总计平均值								532.8889

图 4-89　分类汇总结果

2）按上面讲述的单字段分类汇总方法，以“系别”为分类字段求平均分。

3）用同样的方法再分别统计男生和女生的平均分。单击数据清单区域中任意单元格，选择“数据”选项卡“分级显示”组中“分类汇总”命令，打开“分类汇总”对话框。在“分类字段”下拉列表框中选择“性别”，在“汇总方式”下拉列表框中选择“平均值”，在“选定汇总项”列表框中选中“总分”复选框。

注意：在“分类汇总”对话框中要取消选中“替换当前分类汇总”复选框。

4）单击“确定”按钮，结果如图 4-90 所示。

	A	B	C	D	E	F	G	H	I	J	K
1	姓名	性别	系别	高数	马哲	思修	体育	计算机基础	军事理论	大学英语	总分
2	陈萱	女	英语	89	95	95	98	98	84	88	647
3	何雯	女	英语	87	75	54	87	62	96	87	548
4	梁丹	女	英语	82	59	58	72	65	85	72	493
5		女 平均值									562.6667
6	梁勋	男	英语	78	89	98	86	84	57	88	580
7	赵仲鸣	男	英语	89	54	62	76	68	95	96	540
8		男 平均值									560
9			英语 平均值								561.6
10	张红	女	学前教育	65	85	68	56	86	68	85	513
11	陈思	女	学前教育	55	65	89	58	65	65	89	486
12	李瑶	女	学前教育	75	57	75	89	85	68	94	543
13	张小聪	女	学前教育	76	53	69	84	84	75	99	540
14	董瑶	女	学前教育	71	59	58	68	92	68	85	501
15		女 平均值									516.6
16			学前教育 平均值								516.6
17	王哲	男	机电工程	89	75	98	75	98	66	68	569
18	李庆波	男	机电工程	59	59	76	62	87	43	78	464
19	李少欣	男	机电工程	63	78	85	65	85	78	65	519
20		男 平均值									517.3333
21			机电工程 平均值								517.3333
22	邓慧斌	男	电子信息	92	92	65	87	56	85	98	575
23	郭煜	男	电子信息	63	85	58	86	68	75	82	517
24	张兴	男	电子信息	76	65	98	76	68	65	86	534
25	黎一明	男	电子信息	96	51	87	71	45	84	98	532
26	李海	男	电子信息	81	89	68	68	68	49	68	491
27		男 平均值									529.8
28			电子信息 平均值								529.8
29			总计平均值								532.8889

图 4-90　多字段分类汇总结果

3. 删除分类汇总

当要清除数据清单中的分类汇总时，Excel 2016 会同时清除分级显示和插入分类汇总时产生的所有自动分页符。具体操作步骤如下：

1）在含有分类汇总的数据清单中，单击任意单元格。

2）选择“数据”选项卡“分级显示”组中的“分类汇总”命令，打开“分类汇总”对话框，如图 4-91 所示。

3）单击“全部删除”按钮即可。

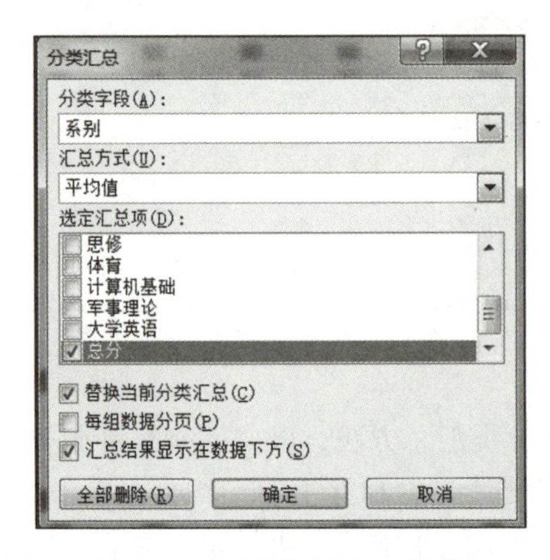

图 4-91 “分类汇总”对话框

4.6.4 数据合并

数据合并可以把来自不同数据源区域的数据进行汇总，并进行合并计算。不同数据源区域包括同一工作表中、同一工作簿的不同工作表中、不同工作簿中的数据区域。数据合并是通过建立合并表的方式来进行的。其中，合并表可以建立在某数据源区域所在的工作表中，也可以建在同一个工作簿或不同工作簿中。利用“数据”选项卡下“数据工具”组中的命令可以完成“数据合并”“数据有效性”和“模拟分析”等功能。

例如，在同一工作簿中的“1 分店”和“2 分店”工作表中列出了 4 种型号产品 3 个月来的销量，如图 4-92 所示。

在本工作簿中新建工作表“合计”，再创建“合计销售数量统计表”数据清单，数据清单字段名与源数据清单相同，选定用于存放合并数据的区域，如图 4-93 所示。

	A	B	C	D
1	1分店销售数量统计表			
2	型号	一月	二月	三月
3	A001	90	85	92
4	A002	77	65	83
5	A003	86	72	80
6	A004	67	49	86

	A	B	C	D
1	2分店销售数量统计表			
2	型号	一月	二月	三月
3	A001	112	90	100
4	A002	80	70	80
5	A003	90	80	90
6	A004	70	65	86

图 4-92 “1 分店”和“2 分店”销售数量统计表

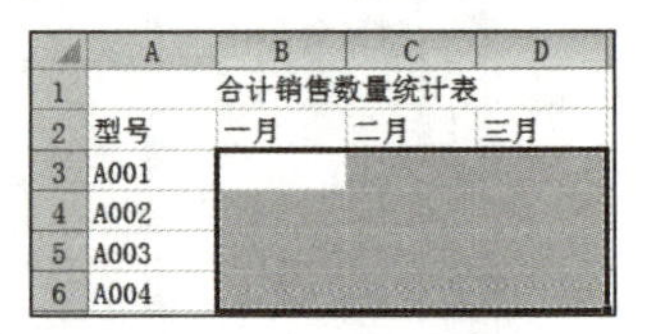

	A	B	C	D
1	合计销售数量统计表			
2	型号	一月	二月	三月
3	A001			
4	A002			
5	A003			
6	A004			

图 4-93 选定用于存放合并数据的区域

选择“数据”选项卡“数据工具”组中的“合并计算”命令，弹出“合并计算”对话框。在“函数”下拉列表框中选择“求和”，在“引用位置”地址框中选取“1 分店”工作表中的 B3：D6 单元格区域，单击“添加”按钮，再选取“2 分店”工作表中的 B3：D6 单元格区域，选中“创建指向源数据的链接”，如图 4-94 所示，合并计算结果如图 4-95 所示。

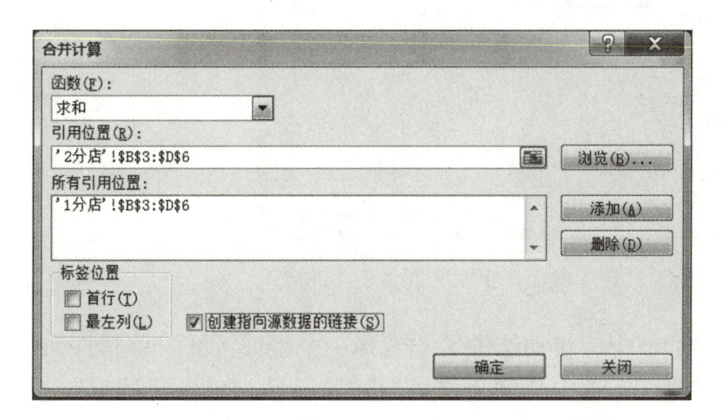

图 4-94　“合并计算”对话框

	A	B	C	D
1	合计销售数量统计表			
2	型号	一月	二月	三月
5	A001	202	175	192
8	A002	157	135	163
11	A003	176	152	170
14	A004	137	114	172
15				

1分店　2分店　合计

图 4-95　合并计算结果

4.6.5　建立数据透视表

数据透视表是一种可以对大量数据快速汇总和建立交叉列表的交互式表格。它能够对行和列进行转换以查看源数据的不同汇总结果，并显示不同页面以筛选数据，还可以根据需要显示明细数据。数据透视表是一种动态工作表，它提供了一种以不同角度观看数据清单的简便方法。

现有图 4-96 所示的“学生成绩表”数据清单，建立数据透视表，统计各系男女生人数。

	A	B	C	D	E	F	G	H	I	J	K	L
1	学号	姓名	性别	系别	高数	马哲	思修	体育	计算机基i	军事理论	大学英语	总分
2	001	陈萱	女	英语	89	95	95	98	98	84	88	647
3	002	何雯	女	英语	87	75	54	87	62	96	87	548
4	003	梁勋	男	英语	78	89	98	86	84	57	88	580
5	004	梁丹	女	英语	82	59	58	72	65	85	72	493
6	005	赵仲鸣	男	英语	89	54	62	76	68	95	96	540
7	006	张红	女	学前教育	65	85	68	56	86	68	85	513
8	007	陈思	女	学前教育	55	65	89	58	65	65	89	486
9	008	李瑶	女	学前教育	75	57	75	89	85	68	94	543
10	009	张小聪	女	学前教育	76	53	69	84	84	75	99	540
11	010	董瑶	女	学前教育	71	59	58	68	92	68	85	501
12	011	王哲	男	机电工程	89	75	98	75	98	66	68	569
13	012	李庆波	男	机电工程	59	59	76	62	87	43	78	464
14	013	李少欣	男	机电工程	63	78	85	65	85	78	65	519
15	014	邓慧斌	男	电子信息	92	92	65	87	56	85	98	575
16	015	郭煜	男	电子信息	63	85	58	86	68	75	82	517
17	016	张兴	男	电子信息	76	65	98	76	68	65	86	534
18	017	黎一明	男	电子信息	96	51	87	71	45	84	98	532
19	018	李海	男	电子信息	81	89	68	68	68	49	68	491

图 4-96　“学生成绩表”数据清单

1）选择“学生成绩表”数据清单的 A1：L19 单元格区域，单击“插入”选项卡下“表格”组中的“数据透视表”命令，打开“创建数据透视表”对话框，如图 4-97 所示。

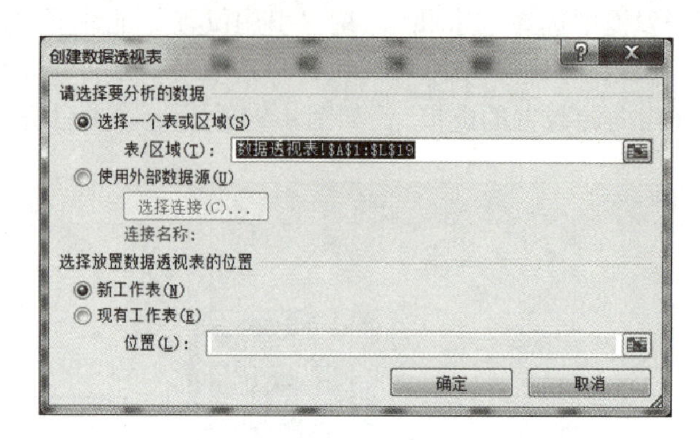

图 4-97 “创建数据透视表”对话框

2）在“创建数据透视表”对话框中，自动选中了“选择一个表或区域”单选按钮，在“选择放置数据透视表的位置”选项区下选中“新工作表”单选按钮，单击“确定”按钮，弹出“数据透视表字段列表”对话框。在该对话框中，显示数据列表中的所有列标题，每列都可以被拖至“报表筛选”“行标签”“列标签”和“数值”列表框中。将需要分类的字段拖至“行标签”和“列标签”列表框中，作为数据透视表的行、列标题；拖至“报表筛选”列表框中的字段将成为分页显示的依据；将要汇总的字段拖至“数值”列表框。这里将“性别”字段拖至“行标签”列表框中，将“系别”字段拖至“列标签”列表框中，将“学号”字段拖至“数值”列表框中，如图 4-98 所示。

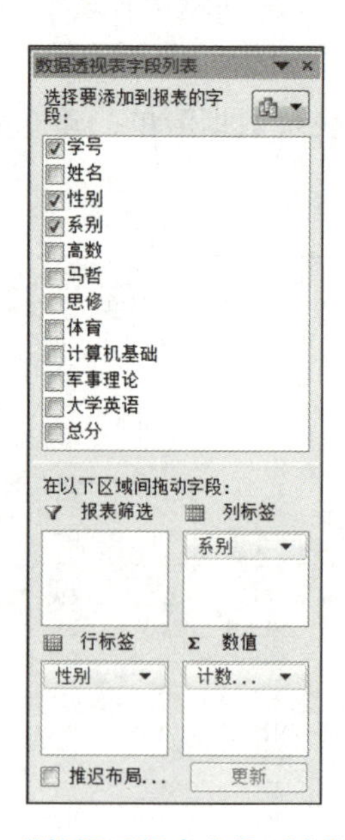

图 4-98 “数据透视表字段列表”对话框

3）此时，在所选择放置数据透视表的位置处显示出完成的数据透视表，如图 4-99 所示。

选定数据透视表，右击，弹出“数据透视表选项”对话框，利用该对话框可以改变数据透视表的布局和格式、汇总和筛选项，以及显示方式等，如图 4-100 所示。

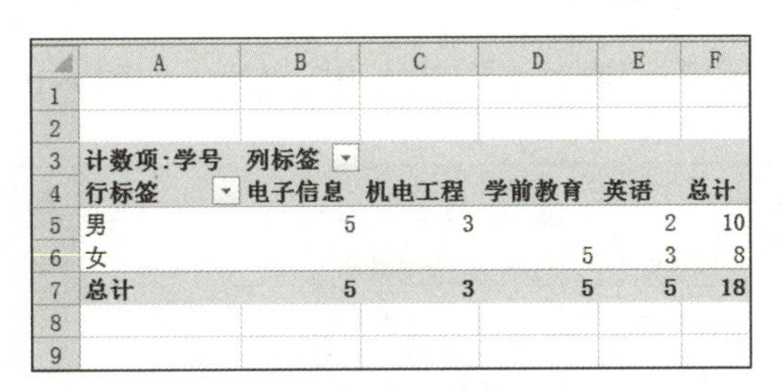

	A	B	C	D	E	F
1						
2						
3	计数项:学号	列标签				
4	行标签	电子信息	机电工程	学前教育	英语	总计
5	男	5	3		2	10
6	女			5	3	8
7	总计	5	3	5	5	18
8						
9						

图 4-99　完成的数据透视表

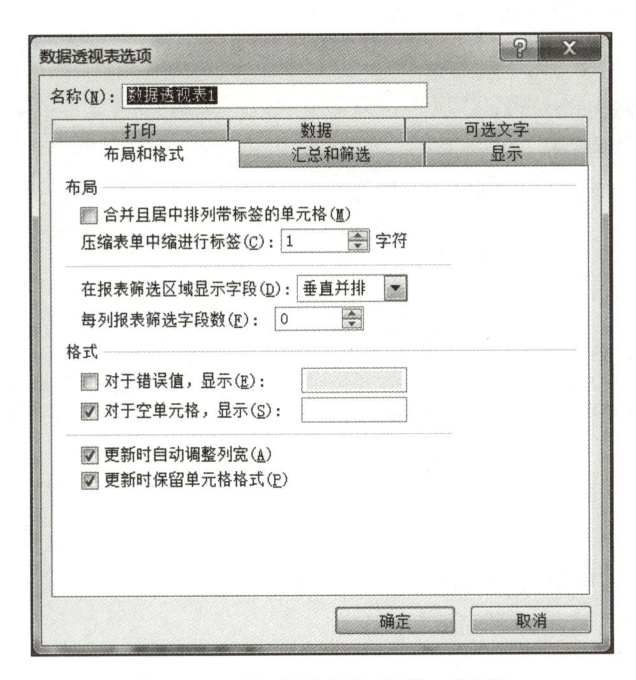

图 4-100　“数据透视表选项”对话框

4.7　打印设置

工作表制作完成后，可以通过打印设置功能打印出美观的文件。

1. 页面布局

利用“页面布局”选项卡下“页面设置”组中的按钮和命令（见图 4-101）可以设置页面、页边距、页眉/页脚和工作表等。

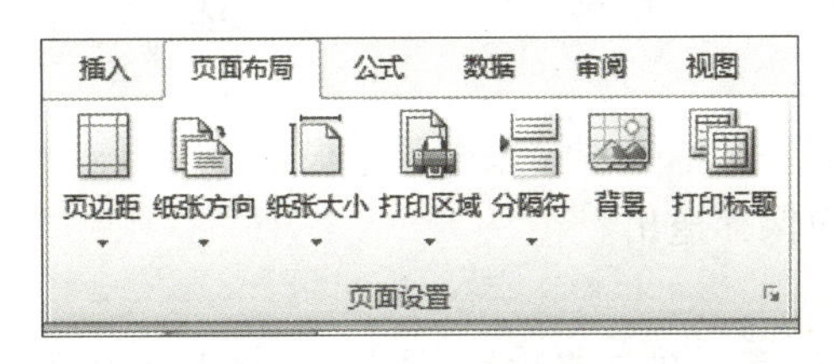

图 4-101　“页面布局”选项卡

单击“页面设置”组右下角的扩展按钮，弹出“页面设置”对话框。在该对话框中，可以进行页面、页边距、页眉/页脚和工作表的相应设置，如图 4-102 所示。

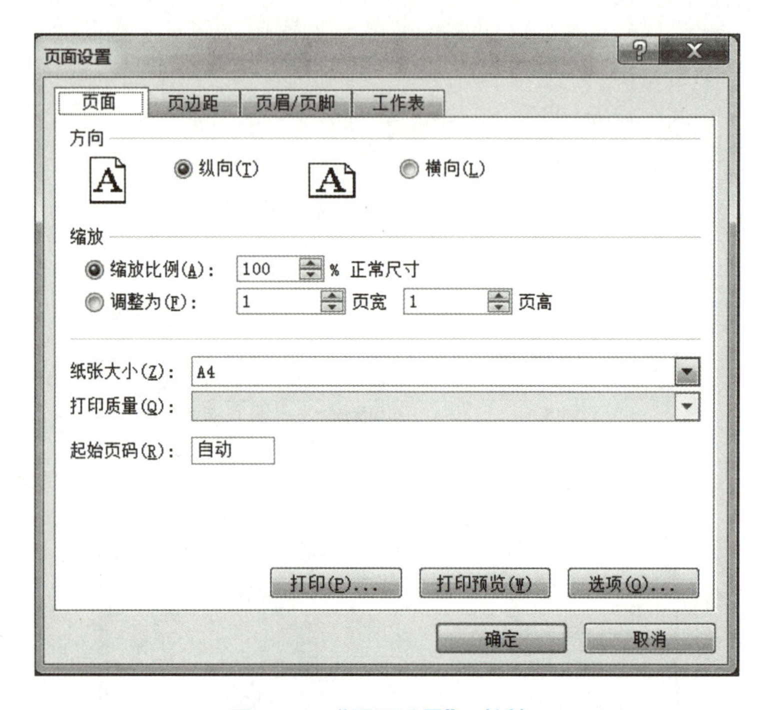

图 4-102 “页面设置”对话框

2. 打印

页面设置完成后就可以进行打印了。选择“文件”选项卡下的“打印”命令，设置打印参数后单击“打印”按钮即可完成打印。

4.8 工作表的保护和隐藏

Excel 2016 可以有效地对所编辑的文件进行保护，例如设置访问密码防止无关人员访问，或者禁止无关人员修改工作簿或工作表中的数据，以及隐藏公式等。

1. 保护工作簿

(1) 限制打开工作簿

1) 打开工作簿，选择“文件”选项卡下的“另存为”命令，打开“另存为”对话框，单击“浏览”按钮。

2) 单击“工具”按钮，在下拉菜单中选择“常规选项”选项，打开“常规选项”对话框。

3) 在“打开权限密码”文本框中输入密码，根据要求再输入一次密码确认。

4) 单击“确定”按钮保存退出。

(2) 限制修改工作簿

打开“常规选项”对话框，在“修改权限密码”文本框中输入密码。

（3）修改和取消密码

打开“常规选项”对话框，在“打开权限密码”文本框中输入新密码或删除密码。

2. 保护工作表

1）选定要保护的工作表。

2）选择“审阅”选项卡“更改”组中的“保护工作表”命令，弹出“保护工作表”对话框。

3）选中“保护工作表及锁定的单元格内容”复选框，在“允许此工作表的所有用户进行”选项区中选择允许用户操作的项，输入密码，单击“确定”按钮。

3. 隐藏工作表

工作表隐藏后，内容可以使用但不可见，对工作表可以起到保护作用。

利用“视图”选项卡下的“隐藏”命令可以隐藏工作表。

习　题　四

一、选择题

1. 在 Excel 2016 中，对工作表的数据进行一次排序，排序关键字（　　）。

A. 只能一列　　B. 只能两列　　C. 最多三列　　D. 任意多列

2. 以下操作中不属于 Excel 2016 的是（　　）。

A. 自动排版　　B. 自动填充数据　　C. 自动求和　　D. 自动筛选

3. 在 Excel 2016 中，下列叙述中不正确的是（　　）。

A. 每个工作簿可以由多个工作表组成

B. 输入的字符长度不能超过单元格的宽度

C. 每个工作表有 256 列、65536 行

D. 单元格中输入的内容可以是文字、数字或公式

4. 复制选定单元格数据时，需要按住（　　）键的同时拖动鼠标。

A. <Shift>　　B. <Ctrl>　　C. <Alt>　　D. <Esc>

5. 公式“=SUM(C2：C6)”的作用是（　　）。

A. 求 C2 到 C6 这五个单元格中的数据之和

B. 求 C2 和 C6 这两个单元格中的数据之和

C. 求 C2 和 C6 这两个单元格中数据的比值

D. 以上说法都不对

6. 在 Excel 2016 中，字符型数据默认的显示方式是（　　）。

A. 中间对齐　　B. 右对齐　　C. 左对齐　　D. 自定义

7. Excel 2016 工作簿保存时默认的文件扩展名为（　　）。

A. . slx　　B. . xlsx　　C. . doc　　D. . gib

8. 以下单元格引用中，属于混合引用的是（　　）。

A. E3　　B. $CE $18　　C. C $20　　D. $D $13

9. 在 Excel 2016 中，公式中用来表示乘的标记为（　　）。

A. ×　　B. ( )　　C. ∧　　D. *

10. 在 Excel 2016 中，自动填充柄的形状为（　　）。

A. 双箭头　　B. 双十字　　C. 黑十字　　D. 黑矩形

11. 当输入的数字超过单元格能显示的位数时，则以（　　）形式来显示。

A. 科学记数法　　B. 百分比　　C. 货币　　D. 自定义

12. 在 Excel 2016 中，日期第一天是（　　）。

A. 1/1/1901　　B. 1/1/1900　　C. 当年的 1/1　　D. 以上都不是

13. 在 Excel 2016 中，& 表示（　　）。

A. 算术运算符　　B. 连接运算符

C. 引用运算符　　D. 比较运算符

14. 在 Excel 2016 中，默认的图表类型是二维的（　　）图。

A. 饼　　B. 折线　　C. 条型　　D. 柱型

15. 以下图标中，（　　）表示“自动求和”。

A. Σ　　B. *S*　　C. *f*　　D. *fx*

16. 下列（　　）函数表示计算工作表中一串数值的总和。

A. SUM(A1：A10)　　B. AVERAGE(A1：A10)

C. MIN(A1：A10)　　D. COUNT(A1：A10)

17. 在 Excel 2016 中，各运算符号的优先级由高到低为（　　）。

A. 算术运算符→关系运算符→逻辑运算符

B. 算术运算符→逻辑运算符→关系运算符

C. 逻辑运算符→算术运算符→关系运算符

D. 关系运算符→算术运算符→逻辑运算符

18. 使用（　　）键，可以将当前活动单元格设为当前工作表中的第一个单元格。

A. <Ctrl+ Space>　　B. <Ctrl+ * >　　C. <Ctrl+Home>　　D. <Home>

19. Excel 2016 将下列数据项视作文本的是（　　）。

A. 1834　　B. 15E587　　C. 2. 00E+02　　D. -15783. 8

20. 在数据移动过程中，如果目的地已经有数据，则会（　　）。

A. 询问是否将目的地的数据后移　　B. 询问是否将目的地的数据覆盖

C. 直接将目的地的数据后移　　D. 直接将目的地的数据覆盖

二、填空题

1. 启动 Excel 2016 以后，工作簿 1 默认的工作表数为______。

2. 新建 Excel 2016 工作簿的快捷键是<______>键。

3. Excel 2016 选定不连续单元格区域的方法是：选定一个单元格区域，按住<______>键的同时单击其他单元格或单元格区域。

4. 单元格的引用有相对引用、绝对引用和______。

5. 如果 A1：A5 单元格区域中的数据分别为 5、10、11、4、2，则 AVERAGE(A1：A5,4) = ______。

6. SUM("5",3,TRUE)= ______。

7. 若 COUNT(A1：A7)= 4，则 COUNT(A1：A7,3)= ______。

8. 在 Excel 2016 中，在默认方式下，数值数据靠______对齐，日期和时间数据靠

______对齐，文本数据靠______对齐。

9. 若 A1 单元格为文本数据 2，A2 单元格为逻辑值 TRUE，则 SUM(A1：A2,2) = ______。

10. 一个工作簿可由多个工作表组成，在默认状态下，工作簿的第一张工作表的名称为______。

11. 12&34 的运算结果为______。

12. 向单元格中输入公式时，公式前应输入______。

三、简答题

1. 如何理解 Excel 2016 中的工作簿、工作表和单元格之间的关系。

2. 在 Excel 2016 中，如何使用鼠标利用工作表 Sheet2 创建一个表，且其名为“学生成绩表”？

实验六（公共）

现有“学生成绩表”工作表，如图 4-103 所示，请使用函数完成相关操作。

（1）计算每门课程的平均分、最高分和最低分。

（2）在 J 列计算每名同学的总分，并根据总分情况在 K 列对其按降序进行排序。

（3）在 L2 单元格统计总分为 500 分及以上的学生人数。

（4）在 N 列统计总分<500、500≤总分<550、总分≥550 的学生分别为多少人。

（5）在 O 列产生 10 个在［100，150］之间的随机整数。

	A	B	C	D	E	F	G	H	I	J	K	L	M	N	O
1	姓名	性别	高数	马哲	思修	体育	计算机基础	军事理论	大学英语	总分	排名	500分以上人数	分段点	统计人数	产生[100，150]之间的随机整数
2	王哲	男	89	75	98	75	98	66	68				499		
3	张红	女	65	85	68	56	86	68	85				549		
4	陈思	女	55	65	89	58	65	65	89						
5	陈萱	女	89	95	95	98	98	84	88						
6	邓慧斌	男	92	92	65	87	56	85	98						
7	郭煜	男	63	85	58	86	68	75	82						
8	何雯	女	87	75	54	87	62	96	87						
9	张兴	男	76	65	98	76	68	65	86						
10	黎一明	男	96	51	87	71	45	84	98						
11	李海	男	81	89	68	68	68	49	68						
12	李庆波	男	59	59	76	62	87	43	78						
13	李少欣	男	63	78	85	65	85	78	65						
14	李瑶	女	75	57	75	89	85	68	94						
15	梁勋	男	78	89	98	86	84	57	88						
16	张小聪	女	76	53	69	84	84	75	99						
17	梁丹	女	82	59	58	72	65	85	72						
18	赵仲鸣	男	89	54	62	76	68	95	96						
19	董瑶	女	71	59	58	68	92	68	85						
20	平均分														
21	最高分														
22	最低分														
23															

图 4-103　“学生成绩表”工作表

实验七（公共）

（1）建立工作簿文件“合作医疗市级定点医院住院病人费用明细表.xlsx”，建立“病人费用表”工作表。

（2）对“病人费用表”按图4-104进行填充数据。

	A	B	C	D	E	F	G	H	I	J
1	合作医疗市级定点医院住院病人费用明细表									
2							报表日期:	2016/3/31		单位：元
3										
4	序号	患者姓名	性别	年龄	住院科室	住院时间	床位费用	药品费用	治疗费用	医疗总费用
5		李鑫	女	45	外科	2015/12/18		5632.00	2180.00	
6		王宵	女	32	妇科	2015/12/1		2378.00	3100.00	
7		李聪	男	22	外科	2015/12/11		1100.00	2500.00	
8		卢魁	男	60	内科	2015/12/30		5312.00	900.20	
9		张茵	女	27	妇科	2016/1/3		2000.00	2100.00	
10		刘诚	男	70	内科	2016/1/12		1000.00	2343.00	
11		马玉	男	56	内科	2016/2/15		3000.00	111.10	
12		张南树	男	48	内科	2016/2/24		1500.00	1245.00	
13		邢通	男	11	儿科	2016/3/23		600.00	800.00	
14		孙伟岩	女	66	外科	2016/3/20		500.00	700.50	
15										
16										

图4-104　病人费用表

1）在“病人费用表”中，自动填充“序号”一列数据，初始序号为“1001”。

2）利用公式对“病人费用表”中“床位费用”和“医疗总费用”两列进行填充，其中床位费用=(报表日期-住院时间)×30，医疗总费用=床位费用+药品费用+治疗费用。

（3）对“病人费用表”进行格式化。

1）将“病人费用表”中的标题“合作医疗市级定点医院住院病人费用明细表”居中显示，并设置字体为“隶书”、字号为“18”。

2）将“病人费用表”中的所有单元格设置为居中显示，设置表头字体为“楷体”、字号为“14”号，床位费用、药品费用、治疗费用显示到小数点后两位，使用货币符号￥和千位分隔符。

3）设置“病人费用表”的边框和底纹。要求：外部边框为粗实线，内部边框为细实线，表头行的下边框为双线型，设置表头行为“黄色底纹”。

4）将“病人费用表”中，医疗总费用大于10000的单元格用浅红填充色和深红色文本显示。

（4）在“病人费用表”中，为住院病人的药品费用建立一张“三维簇状柱形图”图表。

1）设置图表标题为“病人费用”。

2）设置横坐标轴标题为“姓名”，纵坐标轴标题为“费用”。

3）将图表移到新工作表中。

（5）在“病人费用表”中，筛选出“医疗总费用”大于3000且小于9000的数据记录。

（6）筛选出“医疗总费用”超过9000的女病人的所有数据记录，并将筛选结果放置到“A20”单元格开始的空白区域。

（7）将“病人费用表”以“住院科室”为分类字段，对“医疗总费用”进行分类汇总。

（8）创建数据透视图，将“序号”作为“报表筛选”，将“患者姓名”作为“行标签”，将“性别”作为“列标签”，将“医疗总费用”作为“数值”。

（9）设置纸张为 A4、横向，将页眉设置为“病人费用表”。

实验八（计算机基础 A）

将实验六的“学生成绩表”作为操作对象，进行数据管理及工作表打印操作练习。

（1）练习排序操作。

1）按主关键字“总分”降序排序。

2）若“总分”相同，按次要关键字“大学英语”成绩升序排序。

3）若“总分”相同，“大学英语”成绩也相同，按第三关键字“姓名”升序排序。

（2）练习筛选操作。

1）筛选出“大学英语”成绩超过 90 分的记录。

2）筛选出“大学英语”成绩在 80~90 分的记录。

3）恢复为全部显示。

4）筛选出“大学英语”和“高数”成绩都超过 90 分的记录。

5）筛选出“大学英语”成绩超过 90 分或“总分”超过 560 分的记录。

（3）练习分类汇总操作。在成绩表中，以“性别”为分类字段，求总分的平均分。

（4）练习数据透视表的操作。建立数据透视表，显示男生、女生大学英语的最高分和最低分。

（5）练习创建柱形图表操作。

1）以“姓名”“总分”两列数据为数据源，使用“图表向导”建立一个柱形图，存放在新工作表中。图表标题为“学习成绩一览表”，x 轴标题为“学生姓名”，y 轴标题为“总分”。

2）编辑该柱形图。将工作表标签更改为“成绩图表”；显示“总分”系列的值；变换“图例”的位置，将其放置于底部；显示“数据表”；改变成绩表中数据源，例如将姓名为“王哲”的大学英语成绩改为 96，观察图表的变化情况。

（6）练习格式化图表操作。将图表标题设置为黑体、红色、12 磅，改变绘图区的背景为“白色大理石”。

（7）练习工作表打印操作。

1）设置纸型为 A4、打印方向为横向。

2）将工作表设置为页面“水平居中”和“垂直居中”。

3）页眉为“哈尔滨剑桥学院成绩管理”，华文行楷 20 号、居中；将“第 1 页，共?页”设置为页脚，黑体、16 号、居右。

4）进行打印（3 份）。

全国计算机等级考试（二级）模拟题 2

请在“答题”菜单下选择“进入考生文件夹”命令，并按照题目要求完成下面的操作。

注意：以下的文件必须保存在考生文件夹下。

小蒋是一位中学教师，在教务处负责初一年级学生的成绩管理。由于学校地处偏远地区，缺乏必要的教学设施，只有一台配置不太高的计算机可供使用。他在这台计算机中安装了 Microsoft Office，决定用 Excel 2016 来管理学生成绩，以弥补学校缺少数据库管理系统的不足。现在，第一学期期末考试刚刚结束，小蒋将初一年级 3 个班的成绩均录入了文件名为“学生成绩单 . xlsx”的 Excel 2016 工作簿中。

请你根据下列要求帮助小蒋老师对该成绩单进行整理和分析：

（1）对工作表“第一学期期末成绩”中的数据列表进行格式化操作：将第一列“学号”设为文本，将所有成绩列设为保留两位小数的数值；适当加大行高和列宽，改变字体和字号；设置对齐方式，添加适当的边框和底纹以使工作表更加美观。

（2）利用“条件格式”功能进行下列设置：将语文、数学、英语 3 科中不低于 110 分的成绩所在的单元格以一种颜色填充，其他 4 科中高于 95 分的成绩以另一种字体颜色显示，所用颜色深浅以不遮挡数据为宜。

（3）利用 SUM（）和 AVERAGE（）函数计算每名学生的总分及平均分。

（4）学号第 3、4 位代表学生所在的班级，例如“120105”代表 12 级 1 班 5 号。请通过函数提取每个学生所在的班级并按下列对应关系填写在“班级”列中：

“学号”第 3、4 位	对应班级
01	1 班
02	2 班
03	3 班

（5）复制工作表“第一学期期末成绩”，将副本放置到原表之后；改变该副本工作表标签的颜色，并重新命名，新工作表名需包含“分类汇总”字样。

（6）通过分类汇总功能求出每个班各科的平均分，并将每组结果分页显示。

（7）以分类汇总结果为基础，创建一个簇状柱形图，对每个班各科平均分进行比较，并将该图表放置在一个名为“柱状分析图”的新工作表中。

原始文档如图 4-105 所示。

1）题（1）的解题步骤。

步骤 1：打开考生文件夹下的“学生成绩单 . xlsx”。

步骤 2：选中“学号”所在的列，右击，在弹出的快捷菜单中选择“设置单元格格式”命令，弹出“设置单元格格式”对话框。切换至“数字”选项卡，在“分类”列表框中选择“文本”，单击“确定”按钮。

步骤 3：选中所有成绩列，右击，在弹出的快捷菜单中选择“设置单元格格式”命令，弹出“设置单元格格式”对话框。切换至“数字”选项卡，在“分类”列表框中选择“数值”，在对话框右侧的“小数位数”微调框中设置小数位数为“2”，单击“确定”按钮。

步骤 4：选中 A1 : L19 单元格，单击“开始”选项卡下“单元格”组中的“格式”下拉按钮，在弹出的下拉列表中选择“行高”命令，弹出“行高”对话框，设置行高为“15”，设置完毕后单击“确定”按钮。

步骤 5：单击“开始”选项卡下“单元格”组中的“格式”下拉按钮，在弹出的下拉列表中选择“列宽”命令，弹出“列宽”对话框，设置列宽为“10”，设置完毕后单击

	A	B	C	D	E	F	G	H	I	J	K	L
1	学号	姓名	班级	语文	数学	英语	生物	地理	历史	政治	总分	平均分
2	120305	包宏伟		91.5	89	94	92	91	86	86		
3	120203	陈万地		93	99	92	86	86	73	92		
4	120104	杜学江		102	116	113	78	88	86	73		
5	120301	符合		99	98	101	95	91	95	78		
6	120306	吉祥		101	94	99	90	87	95	93		
7	120206	李北大		100.5	103	104	88	89	78	90		
8	120302	李娜娜		78	95	94	82	90	93	84		
9	120204	刘康锋		95.5	92	96	84	95	91	92		
10	120201	刘鹏举		93.5	107	96	100	93	92	93		
11	120304	倪冬声		95	97	102	93	95	92	88		
12	120103	齐飞扬		95	85	99	98	92	92	88		
13	120105	苏解放		88	98	101	89	73	95	91		
14	120202	孙玉敏		86	107	89	88	92	88	89		
15	120205	王清华		103.5	105	105	93	93	90	86		
16	120102	谢如康		110	95	98	99	93	93	92		
17	120303	闫朝霞		84	100	97	87	78	89	93		
18	120101	曾令煊		97.5	106	108	98	99	99	96		
19	120106	张桂花		90	111	116	72	95	93	95		
20												
21												
22												

第一学期期末成绩　Sheet2

图 4-105　原始文档

“确定”按钮。

步骤 6：在工作表数据区域右击，在弹出的快捷菜单中选择“设置单元格格式”命令，在弹出的“设置单元格格式”对话框中切换至“字体”选项卡，在“字体”下拉列表框中设置字体为“幼圆”，在“字号”下拉列表框中设置字号为“10”，单击“确定”按钮。

步骤 7：选定第一行单元格，在“开始”选项卡下的“字体”组中单击“加粗”按钮，从而设置字形为“加粗”。

步骤 8：重新选定数据区域，按照同样的方式打开“设置单元格格式”对话框，切换至“对齐”选项卡，在“文本对齐方式”选项区域中设置“水平对齐”与“垂直对齐”都为“居中”。

步骤 9：切换至“边框”选项卡，在“预置”选项区域中选择“外边框”和“内部”边框。

步骤 10：再切换至“填充”选项卡，在“背景色”选项区域中选择“浅绿”选项。

步骤 11：单击“确定”按钮。

2）题（2）的解题步骤。

步骤 1：选定 D2：F19 单元格区域，单击“开始”选项卡下“样式”组中的“条件格式”下拉按钮，选择“突出显示单元格规则”中的“其他规则”命令，弹出“新建格式规则”对话框。在“编辑规则说明”选项区域中设置单元格值大于或等于 110；然后单击“格式”按钮，弹出“设置单元格格式”对话框，在“填充”选项卡下选择“红色”，单击“确定”按钮。

步骤 2：选定 G2：J19 单元格区域，按照上述同样的方法，把单元格值大于 95 的字体颜色设置为“蓝色”。

3）题（3）的解题步骤。

步骤1：在K2单元格中输入“=SUM(D2：J2)”，按<Enter>键后该单元格值显示为“629.50”，拖动K2右下角的填充柄直至最后一行数据处，完成总分的填充。

步骤2：在L2单元格中输入“=AVERAGE(D2：J2)”，按<Enter>键后该单元格值显示为“89.93”，拖动L2右下角的填充柄直至最后一行数据处，完成平均分的填充。

4）题（4）的解题步骤。

在C2单元格中输入“=LOOKUP(MID(A2,3,2),{"01","02","03"},{"1班","2班","3班"})”，按<Enter>键后该单元格值显示为“3班”，拖动C2右下角的填充柄直至最后一行数据处，完成班级的填充。

5）题（5）的解题步骤。

步骤1：复制工作表“第一学期期末成绩”，粘贴到Sheet2工作表中。然后在副本工作表名上右击，在弹出的快捷菜单中选择“工作表标签颜色”|“红色”命令。

步骤2：双击副本工作表名呈可编辑状态，将其重新命名为“第一学期期末成绩分类汇总”。

6）题（6）的解题步骤。

步骤1：按照题意，首先对班级按升序进行排序，选定C2：C19单元格区域，单击“数据”选项卡下“排序和筛选”组中的“升序”按钮，弹出“排序提醒”对话框，选中“扩展选定区域”单选按钮，单击“排序”按钮后即可完成设置。

步骤2：选定D20单元格，单击“数据”选项卡下“分级显示”组中的“分类汇总”按钮，弹出“分类汇总”对话框，单击“分类字段”下拉按钮，选择“班级”选项，单击“汇总方式”下拉按钮，选择“平均分”选项，在“选定汇总项”列表框中选中“语文”“数学”“英语”“生物”“地理”“历史”“政治”复选框。最后选中“每组数据分页”复选框。

步骤3：单击“确定”按钮。

7）题（7）的解题步骤。

步骤1：选定每个班各科平均成绩所在的单元格，单击“插入”选项卡下“图表”组中的“柱形图”按钮，在弹出的下拉列表中选择“簇状柱形图”。

步骤2：右击图表区，在弹出的快捷菜单中选择“选择数据”命令，弹出“选择数据源”对话框，选择“图例项”选项下的“系列1”，单击“编辑”按钮，弹出“编辑数据系列”对话框，在“系列名称”文本框中输入“1班”，然后单击“确定”按钮完成设置。按照同样的方法编辑“系列2”和“系列3”为“2班”和“3班”。

步骤3：在“选择数据源”对话框中，选择“水平（分类）轴标签”下的“1”，单击“编辑”按钮，弹出“轴标签”对话框，在“轴标签区域”文本框中输入“语文，数学，英语，生物，地理，历史，政治”。

步骤4：单击“确定”按钮。

步骤5：剪贴该簇状柱形图到Sheet3，把Sheet3重命名为“柱状分析图”即可完成设置。

第 5 章

PowerPoint 2016 演示文稿软件

使用演示文稿（PowerPoint，PPT）制作软件能够十分方便、快捷地制作出一组幻灯片，每张幻灯片中都可以包含文字、图形、声音和影像等多种信息，用户可以在投影仪或者计算机上进行演示，也可以将演示文稿打印出来，制作成胶片，以便应用到更广泛的领域中。利用 PPT 不仅可以创建演示文稿，还可以通过互联网召开远程会议时，在网络上给观众展示演示文稿。PPT 正成为人们工作生活的重要组成部分，在工作汇报、企业宣传、产品推介、婚礼庆典、项目竞标、管理咨询、教育培训等领域具有举足轻重的地位。

5.1 PowerPoint 2016 的工作环境

PowerPoint 2016 的启动和退出与前面介绍的 Word 2016 及 Excel 2016 类似。

最常用的启动方式为：单击“开始”按钮，选择“PowerPoint 2016”命令。启动 PowerPoint 2016 后，即可看到程序主界面。PowerPoint 2016 程序主界面主要由快速访问工具栏、标题栏、功能区、幻灯片窗格、编辑区、视图窗格按钮、备注窗格按钮、批注窗格按钮和状态栏等几个部分组成，如图 5-1 所示。

为了便于演示文稿的编辑，PowerPoint 2016 提供了 5 种视图模式，分别为普通视图、大纲视图、幻灯片浏览视图、备注页视图和阅读视图，用户可根据自己的阅读需要选择不同的视图模式。选择“视图”选项卡下“演示文稿视图”组中相应的视图按钮（见图 5-2），或单击主窗口左下角相应的视图按钮可以实现视图方式之间的切换。

1. 普通视图

普通视图是 PowerPoint 2016 的默认视图模式，是进行幻灯片操作最常用的视图模式。在该视图下，窗口由 3 部分构成：幻灯片窗格（左侧）、编辑区（右侧）、备注区（下方）。在该视图模式下可以方便地编辑幻灯片的内容，查看幻灯片的布局，调整幻灯片的结构，如图 5-3 所示。

2. 大纲视图

大纲视图能够在窗口左侧显示幻灯片内容的主要标题和大纲，便于用户更快地编辑幻灯片内容，如图 5-4 所示。

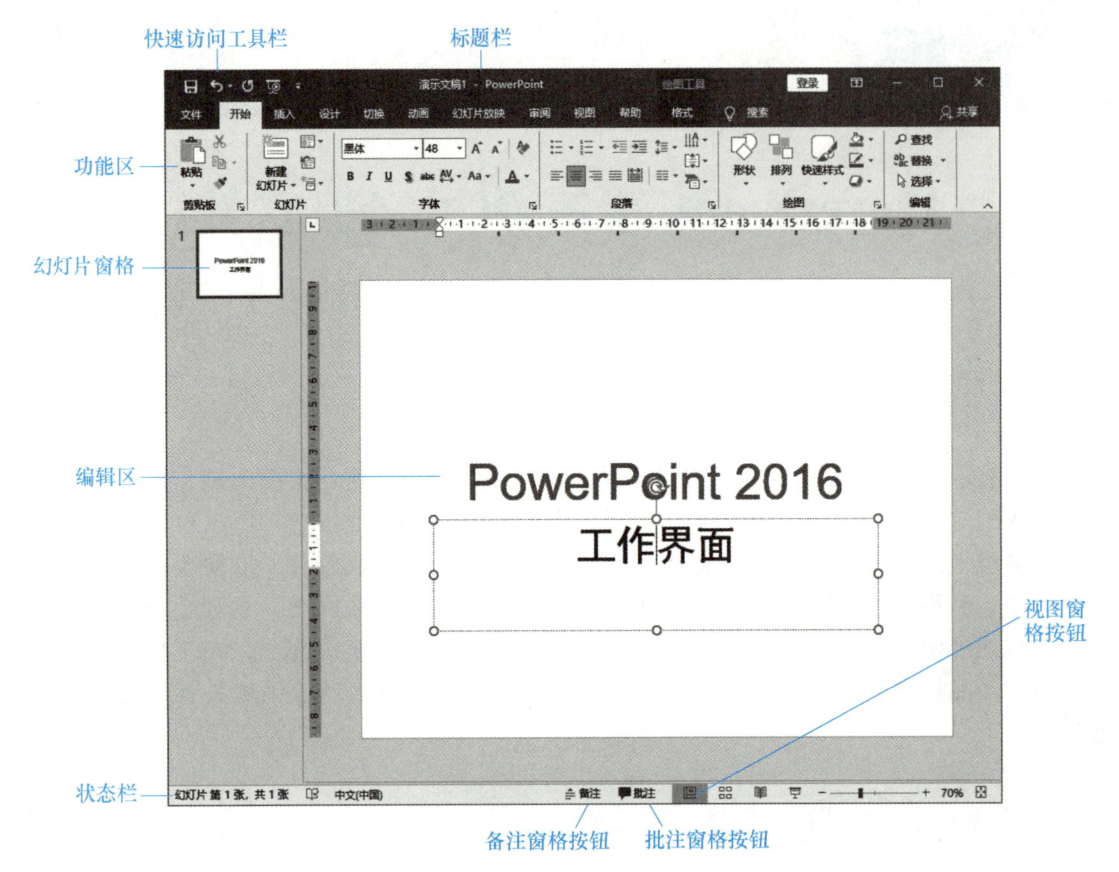

图 5-1　PowerPoint 2016 的工作窗口

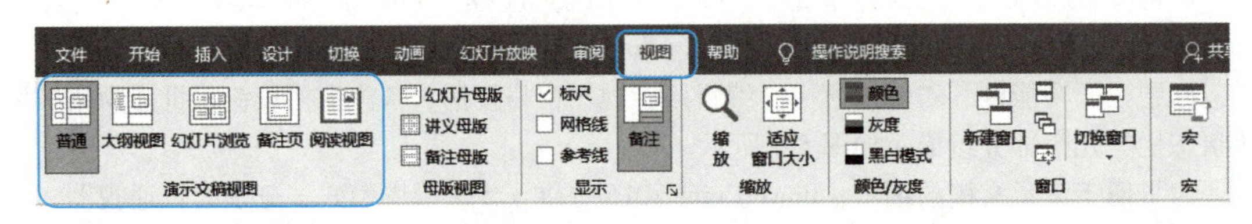

图 5-2　PowerPoint 2016 的视图模式

3. 幻灯片浏览视图

在此视图中，演示文稿中所有的幻灯片以缩略图的形式按顺序在同一窗口中显示出来，用户可以一目了然地看到多张幻灯片的效果，且可以在幻灯片和幻灯片之间进行移动、复制、删除等操作，如图 5-5 所示。但在该视图下无法编辑幻灯片中的各种对象。

4. 备注页视图

在幻灯片备注页视图中，可以在备注区中为演示文稿中的幻灯片添加备注内容（备注是演示者对幻灯片的注释或说明），或对备注内容进行编辑修改。备注信息只在备注视图中显示，在放映演示文稿时不会出现。在该视图模式下无法对幻灯片的内容进行编辑，如图 5-6 所示。

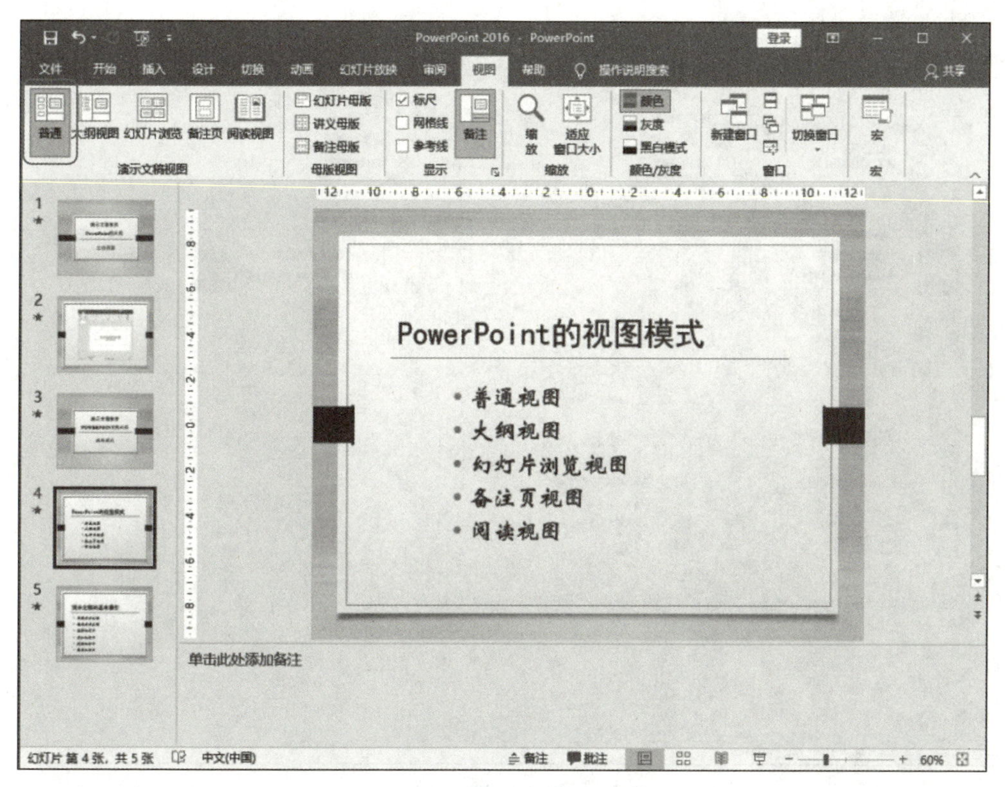

图 5-3　普通视图模式

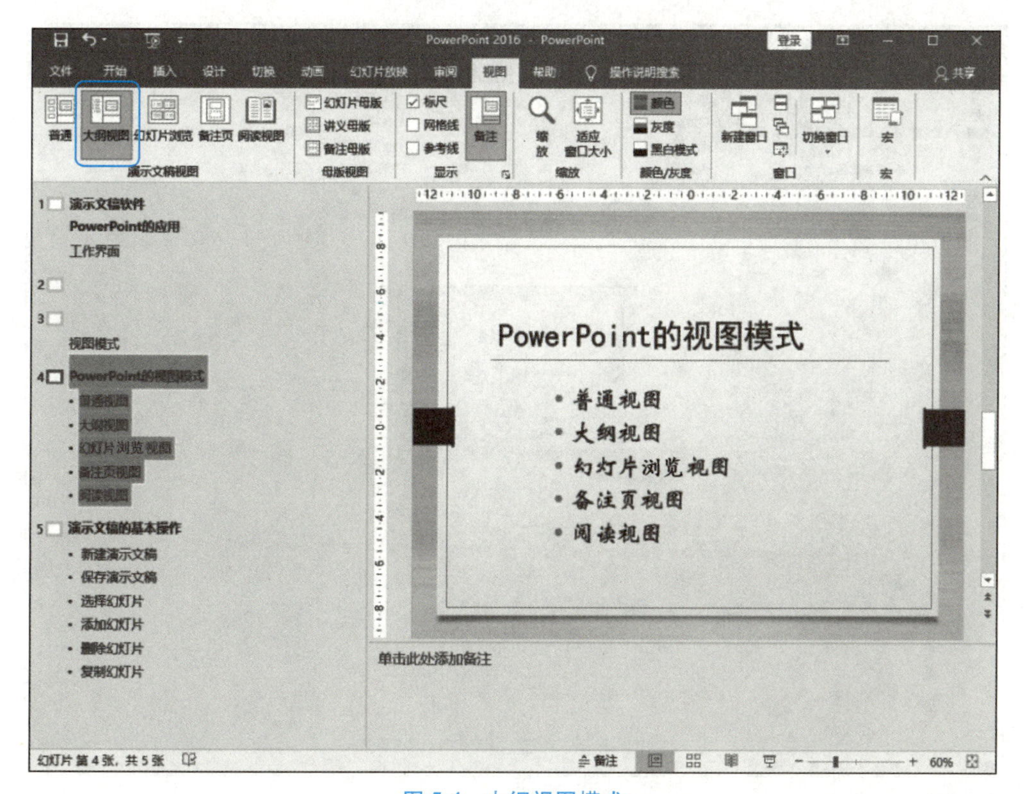

图 5-4　大纲视图模式

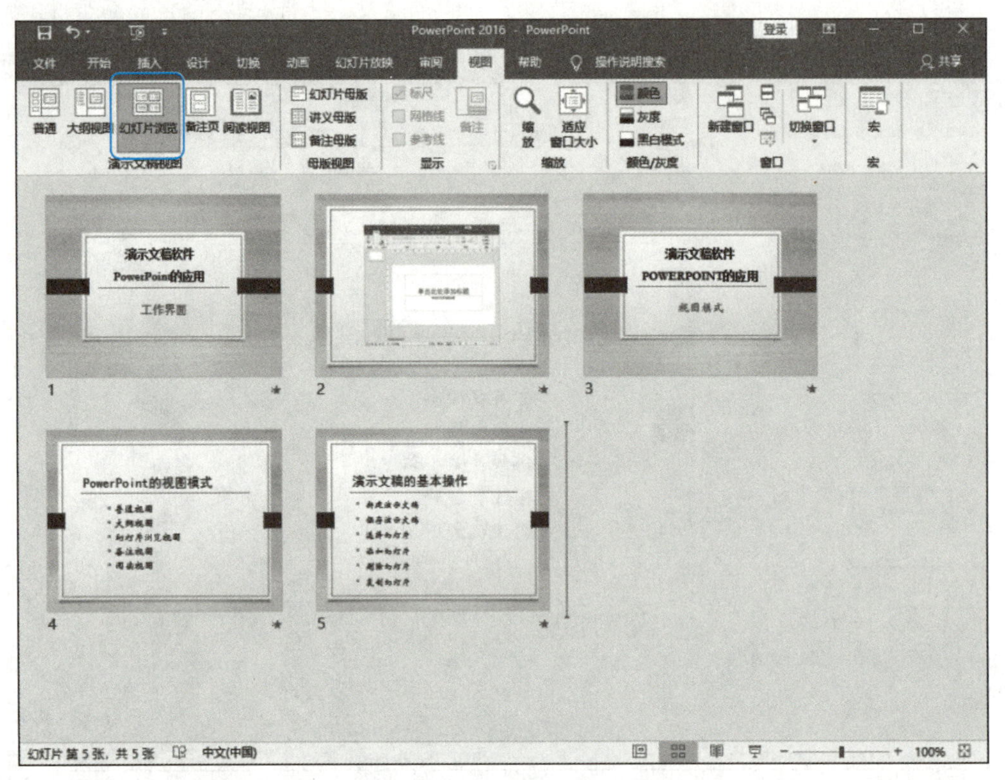

图 5-5　幻灯片浏览视图模式

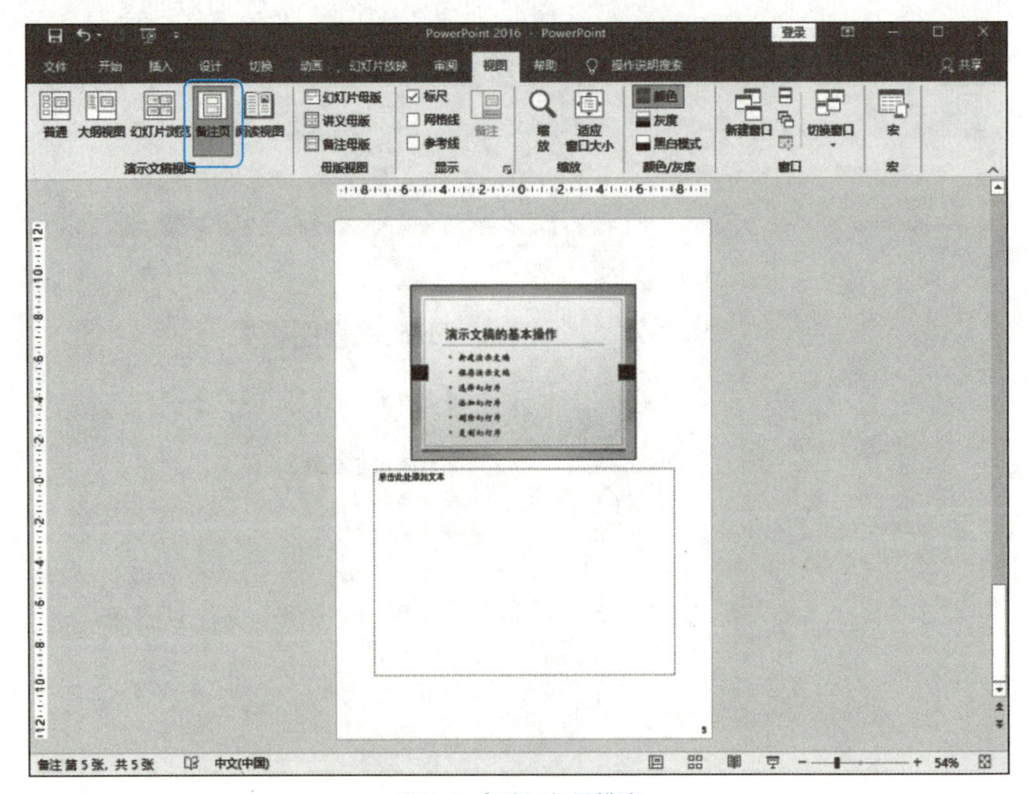

图 5-6　备注页视图模式

5. 阅读视图

幻灯片阅读视图是用于对演示文稿中的幻灯片进行放映的视图模式，此时不能对幻灯片内容进行编辑和修改，如图 5-7 所示。

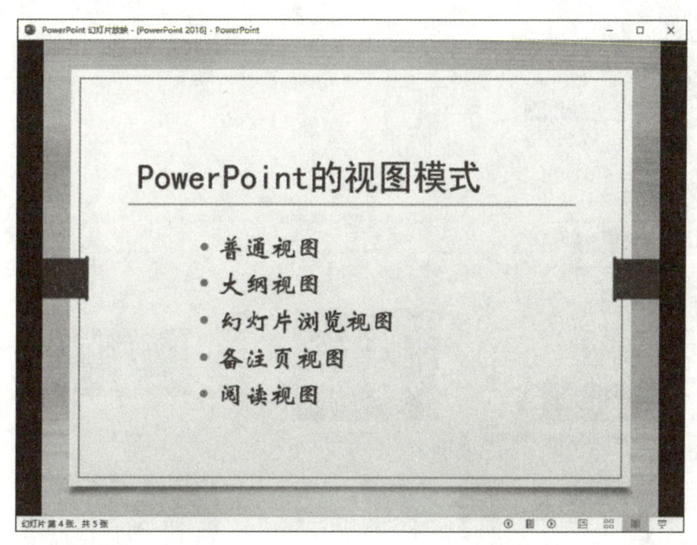

图 5-7　阅读视图模式

5.2　演示文稿的基本操作

利用 PPT 制作的文件叫“演示文稿”，它是 PPT 管理数据的文件单位，以独立的文件形式存储在磁盘上，其默认的文件扩展名为 .pptx。演示文稿中的一页叫作一张幻灯片。一个演示文稿可以包括多张幻灯片，每张幻灯片在演示文稿中既相互独立又相互联系。

5.2.1　新建演示文稿

单击“文件”菜单，在下拉列表中选择“新建”命令，该界面提供了一系列创建演示文稿的方法。

（1）创建空白演示文稿

通常情况下，启动 PowerPoint 2016 之后，在开始界面选择“空白演示文稿”选项，即可创建一个名为“演示文稿 1”的空白演示文稿。

此外还可以选择“文件”|“新建”命令，在右侧窗格选择“空白演示文稿”图标，如图 5-8 所示。

（2）根据模板创建演示文稿

PPT 提供的模板非常丰富，可以根据需要灵活选用，用户只需要在新建的模板下添加文本、图片、音频等内容即可快速完成一个精美的演示文稿。巧妙地利用 PPT 模板，可以为用户带来极大的方便，提升工作效率。

此外，还可以选择“文件”|“新建”命令，此时在右侧窗格内显示出很多模板和主题，并有搜索功能，可以搜索和下载更多 PPT 模板以满足自身要求，如图 5-9 所示。

图 5-8　创建空白演示文稿

图 5-9　根据模板创建演示文稿

（3）根据现有文件创建演示文稿

用户可以在已经存在的演示文稿的基础上创建、修改演示文稿。也可以创建现有演示文稿的副本，在演示文稿副本的基础上进行设计或内容更改。

5.2.2　保存演示文稿

完成演示文稿的制作后，一定要将演示文稿文件保存起来。在编辑、修改演示文稿时也要养成随时保存的好习惯，以避免因断电、死机等意外情况造成文件的损失。在 PowerPoint 2016 中可使用以下方法保存演示文稿。

方法 1：选择“文件”|“保存”命令。

方法 2：单击快速访问工具栏中的“保存”按钮。

方法 3：按快捷键<Ctrl+S>。

注意：如果是第一次保存演示文稿，会弹出保存对话框，在其中设置好保存位置、文件名和保存类型，再单击“保存”按钮。若要把文稿以另外的文件名或文件类型保存，则可使用“文件”|“另存为”命令。

5.2.3　演示文稿的基本操作

演示文稿通常由多张幻灯片组成。演示文稿的基本操作包括插入、删除、复制、移动、隐藏幻灯片，以及更改幻灯片版式等。

1. 插入幻灯片

常用的插入幻灯片的方法有两种：使用“幻灯片”组和使用右击快捷菜单。

（1）使用“幻灯片”组

选定要插入新幻灯片的位置，在“开始”选项卡的“幻灯片”组中单击“新建幻灯片”下拉按钮，在下拉列表中选择一个版式则可在第一张幻灯片后面添加一张指定版式的新幻灯片。系统为用户提供了多种版式的幻灯片，如图 5-10 所示。

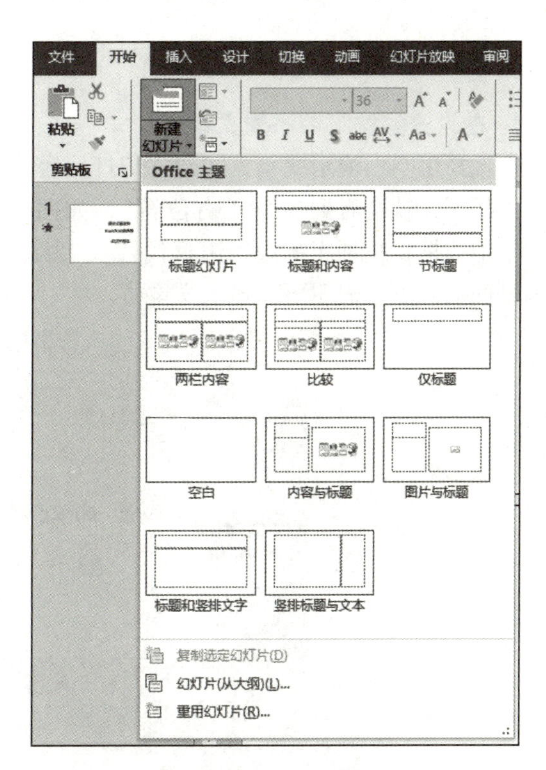

图 5-10　幻灯片版式

（2）使用右击快捷菜单

在左侧幻灯片窗格中选定某张幻灯片，右击，在弹出的快捷菜单中选择“新建幻灯片”命令，即可在选定的幻灯片下方插入一张新的幻灯片，系统默认新建幻灯片的版式为“标题和内容”。

2. 删除幻灯片

如果想要删除幻灯片，首先需要选定目标幻灯片，右击，在弹出的快捷菜单中选择“删除幻灯片”命令即可，或者直接按<Delete>键。

3. 复制幻灯片

复制幻灯片的操作步骤如下：

1）在幻灯片浏览视图或普通视图下，选定要复制的幻灯片，右击，在弹出的快捷菜单中选择“复制”命令。

2）定位到要复制到的位置。

3）按快捷键<Ctrl+V>实现粘贴。

4. 移动幻灯片

移动幻灯片的操作步骤如下：

1）在幻灯片浏览视图或普通视图下，选定要移动的幻灯片。

2）按住鼠标左键不放，拖动选定的幻灯片到合适的位置，松开鼠标左键即可。也可以选定要移动的幻灯片后，右击，先选择“剪切”命令然后选择“粘贴”命令来实现幻灯片的移动。

5. 隐藏幻灯片

选定要隐藏的幻灯片后，右击，选择“隐藏幻灯片”命令，即可实现幻灯片的隐藏。

6. 更改幻灯片版式

选定需要更换版式的幻灯片，在“开始”选项卡的“幻灯片”组中单击“版式”下拉按钮，在弹出的下拉列表中选择需要的版式即可。

5.3 演示文稿的制作

5.3.1 文本的输入

1. 在“占位符”中添加文本

在选择用空白演示文稿方式建立幻灯片后，列出了各种版式，选择所需的版式后，在幻灯片工作区，就会看到各个“占位符”，如图 5-11 所示，单击“占位符”中的任意位置，此时细虚线框将被加粗的虚线边框代替。“占位符”的原始示例文本将消失，在其内出现一个闪烁的插入点，表明可以输入文本了。

图 5-11 占位符

2. 通过“文本框”输入文本

如果需要在内容版式的空白处，或需要在幻灯片中“占位符”以外的位置添加文本时，可以选择“插入”|“文本框”命令，然后在目标位置处拖拽，出现带控点的方框，即可在光标闪烁处输入文本，输入方法与在 Word 中的输入方法类似，如图 5-12 所示。

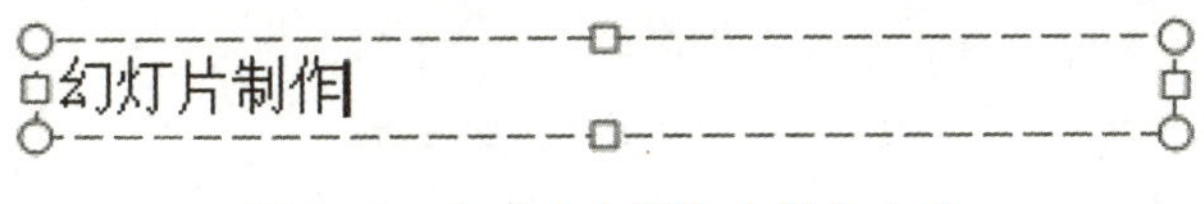

图 5-12　在“文本框”内输入文字

3. 插入符号和特殊字符

将插入点移动到要插入符号或特殊字符的位置，选择“插入”|“符号”命令，弹出“符号”对话框。选择想要的符号，然后单击下方的“插入”按钮，即可实现符号和特殊字符的插入，如图 5-13 所示。

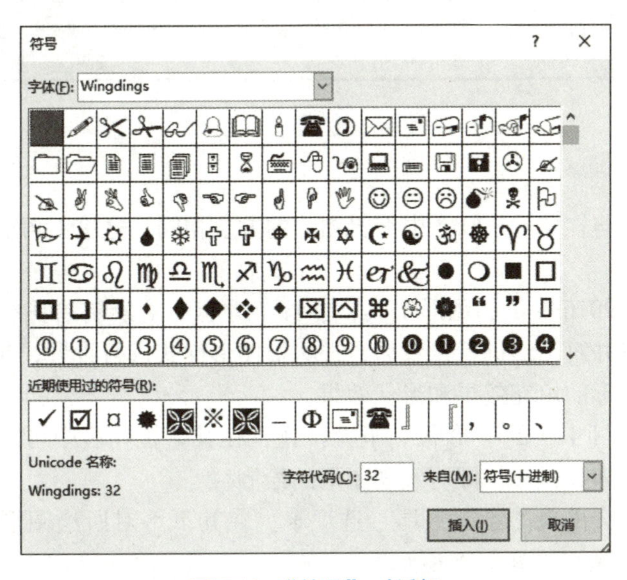

图 5-13　“符号”对话框

5.3.2　图像的处理

在 PowerPoint 2016 幻灯片中添加图片有多种情况：一般情况下用户可以添加文件中的图片，如果文件中不包含需要的图片，也可以添加联机图片、屏幕截图或从相册中添加。

1. 插入图片

用户应该提前将幻灯片需要用到的图片放置在文件中，然后利用插入图片功能将图片添加到幻灯片中。具体操作步骤如下：

1）打开演示文稿，选定一张幻灯片，单击“插入”选项卡下“图像”组中的“图片”按钮。

2）在弹出的“插入图片”对话框中，按图片保存的路径，选择要插入的图片，单击“插入”按钮即可，如图 5-14 所示。

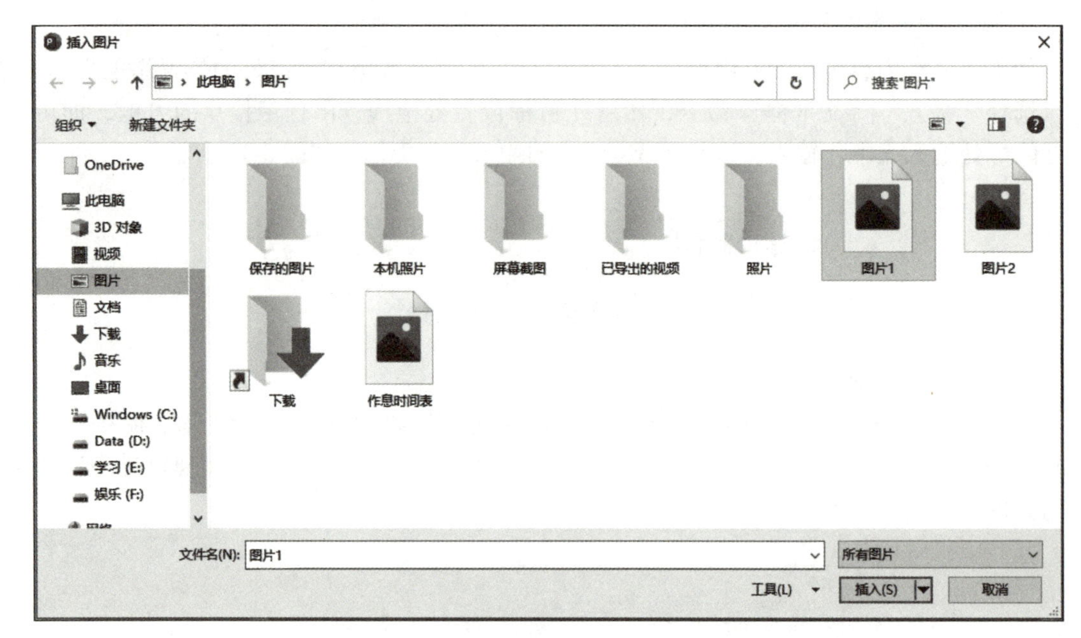

图 5-14 “插入图片”对话框

2. 编辑图片

编辑图片的方法与在 Word 2016 中编辑图片的方法相同，这里不再赘述。

3. 绘制图形对象

使用 PowerPoint 2016 提供的图形工具，能够十分容易地绘制诸如线条、箭头及标注等常见图形。创建图形并对图形进行设置后，还可对图形样式进行设置，包括设置图形的轮廓宽度、颜色，以及图形的填充效果和形状效果。

单击“插入”选项卡下的“形状”下拉按钮，在其下拉列表中可以选择所需图形，然后到演示文稿目标处拖拽鼠标，即可实现图形的绘制。

在操作过程中，会出现“绘图工具”选项卡，在其下可对所绘图形进行编辑，包括调整大小、颜色、位置等，如图 5-15 所示。

5.3.3 超链接的处理

PowerPoint 2016 中的超链接一般包括：链接同一演示文稿中的幻灯片，链接到其他演示文稿，链接到 Word 文档、网页或者电子邮件等。此处介绍前两种。

1. 链接同一演示文稿中的幻灯片

链接同一演示文稿中的幻灯片就是指为一个对象创建了超链接后，单击或指向这个超链接的时候，将跳转到另一张幻灯片中。

打开幻灯片，选定幻灯片中要添加超链接的文本内容，切换到“插入”选项卡，单击“链接”组中的“超链接”按钮，弹出“插入超链接”对话框。在“链接到”列表框中选择“本文档中的位置”选项，在“请选择文档中的位置”列表框中选择即将跳转的目标幻灯片，单击“确定”按钮即可。在幻灯片中可以看到，添加了超链接的文本自动添加了超链接下划线，如图 5-16 所示。

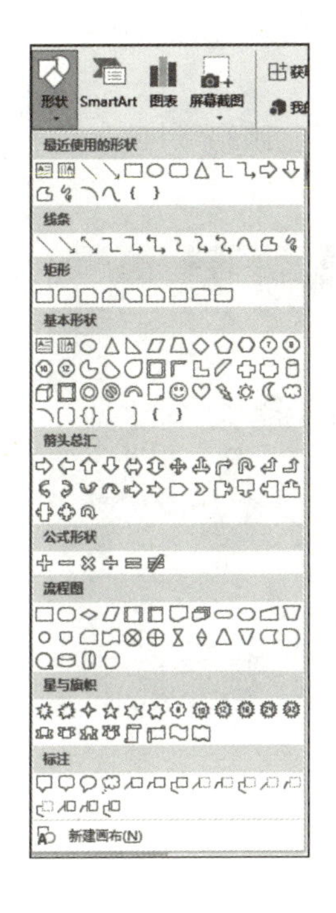

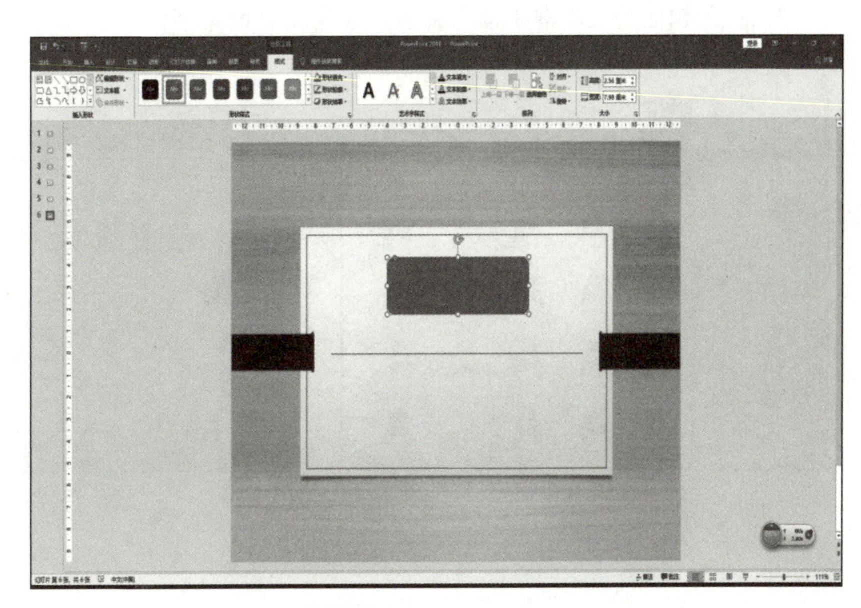

图 5-15　绘制图形

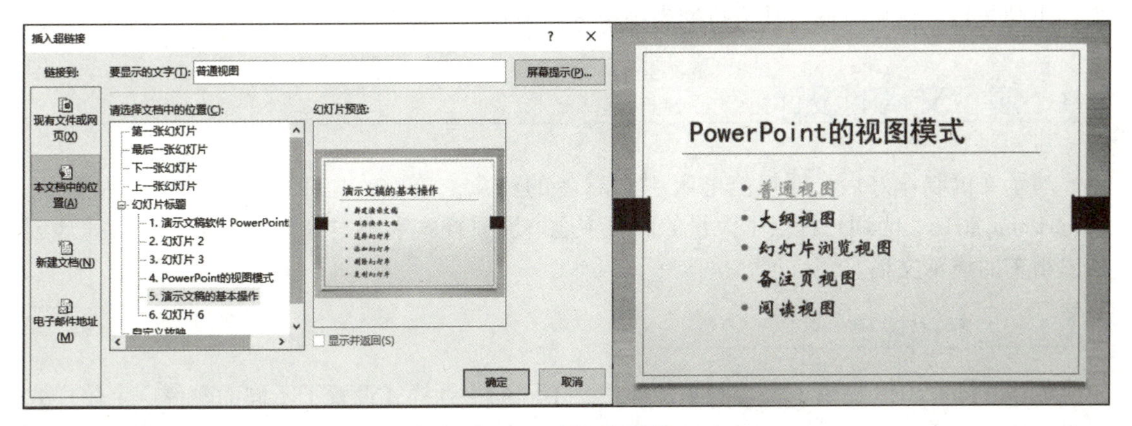

图 5-16　插入超链接

2. 链接到其他演示文稿

链接到其他演示文稿是指为一个对象创建了超链接后，单击或指向这个超链接就可以打开另一个演示文稿，这方便了用户在为观众介绍当前文稿的时候，快速调出其他需要参考的内容。操作方法与上述类似，只是在“插入超链接”对话框的“链接到”列表框中，按需要选择“现有文件或网页”选项。

5. 3. 4　艺术字的处理

在 PowerPoint 2016 中插入艺术字可以美化幻灯片的页面，令幻灯片看起来更加吸引人。在 PowerPoint 中插入艺术字的具体操作步骤如下：

1）单击“插入”选项卡下“文本”组中的“艺术字”下拉按钮，在弹出的艺术字库中选择需要的艺术字，如图 5-17 所示。

2）在编辑区的文本框中输入文字，根据需要设置字体、字号、粗细、倾斜等即可，如图 5-18 所示。

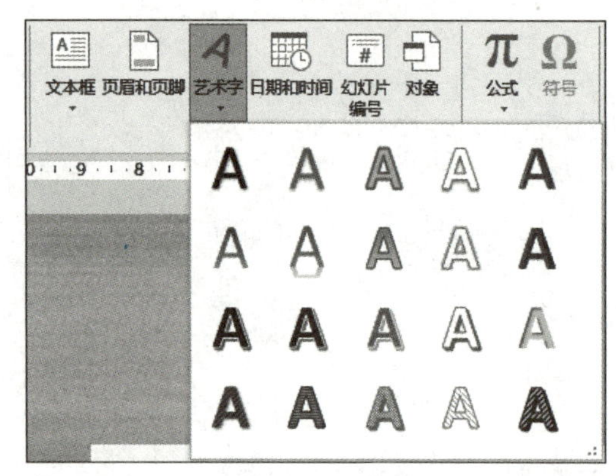

图 5-17　艺术字库

图 5-18　编辑艺术字

5.3.5　插入视频和音频

选定需要插入视频或音频文件的幻灯片，单击“插入”选项卡下的“视频”或“音频”下拉按钮，然后可以在其下拉列表中根据需要选择具体命令。

5.4　演示文稿的设计

演示文稿制作好后，要想能够吸引观看者的注意，较好的画面色彩和图案尤为重要。PowerPoint 2016，为用户提供了大量的内置主题、背景样式和图案等，以便于用户快速地创建出精美的演示文稿。

5.4.1　主题的应用

PowerPoint 2016 提供了大量的主题样式，不同的主题样式设置了不同的颜色、字体样式和对象样式，用户可以根据不同的需求选择不同的主题应用于演示文稿中，从而使演示文稿更加美观。

打开 PowerPoint 演示文稿，在“设计”选项卡下“主题”组中，就可以预览默认主题，如图 5-19 所示。

如果要为某一张幻灯片设置主题，可以选定该张幻灯片，然后右击要选择的主题，在弹出的快捷菜单中选择“应用于选定幻灯片”命令，如图 5-20 所示。这时，将只对选定的幻灯片应用选定的主题。

5.4.2　设置幻灯片的背景

背景是幻灯片外观设计的一部分。通过设置幻灯片的背景，可以对幻灯片的效果起到渲染作用。

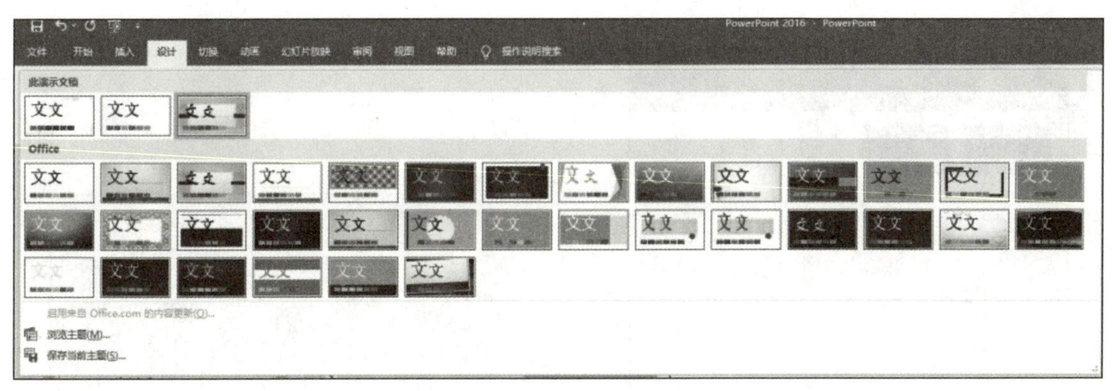

图 5-19　默认主题

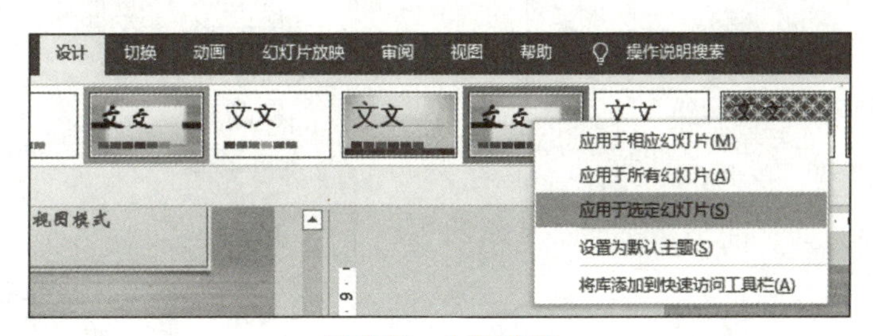

图 5-20　主题应用

如果对幻灯片背景的设置不满意，用户可以通过设置背景格式的方法对其进行美化。

打开 PowerPoint 演示文稿，在“设计”选项卡下“自定义”组中单击“设置背景格式”按钮，打开“设置背景格式”面板，如图 5-21 所示。

1. 改变背景颜色

在“设置背景格式”面板中，“纯色填充”和“渐变填充”这两种填充方法均可以对背景颜色进行更改。用户也可以选择手动填充的方法，对“预设颜色”“类型”“方向”和“渐变光圈”等进行设置。

2. 图片填充

在“设置背景格式”面板中，选中“图片或纹理填充”单选按钮，单击“插入图片来自”区域中的“文件”按钮（见图 5-22），在弹出的“插入图片”对话框中选择目标图片并单击“插入”按钮，返回“设置背景格式”面板。最后单击“关闭”按钮，或者“全部应用”按钮，则所选择的图片将成为幻灯片的背景。

3. 纹理填充

在“设置背景格式”面板中，选中“图片或纹理填充”单选按钮，选择纹理样式，如图 5-23 所示。然后，对“平铺选项”和“透明度”等进行设置。最后，单击“关闭”按钮，或者“全部应用”按钮即可。

4. 图案填充

图案填充背景就是将一些有规律变化的纹理作为背景使用。在“设置背景格式”面板中，选中“图案填充”单选按钮，在打开的“图案”列表中选择图案样式，如图 5-24 所示。然后，对“前景”和“背景”颜色进行设置。最后，单击“关闭”按钮或者“全部应用”按钮即可。

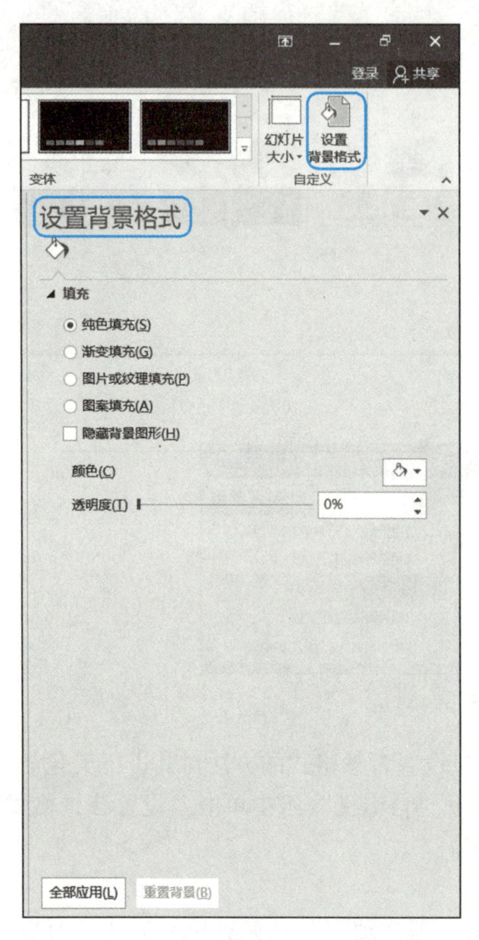

图 5-21 “设置背景格式”面板

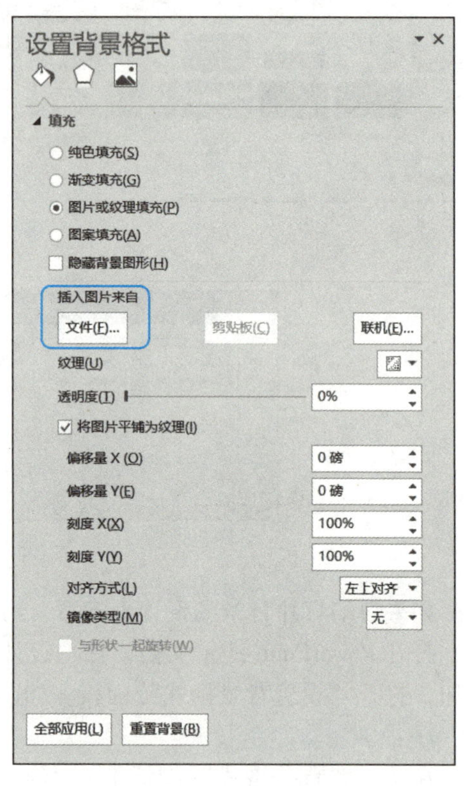

图 5-22 图片填充

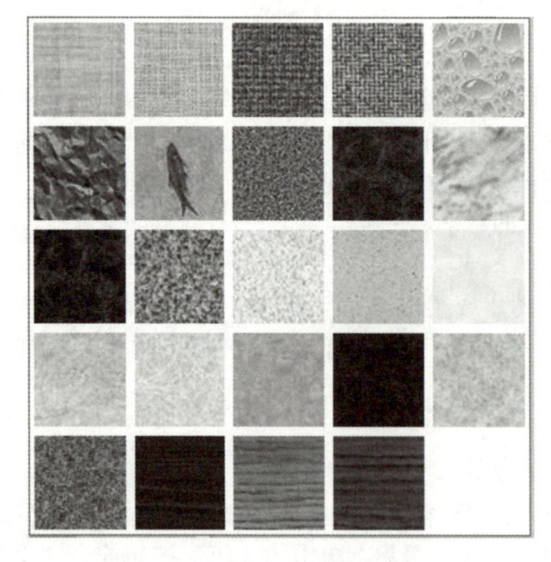

图 5-23 纹理填充

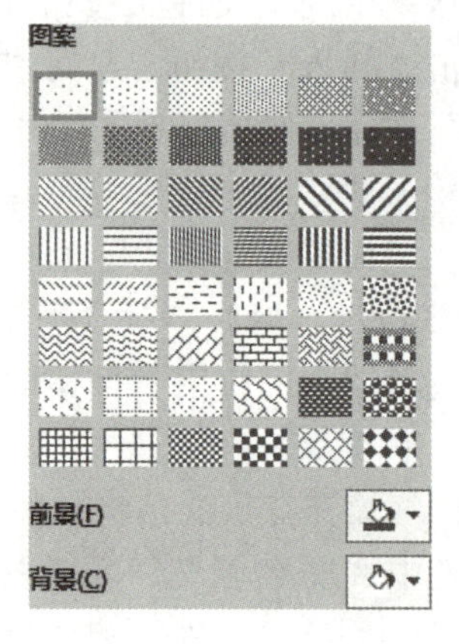

图 5-24 图案填充

5.4.3　设置幻灯片母版

幻灯片母版相当于一种模板，幻灯片母版用于设置幻灯片的样式，它能够存储幻灯片的所有信息，可供用户设定各种标题文字、背景、属性等，只需更改一次就可以更改所有幻灯片的设计。通过幻灯片母版可以制作出多张风格相同的幻灯片，使演示文稿的整体风格更统一。

在 PowerPoint 中有 3 种母版：幻灯片母版、标题母版和备注母版。幻灯片母版包含标题样式和文本样式。

1. 编辑幻灯片母版

若要打开“幻灯片母版”视图，需在“视图”选项卡下单击“幻灯片母版”按钮，如图 5-25 所示，才能进入幻灯片母版编辑模式。

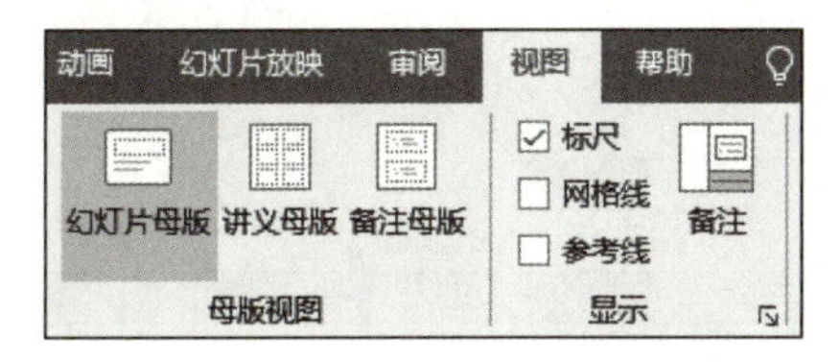

图 5-25　幻灯片母版

接下来，在幻灯片母版编辑中，把界面放到第一页，可以在此处更改字体、主题、背景或配色方案，并且还可以添加各种内置效果，如图 5-26 所示。

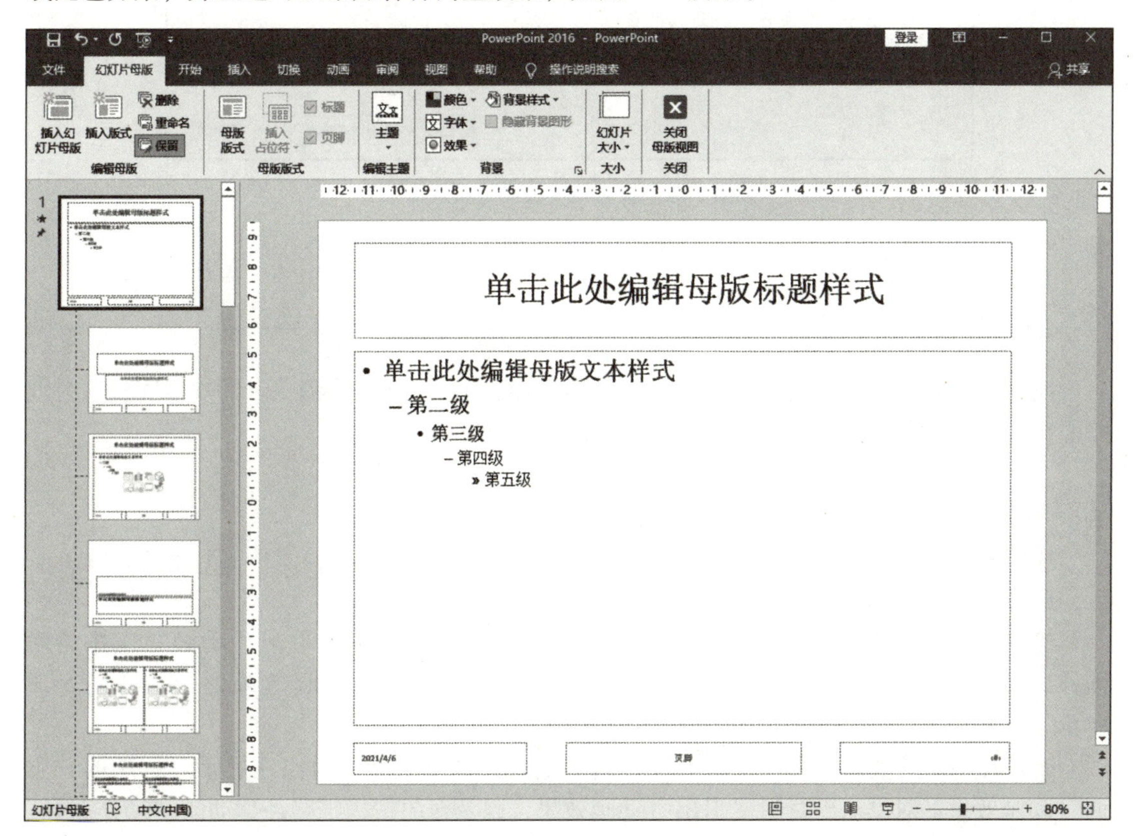

图 5-26　编辑幻灯片母版

2. 幻灯片母版占位符

占位符是幻灯片母版的重要组成要素，用户可以根据需要直接在这些具有预设格式的占位符中添加内容，如图片、文字和表格等。

母版中通常有5种占位符，分别是标题占位符、文本占位符、日期占位符、幻灯片编号占位符和页脚占位符。标题占位符用于放置幻灯片标题，文本占位符用于放置幻灯片正文内容，日期占位符用于在幻灯片中显示当前日期，幻灯片编号占位符用于显示幻灯片的页码，页脚占位符用于在幻灯片底部显示页脚。如图5-27所示为设置幻灯片编号和页脚。

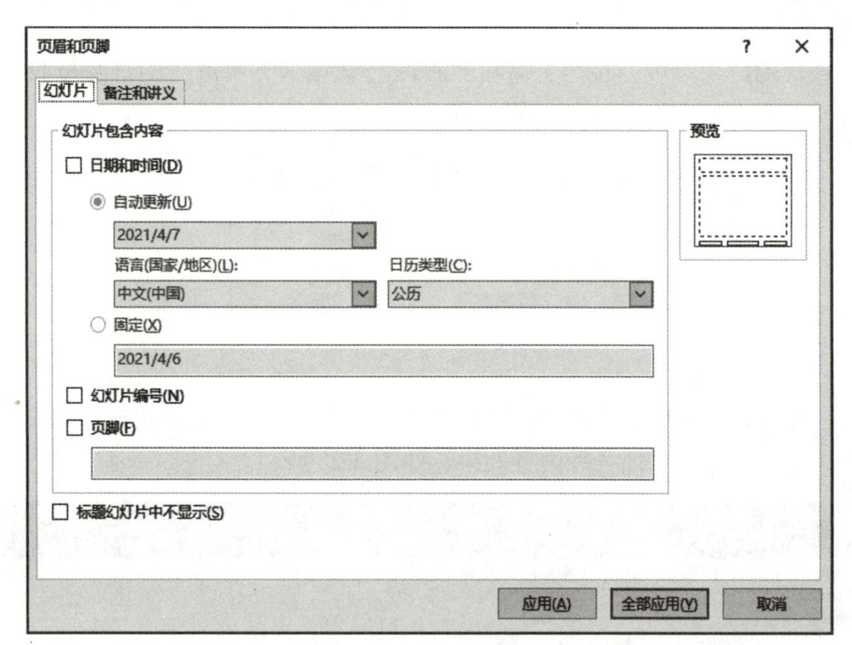

图5-27　设置幻灯片编号和页脚

5.5　演示文稿的播放效果设计

演示文稿创建完成后，如何使演示文稿更有说服力？更能抓住浏览者的视线呢？这时就需要在演示文稿中根据先后顺序适当添加播放效果。

5.5.1　设置动画效果

在幻灯片中设置动画效果可以使页面更加鲜活、生动，突出重点，吸引注意力。

1. 添加动画

选定幻灯片中要设置动画的对象，切换到“动画”选项卡，单击“动画”组中的动画样式右下角下拉按钮，在下拉列表中根据需要选择相应的动画效果即可，如图5-28所示。

幻灯片的动画效果分为：对象出现时的“进入”动画效果，对象在展示过程中的“强调”动画效果，对象退出时的“退出”动画效果，以及对象按指定路径移动的“动作路径”动画效果。

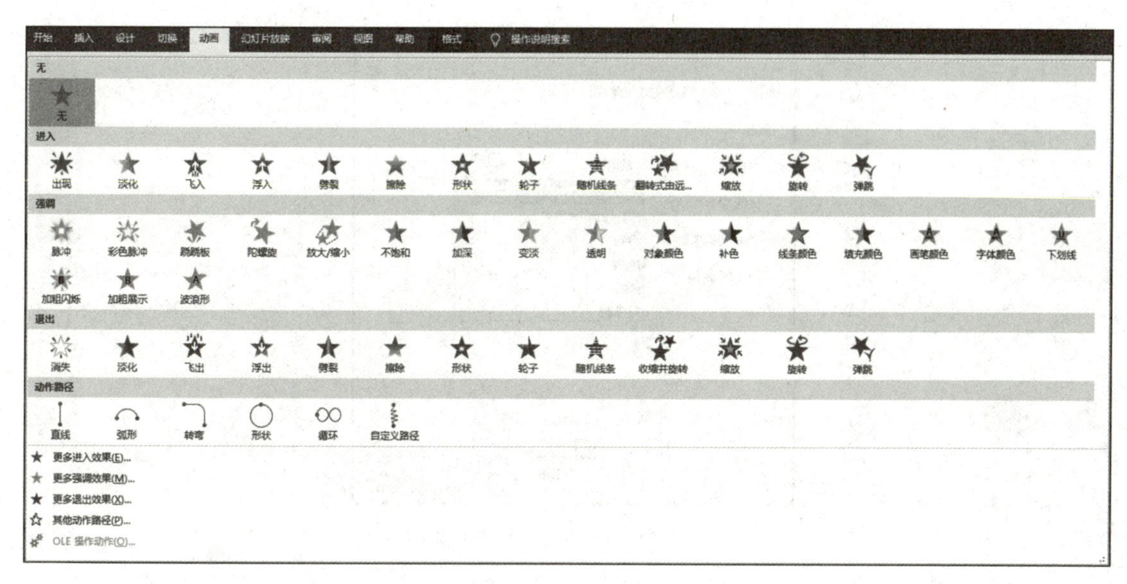

图 5-28　动画样式

2. 动画属性

（1）设置动画效果选项

动画效果选项是指动画的方向和形式。单击“动画”选项卡下的“效果选项”下拉按钮，即可出现有各种效果选项的下拉列表，如图 5-29 所示。

值得注意的是，每种动画所对应的动画效果是有区别的，根据需要选择即可。

（2）设置动画的开始方式、持续时间和延迟

动画开始方式是指开始播放动画的方式。

动画持续时间是指动画开始后整个播放时间。

动画延迟是指播放操作开始后延迟播放的时间。

在“动画”选项卡下的“计时”组中，可以对动画的开始方式、持续时间和延迟进行设置，如图 5-30 所示。

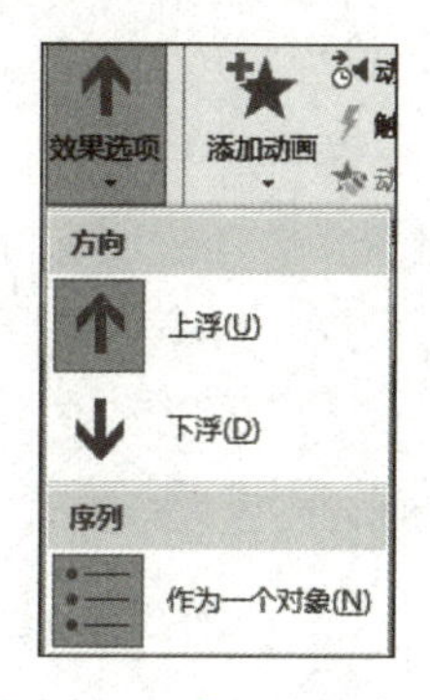

图 5-29　动画效果选项

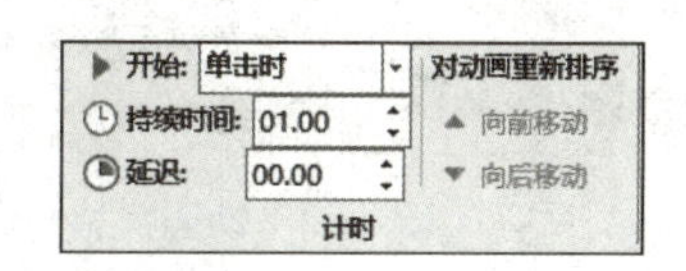

图 5-30　“计时”组

（3）设置动画音效

选定需要设定动画音效的对象，单击“动画”选项卡，单击“动画”组右下角的小箭头，弹出图 5-31 所示的动画效果选项对话框（以“上浮”动画为例）。

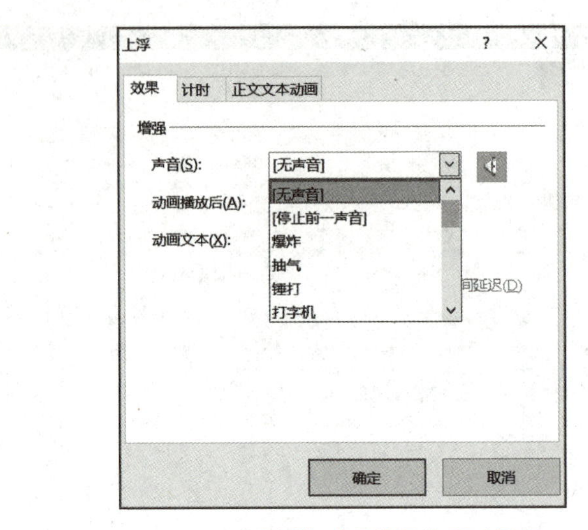

图 5-31 “上浮”动画效果选项对话框

在“效果”选项卡中能够设置动画的方向、声音等；在“计时”选项卡中能够设置动画开始方式、动画持续时间等。因此，需要设置多种动画属性时，可以直接调出该动画效果选项对话框，设置各种动画属性。

3. 调整动画播放顺序

给对象添加动画效果后，会在对象旁边出现该动画播放顺序的序号。通常，该序号与设置动画的顺序一致。

当对多个对象设置动画效果后，如果对原有播放顺序不满意，可以调整对象动画的播放顺序。

在“动画”选项卡下“高级动画”组中单击“动画窗格”按钮，将在该演示文稿的右侧出现动画窗格面板，如图 5-32 所示。在动画窗格面板中可调整动画播放顺序。

4. 预览动画效果

动画设置完成后，可以预览动画的播放效果。单击“动画”选项卡下的“预览”按钮，即可实现动画预览，如图 5-33 所示。

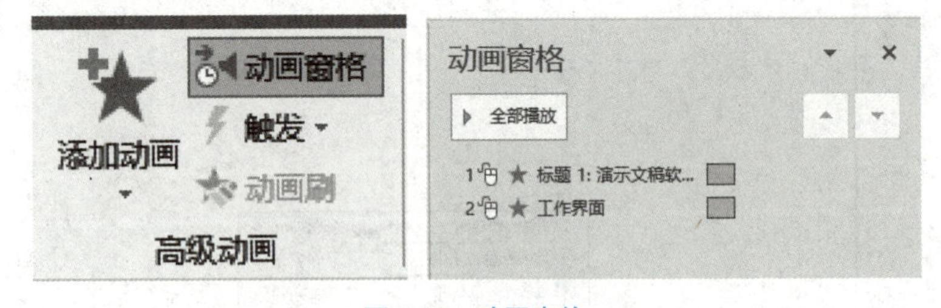

图 5-32 动画窗格

图 5-33 “预览”按钮

5.5.2 设置切换效果

幻灯片的切换是指放映时幻灯片离开和进入播放画面所产生的视觉效果。幻灯片的切换效果不仅可以使幻灯片的过渡衔接更为自然，而且可以吸引观众的注意力。

1. 设置幻灯片切换样式

打开演示文稿，选定要设置切换效果的幻灯片。单击“切换”选项卡下“切换到此幻灯片”组右下角的扩展按钮，弹出图 5-34 所示的列表。用户在该样式列表中可以选择其中的任意一种。

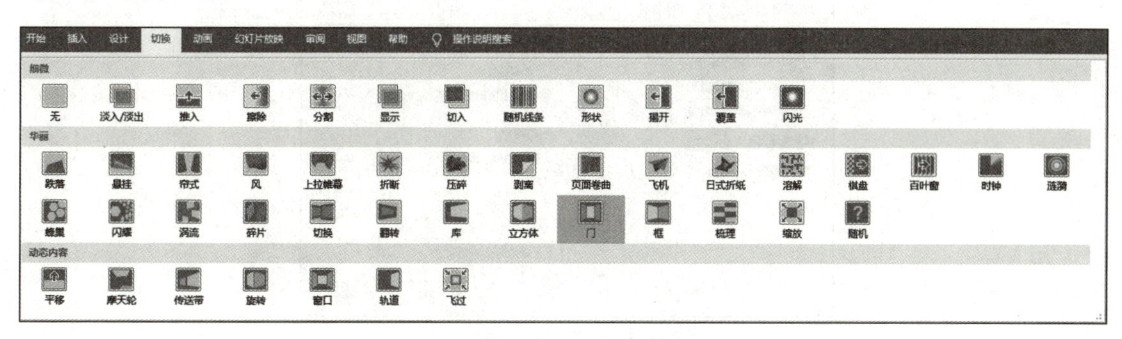

图 5-34　切换样式列表

2. 设置切换属性

切换属性包含效果选项、换片方式、持续时间和声音效果，用户可以根据实际需求进行设置。

3. 预览切换效果

用户可以预览设置的切换效果。单击“切换”选项卡下的“预览”按钮即可。

5.5.3　放映演示文稿

在放映幻灯片的过程中，用户可能对幻灯片的放映方式和放映时间有不同的需求，因此用户可以对幻灯片的放映进行相应的设置。

1. 开始放映

“幻灯片放映”选项卡下“开始放映幻灯片”组中的按钮主要是用于设置放映幻灯片的放映方式的，如从头开始（从第一张开始，快捷键为<F5>）、从当前幻灯片开始（从当前页开始，快捷键为<Shift+F5>）、自定义幻灯片放映（用户可以播放自己想要播放的页面）如图 5-35 所示。

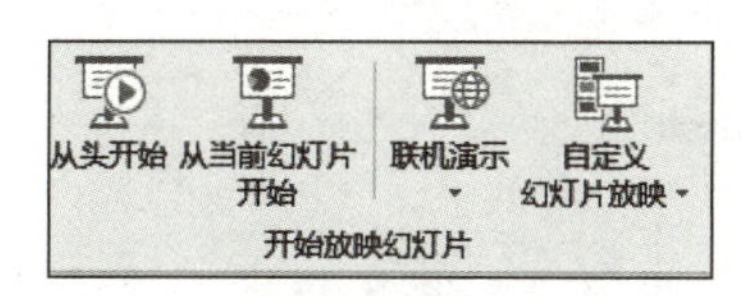

图 5-35　开始放映幻灯片

此外，用户还可以单击窗口右下角的按钮，实现从当前幻灯片开始放映。

2. 放映方式设置

在“幻灯片放映”选项卡下“设置”组中单击“设置幻灯片放映”按钮，在打开的“设置放映方式”对话框中按需要进行放映设置，如图 5-36 所示。

幻灯片放映类型分为 3 种：演讲者放映（全屏幕）、观众自行浏览（窗口）和在展台浏览（全屏幕）。

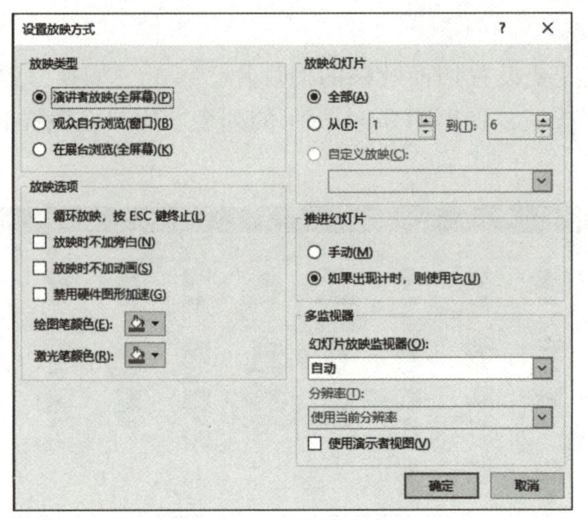

图 5-36　设置放映方式

5.6　演示文稿的导出和打印

1. 演示文稿的导出

制作好的演示文稿经常需要在不同的情况下进行查看或放映，因此，需要根据不同的使用情况，将演示文稿导出为不同的文件。在 PowerPoint 2016 中，用户可以将制作好的演示文稿输出为多种形式，如图片文件、视频文件、讲义和打包成 CD 等，如图 5-37 所示。

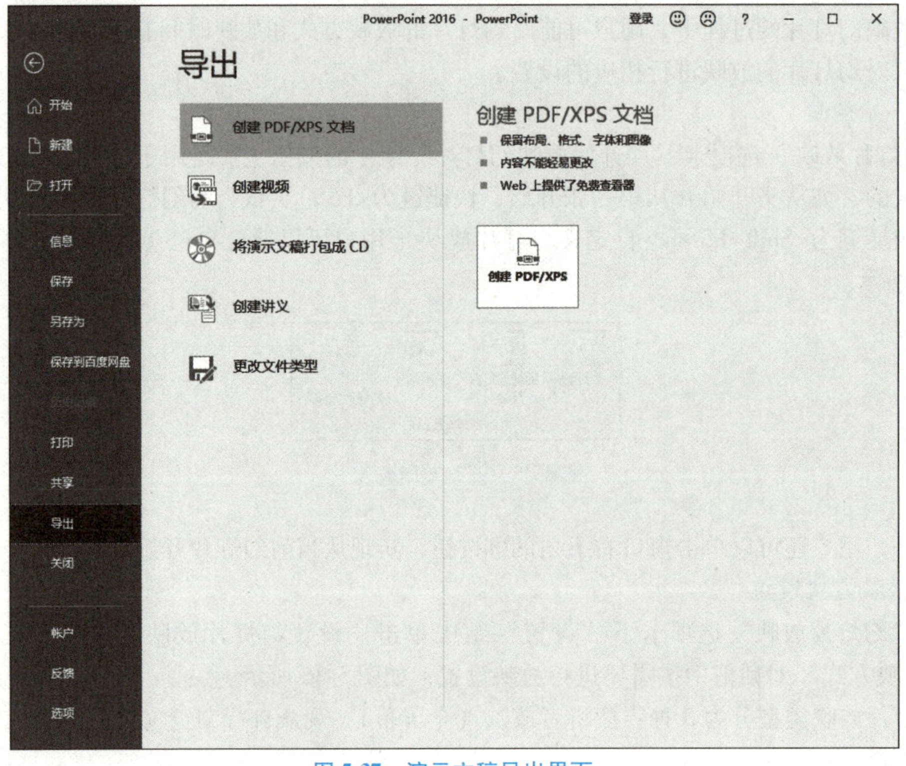

图 5-37　演示文稿导出界面

2. 演示文稿的打印

当一份演示文稿制作完成以后，有时需要将演示文稿打印出来。PowerPoint 2016 允许用户选择以彩色或黑白方式（大多数演示文稿的设计是彩色的，而打印幻灯片或讲义时通常选用黑白打印。用户可以在打印演示文稿之前先预览一下幻灯片和讲义的黑白效果，再对黑白对象进行调节）来打印演示文稿的幻灯片、讲义、大纲或备注页。

选择“文件”|“打印”命令，出现图 5-38 所示的“打印”界面，可以对“打印份数”和“打印机”等项目进行设定。在“设置”下拉列表框中可以选择打印全部幻灯片、只打印当前幻灯片，或者自定义打印范围。

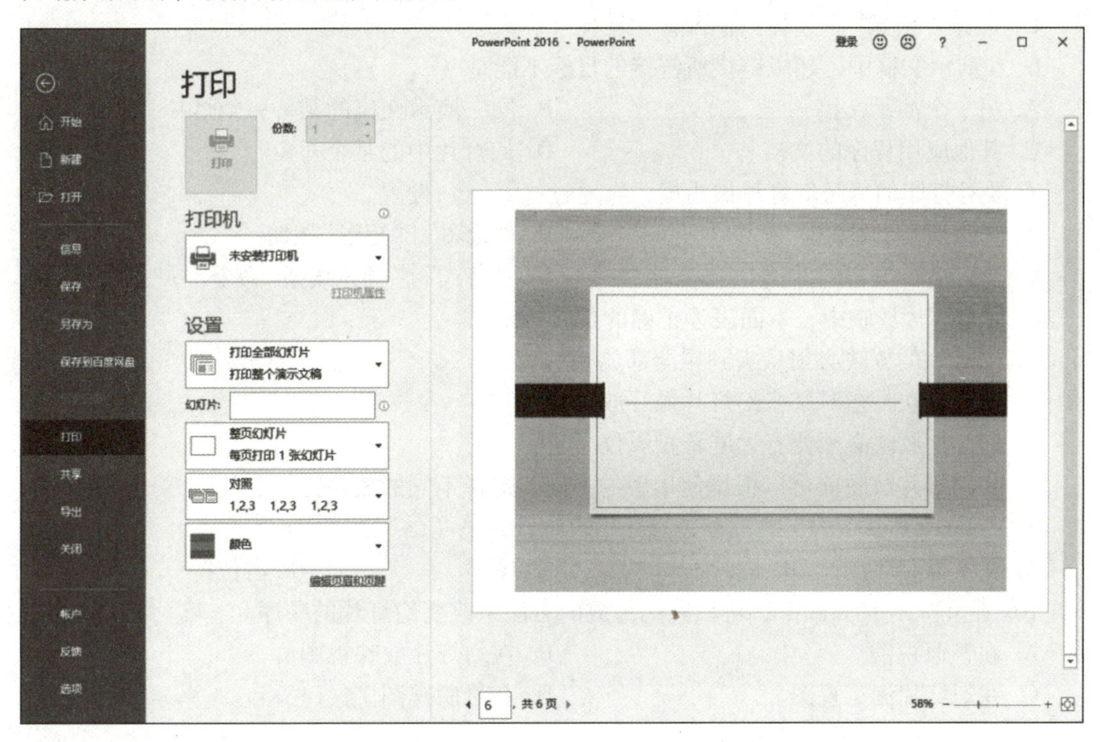

图 5-38 “打印”界面

当用户对打印设置完成后，单击该界面上的“打印”按钮，即可实现演示文稿的打印。

习 题 五

一、选择题

1. 要在已设置编号的幻灯片上显示幻灯片编号，必须（　　）。

A. 选择“插入”|“页码和页脚”命令　　B. 选择“文件”|“页面设置”命令

C. 选择“视图”|“页眉和页脚”命令　　D. 以上都不行

2. 在空白幻灯片中不可以直接插入（　　）。

A. 文本框　　B. 文字　　C. 艺术字　　D. Word 表格

3. 已设置了幻灯片的动画，但没有动画效果，这是因为（　　）。

A. 没有切换到普通视图　　B. 没有切换到幻灯片浏览视图

C. 没有设置动画　　D. 没有切换到幻灯片放映视图

4. 设置幻灯片放映时间的命令是（　　）。

A. “幻灯片放映”|“预设动画”命令　　B. “幻灯片放映”|“动作设置”命令

C. “幻灯片放映”|“排练计时”命令　　D. “插入”|“日期和时间”命令

5. 要真正改变幻灯片的大小，可通过（　　）来实现。

A. 在普通视图下直接拖拽幻灯片的 4 条边

B. 选择“文件”|“页面设置”命令

C. 利用工具栏的“显示比例”列表框

D. 选择“格式”|“字体”命令

6. 在演示文稿中，超级链接所链接的目标不能是（　　）。

A. 另一个演示文稿　　B. 同一演示文稿的某一张幻灯片

C. 其他应用程序的文档　　D. 幻灯片中的某个对象

7. 要对打印的每张幻灯片加边框，应通过（　　）设置。

A. “插入”|“文本框”命令　　B. “绘图”|“矩形”按钮

C. “文件”|“打印”命令　　D. “格式”|“颜色线条”命令

8. 在幻灯片放映中，下面表述正确的是（　　）。

A. 幻灯片的放映必须从头到尾全部放映

B. 循环放映是指对某张幻灯片循环放映

C. 幻灯片放映必须要有大屏幕投影仪

D. 在幻灯片放映前可以根据使用者的不同，选择不同的放映方式，放映方式共有 3 种

9. 在 PowerPoint 2016 中，不是幻灯片的对象的是（　　）。

A. 文本框　　B. 图片　　C. 图表　　D. 占位符

10. 在（　　）方式下，可以采用拖放的方法来改变幻灯片的顺序。

A. 在普通视图　　B. 在幻灯片放映视图

C. 在幻灯片浏览视图　　D. 在母版视图

二、填空题

1. 在________视图下，可方便地对幻灯片进行移动、复制、删除等编辑操作。

2. 要使每张幻灯片的标题具有相同的字体格式、相同的图标，应通过________快速地实现。

3. 在幻灯片母版中插入的对象，只能在________中修改。

4. PowerPoint 2016 提供的视图方式有________。

5. 幻灯片间的动画效果，通过“幻灯片放映”选项卡下的________来设置。

三、简答题

1. PowerPoint 2016 提供了多少种演示文稿模板？

2. PowerPoint 2016 中的版式有多少种？如何利用它们来更好地进行演示文稿的制作？

3. PowerPoint 2016 提供了哪些演示文稿的创建方式？

4. PowerPoint 2016 的主要特点是什么？

5. 建立一个演示文稿应有哪些步骤？

6. 演示文稿中对象的动画设置步骤是什么？各有什么特点？

四、设计题

国庆节是我们祖国的生日，这一天，数以亿计的中国同胞们都在潜心地祝福祖国母亲生日快乐。在这样富有纪念意义的日子里，请你围绕“歌颂祖国”这一主题设计一个 PPT 作品，综合运用所学幻灯片设计知识，充分展现、歌颂我们伟大的祖国吧。

实验九（公共）

【实验目的】 主题版式内容设置。

（1）新建一个演示文稿，内容包含 3 张版式不同的幻灯片。

（2）第 1 张幻灯片采用“标题幻灯片”版式，输入标题“POWERPOINT 使用”文本内容，副标题为“作品效果”。

（3）要求第 1 张幻灯片的标题设置为 48 号、方正舒体，副标题设置为 24 号、华文中宋、倾斜，并设置行距为 2 倍行距，段前间距为 15 磅。

（4）第 2 张幻灯片采用“标题和内容”版式，并在文本框中输入文字“POWERPOINT 窗口”。第 2 张幻灯片的文字设置为 54 号、华文新魏。

（5）第 3 张幻灯片采用“空白”版式，并插入任意一张图片，并设置其位置为“水平左上角 10cm，垂直左上角 3cm”。剪贴画缩放比例为 200%。

（6）设置全部幻灯片主题为“肥皂”，切换效果为“形状”，效果为“加号”。第 3 张图片对象效果设置为“自左侧擦除”。

（7）保存文件名为“我的 PPT 文件 . pptx”，并放映演示文稿。

实验九效果如图 5-39 所示。

图 5-39　实验九效果

实验十（公共）

【实验目的】 主题内容动画设计。

（1）新建一个空白演示文稿。

（2）选择一个适合的幻灯片主题模板。

（3）设计幻灯片模板的颜色。

（4）选择“标题和内容”幻灯片版式。

（5）在幻灯片窗格中，单击标题占位符，输入文字“2014 年第三届”，在“开始”选项卡的“字体”组中设置字号为“54”、字体为“华文行楷”、字体颜色为“蓝色”、文字“居中对齐”。

（6）单击内容占位符，输入文字“大学生辩论大赛”，设置字号为“60”、字体为“黑体”。再选中“辩论”两个字，并将其字号改为“130”、字体设置为“华文行楷”、文字“居中对齐”。

（7）在文字“大学生辩论大赛”后换行输入两行文字“正方：网络使人更亲近”“反方：网络使人更疏远”，设置字号为“36”、字体为“黑体”、字体颜色为“红色”、文字“居中对齐”。并分别设置不同的动画效果，效果自拟。将动画设置为“与上一动画同时”。

（8）换行输入文字“主办单位：校团委”，设置字号为“36”、字体为“隶书”，其他格式自拟。可适当调整文字的位置。设置文字超链接到百度网址。

（9）保存文件为“辩论大赛 . pptx”，观看效果。

实验十效果如图 5-40 所示。

图 5-40　实验十效果

实验十一（计算机基础 B）

新建一个演示文稿，包含版式不同的幻灯片。

（1）为当前演示文稿套用设计主题“画廊”。

（2）第 1 张幻灯片采用“标题幻灯片”版式，主标题的内容为“什么是微博”。

（3）第 2 张幻灯片采用“两栏内容”版式。标题占位符的内容为“什么是微博”，左栏占位符的内容为“微博的定义”“微博的特点”和“微博的影响”，设置字体为“华文新魏”、字号为“24”，并添加“箭头”项目符号。在右栏占位符中插入任意一张图片。

（4）第 3 张幻灯片采用“标题和内容”版式。标题占位符的内容为“微博的定义”，在内容占位符中输入“微博，即微博客（MicroBlog）的简称，是一个基于用户关系的信息分享、传播以及获取平台，用户可以通过 WEB、WAP 以及各种客户端组件个人社区，以 140 字左右的文字更新信息，并实现即时分享。最早也是最著名的微博是美国的 Twitter。2009 年 8 月，我国的门户网站新浪网推出“新浪微博”内测版，成为门户网站中第一家提供微博服务的网站，微博正式进入中文上网主流人群视野。”设置字体为“楷体”、字号为“20”、行距为“1.5 倍”，并设置“箭头”项目符号。将幻灯片的背景设置为“画布”纹理填充。

（5）第 4 张幻灯片采用“标题和内容”版式。标题占位符的内容为“微博的特点”，在内容占位符中输入“便捷性”“背对脸”和“原创性”，设置样式同第 2 张幻灯片左栏占位符的文字样式。

（6）第 5 张幻灯片采用“两栏内容”版式。标题占位符的内容为“微博的影响”，左栏占位符两段内容为“2010 年年底，经新浪微博实名认证的政府机构微博超过 600 余个。到 2011 年 7 月，新浪微博上的政府微博总计超过 5000 余个。”“微博的影响正在从基层走向更高层级。政府机构对微博的青睐，不仅体现了对网络民意的重视，也打开了微博政务的新思路。”在右栏占位符中插入表格，内容如图 5-41 所示，表格文字设置为“29”。

（7）为第 2 张幻灯片中的“微博的影响”几个字添加超链接，以便在放映过程中可以迅速定位到第 5 张幻灯片。

（8）在第 5 张幻灯片右下角插入如样张所示按钮，以便在放映过程中单击该按钮可以跳转到第 2 张幻灯片。

（9）将所有幻灯片的切换方式设置为“涡流”。

（10）保存文件为“什么是微博 . pptx”，观看效果。

实验十一效果如图 5-41 所示。

全国计算机等级考试（二级）模拟题 3

文慧是人力资源培训讲师，其 PowerPoint 演示文稿的制作水平广受好评。最近，她应北京节水展馆的邀请，为展馆制作一份宣传节水知识及节水工作重要性的演示文稿。

节水展馆提供的文字资料及素材参见“水资源利用与节水（素材）. docx”，制作要求如下：

（1）标题页包含演示主题、制作单位（北京节水展馆）和日期（××××年×月×日）。

（2）演示文稿须指定一个主题，幻灯片不少于 5 页，且版式不少于 3 种。

（3）演示文稿中除文字外要有两张以上的图片，并有两个以上的超链接进行幻灯片之间的跳转。

（4）动画效果要丰富，幻灯片切换效果要多样。

（5）演示文稿播放的全程需要有背景音乐。

（6）将制作完成的演示文稿以“水资源利用与节水 . pptx”为文件名进行保存。

素材资源如图 5-42 所示。

什么是微博

单击此处添加副标题

什么是微博

➢微博的定义
➢微博的特点
➢微博的影响

微博的定义

➢微博，即微博客（MicroBlog）的简称，是一个基于用户关系的信息分享、传播以及获取平台，用户可以通过WEB、WAP以及各种客户端组件个人社区，以140字左右的文字更新信息，并实现即时分享。最早也是最著名的微博是美国的Twitter。2009年8月，我国的门户网站新浪网推出“新浪微博”内测版，成为门户网站中第一家提供微博服务的网站，微博正式进入中文上网主流人群视野。

微博的特点

➢便捷性
➢背对脸
➢原创性

微博的影响

- 2010年年底，经新浪微博实名认证的政府机构微博超过600余个。到2011年7月，新浪微博上的政府微博总计超过5000余个。
- 微博的影响正在从基层走向更高层级。政府机构对微博的青睐，不仅体现了对网络民意的重视，也打开了微博政务的新思路。

传播媒介	普及时间
电视机	14年
收音机	35年
互联网	4年
微博	1年2个月

第二页

图 5-41　实验十一效果

一、水的知识
1. 水资源概述
目前世界水资源达到 13.8 亿km^3，但人类生活所需的淡水资源却只占2.53%，约为0.35亿km^3。我国水资源总量位居世界第 6，但人均水资源占有量仅为 2200m^3，为世界人均水资源占有量的 1/4。
北京属于重度缺水地区。全市人均水资源占有量不足 300m^3，仅为全国人均水资源量的1/8，世界人均水资源量的 1/30。
北京水资源主要靠天然降水和永定河、潮白河上游来水。
2. 水的特性
水是氢氧化合物，其分子式为 H_2O。
水的表面有张力、水有导电性、水可以形成虹吸现象。
3. 自来水的由来
自来水不是自来的，它是经过一系列水处理净化过程生产出来的。
二、水的应用
1. 日常生活用水
做饭喝水、洗衣洗菜、洗浴冲厕。
2. 水的利用
水冷空调、水与减振、音乐水雾、水利发电、雨水利用、再生水利用。
3. 海水淡化
海水淡化技术主要有蒸馏、电渗析、反渗透。
三、节水工作
1. 节水技术标准
北京市目前实施了五大类 68 项节水相关技术标准。其中包括：用水器具、设备、产品标准；水质标准；工业用水标准；建筑给排水标准、灌溉用水标准等。
2. 节水器具
使用节水器具是节水工作的重要环节，生活中节水器具主要包括：水龙头、坐便器及配套系统、沐浴器、冲洗阀等。
3. 北京 5 种节水模式
节水模式包括管理型节水模式、工程型节水模式、科技型节水模式、公众参与型节水模式、循环利用型节水模式。

a) 文本

清晨.mp3

b) 背景音乐

c) 节水标志

d) 节约用水

图 5-42　素材资源

1）题（1）的解题步骤。

步骤 1：首先打开 Microsoft PowerPoint 2016，新建一个空白文档。

步骤 2：新建第 1 张幻灯片。单击“开始”选项卡下“幻灯片”组中的“新建幻灯片”下拉按钮，在弹出的下拉列表中选择“标题幻灯片”版式。新建的第 1 张幻灯片便插入了文档中。

步骤 3：根据题意选定第 1 张标题页幻灯片，在“单击此处添加标题”占位符中输入标题“水资源利用与节水”，并为其设置恰当的字体字号及颜色。选定标题，在“开始”选项卡下“字体”组中的“字体”下拉列表框中选择“华文琥珀”，在“字号”下拉列表框中选择“60”，在“字体颜色”下拉列表框中选择“深蓝”。

步骤 4：在“单击此处添加副标题”占位符中输入副标题“北京节水展馆”和“××××年×月×日”。按照上述同样的方式为副标题设置字体为“黑体”、字号为“40”。

2）题（2）的解题步骤。

步骤 1：按照题意新建不少于 5 张幻灯片，并选择恰当的有一定变化的版式，至少要有 3 种版式。按照与新建第 1 张幻灯片同样的方式新建第 2 张幻灯片。此处选择“标题和内容”版式。

步骤 2：按照同样的方法新建其他 3 张幻灯片，并且在这 3 张幻灯片中要有不同于“标题幻灯片”及“标题和内容”的版式。此处，设置第 3 张幻灯片为“标题和内容”版式，第 4 张幻灯片为“内容与标题”版式，第 5 张幻灯片为“标题和内容”版式。

步骤 3：为所有幻灯片设置一种演示主题。在“设计”选项卡下的“主题”组中，单击“其他”下拉按钮，在弹出的下拉列表中选择恰当的主题样式。此处选择“展销会”样式。

3）题（3）的解题步骤。

步骤 1：依次对第 2 张至第 5 张的幻灯片填充素材中相应的内容。此处填充内容的方式不限一种，可根据实际需求变动。

步骤 2：根据题意，演示文稿中除文字外要有两张以上的图片。因此，在演示文稿中相应的幻灯片中插入图片。此处，选定第 3 张幻灯片，单击文本区域的“图片”按钮，弹出“插入图片”对话框，选择图片“节水标志”后单击“插入”按钮，即可将图片应用于幻灯片中。

步骤 3：选定第 5 张幻灯片，按照同样的方式插入图片“节约用水”。

步骤 4：根据题意，要有两个以上的超链接进行幻灯片之间的跳转。此处对第 2 张幻灯片中的标题“水的知识”设置超链接，将其链接至第 3 张幻灯片。选定第 2 张幻灯片中“水的知识”，在“插入”选项卡下的“链接”组中单击“超链接”按钮，弹出“插入超链接”对话框。在“链接到”列表框中选择“本文档中的位置”选项，在“请选择文档中的位置”列表框中选择“下一张幻灯片”选项。

步骤 5：单击“确定”按钮后即可看到实际效果。

步骤 6：再按照同样的方式对第 4 张幻灯片中的标题“节水工作”设置超链接，将其链接至第 5 张幻灯片。

4）题（4）的解题步骤。

步骤 1：按照题意，为幻灯片添加适当的动画效果。此处选择为第 2 张幻灯片中的文本区域设置动画效果。选定文本区域中的文字，在“动画”选项卡下的“动画”组中单击“其他”下拉按钮，在弹出的下拉列表中选择恰当的动画效果，此处选择“翻转式由远及近”动画。

步骤 2：按照同样的方式再为第 3 张幻灯片中的图片设置动画效果“轮子”，为第 5 张幻灯片中的图片设置动画效果“缩放”。

步骤 3：为幻灯片设置切换效果。选定第 4 张幻灯片，在“切换”选项卡下的“切换到此幻灯片”组中，单击“其他”下拉按钮，在弹出的下拉列表中选择恰当的切换效果，此处选择“百叶窗”切换效果。

步骤 4：按照同样的方式再为第 5 张幻灯片设“随机线条”切换效果。

5）题（5）的解题步骤。

步骤 1：选定第 1 张幻灯片，在“插入”选项卡下“媒体”组中单击“音频”按钮，弹出“插入音频”对话框。选择素材中的音频“清晨”后单击“插入”按钮即可。

步骤 2：在“音频工具”中的“播放”选项卡下，单击“音频选项”组中的“开始”下拉按钮，在弹出的下拉列表中选择“跨幻灯片播放”命令，并选中“放映时隐藏”复选框。设置成功后即可在演示的时候全程播放背景音乐。

6）题（6）的解题步骤。

单击“文件”选项卡下的“另存为”按钮，将制作完成的演示文稿以“水资源利用与节水 . pptx”为文件名进行保存。

第 6 章

计算机网络技术基础

计算机网络是计算机技术与通信技术相结合的产物，它的出现使计算机的体系结构发生了巨大变化。随着计算机网络的不断发展，其应用已经遍布全世界各个领域，并已成为人们社会生活中不可或缺的重要组成部分。以因特网（Internet）为代表的信息高速公路的出现和发展，使人类社会迅速进入一个全新的网络时代。Internet 能帮助科学发明，使得联合研究和合作开发成为可能；它向全世界用户提供电子书籍、电子报刊、应用软件、消息、新闻、艺术精品、音乐、歌曲等；它还能创造新的商业机会，如电子银行、在线商店、网络广告服务、联机娱乐等；通过电子邮件、聊天软件和博客等，网络能把全世界所有上网的人联系在一起。目前，计算机网络在全世界范围内迅猛发展，它已成为衡量一个国家现代化程度的重要标志之一，它的应用可以渗透到社会的各个领域。因此，掌握网络知识与应用是对新世纪人才的基本要求。

6.1 计算机网络概述

6.1.1 计算机网络的概念和功能

1. 计算机网络的概念

计算机网络，是指将地理位置不同的具有独立功能的多台计算机及其外部设备，通过通信线路连接起来，在网络操作系统、网络管理软件及网络通信协议的控制和协调下，实现资源共享和信息传递的计算机系统。

从逻辑功能看，计算机网络是以传输信息为基本目的，用通信线路将多个计算机连接起来的计算机系统的集合。一个计算机网络的组成包括传输介质和通信设备。

从用户角度看，计算机网络是一个能为用户自动管理的网络操作系统。由它调用完成用户所有的资源，而整个网络像一个大的计算机系统一样，对用户是透明的。

计算机网络的概念包含以下 3 个要点：

1）至少有两台以上的计算机，并各自装有独立的操作系统。这里的计算机可以是各种类型的，包括个人计算机、工作站、服务器、数据处理终端等。

2）要有用于连接的传输介质和通信设备。传输介质是指同轴电缆、光纤、微波、卫星等相关的网络连接介质。通信设备是指网络连接设备，如网关、网桥、集线器、交换机、路由器等。

3）计算机系统之间的信息交换，必须要遵守某种约定和规则，即网络通信协议。

计算机网络由通信子网和资源子网构成。通信子网负责计算机间的数据通信，也就是数据传输。资源子网是将一组计算机通过通信子网连接在一起，向网络用户提供可共享的硬件、软件和信息资源。

2. 计算机网络的主要功能

信息交换、资源共享、协同工作是计算机网络的基本功能。从计算机网络的应用角度来看，计算机网络的功能因网络规模和设计目的的不同，往往有一定的差异。归纳起来有以下几方面。

（1）资源共享

计算机资源主要指计算机的硬件、软件和数据资源。共享资源是构建计算机网络的主要目的之一，它允许网络用户共享的资源包含硬件资源、软件资源、数据资源及信道资源。其中，各种类型的计算机、存储设备、打印机及绘图仪等都属于硬件资源；软件资源包括数据库管理系统、语言处理程序、工具软件及应用软件等；数据资源包括办公文档、企业报表等产生的数据库及相关文件；而信道资源就是完成数据传输的传输介质。资源共享可以节约开支、降低成本，并可在一定程度上保障数据的完整性和一致性。

（2）均衡负荷及分布处理

当网络中某个主机系统负荷过重时，可以将某些工作通过网络传送到其他主机处理，这样既缓解了某些机器的过重负荷，又提高了负荷较小的机器的利用率。另外，对于一些复杂的问题，可采用适当的算法将任务分散到不同的计算机上进行分布处理，充分地利用各地的计算机资源，达到协同工作的目的。

（3）信息快速传输与集中处理

国家宏观经济决策系统、企业办公自动化的信息管理系统、银行管理系统等一些大型信息管理系统，都是信息传输与集中处理问题，这都要靠计算机网络来支持。通过计算机网络，将某个组织的信息进行分散、分级，或集中处理与管理，这是计算机网络的最基本功能。

（4）综合信息服务

在当今的信息化社会中，通过计算机网络向社会提供各种经济信息、科技情报和咨询服务已相当普遍。目前正在发展的综合服务数字网可提供文字、数字、图形、图像、语音等多种信息传输，实现电子邮件、电子数据交换、电子公告、电子会议、IP 电话和传真等业务功能。计算机网络可为政治、军事、文化、教育、卫生、新闻、金融、图书、办公自动化等各个领域提供全方位的服务，成为信息化社会中传送与处理信息不可缺少的强有力的工具。因特网（Internet）就是最好的实例。

6.1.2　计算机网络的形成及发展

计算机网络起源于 20 世纪 60 年代的美国，原本用于军事通信，后逐渐发展为民用，经过 50 多年不断地发展和完善，现已广泛应用于各个领域。

20 世纪 60 年代，美苏冷战期间，为了应对来自苏联的核攻击威胁，美国国防部高级研究计划署（Advanced Research Projects Agency，ARPA）提出了一种将计算机互联的计划。因为当时，虽然已经有了电路交换的电信网并且覆盖面积较广，但是一旦正在通信的电路有一个交换机或链路被破坏，则整个通信电路就要中断，如要修复或是改用其他后备电路，还必须重新拨号建立连接，这将会延误一些时间。1969 年，由 4 所大学的 4 台大型计算机作为结点开始组建网络，其构造采用分组交换技术，到 1971 年扩建成具有 15 个结点、23 台主机的网络，这就是著名的阿帕网（ARPANET）。它是最早的计算机网络之一，现代计算机网络的许多概念和方法都源自阿帕网。

现在，计算机通信网络已成为社会结构的一个基本组成部分。电子银行、电子商务、现代化的企业管理、信息服务业等都以计算机网络系统为基础。从学校远程教育到政府日常办公，乃至现在的电子社区，很多方面都离不开网络技术。毫不夸张地说，网络在当今世界无处不在。计算机网络的发展大致可划分为以下 4 个阶段。

1. 远程终端联机阶段

计算机网络主要是计算机技术和通信技术相结合的产物。在 20 世纪 60 年代以前，因为计算机主机相当昂贵，而通信线路和通信设备相对便宜，为了共享计算机主机资源和进行信息的综合处理，形成了第一代的以单主机为中心的联机终端系统。

在第一代计算机网络中，所有的终端共享主机资源，终端到主机都单独占一条线路，这使得线路利用率低，而且主机既要负责通信又要负责数据处理，因此主机的效率也低。这种网络组织形式是集中控制型的，所以可靠性较低。如果主机出问题，所有终端都被迫停止工作。面对这种情况，人们提出了改进的方法，就是在远程终端聚集的地方设置一个终端集中器，把所有的终端聚集到终端集中器，而且终端到集中器之间是低速线路，而终端集中器到主机是高速线路，这样，主机只要负责数据处理而不用负责通信工作，大大提高了主机的利用率。

2. 计算机通信网络阶段

第二代计算机网络是计算机通信网络。在第一代面向终端的计算机网络中，只能在主机和终端之间进行通信。后来，这样的计算机网络体系在慢慢演变，主机的通信任务逐渐从主机中分离出来，由专门的通信控制处理器（Communication Control Processor，CCP）来完成。CCP 组成了一个单独的网络体系，称之为通信子网，而在通信子网基础上连接起来的计算机主机和终端则形成了资源子网，从而出现了两层结构体系。从 20 世纪 60 年代中期开始，出现了由通信子网和用户资源子网构成的、多个主机互联的系统，实现了主机与主机之间的通信，如图 6-1 所示。用户通过终端不仅可以共享主机上的软、硬件资源，还可以共享子网中其他主机上的软、硬件资源。

3. 标准化网络阶段

第三代计算机网络是标准化网络的时代。20 世纪 70 年代，随着微型计算机的出现，其功能不断增强，价格不断降低，应用领域不断扩大，用户之间信息交流和资源共享需求急剧提升。1972 年后，以太网（Ethernet）、局域网、城域网、广域网迅速发展，各个计算机生产商纷纷发展各自的网络系统，制定自己的网络技术标准。1974 年，IBM 公司研制了它的系统网络体系结构，随后 DGE 公司宣布了自己的数字网络体系结构；1976 年，UNIVAC 宣布了该公司的分布式通信体系结构。这些不同公司开发的网络体系结构只能连接本公司的设备。为了使不同体系结构的网络能相互交换信息，网络的开放性和标准化被提上日程。国际标准化组织于 1977 年成立了专门的机构来研究该问题，并且在 1984 年正式颁布了“开放系统互联参考模型”（Open System Interconnection/Reference Model，OSI/RM）的国际标准。

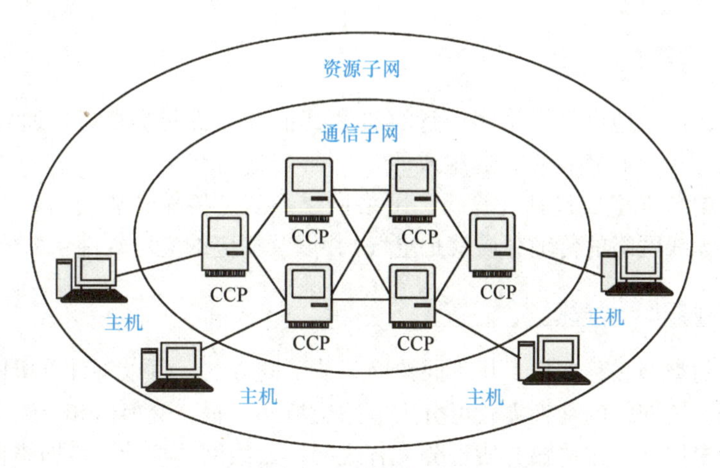

图 6-1　以多主机为中心的网络的逻辑结构

OSI 参考模型结构如图 6-2 所示。它标志着第三代计算机网络的诞生。OSI 参考模型已被国际社会广泛地认可和执行，它推动着计算机网络理论与技术的发展，对统一网络体系结构和协议起到了积极的作用。Internet 就是由 ARPANET 逐步演变而来的。ARPANET 使用的是 TCP/IP 协议族，并沿用至今。Internet 自诞生之日起就飞速发展，是目前全球规模最大、覆盖面积最广的计算机网络。

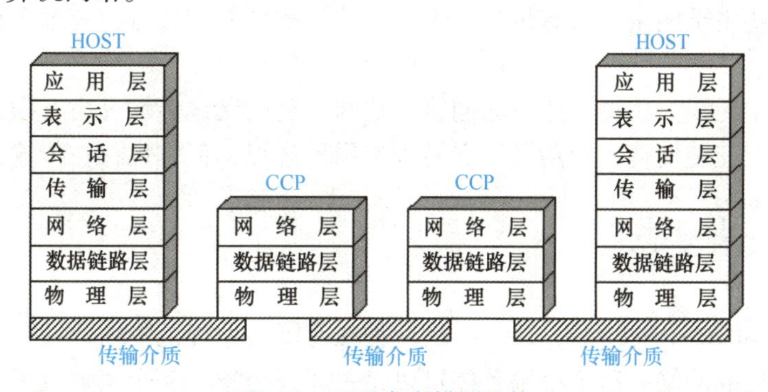

图 6-2　OSI 参考模型结构

4. 网络互联与高速网络阶段

第四代计算机网络是网络互联与高速网络阶段。20 世纪 90 年代中期，计算机网络技术得到了迅猛的发展。各国政府都将计算机网络的发展列入了国家发展计划。1993 年，美国政府提出了“国家信息基础结构（National Information Infrastructure，NII）行动计划”（即“信息高速公路”）；1996 年，美国总统克林顿宣布在之后的 5 年里实施“下一代的 Internet 计划”（即“NGI 计划”）；1998 年，美国 100 多所大学联合成立 UCAID（University Corporation for Advanced Internet Development），从事 Internet 2 的研究。在我国，以“金桥”“金卡”和“金关”工程为代表的国家信息技术迅猛发展，并将加快国民经济信息化进程列为经济建设的一项主要任务，且制定了“信息化带动工业化”的发展方针。

计算机技术的发展已进入了以网络为中心的新时代，有人预言未来通信和网络的目标是实现 5W 的通信，即任何人（Whoever）在任何时间（Whenever）、任何地点（Wherever）都可以和任何人（Whomever）通过网络进行通信，传送任何信息（Whatever）。

6.1.3 计算机网络的组成

计算机网络，通俗地讲就是由多台计算机和其他计算机网络设备，通过传输介质和软件，物理上（或逻辑上）连接在一起组成的。

计算机网络的基本组成包括计算机、网络操作系统、传输介质（可以是有形的，也可以是无形的，如无线网络的传输介质就是空气），以及相应的应用软件4部分。

6.1.4 计算机网络的分类

计算机网络的类型多种多样，从不同角度、按不同方法，可以将计算机网络分成各种不同的类型。例如，按网络的交换方式可分为电路交换网、报文交换网和分组交换网；按用途可分为公用网和专用网；按传输介质可分为有线网、无线网；按计算机网络覆盖的范围可分为局域网、城域网、广域网。下面主要介绍按传输介质和网络覆盖范围的分类方法。

1. 按传输介质分类

（1）有线网

有线网是通过线路传输介质进行通信的网络，常用的有线介质有同轴电缆、双绞线和光纤。同轴电缆主要用于电视网络或某些局域网，具有抗干扰性好和高带宽的优点；双绞线是目前综合布线工程中最常用的传输介质，具有易安装和易维护的优点，但其抗干扰性较差；光纤主要用于某些主干网络，具有传输速率高、抗干扰性好和传输距离远等优点。

（2）无线网

无线网是利用无线介质进行通信的网络。目前主要的无线传输介质有微波、红外线和激光等。无线网具有安装便捷，使用灵活和易于扩展等优点，但它也存在传输速率低和有通信盲点等缺点。

2. 按网络覆盖范围分类

（1）局域网

局域网（Local Area Network，LAN）是一种在有限的地理范围内的计算机或数据终端设备相互连接后形成的网络。这个有限范围可以是一间办公室、一个实训机房、一幢大楼，或距离较近的几栋建筑物。有限的地理范围一般在数千米之内，最大不超过10km。局域网一般位于一个建筑物或一个单位内，不存在寻径问题，不包括网络层的应用。局域网随着整个计算机网络技术的发展得到充分的应用和普及，几乎每个单位都有自己的局域网，甚至家庭中都有自己的小型局域网。

局域网具有以下特点：连接范围窄；用户数少；配置容易；连接速率高。

电气电子工程师学会（Institute of Electrical and Electronics Engineers，IEEE）的802标准委员会定义了多种LAN，如以太网（Ethernet）、令牌环（Token Ring）网、光纤分布式数据接口（Fiber Distributed Data Interface，FDDI）网络、异步传输模式（Asynchronous Transfer Mode，ATM）网，以及无线局域网（Wireless LAN，WLAN）。

局域网的数据传输速率一般比较快（10Mbit/s~10Gbit/s），误码率较低，使用的技术比较简单，网络建设费用较低，网络拓扑结构简单，容易管理和配置。在计算机数量配置上也没有过多限制，少则两台，多则可达上千台，因此比较适合中小型单位的计算机联网，多应用于各类企业及校园。在目前计算机网络技术中，局域网是发展最快的技术之一。局域网连接示意如图 6-3 所示。

图 6-3　局域网连接示意

（2）城域网

城域网（Metropolitan Area Network，MAN）的覆盖范围介于局域网和广域网之间，一般在 10~100km。它是城市范围内的规模较大的网络，通常是机关、事业单位、企业、集团等若干个局域网互联。它能够实现大量用户之间多种信息的传输。它的传输速率一般来说稍低于局域网。

（3）广域网

广域网（Wide Area Network，WAN）是一种远距离的计算机网络，也可称为远程网。它的覆盖范围从几十千米到几千千米，可以跨越市、地区、国家，甚至洲，它是以连接不同地域的大型主机系统或局域网为目的的。广域网的通信子网可以利用公用分组交换网、卫星通信网和无线分组交换网进行连接。其特点是建设费用高、传输速率较低、传输错误率比专用线的局域网高、网络拓扑结构复杂。

互联网（Internet）实际上也属于广域网的范畴，它利用网络互联技术和设备，将世界各地的各种局域网和广域网互联起来，并允许它们按照一定的协议标准互相通信。

6.2　计算机网络结构和硬件

计算机网络是一个复杂的系统，通常由计算机硬件、软件、通信设备和通信线路构成。网络结点之间的连接方式决定了网络的构型，即网络的拓扑结构。

6.2.1　网络拓扑结构

计算机网络的拓扑结构是指网上计算机或设备与传输介质形成的结点与线的物理构成模式，主要由通信子网决定。计算机网络的拓扑结构主要有总线型拓扑、星形拓扑、环形拓扑、树形拓扑和混合型拓扑。

1. 总线型拓扑结构

总线型拓扑结构是采用单根数据传输线作为通信介质，网络上所有结点都连接在总线上，并通过它在网络各结点之间传输数据，如图 6-4 所示。总线型拓扑结构通常采用广播方式工作，总线上的每个结点都可以将数据发送到总线上，所有其他结点都可以接收总线上的数据。各结点接收数据之后，首先分析总线上数据的目的地址再决定是否真正接收。总线型拓扑结构的优点是结构简单，可靠性高，组网成本较低，布线和维护方便，易于扩展等。其缺点是各个结点共用一条总线，所以在任何时刻只允许一个结点发送数据，因此传输中经常会发生多个结点争用总线的问题；此外，一旦总线上任何位置出现故障，整个网络就无法运行。

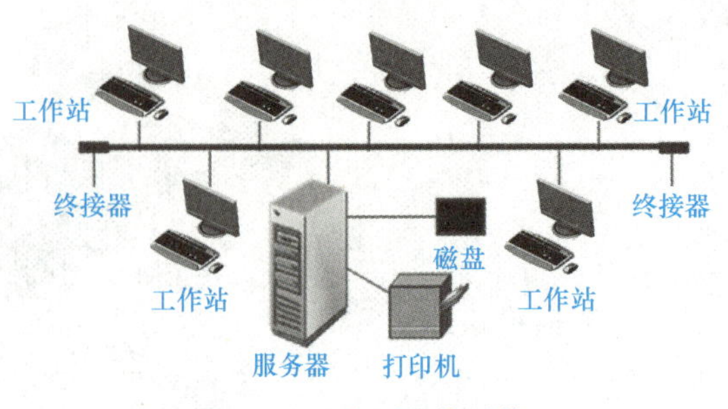

图 6-4　总线型拓扑结构

总线型拓扑结构适用于计算机数目相对较少的局域网。通常这种局域网络的传输速率为100Mbit/s，网络传输介质选用同轴电缆。典型的总线型局域网如以太网。

2. 星形拓扑结构

星形拓扑结构中每个结点都以中心结点为中心，通过连接线与中心点相连，如图 6-5 所示。星形拓扑结构的优点是结构简单灵活，易于构建，便于管理和控制，易于扩充等，但这种结构要耗费大量的电缆。目前星形拓扑结构常应用于小型局域网中。另外，星形拓扑结构是以中心结点的存储转发技术来实现数据传输的，因此中心结点负担较重，一旦中心结点出现故障则全网瘫痪。

3. 环形拓扑结构

环形拓扑结构是由连接成封闭回路的网络结点组成的，每一个结点与它左右相邻的结点连接，如图 6-6 所示。在环形拓扑结构中，数据的传输沿环单向传递，两结点之间仅有唯一的通道。环形拓扑结构的优点是简化了路径选择的控制，各结点之间没有主次关系，各结点负载能力强且较为均衡，信号流向是定向的所以无信号冲突；其缺点是当结点过多时会影响传输速度，任何结点或者是环路发生故障，都会使整个网络不能正常工作。

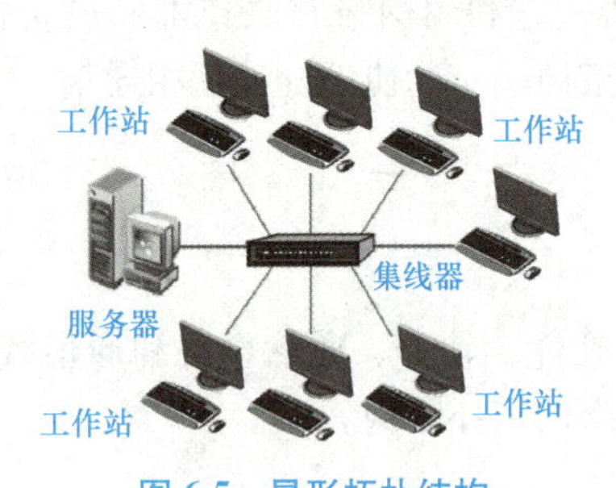

图 6-5　星形拓扑结构

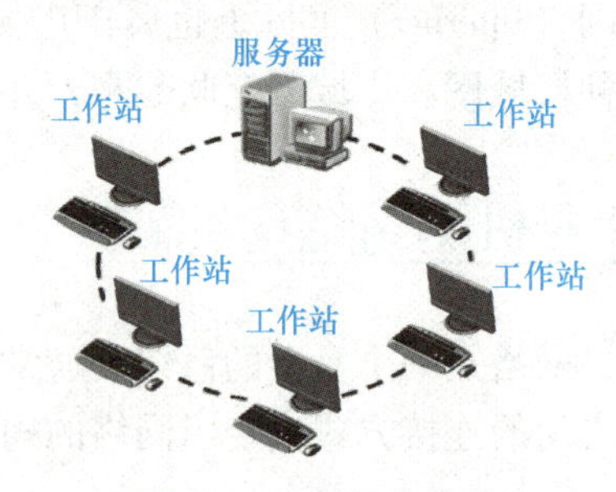

图 6-6　环形拓扑结构

4. 树形拓扑结构

树形拓扑结构是一种分级结构，可被看作是星形拓扑结构的扩展，网络中各结点按一定的层次连接起来，形状像一棵倒置的树，如图 6-7 所示。树形拓扑结构顶端有一个带有分支的根结点，每个分支结点还可延伸出若干子分支。数据的传输可以在每个分支链路上双向传递。树形拓扑结构的优点是线路利用率高、建网成本较低，改善了星形拓扑结构的可靠性和扩充性；其缺点是如果某一层结点出现故障，将造成下一层结点不能交换信息，对根结点的依赖性过大，此外，其结构也相对复杂，不易管理和维护。

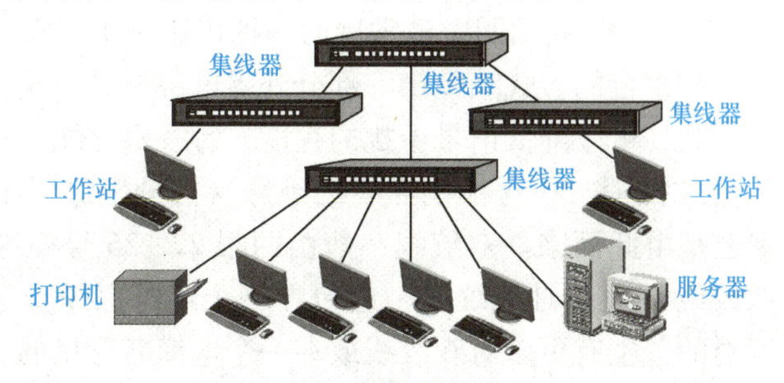

图 6-7 树形拓扑结构

5. 混合型拓扑结构

混合型拓扑结构是星形拓扑结构和总线型拓扑结构结合在一起的网络结构，这样的拓扑结构更能满足较大网络的拓展，突破星形拓扑结构在传输距离上的限制，同时又突破了总线型拓扑结构在连接用户数量上的限制。这种网络拓扑结构同时兼顾了星形拓扑结构与总线型拓扑结构的优点，在两者缺点方面也有一定的弥补。

混合型拓扑结构的特点如下：

1）应用相当广泛，它解决了星形拓扑结构和总线型拓扑结构的不足，满足了大公司组网的实际需求。

2）扩展相当灵活，继承了星形拓扑结构的优点。但由于仍采用广播式的消息传送方式，所以在总线长度和结点数量上也会受到限制，不过在局域网中应用时不存在太大的问题。

3）具有总线型拓扑结构的网络传输速率会随着用户的增多而下降的弱点。

4）较难维护，主要是受到总线型拓扑结构的制约，如果总线断开，则整个网络也就瘫痪了，但是如果是分支网段出了故障，则不影响整个网络的正常运作。另外，整个网络非常复杂，维护不易。

5）传输速度较快，因为其骨干网采用高速的同轴电缆或光缆，所以整个网络在传输速度上不受太多的限制。

此外，网络中还存在网型拓扑结构等。在实际应用中，复杂的网络拓扑结构通常是由总线型、星形、环形这 3 种基本拓扑结构组合而成的。

6.2.2 常见的网络传输介质及网络设备

网络硬件是网络运行的载体，对网络性能起着决定性的作用。以目前常见的局域网为例，其大多数是采用以太网的拓扑结构，主要由网络传输介质、网卡、集线器、交换机、调制解调器、路由器等设备将各结点连接起来。下面分别介绍常用的网络传输介质及网络设备。

1. 网络传输介质

在计算机网络中，要使计算机之间能够相互访问对方的资源，必须提供一条能使它们相互连接的通路，因此，需要使用传输介质来连接这些设备。传输介质的种类有很多，适用于局域网的传输介质主要有双绞线、同轴电缆和光纤等。

(1) 双绞线

双绞线（Twist Pair Cable）是局域网中最常用的一种传输介质。双绞线采用了两个具有绝缘保护层的金属导线互相绞合的方式来抵御一部分外界电磁波的干扰。把两根绝缘的铜导线按一定密度互相绞在一起，可以降低信号干扰的程度，每一根导线在传输中辐射的电波会被另一根导线上发出的电波抵消。在每根铜导线的绝缘层上分别涂以不同的颜色，以示区分。“双绞线”的名字也是由此而来。双绞线一般由两根 22~26 号绝缘铜导线相互缠绕而成。在实际使用时，双绞线是由多对双绞线一起包在一个绝缘电缆套管里的，如图 6-8 所示。典型的双绞线是四对的，也有更多对双绞线放在一个电缆套管里的。这些被称为双绞线电缆。与其他传输介质相比，双绞线在传输距离、信道宽度和数据传输速率等方面均受到一定限制，但其价格较为低廉。双绞线电缆被广泛应用于星形局域网中。

(2) 同轴电缆

同轴电缆由一根位于外部的空心圆柱导体和一根位于中心轴线的内导线组成。内导线和圆柱导体及外界之间用绝缘材料隔开，如图 6-9 所示。根据物理规格（直径）的不同，同轴电缆可分为粗缆和细缆两种类型。粗缆适用于大型局域网的布线，它的布线距离较长，可靠性较好，安装时需采用特殊的装置，无须切断电缆。对于普通用户来说，从节约设备资金的角度出发，在局域网的组建中较常选用的是细缆。

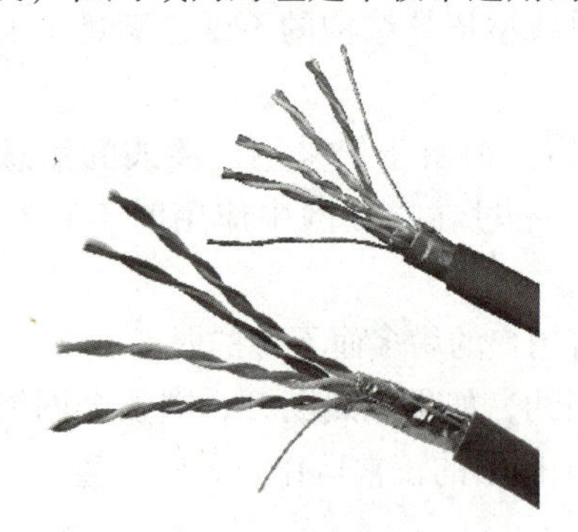

图 6-8　双绞线

图 6-9　同轴电缆

同轴电缆具有抗干扰能力强、屏蔽性能好等特点，因此它常用于设备与设备之间的连接，或用于总线型网络结构中。但是随着时间的推移和网络的发展，双绞线已经取代了同轴电缆成为最流行的局域网的网络连接线。

(3) 光纤

光纤是光导纤维的简称，是一种利用光在玻璃或塑料制成的纤维中的全反射原理而制成的光传导工具。光纤通信是以光波作为信息载体，以光纤作为传输媒介的一种通信方式。从原理上看，光纤通信是利用近红外线区波长在 1μm 左右的光波为载波，把电话、电视、数据等电信号调制到光载波上，再通过光纤传输信息的一种通信方式。理论上，光纤的极限带宽为 1. 06Gbit/s。

2. 网络设备

(1) 网络适配器

网络适配器也称为网络接口卡（简称网卡），是局域网中最基本的部件之一，是计算机与传输介质进行数据交互的中间部件，主要用于进行编码转换，如图 6-10 所示。它的工作原理是将本地计算机上的数据分解成适当大小的数据包，然后在网络上发送出去；同时，负责接收网络上传过来的数据包，解包后将数据传输给与它相连接的本地计算机。因此，计算机要连接到网络中，必须在计算机上安装网卡。

网卡的类型按信息处理能力分为 16 位和 32 位；按总线类型分为 ISA（Industry Standard）、EISA（Extended Architecture）和 PCI（Peripheral Component Interconnection）；按连接介质分为双绞线网卡、同轴电缆网卡和光纤网卡；按机型分台式机网卡和笔记本计算机网卡；按传输速率分为十兆网卡、百兆网卡和千兆网卡。选择网卡时应主要考虑网卡的传输速率、总线类型和网络拓扑结构。

（2）调制解调器

调制解调器（Modem）俗称“猫”，如图 6-11 所示。它的主要功能是实现数据在数字信号与模拟信号之间的转换，以实现其在电话线上的传输。它由调制器和解调器两部分组成，在发送端调制器把数字信号调制成可在电话线上传输的模拟信号，在接收端解调器再把模拟信号转换成计算机能理解的数字信号。常见的调制解调器速率有 14.4Kbit/s、28.8Kbit/s、33.6Kbit/s、56Kbit/s 等。

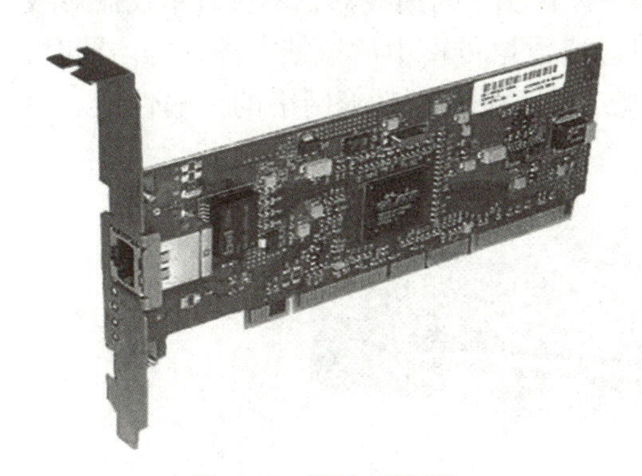

图 6-10　网络适配器

图 6-11　调制解调器

（3）中继器

中继器（Repeater）又称为转发器，如图 6-12 所示。它工作在物理层，是用来扩展局域网覆盖范围的硬件设备。当规划一个网络时，若网段已超出规定的最大距离，就要用中继器来延伸。中继器的功能就是接收从一个网段传来的所有信号，放大后发送到另一个网段（网络中两个中继器之间或终端与中继器之间的一段完整的、无连接点的数据传输段称为网段）。中继器有信号放大和再生功能，但它不需要智能算法的支持，只是将信号从一端传送到另一端。

（4）集线器

集线器（Hub）是局域网中常见的连接设备，如图 6-13 所示，它可以看成是一种多端口的中继器，二者的区别在于集线器能够提供多端口服务。集线器将一个端口接收的信号向所有端口分发出去，每个输出端口相互独立，当某个输出端口出现故障，不影响其他输出端口。网络用户可通过集线器的端口用双绞线与网络服务器连接在一起。

集线器通常用于连接多条双绞线。它的主要功能是对接收到的信号进行再生放大，以延长网络的传输距离。它的工作方式是广播模式，所有的端口共享带宽。

图 6-12　中继器

图 6-13　集线器

（5）交换机

交换机又称为“智能型集线器”，如图 6-14 所示。它采用交换技术，为所连接的设备同时建立多条专用线路，当两个终端互相通信时并不影响其他终端的工作，网络的性能得到大幅提高。

网络交换机是将电话网中的交换技术应用到计算机网络中所形成的网络设备，它在外观上与集线器类似，但在功能上比集线器强大，它是一种智能化的集线器，不仅有集线器对数据传输起到同步、放大和整形的作用，而且还可以过滤数据传输中的短帧、碎片等。同时，采用端口到端口的技术，每一个端口有独占的带宽，可以极大地改善网络的传输性能。因此，交换机适用于大规模的局域网。

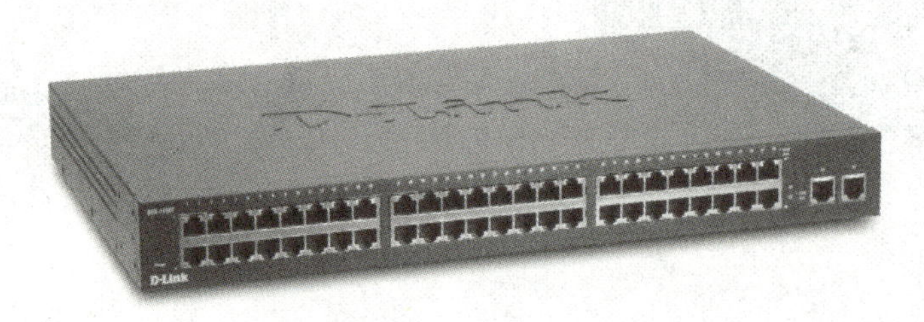

图 6-14　交换机

（6）网桥

网桥（Bridge）也叫作桥连接器，像一个“聪明的”中继器。中继器从一个网络电缆里接收信号，放大它们，将其送入下一个电缆。相比较而言，网桥对从关卡上传下来的信息更敏锐一些。网桥是一种对帧进行转发的技术，根据 MAC（Medium/Media Access Control）分区块，可隔离碰撞。网桥将网络的多个网段在数据链路层连接起来。

（7）网关

网关又称网间连接器、协议转换器。网关在传输层上可实现网络互联，是最复杂的网络互联设备，仅用于两个高层协议不同的网络互联。它用于连接完全不同体系结构的网络，或连接局域网与主机。在使用不同的通信协议、数据格式或语言，甚至体系结构完全不同的两种系统之间，网关是一个翻译器。与网桥只是简单地传送信息不同，网关对接收到的信息要重新打包，以适应目的系统的需求。同时，网关也可以提供过滤和安全功能。大多数网关运行在 OSI 参考模型的最顶层——应用层。

（8）路由器

路由器是一种可以在不同的网络之间进行信号转换的互联设备。网络与网络之间互相连接时，必须用路由器来完成。它的主要功能包括过滤、存储转发、路径选择、流量管理、介质转换等，即在不同的多个网络之间存储和转发分组，实现网络层上的协议转换，将在网络中传输的信息正确地传送到下一网段上。

6.3　Internet 基础

20 世纪 80 年代以来，在计算机网络领域最引人注目的就是起源于美国的 Internet。Internet 译为“因特网”，是世界上最大的全球性计算机网络。该网络将遍布全球的计算机连接起来，人们可以通过 Internet 共享全球信息。它的出现标志着网络时代的到来。

从信息资源的角度来看，Internet 是一个将多国家、多领域的各种信息资源集成为一体，供网上用户共享的信息资源网。它将全球数万个计算机网络、无数台主机连接起来，包含了海量的信息资源，向全世界提供信息服务。

从网络通信的角度来看，Internet 是一个基于 TCP/IP 的连接各个国家、各个地区、各个机构计算机网络的数据通信网。今天的 Internet 已经远远超过了一个网络的含义，它是一个信息社会的缩影。

Internet 改变了人们的生活。Internet 可以在极短时间内把电子邮件发送到世界任何地方；可以提供市话费价位的国际长途业务；可以提供全球信息漫游服务。Internet 不仅是计算机爱好者的专宠，它更能为社会生活带来极大的方便。

6.3.1　Internet 的形成与发展

1. 国外 Internet 的发展历史

Internet 的起源可以追溯到 20 世纪 60 年代末，美国国防部高级研究计划署建立了名为 ARPANET 的计算机网络。ARPANET 的一项非常重要的成果就是互联网协议（IP）和传输控制协议（TCP）这两个协议。该网络于 1969 年投入使用，起初用于军事目的。

在 Internet 发展过程中，值得一提的是 NSFNET，它是美国国家科学基金会（National Science Foundation，NSF）建立的一个计算机网络，该网络也使用 TCP/IP，并在全美国建立了按地区划分的计算机广域网。1988 年，NSFNET 取代了原有的 ARPANET 而成为 Internet 的主干网。NSFNET 对 Internet 的最大贡献是使 Internet 向全社会开放，而不像以前那样仅供计算机研究人员和其他专门人员使用，任何遵循 TCP/IP 且愿意接入 Internet 的网络都可以成为 Internet 的一部分，其用户可以共享 Internet 上的资源，用户自身的资源也可向 Internet 开放。

2. 国内 Internet 的基本情况

我国在 1987 年由中国科学院高能物理研究所通过 X.25 租用线路实现了国际远程联网。1994 年 5 月，高能物理研究所的计算机正式接入了 Internet。与此同时，以清华大学为网络中心的中国教育与科研网也于 1994 年 6 月正式联通 Internet。1996 年 6 月，我国最大的 Internet 互联子网 ChinaNet 也正式开通并投入运营，在国内兴起了一股研究、学习和使用 Internet 的浪潮。

为了规范发展，1996 年 1 月 23 日，国务院发布《中华人民共和国计算机信息网络国际联网管理暂行规定》。其中明确规定只允许 4 个互联网络拥有国际出口：中国科技网、中国教育和科研计算机网、中国公用计算机互联网、中国金桥信息网。前两个网络主要面向科研和教育机构，后两个网络以运营为目的，是属于商业性质的互联网。这里，“国际出口”是指互联网络与 Internet 连接的端口及通信线路。

我国 Internet 的发展经历了 3 个阶段：

第一阶段（1987—1993 年）实现了与 Internet 电子邮件的连通。

第二阶段（1994—1995 年）实现了 Internet 的 TCP/IP 连接，提供 Internet 的全能服务。

第三阶段（1995 年至今），开始了以 ChinaNet 作为中国公用计算机互联网主干网的阶段。

我国制定了“应用为主导、面向市场、网络共建、资源共享、技术创新、竞争开放”的方针，并初步建成了光缆、微波和通信卫星所构成的通达各省、自治区、直辖市的主干信息网络，但在当时的环境背景下，其速度和密度均未达到后来提出的“信息高速公路”的要求。

（1）中国国家计算机与网络设施

NCFC（the National Computer and Networking Facility of China）亦称中国科技网（China Science and Technology Net CSTNet），是由中科院主持，联合北京大学、清华大学共同建设的全国性的网络。该网络工程于 1990 年 4 月启动，1993 年正式开通与 Internet 的专线连接，1994 年 5 月 21 日完成了我国最高域名 cn 主要服务器的设置，标志着我国正式接入 Internet。其主导思想是为科研、教育和非营利性政府部门服务，提供科技数据库、科研成果、信息服务等。目前该网络已经连接了全国各主要城市的上百个研究所。

（2）中国教育和科研计算机网

CERNet（China Education and Research Network）是 1994 年由国家计委和国家教委组建的一个全国性的教育科研基础设施。CERNet 完全是由我国技术人员独立自主设计、建设和管理的计算机互联网络。它主要为高等院校和科研单位服务，其目标是建立一个全国性的教育科研信息基础设施，利用计算机技术和网络技术把全国大部分高校和有条件的中小学连接起来，推动教育科研信息的交流和共享，为我国信息化建设培养人才。

（3）中国公用计算机互联网

ChinaNet 是第一个由我国人员自己设计、建设及运营管理的大型公用计算机互联网，是覆盖全国所有省份，以提供公共服务为主要目的，在全国范围内实现用户全透明漫游和统一的、中英文用户界面的大型数据通信网络。整个网络具有充足的高速路径来保证网络的高可靠性，并采用了先进的安全技术来保证全网的安全性。

（4）中国金桥信息网

自 1993 年开始建设的 ChinaGBN（China Golden Bridge Network）是配合我国的四金工程——金税（即银行）、金关（即海关）、金卫（即卫生部）和金盾（即公安部）的计算机网络。ChinaGBN 以卫星综合数字业务网为基础，以光纤、无线移动等方式形成的立体网络结构，覆盖全国各省市自治区。与 ChinaNet 一样，ChinaGBN 也是可在全国范围内提供 Internet 商业服务的网络。

随着全球信息一体化的提出，近 30 年来，我国 Internet 的普及、应用与发展水平突飞猛进。2023 年 3 月 2 日，中国互联网络信息中心（China Internet Network Information Center，CNNIC）在北京发布第 51 次《中国互联网络发展状况统计报告》（以下简称《报告》）。《报告》

显示，截至 2022 年 12 月，我国网民规模达 10.67 亿，较 2021 年 12 月增长 3549 万，互联网普及率达 75.6%。在网络基础资源方面，截至 2022 年 12 月，我国域名总数达 3440 万个，IPv6 地址数量达 67369 块/32，较 2021 年 12 月增长 6.8%；我国 IPv6 活跃用户数达7.28 亿。在信息通信业方面，截至 2022 年 12 月，我国 5G 基站总数达 231 万个，占移动基站总数的 21.3%，较 2021 年 12 月提高 7%。在物联网发展方面，截至 2022 年 12 月，我国移动网络的终端连接总数已达 35.28 亿户，移动物联网链接数达到 18.45 亿户，万物互联基础不断夯实。

随着社会科技、文化和经济的发展，人们对信息资源的开发和使用越来越重视。随着计算机网络技术的发展，Internet 已经成为一个开发和使用覆盖全球的信息资源的海洋。

6.3.2 Internet 的主要特点

Internet 不仅拥有普通网络所有的特性，还具有自己的特点。

（1）开放性

Internet 不属于任何一个国家、部门、单位或个人，并没有一个专门的管理机构对整个网络进行维护。任何用户或计算机只要遵守 TCP/IP 都可进入 Internet。

（2）先进性

Internet 是现代化通信技术和信息处理技术的融合。它使用了各种现代通信技术，充分利用了各种通信网，如公用电话交换网（Public Switch Telephone Network，PSTN）、数据网（如帧中继等）、数字数据网（Digital Data Network，DDN）、综合业务数字网（Integrated Services Digital Network，ISDN）。这些通信网遍布全球，并促进了通信技术的发展，如电子邮件、网络电话、网络传真、网络视频会议等，增加了人们交流的途径，加快了交流速度，缩短了全世界范围内人与人之间的距离。

（3）平等性

Internet 是“不分等级”的。在 Internet 内，你是怎样的人仅仅取决于你通过键盘操作而表现出来的你。个人、企业、政府组织之间是平等的、无级别的。

（4）交互性

Internet 是平等自由的信息沟通平台，信息的流动和交互是双向的，交流双方可以平等地进行信息沟通，及时获得所需信息。

（5）个性

Internet 作为一个虚拟沟通社区，它可以鲜明地突出个人特色，只有那些有特色的信息和服务，才可能在 Internet 上不被信息的海洋所淹没。Internet 引导的是个性化的时代。

（6）全球性

Internet 从商业化运作一开始，就表现出无国界性，信息流动是自由的、无限制的。因此，Internet 是全球性的产物，当然全球化的同时并不排除本地化，如 Internet 上主流语言是英语，但对于中国人习惯的还是汉语。

（7）资源的丰富性

Internet 中有数以万计的计算机，形成了一个巨大的计算机资源，可以为全球用户提供极其丰富的信息资源，包括自然、社会、科技、教育、政治、历史、商业、金融、卫生、娱乐、天气预报等信息。

此外，Internet 还具有合作性、虚拟性和共享性等特点。

6.3.3 网络协议

计算机之间通信时，需要使用一种双方都能理解的“语言”，这就是网络协议（Network Protocol）。网络协议是为计算机网络中进行数据交换而建立的规则、标准或约定的集合。它具体是指计算机间通信时对传输信息内容的理解、信息表示形式，以及在各种情况下的应答信号都必须遵守的一个共同的约定。在网络上有许多由不同组织出于不同应用目的而应用在不同范围内的网络协议。协议的实现既可以在硬件上完成也可以在软件上完成，还可以综合完成。目前局域网和 Internet 中主要使用的协议是 TCP/IP，它是计算机网络中事实上的工业标准。

TCP/IP 是应用最为广泛的一种网络通信协议，无论是局域网、广域网还是 Internet，无论是 UNIX 系统还是 Windows 系统，都支持 TCP/IP，TCP/IP 是计算机网络世界的通用语言。TCP/IP 是一些协议的集合，其中最主要的两个协议是传输控制协议 TCP（Transmission Control Protocol）和互联网协议 IP（Internet Protocol），其他协议包括 UDP（User Datagram Protocol，用户数据报协议）、ICMP（Internet Control Message Protocol，互联网控制报文协议）、SMTP（Simple Mail Transfer Protocol，简单邮件传送协议）和 FTP（File Transfer Protocol，文件传送协议）等。

TCP/IP 是一个 4 层的分层体系结构，从上至下分别为应用层、传输层、网际层和网络接口层。在 TCP/IP 体系结构中，下层总是为相邻的上层提供服务，是上层的支撑；上层只调用相邻下层提供的服务，至于下层如何实现服务的，上层不关心。那么，TCP/IP 是如何进行网络传输的呢？

TCP/IP 的基本传输单位是数据包，TCP 负责把数据分成若干个数据包，并给每个数据包加上包头，包头中有编号，以保证目的主机能将数据还原为原来的格式。IP 在每个包头上再加上接收端主机的 IP 地址，这样数据能找到自己要去的地方。如果传输过程中出现数据失真、数据丢失等情况，TCP 会自动请求重新传输数据，并重组数据包。可以说，IP 保证数据的传输，TCP 保证数据传输的质量。

6.3.4 Internet 地址与域名

1. IP 地址

IP 地址是 Internet 上的通信地址，在 Internet 上是唯一的。目前的 IP 地址是由 32 位二进制数组成的，共 4 个字节，例如 11000000.10101000.00101010.00011101。为了便于表达和识别，IP 地址常以十进制数形式来表示。因为一个字节所能表示的最大十进制数是 255，所以每段整数的范围是 0~255。例如，上面用二进制数表示的 IP 地址可用十进制表示为 192.168.42.29。这种表示 IP 地址的方法称为“点分十进制法”。需要说明的是，全 0 和全 1 的 IP 地址系统另有用处。

IP 地址是层次性的地址，分为网络地址和主机地址两部分。处于同一网络内的各主机，其网络地址部分是相同的，主机地址部分则标识了该网络中的某个具体结点，如工作站、服务站、路由器或其他网络设备。

IP 地址可以分为 A~E 共 5 类，常用的只有 A、B、C 这 3 类。通常 A 类地址适用于大型网络、B 类地址适用于中型网络、C 类地址适用于小型网络。D 类地址为多播（Multicast）地址，E 类是保留的实验性地址。IP 地址的分类见表 6-1。

表 6-1　IP 地址的分类

分类别	网络地址值	网络地址	主机地址	网络数量	每个网络上主机数量
A	1～126	第一个字节	第二、三、四字节	126	16777214
B	128～191	前两个字节	第三、四字节	16384	65534
C	192～223	前三个字节	第四字节	2097152	254
D	224～239	多路广播保留	N/A	N/A	N/A
E	240～254	实验性保留	N/A	N/A	N/A

目前 IP 的版本是 IPv4，随着 Internet 呈指数级增长，32 位 IP 地址空间越来越紧张，网络地址将用尽，迫切需要新版本的 IP，于是产生了 IPv6。IPv6 使用 128 位地址，它支持的地址数是 IPv4 的 2^{96}倍，这个地址空间是足够多的。IPv6 在设计时，保留了 IPv4 的一些基本特征，这使采用新老技术的各种网络系统在 Internet 上能够互联。

2. 子网掩码

在 TCP/IP 中，常用子网掩码来区分网络上的主机是否在同一网络区段内。子网掩码也是一个 32 位的数字。其构成规则是所有标识网络地址和子网地址的部分用 1 表示，主机地址用 0 表示。

由于 IP 地址只有 32 位，对于 A、B 两类编码方式，经常会遇到网络编码范围不够的情况。为了解决这个问题，可以在 IP 地址中增加一个子网标识成分，此时的 IP 地址应包含网络标识、子网标识和主机标识 3 个部分。其中，子网标识占用一部分主机标识，至于占几位可视具体情况而定。在组建计算机网络时，通过子网技术将单个大的网划分为多个小的网络，并由路由器等网络互联设备连接，可以减轻网络拥挤，提高网络性能。

在 TCP/IP 中，通过子网掩码来表明子网的划分。32 位的子网掩码也用圆点分隔成 4 段。其标识方法是 IP 地址中网络和子网部分用二进制数 1 表示；主机部分用二进制数 0 表示。A、B、C 这 3 类 IP 地址的默认子网掩码如下：A 类的是 255.0.0.0；B 类的是 255.255.0.0；C 类的是 255.255.255.0。

3. 域名地址的构成

由于 IP 地址是由无规则的数字构成的，不便于记忆，因此 Internet 使用了字符型的主机命名机制 DNS（Domain Name System，域名系统）。它是一种在 Internet 中使用的分配名称和地址的机制。域名系统允许用户使用更为人性化的字符标识，而不是 IP 地址来访问 Internet 上的主机。如访问搜狐首页，只需输入 www.sohu.com 即可，而不必使用其 IP 地址“XXX.XXX.XXX.XXX”（X 代表数字）。DNS 服务器负责进行主机域名和 IP 地址之间的自动转换。

在 Internet 发展初期，整个网络上的计算机数目有限，只需使用一个对照文件（其列出了所有主机名称和其对应的 IP 地址），当用户输入主机的名称时，计算机就可以很快地将其转换成 IP 地址。但是随着网络上主机数目迅速增加，仅使用一台域名服务器来负责域名到 IP 地址的转换就会出现问题。一是该域名服务器的负荷过重；二是如果该服务器出现故障，域名解析将全部瘫痪。为此，自 1983 年起，Internet 开始采用一种树状、层次化的 DNS。该系统是一个遍布在 Internet 上的分布式主机信息数据库，它采用客户机/服务器（C/S）的工作模式。它的基本任务就是用文字来表示域名，例如将 www. abc. com“翻译”成 IP 能够理解的 IP 地址格式，如 201. 3. 42. 100，这就是所谓的域名解析。域名解析的工作通常由域名服务器来完成。

域名系统是一个高效、可靠的分布式系统。域名系统确保大多数域名在本地就能对 IP 地址进行解析，仅少数需要向上一级域名服务器提出请求，这使得系统能高效运行。同时，域名系统具有可靠性，即使某台计算机发生故障，解析工作仍然能够进行。域名系统是一种包含主机信息的逻辑结构，它并不反映主机所在的物理位置。同 IP 地址一样，Internet 上的主机域名具有唯一性。

按照 Internet 的域名管理系统规定，入网的计算机通常应具有类似于下列结构的域名：计算机主机名. 机构名. 网络名. 顶级域名。

与 IP 地址格式相同，域名的各部分之间也用“.”隔开。例如，辽宁中医药大学的域名为 www. lnutcm. edu. cn。其中，www 表示这台主机的名称；lnutcm 表示辽宁中医药大学；edu 表示教育机构；cn 表示中国。

域名系统负责对域名进行转换，为了提高转换效率，Internet 上的域名采用了一种由上到下的层次关系。最顶层称为顶级域名。

顶级域名目前采用两种划分方式：以机构或行业领域进行划分；以部分国家或地区进行划分。常见的顶级域名见表 6-2 和表 6-3。

表 6-2　机构或行业领域的顶级域名

域名	含义	域名	含义
Com	商业组织	org	其他组织（包括非营利性组织）
net	网络和服务提供商	int	国际组织
edu	教育机构	web	强调其活动与 Web 有关的组织
gov	除军事部门以外的政府组织	arts	从事文化和娱乐活动的组织
mil	军事组织	info	提供信息服务的组织

表 6-3　部分国家或地区的顶级域名

域名	国家或地区	域名	国家或地区
au	澳大利亚	in	印度
br	巴西	it	意大利
ca	加拿大	jp	日本
cn	中国	kr	韩国
de	德国	sg	新加坡
fr	法国	tw	中国台湾
hk	中国香港	uk	英国

顶级域名由 Internet 网络中心负责管理。国家或地区顶级域名下的二级域名由各个国家或地区自行确定。我国的顶级域名 cn 由 CNNIC 负责管理，在 cn 下可由经国家认证的域名注册服务机构注册二级域名。我国将二级域名按照行业类别或行政区域来划分。行业类别大

致分为 com（商业组织）、edu（教育机构）、gov（除军事部门以外的政府组织）、net（网络和服务提供商）等；行政区域二级域名适用于各省、自治区、直辖市、特别行政区，共 34 个，采用省级行政区名的简称，如 ln 为辽宁省等。可见，Internet 域名系统是逐层、逐级由大到小进行划分的，这样既提高了域名解析的效率，同时也保证了主机域名的唯一性。

6.3.5　Internet 接入技术

传统的 Internet 接入方式是利用电话网，采用拨号方式进行接入。这种接入方式的缺点是显而易见的，如通话与上网的矛盾、上网费用贵、网络带宽的限制等问题，以及视频点播、网上游戏、视频会议等多媒体功能难以实现。随着 Internet 接入技术的发展，高速访问 Internet 的技术已经逐渐成熟。

对于想要加入 Internet 的用户，首先要选择提供 Internet 服务的提供商（Internet Service Provider，ISP），它是众多企业和个人用户接入 Internet 的“驿站”和“桥梁”。国内目前有四大 ISP，即前面提到的 CSTNet、CERNet、ChinaNet、ChinaGBN。

ISP 提供了多种接入方式，以满足用户的不同需求，主要包括调制解调器接入、ISDN 拨号接入、ADSL（Asymmetric Digital Subscriber Line）接入、Cable Modem 接入、无线接入、高速局域网接入等。

1. 调制解调器接入

调制解调器（Modem）是最为传统的接入方式，它是一种能够使计算机通过电话线与其他计算机进行通信的设备。其作用如下：一方面将计算机的数字信号转换成可在电话线上传送的模拟信号（这一过程称为“调制”）；另一方面，将电话线传输的模拟信号转换成计算机所能接收的数字信号（这一过程称为“解调”）。此类拨号上网曾是最为流行的上网方式，只要有电话线和一台调制解调器，就可以上网。

目前市面上的 Modem 主要有内置、外置、PCMCIA（Personal Compater Memory Card International Association）卡式 3 种。它的重要技术指标是传输速率，即每秒可传输的数据位数，以 bit/s 为单位。目前经常使用的 Modem 的传输速率为 56Kbit/s。

利用 Modem 接入网络时，要进行数字信号和模拟信号之间的转换，因此网络连接速度较慢、性能较差。

2. ISDN 拨号接入

ISDN 接入技术俗称“一线通”。它采用数字传输和数字交换技术，将电话、传真、数据、图像等多种业务综合在一个统一的数字网络中进行传输和处理。用户利用一条 ISDN 线路，可以在上网的同时拨打电话、收发传真，就像两条电话线一样。ISDN 基本速率接口有两条：一条 64Kbit/s 的信息通路和一条 16Kbit/s 的信令通路，简称 2B+D。当有电话拨入时，它会自动释放一个信道来进行电话接听。

像普通拨号上网要使用 Modem 一样，用户使用 ISDN 也需要专用的终端设备，该设备主要由网络终端 NT1 和 ISDN 适配器组成。网络终端 NT1 就像有线电视用户接入盒一样必不可少，它为 ISDN 适配器提供接口和接入方式。ISDN 适配器和 Modem 一样又分为内置和外置两类，内置的一般称为 ISDN 内置卡或 ISDN 适配卡，外置的 ISDN 适配器则称为 TA。

3. ADSL 接入

ADSL 是非对称数字用户线路的简称，是利用公用电话网提供宽带数据业务的技术，是目前应用较广的接入方式。这里的“非对称”指的是网络的上传和下载速度的不同。通常人们从网络上下载的信息量要远大于上传的信息量，因此采用了非对称的传输方式，满足用户的实际需要，充分合理地利用资源。

ADSL 属于专线上网方式，用户需要配置一个网卡和专用的 ADSL Modem。同传统的 Modem 接入方式不同之处在于，它能提供的带宽很高，通常 ADSL 支持的上行速率为 640Kbit/s~1Mbit/s，下行速率为 1~8Mbit/s，几乎可以满足任何用户的需要，包括视频或多媒体类数据的实时传送。此外，ADSL 也不影响电话线的使用，可以在上网的同时正常通话，因此受到广大家庭用户的欢迎。目前，ADSL 是主流的接入方式。

4. Cable Modem 接入

Cable Modem 即线缆调制解调器，它利用有线电视线路接入 Internet，接入速率高达 10~30Mbit/s，可以实现视频点播、互动游戏等大容量数据的传送。接入时，将整个电缆（目前使用较多的是同轴电缆）划分为 3 个频带，分别用于 Cable Modem 数字信号上传、数字信号下传及电视节目模拟信号下传。一般同轴电缆的带宽为 5~750MHz，数字信号的上传带宽为 5~42MHz。模拟信号的下传带宽为 50~550MHz，数字信号的下传带宽则是 550~750MHz。这样，数字信号的传送和模拟信号的传送不会产生冲突。该接入方式的特点是带宽高、速度快、成本低、不受连接距离的限制、不占用电话线、不影响收看电视节目。

截至 2022 年 12 月底，我国有线数字电视用户近 2 亿户，所以在有线电视网上开展网络数据业务的前景非常广阔。

5. 无线接入

用户不仅可以通过有线设备接入 Internet，也可以通过无线设备接入 Internet。无线接入方式一般适用于接入距离较近、布线难度大、布线成本较高的场景。目前常见的无线接入技术有蓝牙技术、全球移动通信系统（Global System for Mobile Communication，GSM）、通用分组无线业务（General Packet Radio Service，GPRS）、码分多址（Code Division Multiple Access，CDMA）、第三代数字通信（the 3rd Generation，3G）、第四代数字通信（the 4th Generation，4G）等。其中，蓝牙技术适用于传输范围一般在 10m 以内的多设备之间的信息交换，如手机与手机、手机与计算机相连等；GSM、GPRS、CDMA、3G、4G 技术目前主要用于个人移动电话通信及上网。

从历史角度和发展规律来看：2G 技术已成过去式，3G 技术渐成过去式，4G 技术作为进行时，但也最终将被新技术所取代，显而易见的是，5G 技术将主导未来。与现有移动通信技术相比，5G 技术有 3 个革命性的进步：千亿级别的连接数量、1ms 的超低时延、网络峰值速率可达 10Gbit/s 级别。5G 技术将超越目前的移动接入架构，超越目前传统信息论指导下的宽带无线通信技术体系，成为无线接入的必然之选。自 2020 年 5G 技术正式投入商用以来，经过近几年的持续发展，我国 5G 技术已经处于世界领先地位。5G 技术正在引领着全球网络格局的变化。

6. 高速局域网接入

用户如果是局域网中的节点（终端或计算机），可以通过局域网中的服务器（或代理服务器）接入 Internet。

用户在选择接入 Internet 的方式时，可以从地域、质量、价格、性能、稳定性等方面考虑，选择适合自己的接入方式。

6.4　Internet 提供的主要服务

Internet 的应用越来越广泛，它改变了人们传统的信息交流方式，学习网络与 Internet 知识的目的就是利用 Internet 上的各种信息和服务，为学习、工作、生活和交流提供帮助。Internet 的基本服务主要包括 WWW 服务、电子邮件服务（E-mail）、文件传送服务（File Transfer Protocol，FTP）、远程登录服务（Telnet）、公告板系统（Bulletin Board System，BBS）、信息浏览服务（Gopher）、广域信息服务（Wide Area Information Service，WAIS）等。

6.4.1　WWW 服务

1. WWW 的概念

WWW（World Wide Web）通常被称作万维网。它不是普通意义上的物理网络，而是一种信息服务器的集合标准。

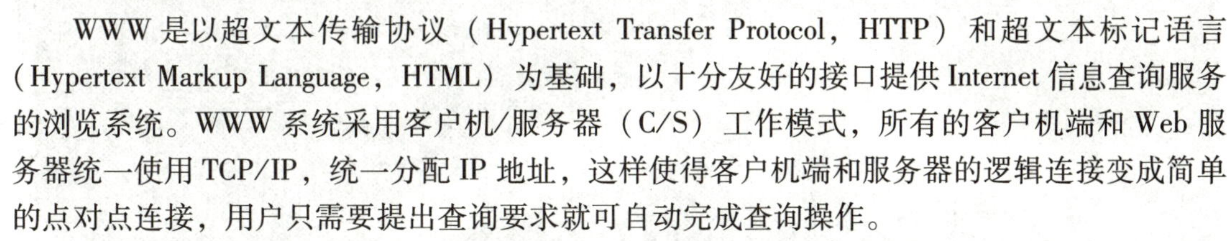

WWW 是以超文本传输协议（Hypertext Transfer Protocol，HTTP）和超文本标记语言（Hypertext Markup Language，HTML）为基础，以十分友好的接口提供 Internet 信息查询服务的浏览系统。WWW 系统采用客户机/服务器（C/S）工作模式，所有的客户机端和 Web 服务器统一使用 TCP/IP，统一分配 IP 地址，这样使得客户机端和服务器的逻辑连接变成简单的点对点连接，用户只需要提出查询要求就可自动完成查询操作。

在网络浏览器中所看到的画面叫作网页，也称 Web 页。多个相关的 Web 页组合在一起便组成一个 Web 站点。一个 Web 站点上存放了诸多的页面，其中最先看到的是主页（Home Page）。主页指一个 Web 站点的首页，从该页出发可以链接到本站点的其他页面，也可以链接到其他站点。这样，就可以方便地联通世界上任何一个 Internet 节点了。

Web 页采用超文本的格式。它除了包含文本、图像、声音、视频等信息外，还含有指向其他 Web 页或页面定向某特定位置的超链接。文本、图像、声音、视频等多媒体技术使 Web 页的画面生动活泼，超链接使文本按三维空间的模式进行组织，信息不仅可按线性方向搜索，而且可按交叉方式访问。超文本中的某些文字或图形可作为超链接源。当鼠标指针指向超链接时，指针变成手指形，用户单击这些文字或图形时，可进入另一超文本，通过超链接可带来更多与此相关的文字、图片等信息。

2. 统一资源定位器

WWW 使用统一资源定位器（Uniform Resource Locator，URL），使客户程序能找到位于整个 Internet 范围的某个信息资源。URL 由 3 部分组成：协议、存放资源的主机域名及资源的路径名和文件名。当 URL 省略资源文件名时，表示将定位于 Web 站点的主页。

资源类型中的 HTTP 表示检索文档的协议，称为超文本传输协议。它是在客户机/服务器模型上发展起来的信息分布方式。HTTP 通过客户机和服务器彼此互相发送消息的方式进行工作。客户通过程序向服务器发出请求，并访问服务器上的数据，服务器通过设定的公用网关接口（Common Gateway Interface，CGI）程序返回数据。

3. WWW 浏览器

WWW 浏览器是一种专门用于定位和访问 Web 信息，获取自己希望得到的资源的导航工具，它是一种交互式的应用程序。目前常见的 WWW 浏览器主要有 360 极速浏览器、Firefox 火狐浏览器、Google chrome 浏览器等。

浏览 Web 页时，如果发现有用的信息，可以保存整个 Web 页，也可以保存其中的部分文本、图片的内容。此外，还可以将网页上的图片作为计算机壁纸在桌面上显示，或将网页打印出来。

【例 6-1】 上网浏览信息。

这里以 360 极速浏览器为例，讲解上网浏览信息的操作步骤。

1）双击 360 极速浏览器启动图标，打开 360 极速浏览器。

2）在地址栏输入“www. hcc. edu. com”，打开哈尔滨剑桥学院官网首页，如图 6-15 所示。

图 6-15 哈尔滨剑桥学院官网首页

3）在感兴趣的图片或者文字处单击即可打开相关网页进行浏览，如单击图 6-15 中的“机构设置”链接，弹出如图 6-16 所示网页。

4. 搜索引擎

Internet 中拥有数以百万计的 WWW 服务器，而且 WWW 服务器所提供的信息种类及所覆盖的领域也极为丰富，如果用户想要在数百万个网站中快速、有效地查找到所要的信息，就需要借助搜索引擎。

搜索引擎是 Internet 上的一个 WWW 服务器，它的主要任务是在 Internet 中主动搜索其他 WWW 服务器中的信息并对其自动索引，将索引内容存储在可供查询的大型数据库中。用户可以利用搜索引擎提供的分类目录和查询功能查找需要的信息。搜索引擎包括全文搜索引擎、目录搜索引擎、元搜索引擎、垂直搜索引擎、集合式搜索引擎、门户搜索引擎与免费链接列表等。百度和谷歌等是搜索引擎的代表网站。

图 6-16　浏览网页

【例 6-2】　上网搜索信息。

操作步骤如下：

1）双击 360 极速浏览器启动图标，打开 360 极速浏览器，在地址栏输入“www. baidu. com”，打开百度首页。

2）在文本框中输入“篮球”，如图 6-17 所示。

图 6-17　输入搜索关键字

3）按<Enter>键或单击“百度一下”按钮即可看到搜索结果，如图 6-18 所示。

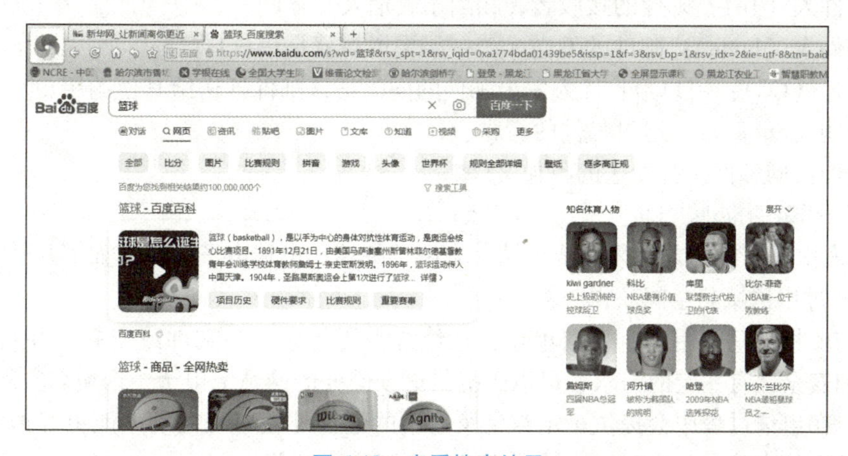

图 6-18　查看搜索结果

6.4.2 电子邮件服务

电子邮件（E-mail）是一种用户通过网络实现相互之间传送和接收信息的电子邮件通信方式。发送、接收和管理电子邮件是 Internet 的一项重要功能，它是 Internet 上应用较广泛的一种服务。电子邮件与邮局收发的普通信件一样，都是一种信息载体。但电子邮件与普通件相比主要差别在于，其具有快速、方便、可靠及内容丰富（除了普通文字外还可包含声音、动画、影像等信息）等特点。

1. 电子邮件的工作原理

邮件服务器是 Internet 上类似邮局的用来转发和处理电子邮件的服务器，其中发送邮件服务器与接收邮件服务器和用户直接相关。发送邮件的服务器采用简单邮件传送协议将用户编写的邮件转交到收件人手中；接收邮件的服务器采用邮局协议（Post Office Protocol，POP）将其他人发送的电子邮件暂时寄存，直到邮件接收者从服务器上下载到本地计算机上阅读。

2. 电子邮件中的常用术语

1）电子邮箱：通常是指由用户向 ISP 申请后，ISP 在邮件服务器上为用户开辟的一块磁盘空间。它可分为收费邮箱和免费邮箱。前者是指通过付费方式得到的一个用户账号，收费邮箱有容量大、安全性高等特点；后者是指一些网站上提供给用户的免费空间，用户只需填写申请资料即可获得用户账号，免费邮箱具有免付费、使用方便等特点，是目前使用较为广泛的一种电子邮箱。

2）电子邮件地址：电子邮件像普通的邮件一样，也需要地址，它与普通邮件的区别在于它是电子地址。所有在 Internet 之上拥有邮箱的用户都有自己的电子邮件地址，并且这些地址都是唯一的。邮件服务器就是根据这些地址，将每封电子邮件传送给各个用户的。用户只有在拥有一个电子邮件地址后才能使用电子邮件。一个完整的电子邮件地址由两个部分组成，格式如下：

用户账号@主机域名。

其中，符号@读作“at”，表示“在”的意思；@左侧的用户账号即为用户的邮箱名，@右侧的是邮件服务器的主机名和域名。例如 zhn@mail. lnutcm. edu. cn。

3）收件人（To）：邮件的接收者，相当于收信人。

4）发件人（From）：邮件的发送人，一般来说，就是用户自己。

5）抄送（CC）：用户给收件人发出邮件的同时把该邮件抄送给其他的用户。

6）主题（Subject）：这封邮件的标题。

7）附件：同邮件一起发送的附加文件。

3. 电子邮箱的申请方法

在收/发电子邮件之前必须先要申请一个电子邮箱。申请电子邮箱有如下几种方式。

（1）通过申请域名空间获得邮箱

如果需要将邮箱应用于企事业单位，且经常需要传递一些文件或资料，并对邮箱的数量、大小和安全性有一定的需求，可以到提供该项服务的网站上申请一个域名空间，也就是主页空间。在申请过程中会提供一定数量及大小的电子邮箱，以便别人能更好地访问主页。这种电子邮箱的申请需要支付一定的费用，适用于集体或单位。

（2）通过网站申请免费邮箱

提供电子邮件服务的网站有很多，如果用户需要申请一个邮箱，只需登录相应的网站，单击注册邮箱的超链接，根据提示信息填写好资料，即可注册申请一个电子邮箱。

【例 6-3】　申请免费电子邮箱并发送电子邮件。

（1）申请免费电子邮箱

1）进入新浪邮箱登录注册界面，单击“注册”按钮，如图 6-19 所示。

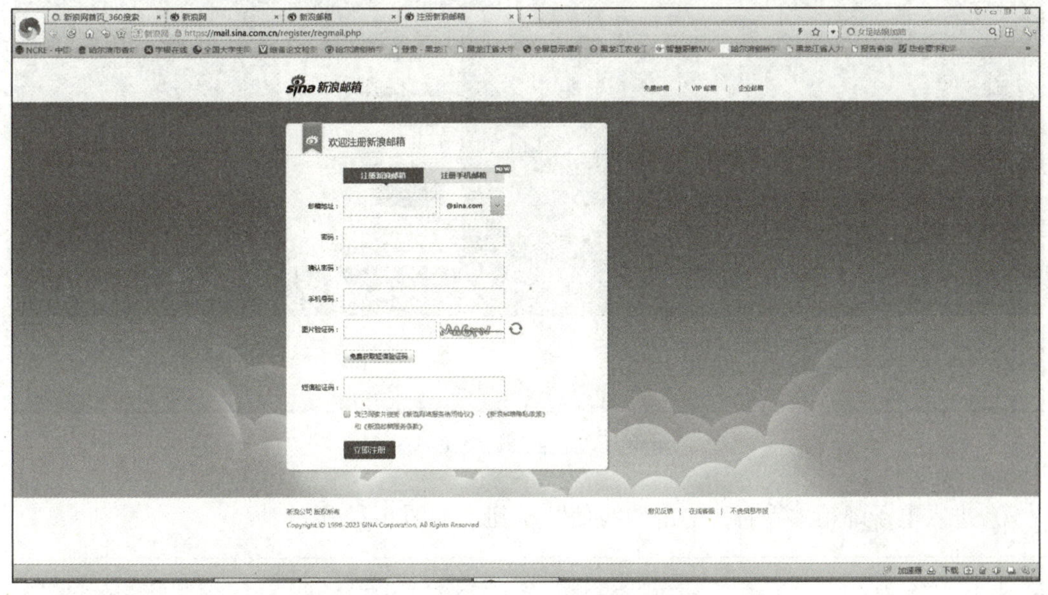

图 6-19　新浪邮箱登录注册界面

2）进入新浪电子邮箱注册窗口，按项目填写信息，如图 6-20 所示。单击“立即注册”按钮，如果信息无误即会出现注册成功的画面。以后就可以正常使用该邮箱了。

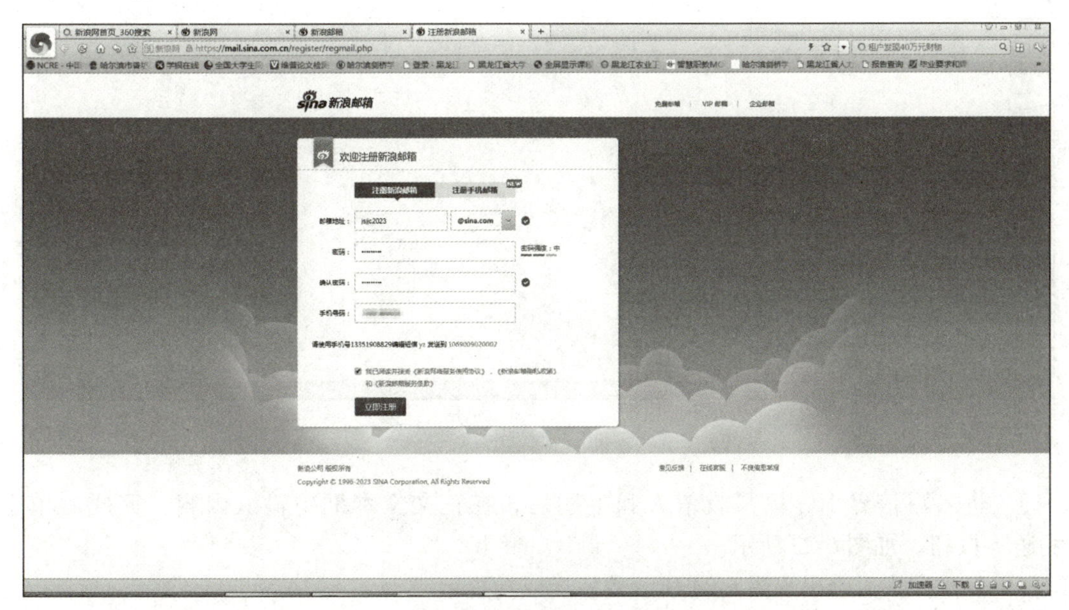

图 6-20　电子邮箱注册窗口

(2) 发送邮件

1）进入新浪邮箱登录界面，输入用户名和密码，单击“登录”按钮，如图 6-21 所示。

图 6-21 新浪邮箱登录界面

2）进入电子邮箱主界面，单击“写信”按钮，如图 6-22 所示。

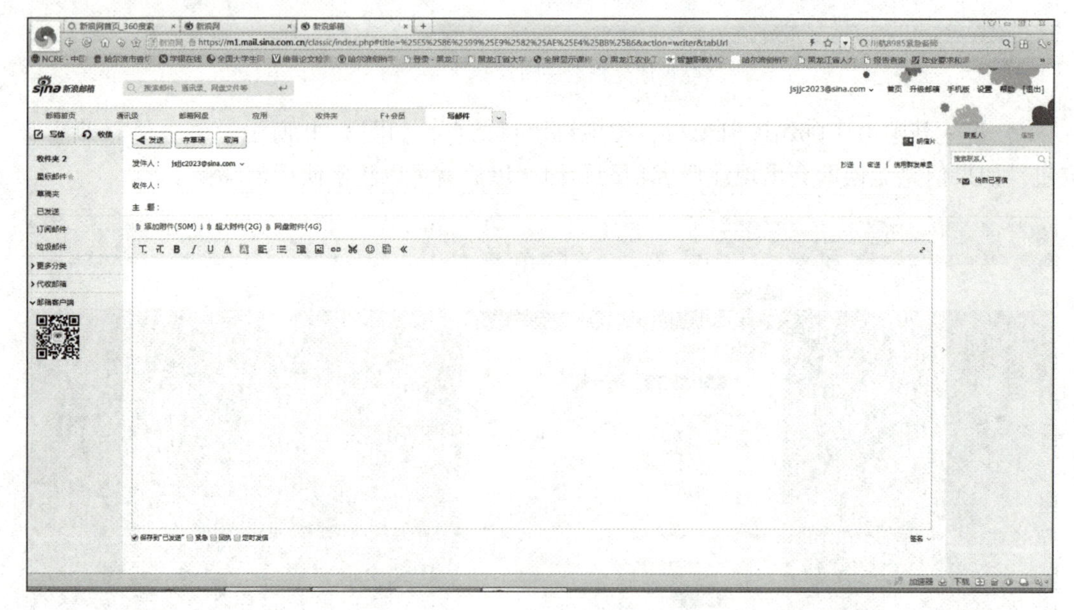

图 6-22 进入电子邮箱主界面

3）进入写信界面，填写收信人和主题后，在正文文本框中输入内容，完成后单击“发送”按钮，如图 6-23 所示。

4）发送完成后会出现图 6-24 所示的发送成功提示。

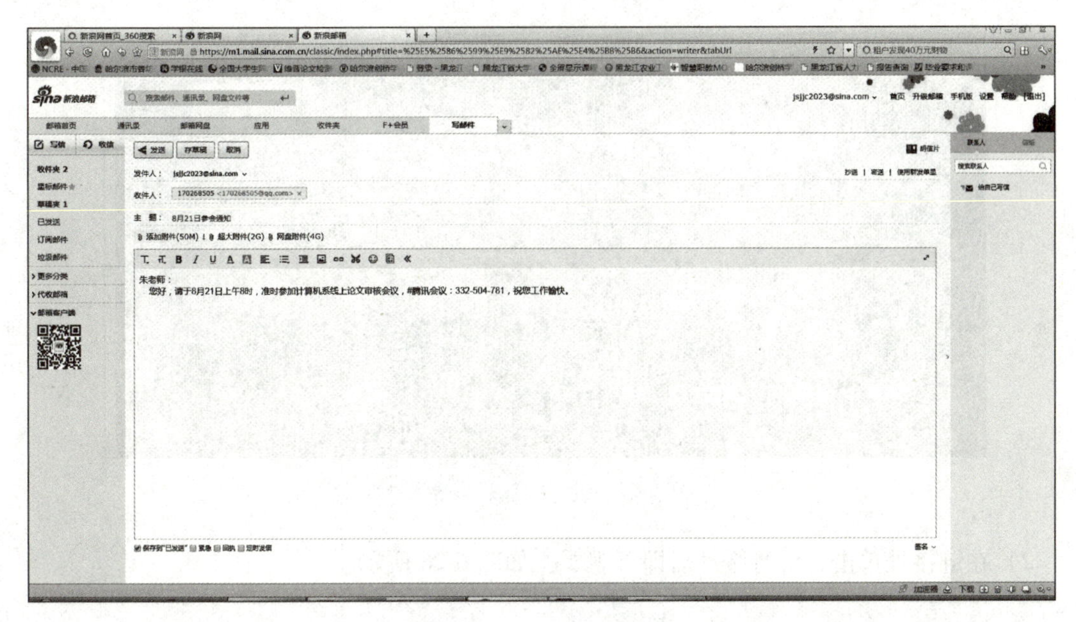

图 6-23 进入写信界面

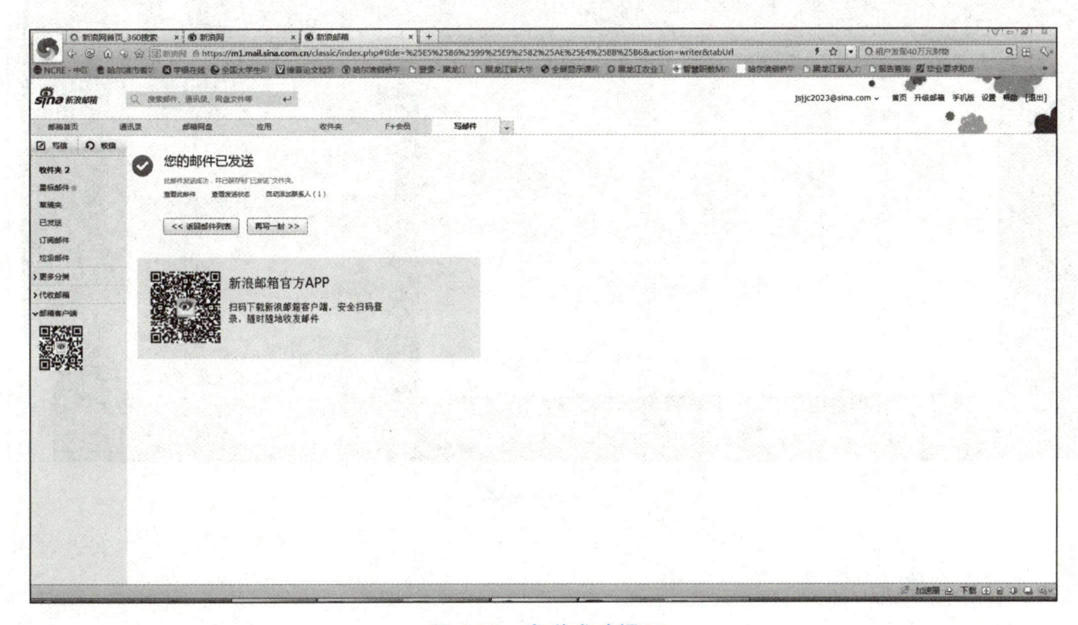

图 6-24 发送成功提示

6.4.3 上网观看视频与电视

【例 6-4】 上网观看视频。

操作步骤如下：

1）双击 360 极速浏览器启动图标，打开 360 极速浏览器，在地址栏输入“http://tv.sohu.com”，进入搜狐视频界面，选择想要收看的视频，如图 6-25 所示。

图 6-25　进入搜狐视频界面

2）在链接处单击，等待缓冲后即可观看，如图 6-26 所示。

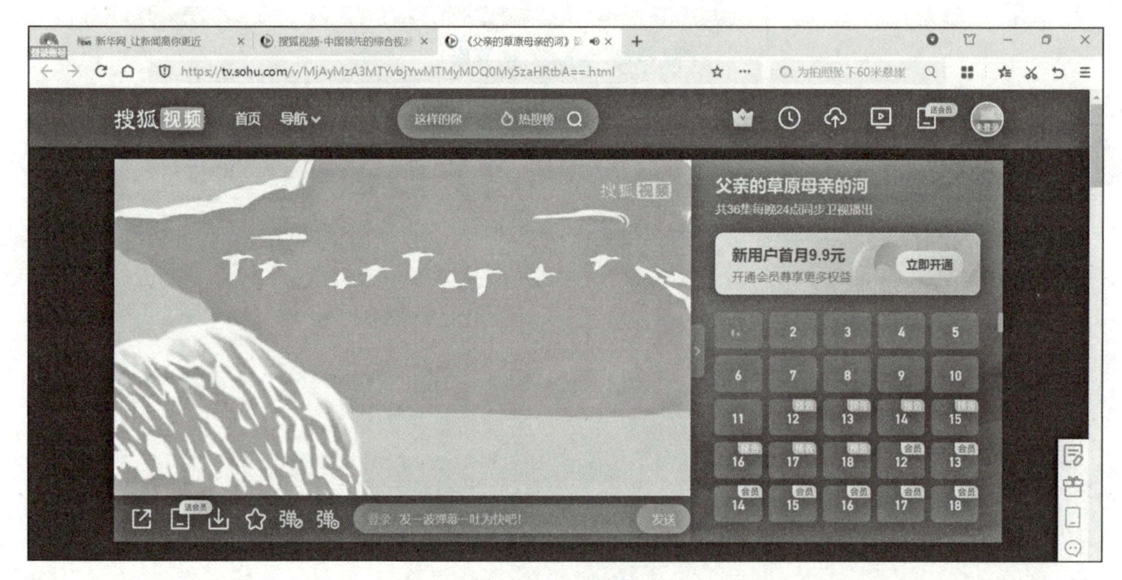

图 6-26　观看

6.4.4　文件传送服务

文件传送服务通常用来获取远程计算机上的文件。文件传送是一种实时的联机服务，在进行工作时用户首先要登录到对方的计算机上，用户在登录后仅可以进行与文件搜索和文件传送相关的操作，如改变当前的工作目录、列文件目录、设置传输参数、传送文件等。使用文件传送协议（File Transfer Protocol，FTP）可以传送多种类型的文件，如程序文件、图像文件、声音文件、压缩文件等。

FTP 是 Internet 文件传送的基础。通过该协议，用户可以从一个 Internet 主机向另一个 Internet 主机“下载”或“上传”文件。“下载”文件就是从远程主机复制文件到自己的计算机上，“上传”文件就是将文件从自己的计算机中复制到远程主机上。用户可通过匿名

(Anonymous) FTP 或身份验证（通过用户及密码验证）连接到远程主机上，并下载文件。FTP 主要用于下载公共文件。

6.4.5 远程登录服务

远程登录服务是指用户使用 Telnet 命令，使自己的计算机暂时成为远程主机的一个仿真终端的过程。仿真终端等效于一个非智能的机器，它只负责把用户输入的每个字符传送给主机，再将主机输出的每个信息显示在屏幕上。Telnet 是进行远程登录的标准协议和主要方式，它为用户提供了在本地计算机上完成远程主机工作的功能。

通过使用 Telnet，用户可以在自己的计算机上通过 Internet 登录到另一台远程计算机上，这台计算机可以在隔壁的房间里，也可以在地球的另一端。当登录上远程计算机后，你的计算机就仿佛是远程计算机的一个终端，就可以用自己的计算机直接操纵远程计算机，享受远程计算机本地终端同样的权力。用户可在远程计算机上启动一个交互式程序，可以检索远程计算机的某个数据库，还可以利用远程计算机强大的运算能力对某个方程式求解。

6.5 计算机网络安全基础

计算机网络安全是指利用网络管理控制和技术措施，保证在网络环境里，数据的保密性、完整性及可使用性。计算机网络安全包括两个方面，即物理安全和逻辑安全。物理安全指系统设备及相关设施受到物理保护，免于被破坏、丢失等。逻辑安全包括信息的完整性、保密性和可用性。

6.5.1 计算机网络安全的概念与特征

1. 计算机网络安全的概念

计算机网络安全的对象不仅包括组网的硬件、管理控制网络的软件，而且包括共享的资源、快捷的网络服务，所以定义网络安全应考虑涵盖计算机网络所涉及的全部内容。参照 ISO 给出的计算机安全定义可知，计算机网络安全是指保护计算机网络系统中的硬件、软件和数据资源，不因偶然或恶意的原因遭到破坏、更改、泄露，使网络系统连续可靠性地正常运行，网络服务正常有序。

2. 计算机网络安全的特征

对计算机网络构成不安全的因素有很多，包括人为因素、自然因素和偶发因素。其中，人为因素是指，一些不法之徒利用计算机网络存在的漏洞，潜入计算机，盗用计算机系统资源，非法获取重要数据、篡改系统数据、破坏硬件设备等。人为因素是对计算机信息网络安全威胁最大的因素。计算机网络安全因素主要表现在以下几个方面：

1）保密性：信息不泄露给非授权用户、实体或过程，或供他们利用的特性。

2）完整性：数据未经授权不能进行改变的特性，即信息在存储或传输过程中保持不被修改、不被破坏和丢失的特性。

3）可用性：可被授权实体访问并按需求使用的特性，即当需要时能否存取所需的信息。例如网络环境下拒绝服务、破坏网络和有关系统的正常运行等都属于对可用性的攻击。

4）可控性：对信息的传播及内容具有控制能力。

5）可审查性：出现安全问题时提供依据与手段。

因特网是对全世界都开放的网络，任何单位或个人都可以在网上方便地传输和获取各种信息，这种具有开放性、国际性、自由性的特点就对计算机网络安全提出了挑战。因特网的不安全性主要体现在以下几方面：

1）开放性：网络的技术是全开放的，这使得网络所面临的攻击来自多方面，或是来自物理传输线路的攻击，或是来自对网络通信协议的攻击，或是来自对计算机软件、硬件漏洞实施的攻击。

2）国际性：意味着对网络的攻击不仅来自本地网络的用户，还可以来自因特网上其他地区的黑客，所以，网络的安全面临着国际化的挑战。

3）自由性：大多数的网络对用户的使用没有技术上的约束，用户可以自由地上网，发布和获取各类信息。

6.5.2　计算机网络安全的威胁与防范

1. 计算机网络安全的威胁

网络系统面临的威胁主要来自外部的人为影响和自然环境的影响，它们包括对网络设备的威胁和对网络中信息的威胁。这些威胁的主要表现有非法授权访问、假冒合法用户、病毒破坏、线路窃听、黑客入侵、干扰系统正常运行、修改或删除数据等。这些威胁大致可分为无意威胁和故意威胁两大类。

（1）无意威胁

无意威胁是指在无预谋的情况下破坏系统的安全性、可靠性或信息的完整性。无意威胁主要是由一些偶然因素引起的，如软/硬件的机能失常、人为失误、电源故障和自然灾害等。

人为失误有：人为误操作，管理不善而造成系统信息丢失、设备被盗、发生火灾和水灾，安全设置不当而留下安全漏洞，用户口令不慎暴露，信息资源共享设置不当而被非法用户访问等。

自然灾害威胁有地震、暴风、泥石流、洪水、闪电雷击、虫鼠害、高温及各种污染等构成的威胁。

（2）故意威胁

故意威胁实际上就是“人为攻击”。由于网络本身存在脆弱性，因此总有某些人或某些组织想方设法利用网络系统达到某种目的，如从事工业、商业或军事情报搜集工作的“间谍”，对相应领域的网络信息是最感兴趣的，他们对网络系统的安全构成了主要威胁。

攻击者对系统的攻击可从随便浏览信息到使用特殊技术对系统进行攻击，以便得到有针对性的信息。这些攻击又可分为被动攻击和主动攻击。

被动攻击是指攻击者只通过监听网络线路上的信息流而获得信息内容，或获得信息的长度、传输频率等特征，从而进行信息流量分析攻击。被动攻击不干扰信息的正常流动，如被动地搭线窃听或非授权地阅读信息。被动攻击破坏了信息的保密性。

主动攻击是指攻击者对传输中的信息或存储的信息进行各种非法处理，有选择地更改、插入、删除或复制这些信息。主动攻击常用的方法有：篡改程序及数据、假冒合法用户入侵系统、破坏软件和数据、中断系统正常运行、传播计算机病毒、耗尽系统的服务资源而造成拒绝服务等。主动攻击的破坏力更大，它直接威胁网络系统的可靠性，以及信息的保密性、完整性和可用性。

被动攻击不容易被检测到，因为它没有影响信息的正常传送，发送方和接受方均不容易觉察。但被动攻击却容易防止，只要采用加密技术将传送的信息加密，即使该信息被窃取，非法接收者也不一定能识别信息的内容。

主动攻击较容易被检测到，但却难于防范。因为正常传送的信息被篡改或被伪造，接收方根据经验和规律能较容易地觉察出来。除采用加密技术外，还要采用鉴别技术和其他保护机制和措施，才能有效地防止主动攻击。

被动攻击和主动攻击有以下 4 种具体类型：

1）窃取：攻击者未经授权浏览了信息资源。这是对信息保密性的威胁。例如，通过搭线捕获线路上传输的数据等。

2）中断：攻击者中断正常的信息传输，使接收方收不到信息，正常的信息变得无用或无法使用。这是对信息可用性的威胁。例如，破坏存储介质、切断通信线路、入侵文件管理系统等。

3）篡改：攻击者未经授权而访问了信息资源，并篡改了信息。这是对信息完整性的威胁。例如，修改文件中的数据、改变程序功能、修改传输的报文内容等。

4）伪造：攻击者在系统中加入了伪造的内容。这也是对数据完整性的威胁。例如，向网络用户发送虚假信息，在文件中插入伪造的记录等。

2. 计算机网络安全的防范

对计算机网络系统与环境的防范手段主要有以下几种：

1）利用虚拟网络技术，防止基于网络监听的入侵手段。

2）利用防火墙技术保护网络免遭黑客袭击。

3）利用病毒防护技术防毒、查毒和杀毒。

4）利用入侵检测技术提供实时的入侵检测并采取相应的防护手段。

5）安全扫描技术为发现网络安全漏洞提供了强大的支持。

6）采用认证技术解决网络通信过程中通信双方的身份认可，采用数字签名技术实现通信过程中的不可抵赖性。

7）采用 VPN（Virtual Private Network，虚拟专用网络）技术实现公共网络的专用性。

8）利用应用系统的安全技术以保证电子邮件和操作系统等应用平台的安全。

目前，单机系统或初级用户重点考虑的主要是计算机病毒防护与防火墙技术两种防护手段。

6.5.3 计算机病毒防护

1. 计算机病毒的定义

计算机病毒（Computer Virus）在《中华人民共和国计算机信息系统安全保护条例》中被明确定义为，编制或者在计算机程序中插入的破坏计算机功能或者毁坏数据，影响计算机使用，并能自我复制的一组计算机指令或者程序代码。

与医学上的“病毒”不同，计算机病毒不是天然存在的，是某些人利用计算机软件和硬件所固有的脆弱性编制的一组指令集或程序代码。它能通过某种途径潜伏在计算机的存储介质（或程序）里，当达到某种条件时被激活，通过修改其他程序的方法将自己的精确复制或者可能演化的形式放入其他程序中，从而感染其他程序，对计算机资源进行破坏。所以说，计算机病毒就是人为造成的，对其他用户的危害性很大。

2. 计算机病毒的主要特征

计算机病毒具有以下几个特征。

（1）计算机病毒的破坏性

计算机病毒可以毁掉系统的部分数据，也可以破坏全部数据并使之无法恢复。但并非所有的病毒都对系统产生极其恶劣的破坏作用。有时几种本没有多大破坏作用的病毒交叉感染，也会导致系统发生崩溃等现象。

（2）计算机病毒的传染性

计算机病毒不但本身具有破坏性，更厉害的是具有传染性，一旦病毒被复制或产生变种，其传播速度之快令人难以预防。传染性是病毒的基本特征。计算机病毒是一段人为编制的计算机程序代码，这段程序代码一旦进入计算机并得以执行，它就会搜寻其他符合其传染条件的程序或存储介质，确定目标后再将自身代码插入其中，达到自我繁殖的目的。只要一台计算机染毒，如不及时处理，那么病毒会在这台机子上迅速扩散，其中的大量文件（一般是可执行文件）会被感染。而被感染的文件又成了新的传染源，在与其他机器进行数据交换或通过网络传播时，病毒会继续进行传染。

（3）计算机病毒的潜伏性

有些病毒像定时炸弹一样，让它什么时间发作是预先设计好的，不到预定时间一点都觉察不出来，等到条件具备的时候一下子就爆发出来，对系统进行破坏。一个编制精巧的计算机病毒程序在进入系统之后一般不会马上发作，可以在几周或几个月，甚至几年内隐藏在合法文件中，而不被人发现。其潜伏性越好，其在系统中的存在时间就会越长，病毒的传染范围就会越大。

（4）计算机病毒的隐蔽性

计算机病毒一般是具有很高编程技巧、短小精悍的程序。它通常附在正常程序中，或存储在磁盘较隐蔽的地方，也有个别的病毒以隐含文件形式出现。大部分病毒的代码之所以设计得非常短小，也是为了易于隐藏，使人非常不易察觉。

（5）计算机病毒的可触发性

计算机病毒因某个事件或数值的出现，诱使病毒实施感染或进行攻击的特性称为可触发性。为了隐蔽自己，病毒必须潜伏，少做动作。如果完全不动，一直潜伏的话，病毒既不能进行感染也不能进行破坏，便失去了杀伤力，因此它必须具有可触发性。病毒的触发机制就是用来控制感染和破坏动作的频率的。病毒具有预定的触发条件，这些条件可能是时间、日期、文件类型或某些特定数据等。病毒在运行时，触发机制检查预定条件是否满足，如果满足，启动感染或破坏动作，使病毒进行感染或攻击；如果条件不满足，病毒继续潜伏。

3. 计算机病毒的分类

通常计算机病毒可进行如下分类。

（1）按照破坏性来分

1）良性病毒：良性病毒对系统和数据不产生破坏作用，它只是表现自己，但可干扰计算机的正常工作，如大量占用系统资源，使计算机的运行速度大大降低，严重者可造成计算机系统陷入瘫痪。

2）恶性病毒：恶性病毒对计算机系统、程序及用户数据产生不同程度的破坏，甚至导致整个系统彻底崩溃，给用户带来极大的灾难和损害。

（2）按照传染方式来分

1）引导型病毒：引导型病毒隐藏在磁盘的引导区，当系统启动时，病毒抢先进入内存，取得系统控制权，监视系统的运行。当系统进行磁盘读写或格式化磁盘时实施传染。

2）文件型病毒：这种病毒可以感染计算机中的文件（如 .com、.doc 等），当病毒文件被调用时，病毒驻留在系统内存，并伺机传染其他可执行文件或某些类型的数据文件。

3）网络型病毒：这种病毒是网络高速发展的产物，感染的对象不再局限于单一的模式和单一的可执行文件，而是更加综合、更加隐蔽。一些网络型病毒几乎可以对所有的 Office 文件进行感染，如 Word 文件、Excel 文件、电子邮件等。其攻击方式也有转变，从原始的删除、修改文件到现在的进行对文件加密、窃取用户有用信息（如黑客程序）等，其传播途径也发生了质的飞跃，不再局限于磁盘，而是通过更加隐蔽的网络进行，如电子邮件、电子广告等。

（3）按照链接方式来分

1）源码型病毒：攻击高级语言编写的源程序，在源程序编译之前插入其中，并随源程序一起编译、连接成可执行文件。此时，刚刚生成的可执行文件便已经携带病毒了。

2）入侵型病毒：可用自身代替正常程序中的部分模块或堆栈区，难以被发现。清除这类病毒的同时往往也会造成对原文件的破坏，使之不能正常运行。

3）操作系统型病毒：可用其自身部分加入或替代操作系统的部分功能。因其直接感染操作系统，可导致整个系统瘫痪。

4）外壳型病毒：将自身附在宿主程序的开头或结尾，并不对宿主程序做修改。因此，这类病毒文件的长度会加大。

4. 计算机病毒的表现形式

计算机受到病毒感染后，会表现出不同的症状。下面是一些常见的现象。

（1）机器不能正常启动

加电后机器根本不能启动，或者可以启动，但所需要的时间比原来的启动时间变长，有时会突然出现黑屏现象。

（2）运行速度降低

如果发现在运行某个程序时，读取数据的时间比原来长，存储文件或调用文件的时间都增加了，那就可能是由病毒造成的。

（3）磁盘空间迅速变小

由于病毒程序要进驻内存，而且还要“繁殖”，因此内存空间会变小，甚至变为“0”。

（4）文件内容和长度有所改变

一个文件存入磁盘后，本来它的长度和其内容都不会改变，可是由于病毒的干扰，文件长度可能改变，文件内容也可能出现乱码，或者有时文件内容无法显示或显示后又消失了。

（5）经常出现宕机现象

正常的操作是不会造成宕机的，即使是初学者，命令输入不对也不会宕机。如果机器经常宕机，那可能是由于系统被病毒感染了。

（6）外部设备工作异常

因为外部设备受系统的控制，如果机器中有病毒，外部设备在工作时可能会出现一些异常情况。

以上仅列出一些比较常见的感染病毒后的表现形式，肯定还会遇到一些其他的特殊现象，这就需要用户自己判断了。

5. 计算机病毒的查杀

对已经感染病毒的计算机必须用杀毒软件来清除病毒。目前，杀病毒软件基本上都已经集防毒、杀毒于一体。早期市场上领先的杀毒软件有瑞星、金山毒霸、江民、360、卡巴斯基、诺顿等。普通计算机用户可选择由奇虎360公司的360安全中心出品的一款免费的杀毒软件，通过360杀毒官方网站能够下载最新版本的360杀毒安装程序。360杀毒软件具有查杀率高、资源占用少、升级迅速等优点。同时，360杀毒软件可以与其他杀毒软件共存。360杀毒软件具有实时病毒防护和手动扫描功能，能为系统提供全面的安全防护。实时防护功能能在文件被访问时对文件进行扫描，及时拦截活动的病毒，在发现病毒时会通过提示窗口进行警告。360杀毒软件具有自动升级功能，如果开启了此功能，360杀毒软件会在有升级版时自动下载并安装升级软件。自动升级完成后会通过气泡窗口给出提示信息。

6.5.4 防火墙技术

1. 防火墙概述

防火墙技术是各类用于安全管理与筛查的软件和硬件设备的有机结合，可以帮助计算机网络在其内、外网之间构建一道相对隔绝的保护屏障，以保护用户资料与信息安全的一种技术。

防火墙的英文名为“FireWall”，它是一种最重要的网络防护设备。从专业角度讲，防火墙是位于两个（或多个）网络间，实施网络之间访问控制的一组组件集合。古代构筑和使用木质结构房屋的时候，为防止火灾的发生和蔓延，人们将坚固的石块堆砌在房屋周围作为屏障，这种防护构筑物就被称为“防火墙”。其实与防火墙一起起作用的就是“门”。如果没有门，各房间的人如何沟通呢？这些房间的人又如何进去呢？当火灾发生时，这些人又如何逃离现场呢？这个“门”就相当于计算机安全领域所讲的防火墙的“安全策略”。所以，这里所说的防火墙实际并不是一堵实心墙，而是带有一些小孔的墙。这些小孔就是留给那些允许进行的通信使用的，在这些小孔中安装了过滤机制，即“单向导通性”机制。

所谓“防火墙”，是指一种将内部网和公众访问网（如Internet）分开的方法，它实际上是一种建立在现代通信网络技术和信息安全技术基础上的应用性安全技术，是一种隔离技术。它被越来越多地应用于专用网络与公用网络的互联环境之中，尤其应用于以接入Internet的网络为主。

防火墙技术的警报功能十分强大，在外部的用户要进入计算机内时，防火墙就会迅速地发出相应的警报，提醒用户该行为，并进行自我判断以决定是否允许外部的用户进入内部。只要是在网络环境内的用户，这种防火墙都能够进行有效的查询，同时把查到信息向用户进行显示。用户需要按自身需要对防火墙实施相应设置，对不允许的用户行为进行阻断。通过防火墙还能够对信息数据的流量实施有效查看，并且能够对数据信息的上传和下载速度进行掌握，便于用户对计算机的使用情况具有良好的控制和判断。计算机的内部情况也可以通过防火墙进行查看，计算机系统内部具有日志功能，这其实也是防火墙对计算机内部系统实时安全情况与每日流量情况进行的总结和整理。

防火墙是不同网络或网络安全域之间信息的唯一出入口，能根据企业的安全政策控制（允许、拒绝、监测）出入网络的信息流，且本身具有较强的抗攻击能力。它是提供信息安全服务，实现网络和信息安全的基础设施。在逻辑上，防火墙是一个分离器、一个限制器，也是一个分析器，它有效地监控了内部网和公用网络之间的任何活动，保证了内部网络的安全。

2. 防火墙的功能

防火墙对流经它的网络通信进行扫描，这样能够过滤掉一些攻击，以免其在目标计算机上被执行。防火墙还可以关闭不使用的端口，而且还能禁止特定端口的流出通信，封锁特洛伊木马。最后，它可以禁止来自特殊站点的访问，从而防止来自不明入侵者的所有通信。

（1）网络安全的屏障

防火墙（作为阻塞点、控制点）能极大地提高一个内部网络的安全性，并通过过滤不安全的服务而降低风险。由于只有经过精心选择的应用协议才能通过防火墙，所以网络环境变得更安全。例如，防火墙可以禁止不安全的 NFS（Network File System）协议进出受保护的网络，这样外部的攻击者就不可能利用这些脆弱的协议来攻击内部网络。防火墙同时可以保护网络免受基于路由的攻击，如 IP 选项中的源路由攻击和 ICMP 重定向攻击。防火墙还可以拒绝很多种攻击报文并通知防火墙管理员。

（2）强化网络安全策略

以防火墙为中心的安全方案配置，能将所有安全软件（如口令、加密、身份认证、审计等）配置在防火墙上。这与将网络安全问题分散到各个主机上相比，防火墙的集中安全管理更经济。例如在网络访问时，一次一密口令系统和其他的身份认证系统完全可以不必分散在各个主机上，而集中统一在防火墙上。

（3）监控审计

如果所有的访问都经过防火墙，那么，防火墙就能记录下这些访问，同时也能提供网络使用情况的统计数据。当发生可疑动作时，防火墙能进行适当的报警，并提供网络监测和攻击的详细信息。另外，收集一个网络的使用和误用情况也是非常重要的。这样可以清楚防火墙是否能够抵挡攻击者的探测和攻击，并且清楚地知道防火墙的控制是否充足。网络使用情况统计对网络需求分析和威胁分析等而言也是非常重要的。

（4）防止内部信息的外泄

利用防火墙对内部网络进行划分，可实现内部网重点网段的隔离，从而限制了局部重点或敏感网络安全问题对全局网络造成的影响。数据的保密性是内部网络非常关心的问题，一个内部网络中不引人注意的细节可能包含了有关安全的线索，从而引起外部攻击者的兴趣，甚至因此而暴露了内部网络的某些安全漏洞。使用防火墙就可以隐蔽那些透漏内部细节的服务，如 Finger、DNS 等服务。Finger 显示了主机的所有用户的注册名和真实姓名、最后登录时间和使用 shell 类型等重要信息。但是 Finger 显示的信息非常容易被攻击者所获悉。攻击者通过它可以知道一个系统使用的频繁程度，这个系统是否有用户正在连线上网，这个系统是否在被攻击时引起注意等。防火墙也可以阻塞有关内部网络中的 DNS 信息，这样一台主机的域名和 IP 地址就不会被外界所了解。除了起到安全防护作用外，防火墙还支持具有

Internet 服务性的企业内部网络技术体系 VPN（虚拟专用网）。

（5）日志记录与事件通知

进出网络的数据都必须经过防火墙，防火墙通过日志对其进行记录，以提供网络使用的详细统计信息。当发生可疑事件时，防火墙便能根据机制进行报警和通知，提供网络是否受到威胁的信息。

习　题　六

一、简答题

1. 请简述网络的组成与分类。
2. 请简述网络体系结构的主要功能。
3. 请简述 Internet 服务的主要种类与方式。
4. 请简述网络安全的概念与安全的侧重点。

第7章

多媒体技术基础

在计算机网络技术迅速发展的今天，人们每时每刻都在应用大量的信息进行社会交流。同时，由于这类信息依附于网络系统和环境而存在，因此，人们就需要对抽象的信息进行科学的数字化、编码化，才能被计算机网络系统更好地进行生成、传送、处理与存储等一系列操作。那么，这类经过严格的数字化、编码化的信息被称为什么呢？我们可以称其为计算机媒体（Computer Media）。

媒体（Media）这个概念并不是新生名词，它源于拉丁语“Medius”，意为两者之间，也称为传播信息的媒介。它是指人用来传送信息与获取信息的工具、渠道、中介物或技术手段，也指传送文字、声音等信息的工具和手段。也可以把媒体看作为实现信息从信息源传递到受信者的一切技术手段。

媒体有两层含义：一是指承载信息的物体，二是指存储、呈现、处理、传递信息的实体。多媒体就是多重媒体的意思，可以理解为直接作用于人的感官的文字、图形图像、动画、声音和影像等各种媒体的统称，即多种信息载体的表现形式和传递方式。

计算机媒体有两种含义：一是指传播信息的载体，如语言、文字、图像、视频、音频等；二是指存储信息的载体，如存储设备、存储方式等，主要的载体有磁盘、光盘、网页等。本章重点是从其技术手段的实现入手，讲述多媒体技术及其应用的过程。

7.1 多媒体技术概述

7.1.1 多媒体技术的概念及特点

1. 多媒体技术的概念

多媒体技术就是通过计算机对语言文字、数据、音频、视频等各种信息进行存储和管理，使用户能够通过多种感官跟计算机进行实时信息交流的技术。虽然，通常所指的多媒体技术是集合多个领域、多个学科的泛指，但其根本实现，还是主要以计算机作为工具来展示和承载的。实际上，多媒体技术就等价于计算机多媒体技术，归根结底，多媒体与多媒体技术，都是计算机技术的产物。

多媒体技术可以说是信息时代的典型代表产物。最初多媒体技术是在军事领域发展起来的，主要通过多媒体联合展示军事信息。之后这种技术以其优异的信息处理和传递的功能特性而迅速发展，受到了科研机构的高度重视，经过研究运用，逐步形成了一种进行信息交流的关键方式。进入21世纪，多媒体技术发展更加快速，这一技术极大地改变了人们获取信息的传统方法，迎合了人们读取信息方式的需求。多媒体技术的发展促进了计算机应用领域的改变，使计算机搬出了办公室、实验室，拓展了其巨大的适用空间，计算机进入了人类社会活动的诸多领域，包括工业生产管理、学校教育、公共信息咨询、商业广告、军事指挥与训练、家庭生活与娱乐等，成为信息社会的通用工具。

多媒体技术应用于人们生活中的很多地方。例如，数字化图书馆融入了多媒体技术后，使得数字化图书馆更加生动、真实。远程教育领域也应用了计算机多媒体技术，东北大学就在我国开始建设远程教育网时投入了巨资，从沈阳一直敷设光缆到秦皇岛，成为我国大规模的教育网络之一，他们结合多媒体技术和网络技术进行教学，使更多学生受到名师指导。由此可见，多媒体技术方便了人们的生活。由于计算机相关技术的飞速发展，多媒体技术无论是在硬件上还是在软件上都已经是很成熟的技术了。但是图像和音频的压缩编码规范还很混乱，有些压缩编码规范已经公开，有些则对外界还是保密的，这对整合音/视频压缩编码很不利。在资源共享领域，开源的思想在当今的技术界占据主流，多媒体技术也需要把各种音/视频的压缩技术整合起来，这样计算机多媒体技术才能够发展得更好。

2. 多媒体技术的特点

多媒体技术的主要特点如下：

1）集成性：能够对信息进行多通道统一获取、存储、组织与合成。

2）控制性：多媒体技术以计算机为中心，综合处理和控制多媒体信息，并按人的要求以多种媒体形式表现出来，同时作用于人的多种感官。

3）交互性：交互性是多媒体技术有别于传统信息交流媒体技术的主要特点之一。传统信息交流媒体技术只能单向地、被动地传播信息，而多媒体技术则可以实现人对信息的主动选择和控制。

4）非线性：多媒体技术的非线性特点改变了传统的循序性读/写模式。传统读/写模式大都采用章、节、页的框架，循序渐进地进行。而多媒体技术借助超文本链接（Hyper Text Link）的方法，把内容以一种更灵活、更具变化的方式呈现给读者。

5）实时性：当用户给出操作命令时，相应的多媒体信息就能够得到实时控制。

6）信息使用的方便性：用户可以按照自己的需要、兴趣、任务要求、偏爱和认知特点来使用信息，任取图、文、声等信息表现形式。

7）信息结构的动态性：“多媒体是一部永远读不完的书”，用户可以按照自己的目的和认知特征重新组织信息，增加、删除或修改节点，重新建立知识链。

7.1.2 多媒体计算机

1. 多媒体计算机系统

多媒体技术不是单一的技术，而是多种信息技术的集成。多媒体计算机系统是指把多种技术综合应用到一个计算机系统中，实现信息输入、信息处理、信息输出等多种功能。

一个完整的多媒体计算机系统由多媒体计算机硬件和多媒体计算机软件两部分组成。

（1）多媒体计算机硬件

多媒体计算机的主要硬件除了常规的硬件如主机、硬盘、显示器、网卡之外，还要有音频信息处理硬件、视频信息处理硬件及光盘驱动器等部分。

音频卡：用于处理音频信息，它可以把从传声器、录音机、电子乐器等发出的声音信号进行模数（A/D）转换、压缩等处理，也可以把经过计算机处理的数字化的声音信号通过还原（解压缩）、数模（D/A）转换后用音箱播放出来，或者用录音设备记录下来。

视频卡：用来支持视频信号的输入与输出。

图像采集卡（Image Capture Card）：又称图像捕捉卡，是一种可以获取数字化视频图像信息，并将其存储和播放出来的硬件设备。

扫描仪：将摄影作品、绘画作品或在其他印刷材料上的文字和图像，甚至实物，扫描到计算机中，以便进行加工处理。

光驱：分为只读光驱（CD-ROM）和可读写光驱（CD-R、CD-RW），可读写光驱又称刻录机。光驱用于读取或存储大容量的多媒体信息。

（2）多媒体计算机软件

多媒体计算机的操作系统必须在普通计算机操作系统的基础上扩充多媒体资源管理与信息处理的功能。

多媒体编辑工具包括文字处理软件、绘图软件、图像处理软件、动画制作软件、声音编辑软件及视频编辑软件。

多媒体创作工具（Authoring Tool）用来帮助应用开发人员提高开发工作效率，它们大体上是一些应用程序生成器，将各种媒体素材按照超文本节点和链结构的形式进行组织，形成多媒体应用系统。Authorware、Director、Multimedia Tool Book 等都是比较有名的多媒体创作工具。

2. 多媒体计算机的媒体类型

多媒体计算机作为表现和处理媒体的一种工具，同样是用来存储、传递信息的。无论是“多媒体计算机”还是“计算机多媒体”，其根本的各种编码数据在计算机中都是以文件的形式存储的，是二进制数据的集合。文件的命名遵循特定的规则，一般由主文件名和扩展名两部分组成，主文件名与扩展名之间用“.”隔开，扩展名用于表示文件的格式类型。通常，有如下几种文件类型。

（1）文本

文本是指书面语言的表现形式。从文学角度讲，文本通常是具有完整、系统含义的一个句子或多个句子的组合。一个文本可以是一个句子（Sentence）、一个段落（Paragraph）或者一个篇章（Discourse）。广义“文本”是指任何由书写所固定下来的任何话语。狭义“文本”是指由语言文字组成的文学实体，代指“作品”，相对于作者、世界构成一个独立、自足的系统。

文本是以文字和各种专用符号表达的信息形式，是现实生活中使用得最多的一种信息存储和传递方式。用文本表达信息可以给人充分的想象空间，它主要用于对知识的描述性表示，如阐述概念、定义、原理和问题，以及显示标题、菜单等内容。

作为计算机的一种媒体类型，文本文件主要用于记载和储存文字信息，在计算机中常用的存储格式有 .txt、.doc、.docx、.wps 等。

（2）图像

图像是人类视觉的基础，是自然景物的客观反映，是人类认识世界和人类本身的重要源泉。“图”是物体反射或透射光的分布，“像”是人的视觉系统所接收的图在人脑中所形成的印象或认识。照片、绘画、剪贴画、地图、书法作品、手写汉字、传真、卫星云图、影视画面、X 光片、脑电图、心电图等都是图像。

从广义上讲，图像就是所有具有视觉效果的画面，它包括：纸介质上的、底片或照片上的、电视/投影仪或计算机屏幕上的画面。图像根据图像记录方式的不同可分为两大类：模拟图像和数字图像。模拟图像（又称连续图像），是指在二维坐标系中连续变化的图像，即图像的像点是无限稠密的，同时具有灰度值（即图像从暗到亮的变化值）。连续图像的典型代表是由光学透镜系统获取的图像，如人物照片和景物照片等。而数字图像（又称数码图像或数位图像），是二维图像用有限数值像素的表示。它由数组或矩阵表示，其光照位置和强度都是离散的。数字图像是由模拟图像数字化得到的、以像素为基本元素的、可以用数字计算机或数字电路存储和处理的图像。同时，数字图像可根据计算机编码需求，任意描述像素点、强度和颜色。描述信息文件存储量较大，所描述对象在缩放过程中会损失细节或产生锯齿。在显示方面数字图像是将对象以一定的分辨率分辨以后将每个点的色彩信息以数字化方式呈现，可直接、快速在屏幕上显示。分辨率和灰度是影响显示的主要参数。图像适用于表现含有大量细节（如明暗变化、场景复杂、轮廓色彩丰富）的对象，如照片、绘图等。通过图像软件可进行复杂图像的处理，以得到更清晰的图像或产生特殊效果。

图像是多媒体中最重要的信息表现形式之一，它是决定一个多媒体视觉效果的关键因素。

作为计算机的一种媒体类型，图像文件主要用于记载和存储图形或图像信息，在计算机中常用的存储格式有 BMP、TIFF、EPS、JPEG、GIF、PSD、PDF 等。

（3）动画

动画是利用人的视觉暂留特性，快速播放一系列连续运动变化的图形图像，也包括画面的缩放、旋转、变换、淡入淡出等特殊效果。通过动画可以把抽象的内容形象化，使许多难以理解的内容变得生动有趣。合理使用动画可以达到事半功倍的效果。

如今计算机动画的应用十分广泛，通过增添多媒体的感官效果，可以让应用程序更加生动。动画还可以应用于游戏开发、电视动画制作、广告制作、电影特技制作、模拟生产过程及科学实验等。计算机动画的关键技术体现在计算机动画制作软件及硬件上。虽然制作的复杂程度不同，但动画的基本原理是一致的。动画创作本身是一种艺术实践。

实验证明，当动画和电影的画面刷新率为 24 帧/s，即每秒放映 24 幅画面时，人眼看到的是连续的画面效果。

作为计算机的一种媒体类型，该类媒体主要用于记载和存储动态影像信息。动画在计算机中常用的存储格式与视频影像格式基本相同。

（4）音频

声音（Sound）是由物体振动产生的声波，是通过介质（空气或固体、液体）传播并能被人或动物听觉器官所感知的波动现象。初始发出振动的物体叫声源。声音以波的形式振动传播。声音是声波通过介质传播形成的运动。

声音是一种波。可以被人耳识别的声波的频率为 20~20000Hz。对客观世界的声音进行数字化采样、量化、编码的结果，称为音频。

音频是个专业术语，可用作一般性描述音频范围内和声音有关的设备及其作用。人类能够听到的所有声音都称为音频，它包括噪声等。声音被录制下来以后，无论是说话声、歌声、乐器都可以通过数字音乐软件处理，或是把它制作成 CD，这时候所有的声音没有改变，因为 CD 本来就是音频文件的一种类型。而音频只是存储在计算机里的声音。如果有计算机再加上相应的音频卡，即声卡，就可以把所有的声音录制下来，声音的声学特性如音的高低等都可以用计算机文件的方式存储下来。

作为计算机的一种媒体类型，音频文件主要用于记载和存储声音信息，计算机中常用的存储格式有 . mp3、. wav、. wma、. ape、. flac 等。

（5）视频

视频泛指将一系列静态影像以电信号的方式加以捕捉、记录、处理、存储、传送与重现的各种技术。连续的图像变化每秒超过 24 帧（Frame）画面以上时，根据视觉暂留原理，人眼无法辨别单幅的静态画面，看上去是平滑连续的视觉效果，这样连续的画面叫作视频。视频技术最早应用于电视系统，现在已经发展出各种不同的格式类型。网络技术的发展也促使视频的纪录片段以流媒体的形式存在于网络之上，并可被计算机接收与播放。视频与电影属于不同的技术，后者是利用照相术将动态的影像捕捉为一系列的静态照片。

视频技术最早是从阴极射线管的电视系统的创建而发展起来的，但是之后新的显示技术的发明，使视频技术所包含的范畴更大。得益于计算机性能的提升，并且伴随着数字电视的播出和记录，这两个领域又有了新的交叉和集中。

计算机能显示电视信号，能显示基于电影标准的视频文件和流媒体。与电视系统相比，计算机随着其运算器速度的提高、存储容量的提高，以及宽带的普及，通用计算机都具备了采集、存储、编辑和发送电视、视频文件的能力。

作为计算机的一种媒体类型，视频文件主要用于记载和存储影像信息，计算机中常用的存储格式有 . mp4、. avi、. wmv、. mov、. mkv 等。

7.1.3　多媒体技术的应用与发展

多媒体的应用领域涉及诸如广告、艺术、教育、娱乐、工程、医药、商业及科学研究等。

利用多媒体网页，商家可以将广告变成有声有画的互动形式，在吸引用户的同时可以向用户提供更多的商品信息；多媒体还可以应用于数字图书馆、数字博物馆等领域；此外，交通监管等也可使用多媒体技术；将多媒体技术应用于教学，除了可以增加学习过程的互动性，更能吸引学生的注意力、提升学习兴趣，通过视觉、听觉及触觉 3 方面的反馈（Feedback）来增强学生对知识的吸收。

多媒体技术是一种迅速发展的综合性电子信息技术，它给传统的计算机系统、音频和视频设备带来了方向性的变革，对大众传媒产生了深远的影响。多媒体计算机加速了计算机进入家庭和社会各个方面的进程，给人们的工作、生活和娱乐带来深刻的变革。

1. 多媒体技术的应用

（1）视频点播技术

随着计算机多媒体服务技术的深入性和广泛性，视频点播技术成为互联网和计算机发展过程中的优质产物，这种将通信、计算机和电视三者相结合的技术，实现了人们随意进行观看电视的需求，改变了传统单一的电视传媒娱乐方式。另外，视频点播技术也进入了学生们的课堂，生动有趣的教学模式加上灵活的课堂互动，极大地改善了传统教学中刻板老套的弊端。视频点播技术的主要载体是视频服务器，这种核心功能的有效发挥，让视频播放的质量也有了更好的保障。因此，越来越多的领域愿意采用视频点播技术来实现自身的价值。

（2）视频压缩技术

压缩编码是视频压缩技术的核心。传统的压缩方式以压缩编码的集合为基础，在多接收者的动能性上及事件本身的含义上，不能得到有效的发挥。因此，现阶段的视频压缩技术对其进行不断的完善，按照信号源的特点进行针对性的编排，从而形成了受欢迎的基于内容的压缩编码方法。

（3）虚拟现实技术

虚拟现实技术涉及很多学科，也可以将它理解为将传感技术、网络技术、人工智能，甚至是计算机图形学进行融合的一种集成性技术，并通过计算机来展现出形象逼真的三维立体效果画面。虚拟现实技术，让信息技术的成像有了更多的可能性。虚拟现实技术受到了诸多领域人员的喜爱，已经出现了常态化使用的趋势。

（4）流媒体技术

流媒体技术将动画和声音等通过服务器实现流式的传输，这种新型的在线观看方式，可以让用户在文件下载的过程中就可以进行观看，这不仅有效地节省了移动终端客户的存储空间，更极大地提升了效率。这种可视化和交互性的新型计算机多媒体技术，给人们的学习和生活带来了极大的便利。

2. 多媒体技术的发展

近年来，计算机网络技术、数字电视技术和通信技术的日益成熟，极大地推动了多媒体产业的兴起。目前，多媒体产业已经形成了以影像、动画、图形、声音等技术为核心，以数字化媒介为载体，内容涵盖信息、传播、广告、通信、电子娱乐产品、网络教育、娱乐、出版等多个领域，涉及计算机、影视、传媒、教育等多个行业的产业集合，其被称为是 21 世纪知识经济的核心产业，是继 IT 产业后又一个经济增长点。

（1）支持工业化数字娱乐产业

丰厚的经济收益、极低的能源损耗，使得许多国家都投入巨资对多媒体技术进行开发。据了解，英国数字娱乐产业年产值占 GDP 的 7.9%，成为该国第一大产业；美国网络游戏业已连续 4 年超过好莱坞电影业，成为全美最大娱乐产业；日本游戏市场每年创造 4 万亿日元市值规模，动画产品出口值远高于钢铁出口值。从 1995 年第一次以 CG（Computer Graphics）技术支撑起一部长片的《玩具总动员》到近年上映的《漫威系列》，CG 电影走过了近 30 年的历程。这几十年间，出自好莱坞多媒体技术人员创造的各种立体怪兽风靡了整个世界，制造了无穷的欢乐，甚至深刻地影响了一代人的生活观念。另外，根据国外研究机构 Informa 分析，手机游戏已经成为全球游戏市场中增长最快的部分，其产值从 2007 年的 38 亿美元上升至 2022 年的万亿大关。

（2）与计算机网络应用融合

人类进入 21 世纪后，互联网对于人们的生活和工作产生了重要的影响。同时，多媒体技术与计算机信息技术密切关联，多媒体技术的发展，离不开计算机信息技术的支持。在计算机信息技术的影响下，多媒体技术在未来发展过程中，已全面实现与计算机网络应用的高度融合。网络化发展趋势主要表现为利用多媒体技术提升交流效果，通过信息同步，可以实现“面对面”的沟通和交流，从而在学术研究及问题解决过程中，起到十分重要的作用。例如多媒体技术的应用，实现了事物的可视化，从而可以对事物的发展状态进行较好的了解，这就为问题解决创造了有利的条件。

(3) 与智能化、嵌入化融合趋势明显

多媒体技术在发展过程中，必然会不断地进步，具有较高的智能化、嵌入化发展水平。多媒体技术应用，需要对计算机硬件技术进行把握，通过利用智能芯片，提升人们生活的智能化水平。这一发展目标，就需要对嵌入技术进行利用，并对多媒体技术进行提升，使之与设备的 CPU 进行结合，从而保证系统的功能得以提升，能够满足实际需要。CPU 在设计过程中，融合了更多的逻辑计算，通过设定相应的程序，可以保证设备工作能够按照程序执行，解决人们的实际问题。这样一来，可以降低人工劳动成本，使多媒体技术的智能化得到大幅度提升。

(4) 帮助虚拟现实技术进行良性推广

在多媒体技术发展过程中，虚拟现实技术也得到了快速发展和应用。虚拟现实技术注重对现实状况进行模仿，从而满足人们的试验需要。虚拟现实技术使图像呈现技术水平得到了大幅度提升，借助于图像呈现技术，可以置身于虚拟场景对现实中无法完成的事情进行感受，增强人们对某一现实的体验效果。虚拟现实技术为人们带来更加逼真的感受，在电商、工程试验中有广泛的应用前景。

7.2 图像处理

7.2.1 常见的图像文件格式

计算机图像有两种常用类型：矢量图（Vector Based Image）和位图（Bit Mapped Image）。

1. 矢量图（图形）

矢量图主要包括工程图、白描图、图例、卡通漫画和三维建模等。它由图形应用程序创建，在数学上定义为一系列由线连接的点，其内部表示为单个的线条、文字、圆、矩形、多边形等图形元素。每个图元称为对象，可以用一个代数式来表达，并且是一个独立的实体，具有颜色、形状、大小和屏幕位置等属性。

通过软件，矢量图很容易转化为位图，而位图转化为矢量图则需要进行复杂而庞大的数据处理。

2. 位图（图像）

位图是直接量化的原始图像信号形式，用于表现自然影像，图像的最小单位是像素点。像素点由若干个二进制位进行描述，二进制位代表像素点颜色的数量，二进制位与图像之间存在严格的“位映射”关系，因此具有位映射关系的图叫作“位图”。

3. 位图与矢量图的区别

1）位图的容量一般较大，与图像的尺寸和颜色有关；矢量图一般较小，与图像的复杂程度有关。

2）位图的文件内容是点阵数据，矢量图的文件内容是图形指令。

3）位图的显示速度与图像的容量有关，矢量图的显示速度与图像的复杂程度有关。

4）从应用特点看，位图适于“获取”和“复制”，表现力丰富，但编辑较复杂；矢量图易于编辑，适于“绘制”和“创建”，但表现力受限。如图7-1所示为矢量图和位图的对比。

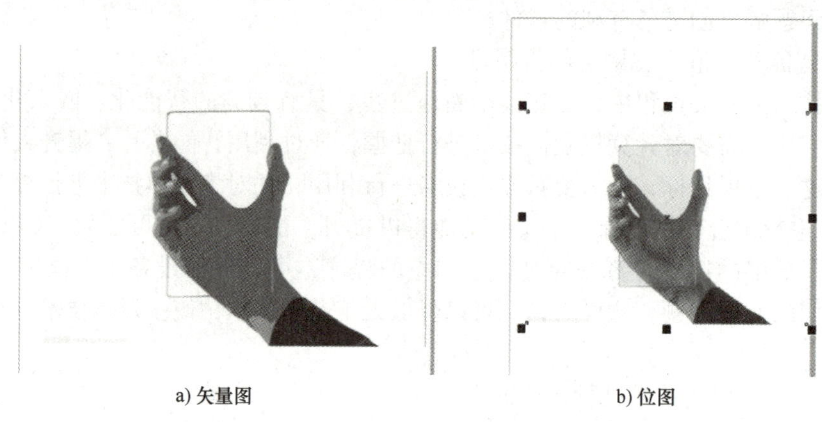

a) 矢量图　　b) 位图

图7-1　矢量图与位图的对比

4. 常见的位图格式

（1）BMP图像文件格式

BMP是微软公司为其Windows环境设置的标准图像格式。Windows系统软件中内含了一系列支持BMP图像处理的API函数。

非压缩格式是BMP图像文件所采用的一种通用格式。

两种压缩方式如下：如果图像为16色模式，则采用RLE4压缩方式；若图像为256色模式，则采用RLE8压缩方式。

BMP图像文件可以存储单色、16色、256色及真彩色4种图像数据。

（2）GIF图像文件格式

GIF是由CompuServe公司于1987年制定的标准，主要用于网络图形数据的在线传输和存储。GIF提供了足够的信息并很好地组织了这些信息，这使得许多不同的输入/输出设备能够方便地交换图像。它最多支持8位（256种颜色），图像最多是64K×64K个像点。GIF的特点是LZW压缩、多图像和交错屏幕绘图。

（3）JPEG图像文件格式

JPEG（Joint Photographic Experts Group）图像格式是一种比较复杂的文件结构和编码方式的文件格式。它是用有损压缩方式去除冗余的图像和彩色数据，在获得极高压缩率的同时能展现十分丰富和生动的图像，适用于Internet上的图像传输。JPEG文件格式具有以下特点：适用性广，大多数图像类型都可以进行JPEG编码；对于数字化照片和表达自然景物的图片，具有非常好的处理效果；但对于使用计算机绘制的具有明显边界的图形，JPEG编码方式的处理效果不佳。

（4）TIFF图像文件格式

TIFF是一种通用的位映射图像文件格式。TIFF文件格式具有以下特点：支持从单色到32位真彩色的所有图像；适用于多种操作平台和多种机器，如Windows和Macintosh操作系统；具有多种数据压缩存储方式等。

（5）PNG 图像文件格式

PNG 是 20 世纪 90 年代中期开发的图像文件格式。其开发目的是试图替代 GIF 和 TIFF 文件格式，同时增加一些 GIF 文件格式所不具备的特性。PNG 用来存储彩色图像时其颜色深度可达 48 位，存储灰度图像时可达 16 位，并且还可存储多达 16 位的 Alpha 通道数据。PNG 文件格式具有流式读写性能、加快图像显示的逐次逼近显示方式、使用从 LZ77 派生的无损压缩算法，以及独立于计算机软硬件环境等特性。

（6）PSD 图像文件格式

PSD 是 Adobe 公司开发的图像处理软件 Photoshop 的专用格式。PSD 其实是 Photoshop 进行平面设计的一张“草稿图”，它里面包含有图层、通道、蒙板等多种设计样稿，便于下次打开文件时修改上一次的设计。

7.2.2　常见的图像处理软件——Photoshop

Photoshop CS3 是 Photoshop 的一个重要成员，是专业的图像处理软件。它功能强大、操作灵活，广泛应用于印刷、广告设计、封面制作、网页图像制作、照片编辑等领域。

1. Photoshop CS3 的启动和退出

（1）启动 Photoshop CS3

Photoshop CS3 常用的启动方法有以下两种。

方法 1：常规启动。选择“开始”→“所有程序”→“Adobe Photoshop CS3”命令，如图 7-2 所示。

图 7-2　“开始”菜单

方法 2：创建桌面快捷方式启动。找到 Photoshop CS3 的执行程序 Photoshop CS3. exe 文件，右击该文件，选择“发送到”→“桌面快捷方式”命令创建桌面快捷方式后，双击桌面快捷启动图标即可启动 Photoshop CS3，如图 7-3 所示。

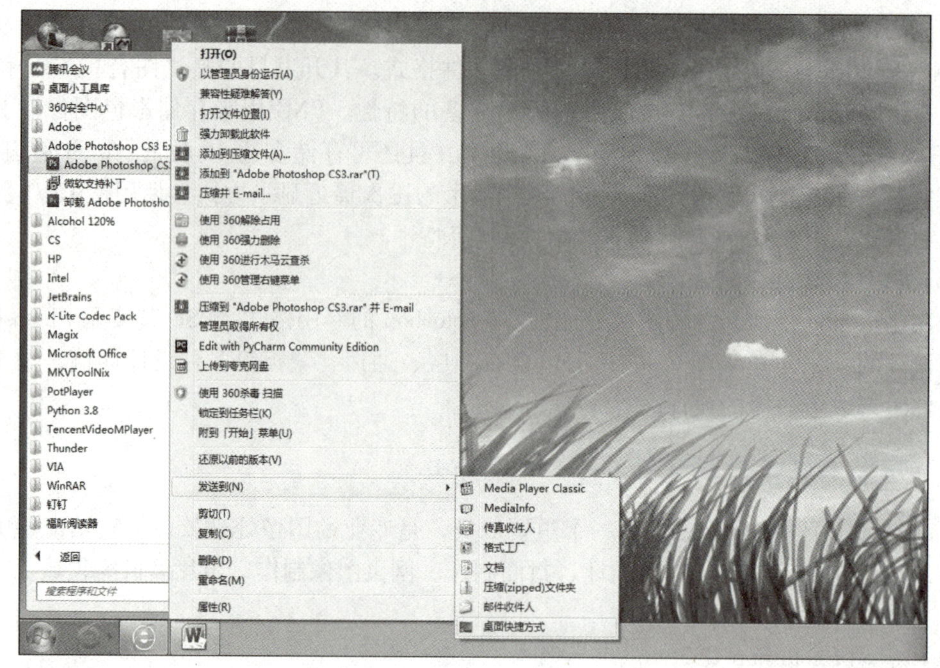

图 7-3　创建桌面快捷方式

（2）退出 Photoshop CS3

在完成对文件的保存后，需要退出软件。常用的退出方法有以下几种。

方法 1：单击标题栏右上方的 X 按钮。

方法 2：双击标题栏左侧的 Ps 图标。

方法 3：单击标题栏左侧图标，选择菜单中的“关闭”命令，如图 7-4 所示。

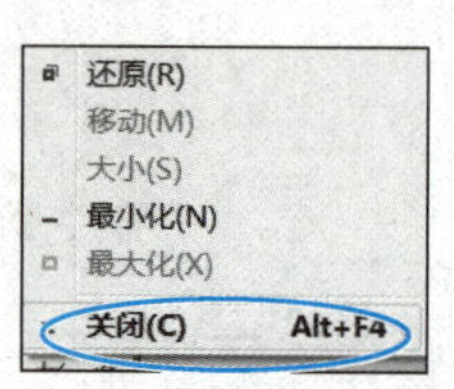

图 7-4　“关闭”命令

方法 4：选择“文件”→“退出”命令。

方法 5：按<Ctrl+Q>组合键。

2. Photoshop CS3 的界面

启动 Photoshop CS3 应用程序后，进入 Photoshop CS3 的界面，如图 7-5 所示为创建的画布。

（1）标题栏

标题栏位于窗口的顶部，左侧显示正在编辑的文件名，如图 7-6 所示。

如果文档还未保存，则自动保存为“未命名-1”。单击最左侧的“Ps”图标，会出现下拉菜单，包括还原、移动、大小、最小化、最大化、关闭等命令。标题栏右侧是最小化、最大化和关闭按钮。

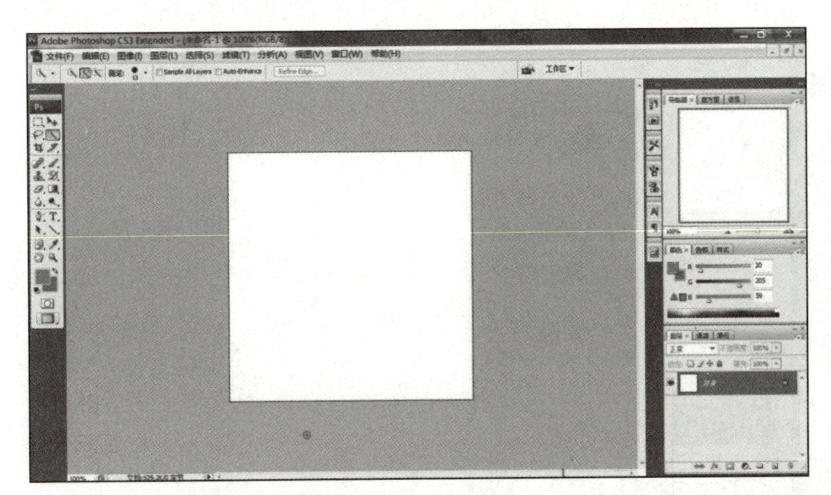

图 7-5　创建的画布

Adobe Photoshop CS3 Extended - [未命名-1 @ 100%(RGB/8)]

图 7-6　标题栏

（2）菜单栏

菜单栏包含了 Photoshop CS3 中各种常用的命令，按功能不同分为文件、编辑、图像、图层、选择、滤镜、分析、视图、窗口和帮助，如图 7-7 所示。

文件(F)　编辑(E)　图像(I)　图层(L)　选择(S)　滤镜(T)　分析(A)　视图(V)　窗口(W)　帮助(H)

图 7-7　菜单栏

（3）工具栏

工具栏用来设置 Photoshop CS3 中各种工具的参数。根据工具的不同，参数的设置也有所不同，如图 7-8 所示。

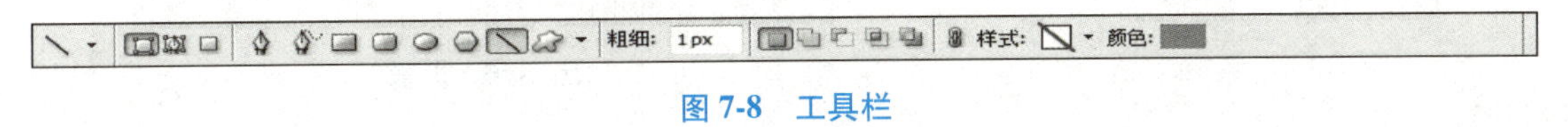

图 7-8　工具栏

（4）工具箱

工具箱包含了 Photoshop CS3 中各种常用的工具，包括绘图工具、选择工具、画笔工具等。通过菜单栏中的“窗口”→“工具”命令可以控制工具箱的显示和隐藏。单击工具箱上的侧箭头，可将工具箱切换到两列的排列方式，如图 7-9 所示。

（5）面板

面板用来显示和设置 Photoshop CS3 中的各种参数，包括导航器、图层、颜色和历史记录等，如图 7-10 所示。

（6）画布

画布用来显示 Photoshop CS3 中要处理或制作的图像，如图 7-11 所示。通过拖动的方法可以更改画布的大小。

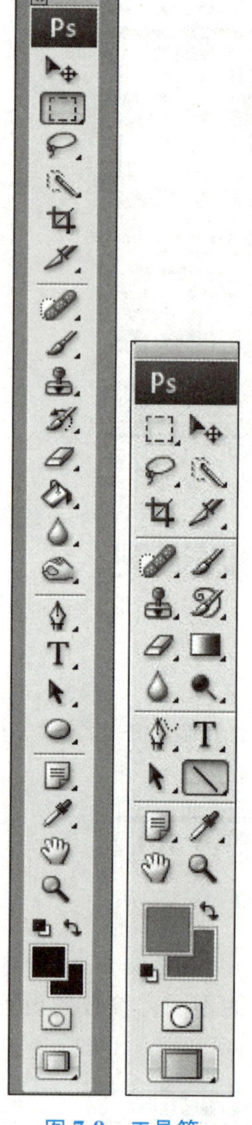

图 7-9　工具箱

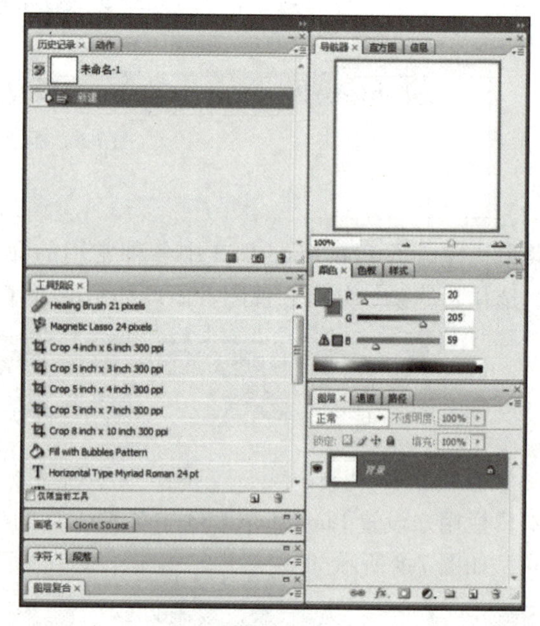

图 7-10　面板

3. Photoshop CS3 的基本操作

（1）文件的创建

选择“文件”→“新建”命令，打开“新建”对话框，如图 7-12 所示。用户按需要进行设置即可。

（2）文件的打开

选择“文件”→“打开”命令，打开图 7-13 所示的“打开”对话框。默认显示桌面的所有格式文件，双击即可打开文件。如果要打开的文件不在桌面，可以在“查找范围”列表中逐级进行选择。

（3）文件的存储

存储文件是将制作好的图像文件保存到磁盘上，未存储的文件只保存在内存中，一旦退出 Photoshop CS3 文件就会消失，保存的方法如下：选择“文件”→“存储”或“存储为”命

图 7-11　画布

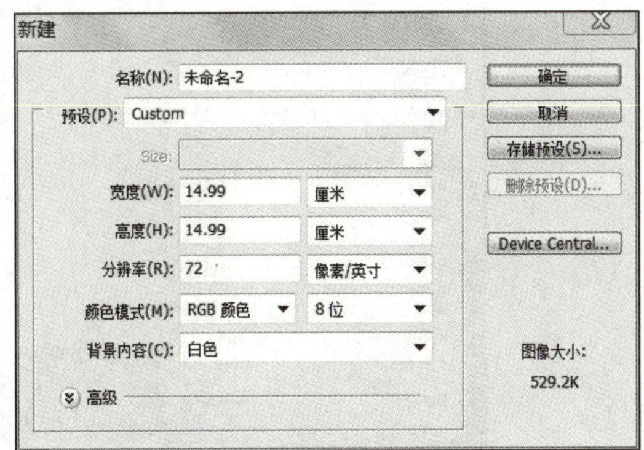

图 7-12　“新建”对话框

令，打开图 7-14 所示的“存储为”对话框，在对话框中选择文件要保存的位置，在“文件名”列表框中输入文件的名称，单击“保存”按钮即可。

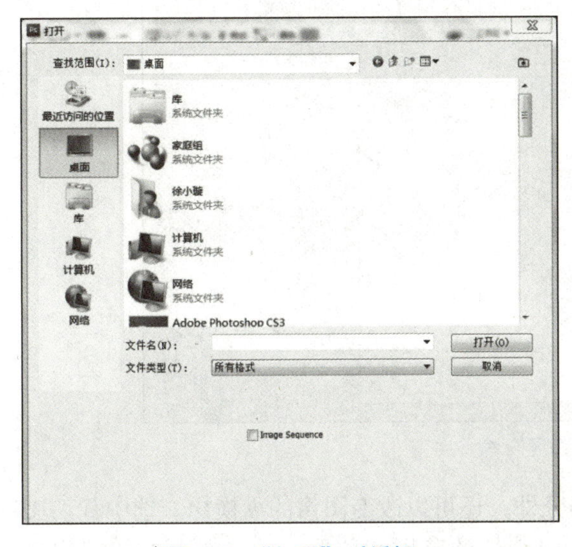

图 7-13　“打开”对话框

图 7-14　“存储为”对话框

（4）文件的关闭

完成文件的操作后，可以关闭文件。

选择“文件”→“关闭”命令（见图 7-15），即可关闭文件。

（5）简单处理 PSD 素材

首先，打开 Photoshop CS3 软件。选择“文件”→“打开”命令，如图 7-16 所示。在“打开”对话框中选择要打开的 PSD 素材。

图像的裁切方法：单击左侧工具箱内的裁切工具，如图 7-17 所示。使用裁切工具可以自由裁切图像，这样就可以对图像进行重新构图。

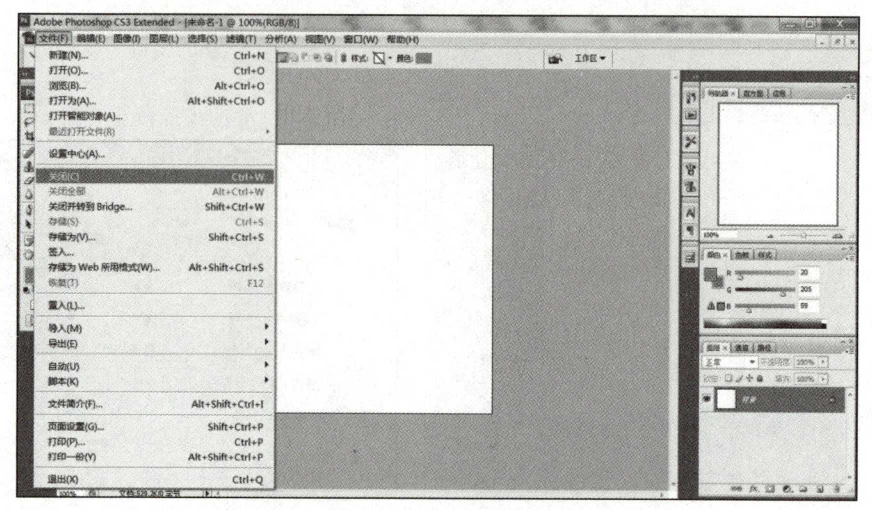

图 7-15 “关闭”命令

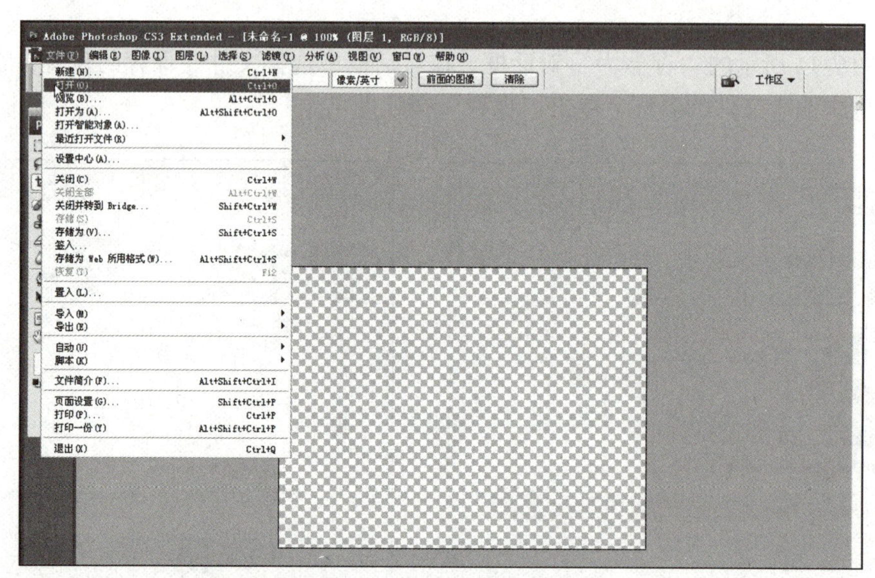

图 7-16 “打开”命令

利用裁切工具除了可以裁掉一些多余的部分外，还可以改变图像的纵横比。选中裁切工具，从左向右拖动裁切框，通过调节距屏，确定裁切的范围和位置。单击左上方的“提交当前裁剪操作”按钮（见图 7-18）。

或者按<Enter>键结束裁切，这样多余的内容就被裁切掉了，如图 7-19 所示。此外，还可以在背景色内输入文字。

对于裁切之后的图片，选择“文件”→“存储为”命令，在“存储为”对话框中选择文件格式为 JPEG，单击“保存”按钮即可，如图 7-20 所示。

在保存过程中会弹出“JPEG 选项”对话框，在“图像选项”选项区域中，确定画面的选项，在“品质”最右侧的下拉列表框中可以选择“最佳”“高”“中”“低”选项，左侧显示了不同品质的容量，高、中、低的容量各不相同。一般情况下选择“最佳”方式存储，如图 7-21 所示。单击“确定”按钮完成整个裁切过程。

图 7-17　裁切素材

图 7-18　改变图像的纵横比

图 7-19　裁切后的结果区域

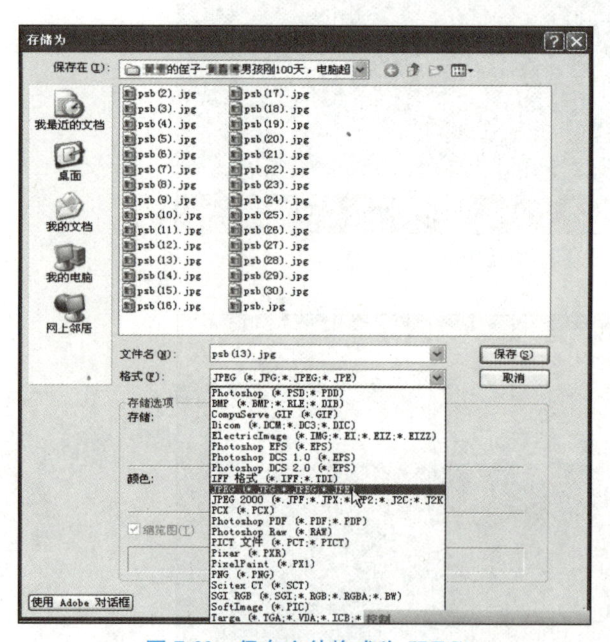

图 7-20　保存文件格式为 JPEG

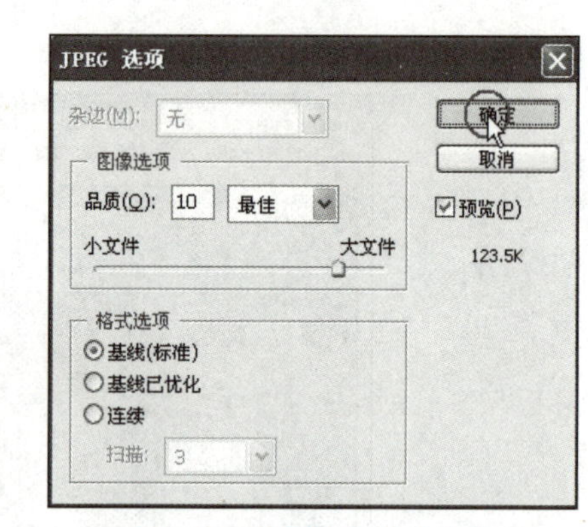

图 7-21　“最佳”方式存储

7.3　音频处理

7.3.1　常见的音频文件格式

常见的音频文件格式有 MP3、WAV、WMA、MIDI 等。下面分别介绍其技术指标、特点及使用范围。

1. MP3

MP3 的全称为 MPEG Audio Layer-3。由于 MP3 具有压缩程度高（1min 的 CD 音质需要 1MB 大小的空间）、音质好的特点，所以它是目前最为流行的一种音乐文件。

2. WAV

WAV 是 Windows 本身存放数字声音的标准格式。由于微软的影响力，它目前也成为一种通用性的数字声音文件格式，几乎所有的音频处理软件都支持 WAV 格式。由于 WAV 格式存放的一般是未经压缩处理的音频数据，所以体积都很大（1min 的 CD 音质需要 10MB 大小的空间），所以该格式文件不适于在网络上传播。

3. WMA

WMA 是微软公司针对 Real 公司开发的新一代网络流式数字音频压缩技术。这种压缩技术的特点是同时兼顾了保真度和网络传输需求，所以具有一定的先进性。

4. MIDI

MIDI 是数字乐器接口的国际标准，它定义了电子音乐设备与计算机的通信接口，规定了使用数字编码来描述音乐乐谱的规范。计算机就是根据 MIDI 文件中存放的内容，即每个音符的频率、音量、通道号等指示信息进行音乐合成的。MIDI 文件的优点是短小，一个约 6min、有 16 个乐器的文件也只有约 80KB；其缺点是播放效果因软、硬件而异。使用媒体播放机可以播放，但如果想有比较好的播放效果，计算机必须支持波表功能。目前大多数用户使用软件波表，最出名的就是日本 YAMAHA 公司出品的 YAMAHA SXG 软件波表。使用这一软件波表进行播放，可以达到与真实乐器几乎一样的效果。

7.3.2　音频文件格式的转换

下面简单介绍一下，利用某音频编辑软件进行音频格式转换的操作。例如，用千千静听将音乐格式从 MP3 转换为 WAV。下载千千静听软件并运行，然后将下载好的 MP3 文件加入千千静听的播放列表中，如图 7-22 所示。

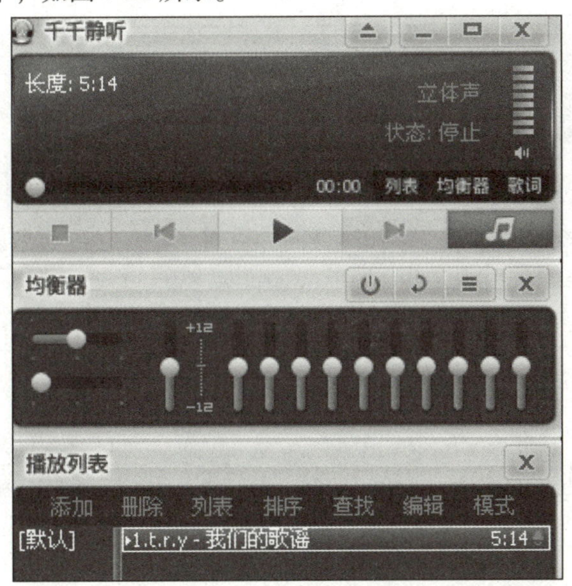

图 7-22　播放主界面

选择要转换的歌曲文件，右击，在弹出的快捷菜单中选择“转换格式”命令，打开“转换格式”对话框如图 7-23 所示。

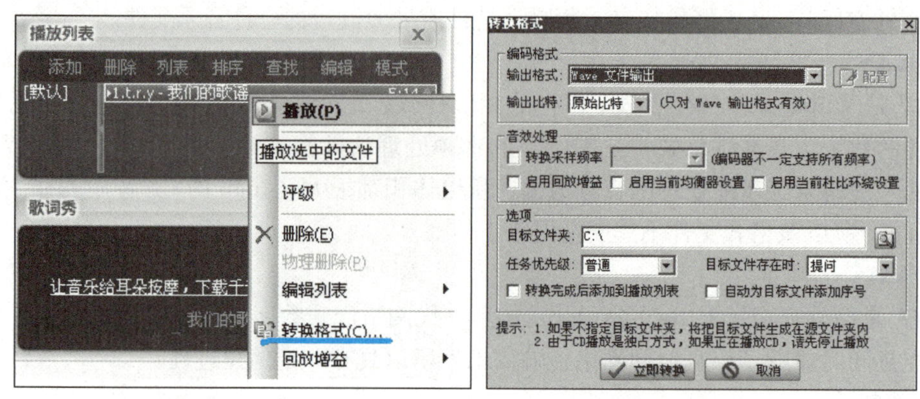

a）“转换格式”命令　　b）“转换格式”对话框

图 7-23 “转换格式”对话框

在该对话框中对“编码格式”“音效处理”“选项”等进行设置后，单击“立即转换”按钮即可得到想要的格式。

7.3.3 常见的音频处理软件——samplitude

samplitude 是一款强大的音频软件，能够实现录音及音频剪辑等各种功能。使用它可以方便、快捷地制作课件，课件效果更加丰富、有趣。

1. 新建项目

启动 samplitude 软件，单击“新建多轨项目”按钮，如图 7-24 所示，在弹出的“新建虚拟项目设置”对话框中，设置“名称”“音轨数”（一般为“2 轨”）和“项目默认时长”（根据需要选择项目时长），然后单击“确定”按钮，如图 7-25 所示。

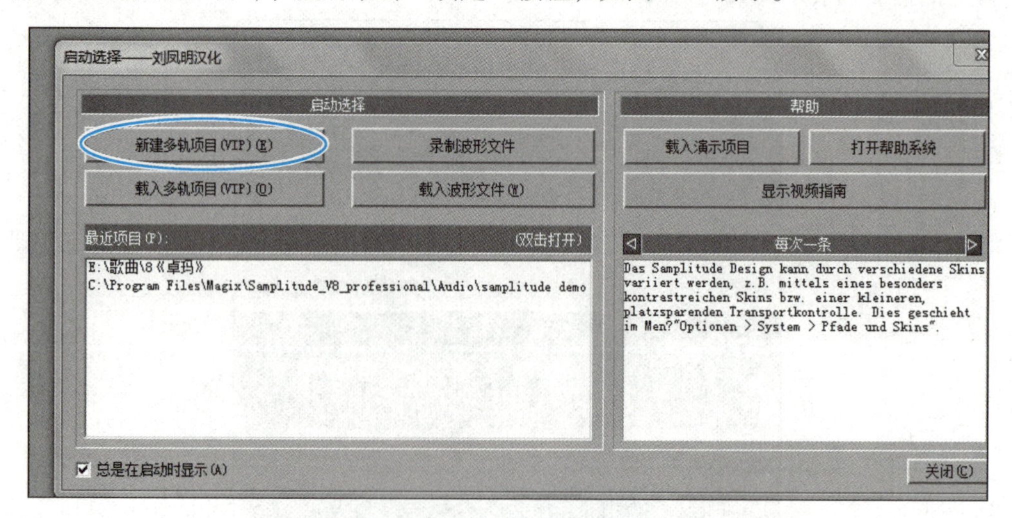

图 7-24 samplitude 主界面

此时出现的是 samplitude 软件的操作界面，如图 7-26 所示。

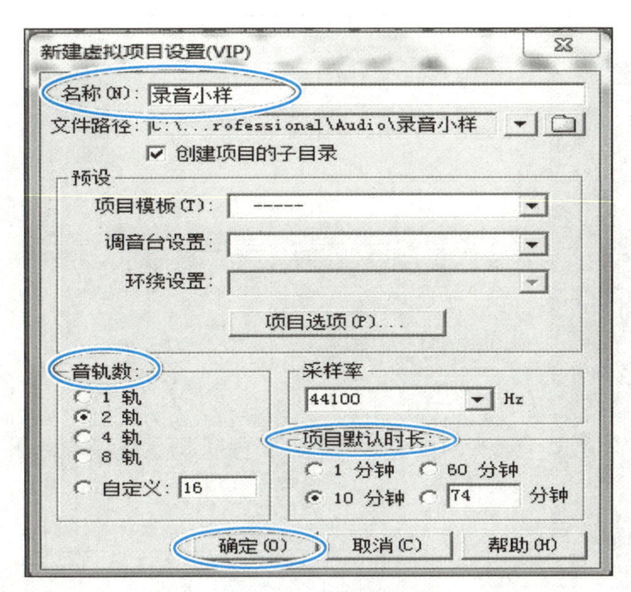

图 7-25　新建项目

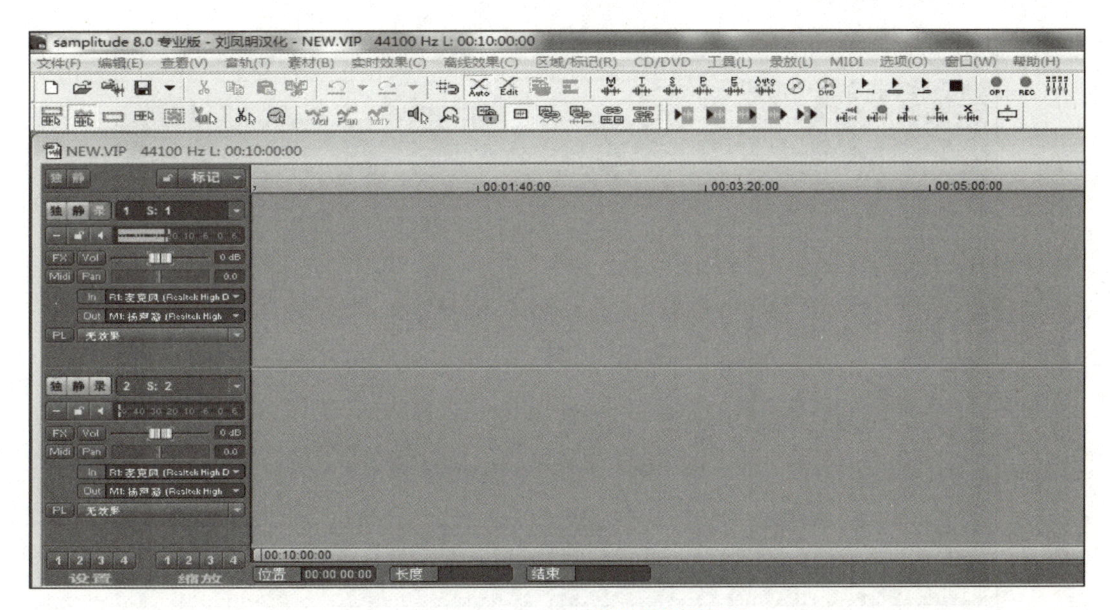

图 7-26　samplitude 软件的操作界面

2. 录音

1）录音前按<Y>键（不区分大小写，保证语言栏为“英文”状态），弹出“系统/整体音频选项”对话框，选择“系统设备”选项区域中的“WDM（多通道）”单选按钮，以便在集成声卡的硬件条件下能进行播放，如图 7-27 所示。

2）录音起点可以在轨道中任意一个时间点开始，直接单击想要开始的时间位置即可，如图 7-28 所示。

前面设置音轨数为“2 轨”，所以这里呈现两个轨道，想要在哪个轨道录音，就在对应

图 7-27　设置录音通道

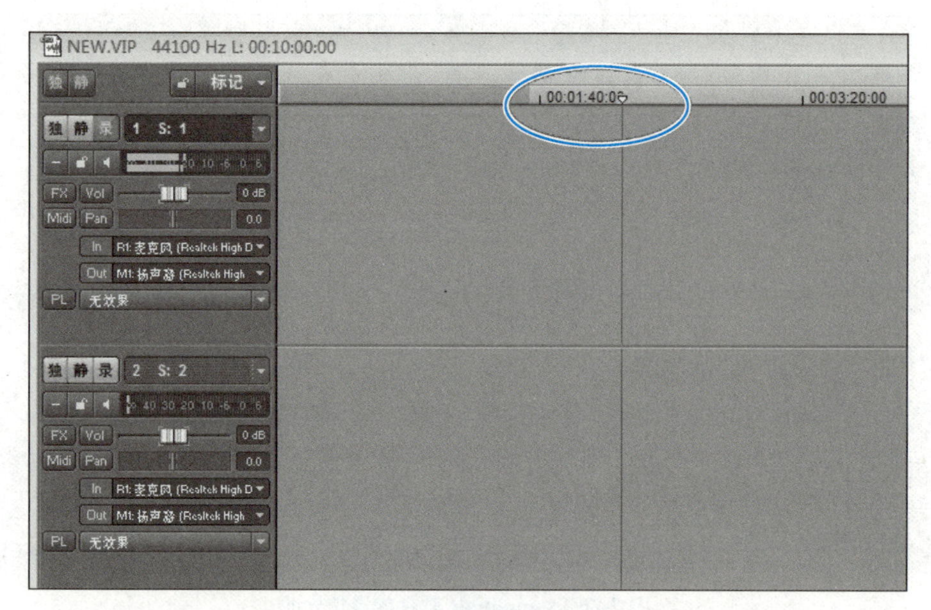

图 7-28　设置录音起点

的轨道前单击“录”按钮，使其呈红色，即打开录制状态，如图 7-29 所示。

选好轨道后，按<R>键（不分大小写，保证语言栏为“英文”状态）开始录音，结束时再次按<R>键。或者单击下方“传送控制器”中的圆形按钮来控制开始与结束，如图 7-30 所示。

若要剪辑已有的音频文件，单击工具栏中的“音频文件”按钮，在弹出的对话框中选择需要剪辑的音频文件，然后单击“打开”按钮，导入音频文件即可，如图 7-31 所示。

图 7-29　选择录音轨道

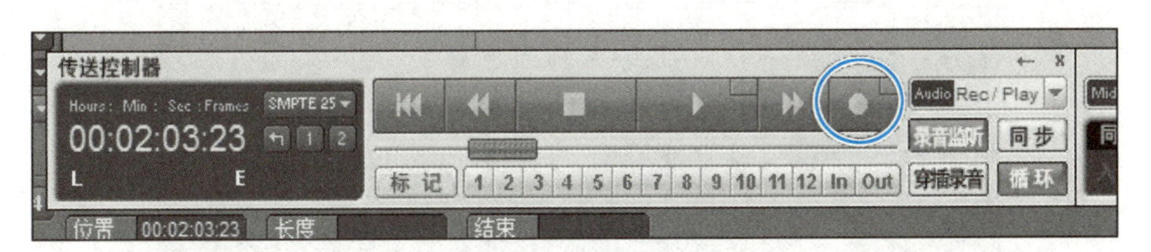

图 7-30　传送控制器

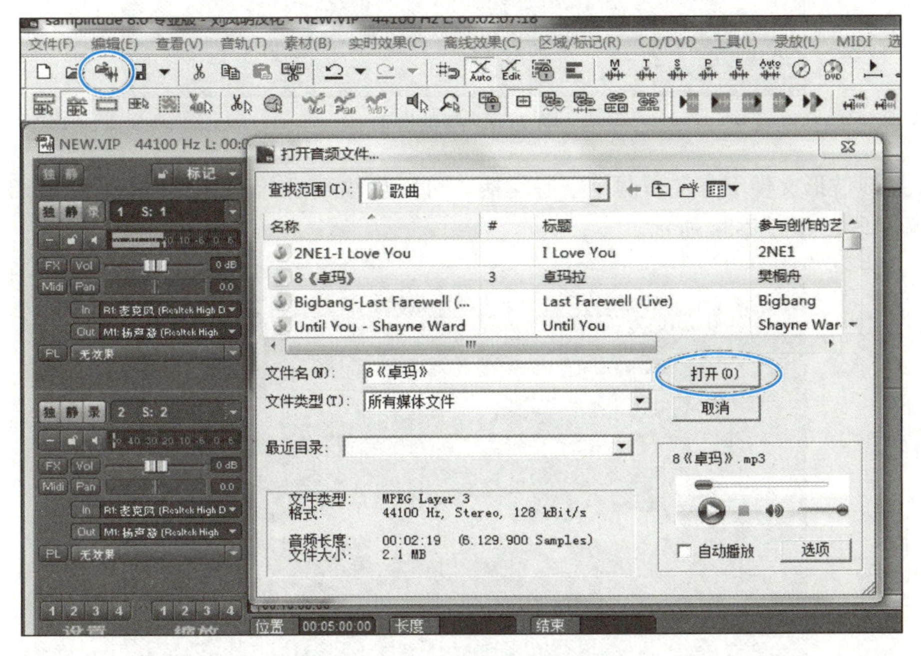

图 7-31　导入已有的音频文件

3. 编辑音频文件

1）录音结束后，单击声音波形文件，使其处于可编辑状态，此时波形文件显示为橙红色，如图 7-32 所示。

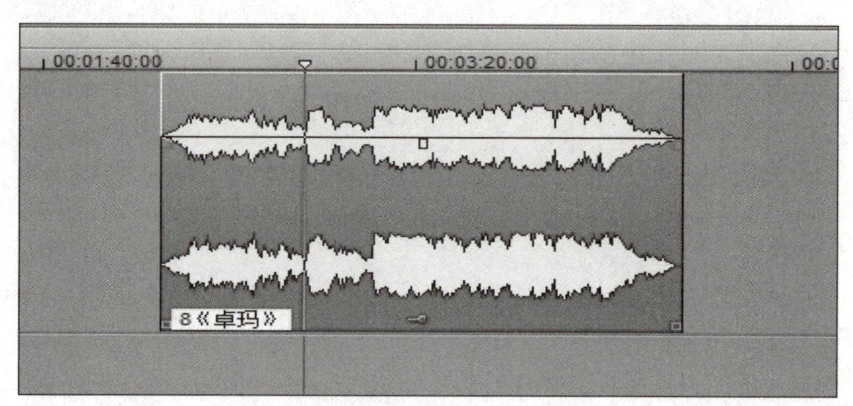

图 7-32　使音频文件处于可编辑状态

按<Space>键可控制声音的播放与结束。或者拖动播放滑块也可选择声音播放的起点，如图 7-33 所示。

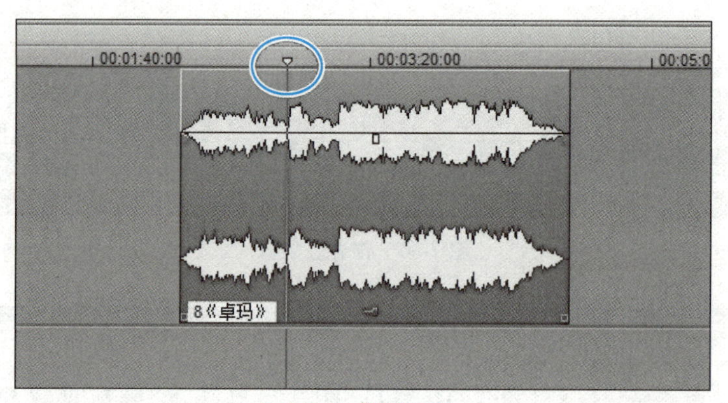

图 7-33　播放滑块

2）拖拽波形文件下方左右两个空心句柄，可以更改声音的入点和出点，这样可以随意截取音频片段，如图 7-34 所示。

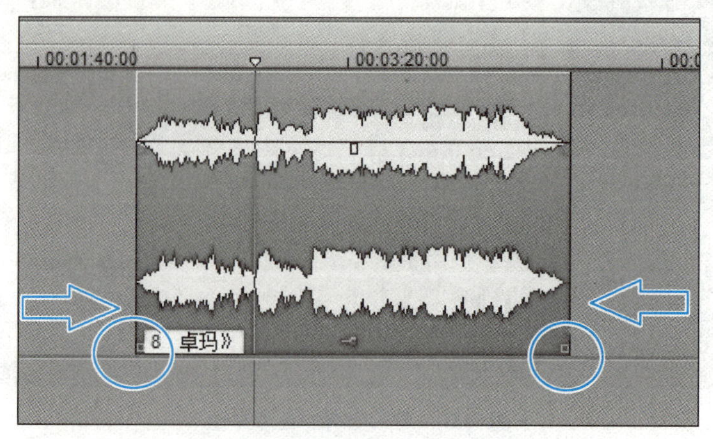

图 7-34　更改声音的入点和出点

3）向上或向下拖拽波形文件中心的空心句柄，可以更改声音的高低，如图 7-35 所示。

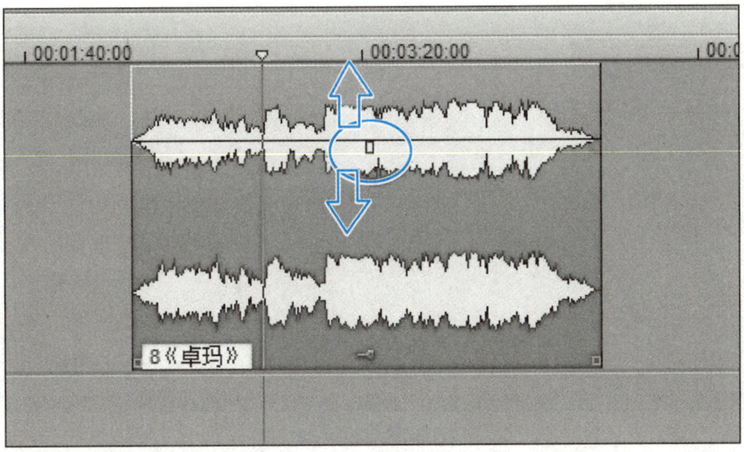

图 7-35　更改声音的高低

调节波形文件上方左右空心句柄，可以更改声音波形的淡入/淡出效果，如图 7-36 所示。

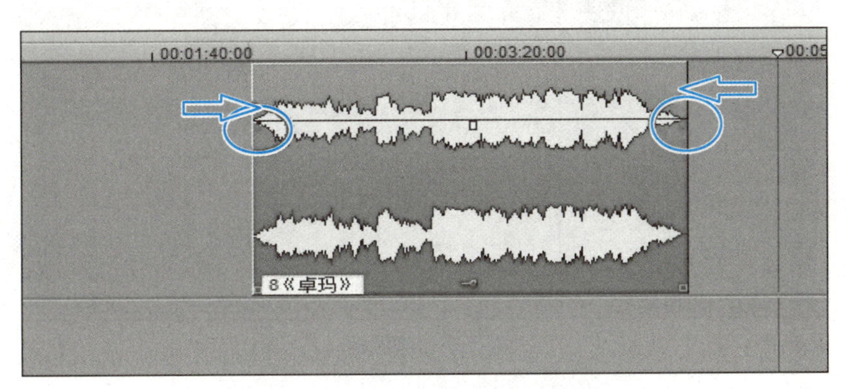

图 7-36　更改声音波形的淡入/淡出效果

4）双击波形文件，打开素材编辑器在其中可根据需要进行任意编辑，包括素材效果、交叉淡化、变速变调等，如图 7-37 所示。

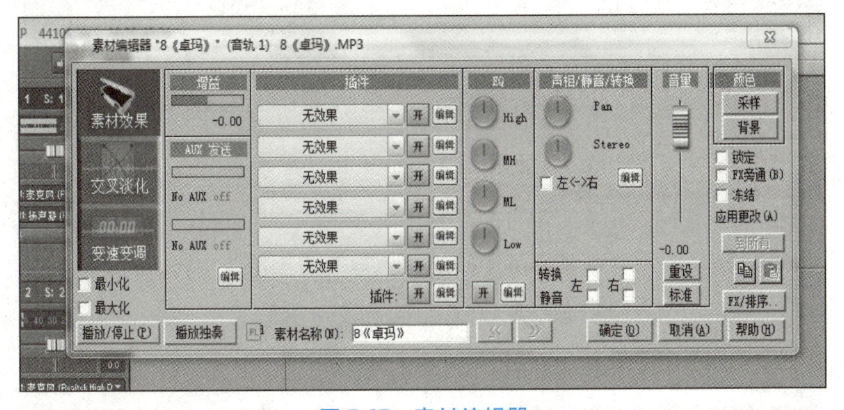

图 7-37　素材编辑器

拖拽波形片段文件到轨道左端入点，拖拽前如图 7-38 所示，拖拽后如图 7-39 所示。

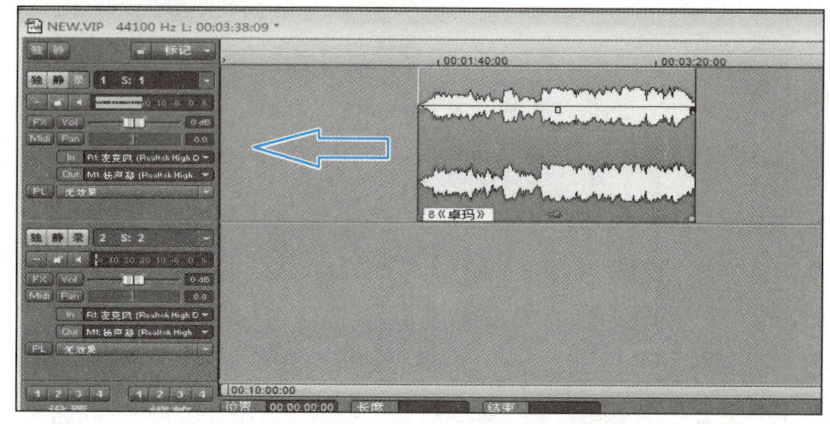

图 7-38　拖拽前

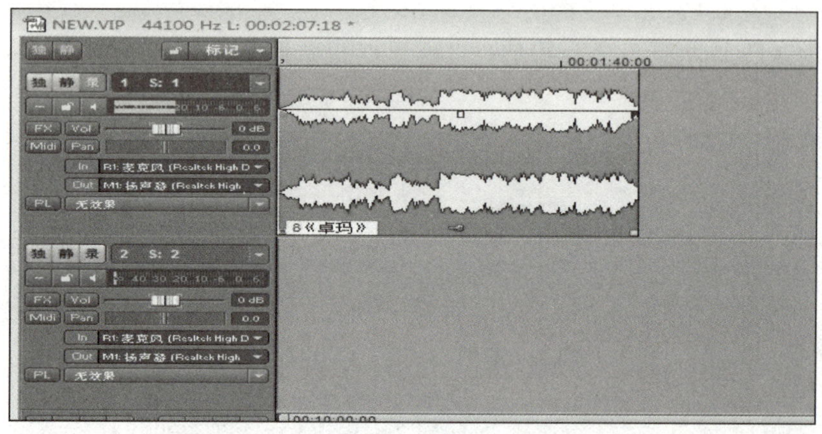

图 7-39　拖拽后

5）按<Space>键播放音频。确认无误后，选择“文件”→“音频输出”→“MP3”命令，然后在弹出的对话框中单击“输出”按钮即可，如图 7-40 所示。

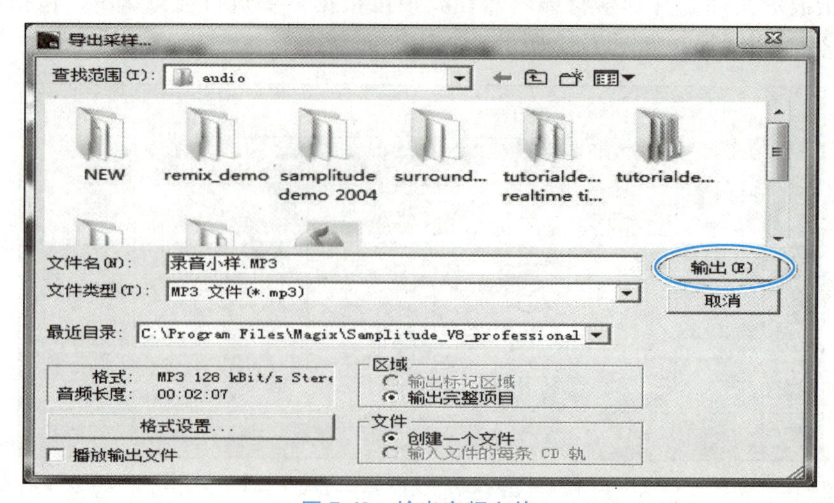

图 7-40　输出音频文件

7.4　视频处理

7.4.1　常见的视频文件格式

1. MPEG

MPEG 的全称是 Motion Picture Experts Group。这类格式包括了 MPEG-1、MPEG-2 和 MPEG-4 等多种视频格式。MPEG-1 目前被广泛应用于 VCD 的制作和一些视频片段下载等网络应用中，大部分的 VCD 都是用 MPEG-1 格式压缩的（刻录软件自动将 MPEG-1 转为 DAT 格式）。使用 MPEG-1 压缩算法，可以把一部 120min 长的电影压缩到 1.2GB 左右。MPEG-2 则常应用于 DVD 的制作，在一些 HDTV（高清晰电视广播）和一些高要求视频编辑、处理上面也有相当多的应用。使用 MPEG-2 的压缩算法，可以把一部 120min 长的电影压缩到 5~8GB（MPEG-2 的图像质量是 MPEG-1 无法比拟的）。

2. AVI

AVI（Audio Video Interleaved，音频视频交错）是由微软公司发表的视频格式。AVI 格式的优点是调用方便、图像质量好，但其缺点是文件体积过于庞大。

3. RA/RM/RAM

RM 是 Real Networks 公司所制定的音频/视频压缩规范 Real Media 中的一种。Real Player 软件就是利用网络资源对这些符合 Real Media 技术规范的音频/视频进行实况转播。Real Media 规范中主要包括 3 类文件：Real Audio、Real Video 和 Real Flash（Real Networks 公司与 Macromedia 公司合作推出的新一代高压缩比动画格式）。Real Video（RA、RAM）格式一开始的定位就是视频流应用，也可以说，它就是视频流技术的初始产物。它可以在用 56kbit/s Modem 拨号上网的条件下实现不间断的视频播放。但其图像质量比 VCD 的差。

4. MOV

QuickTime 原本是苹果公司应用于 Mac 计算机上的一种图像视频处理软件。QuickTime 提供了两种标准图像和数字视频格式，即可以支持静态的 PIC 和 JPG 图像格式、动态的基于 Indeo 压缩法的 MOV 视频格式，以及基于 MPEG 压缩法的 MPG 视频格式。

5. ASF

ASF（Advanced Streaming Format，高级流格式）是 Microsoft 为了和 Real Player 竞争而开发出来的一种可以直接在网上观看视频节目的文件压缩格式。ASF 使用了 MPEG-4 的压缩算法，压缩率和图像的质量都很不错。因为 ASF 是以一个可以在网上即时观赏的视频“流”格式存在的，所以它的图像质量比 VCD 的要差一点，但比同是视频“流”格式的 RAM 的质量要好。

6. WMV

WMV 是一种独立于编码方式的在 Internet 上实时传播多媒体的技术标准。Microsoft 公司希望用其取代 QuickTime 之类的技术标准，以及 WAV、AVI 等类型的文件。WMV 的主要优点在于可扩充的媒体类型、本地或网络回放、可伸缩的媒体类型、流的优先级化、多语言支持、扩展性等。

7. nAVI

如果原来正常的播放软件突然打不开 AVI 格式的文件，那就要考虑是不是碰到了 nAVI 格式文件。nAVI 是 New AVI 的缩写，是一个名为 Shadow Realm 的地下组织开发的一种新视频文件格式。它是由 Microsoft ASF 压缩算法修改而来的（并不是想象中的 AVI）。视频格式追求的无非是压缩率和图像质量，所以 nAVI 为了追求这两个目标，改善了原来 ASF 格式文件的一些不足，让 nAVI 格式文件拥有更高的帧率。可以说，nAVI 是一种去掉视频流特性的改良型 ASF 格式。

8. DivX

DivX 是由 MPEG-4 衍生出的另一种视频编码（压缩）标准，即通常所说的 DVDrip 格式。它采用了 MPEG-4 的压缩算法同时又综合了 MPEG-4 与 MP3 各方面的技术，也就是使用 DivX 压缩技术对 DVD 视频图像进行高质量压缩，同时用 MP3 或 AC3 对音频进行压缩，然后再将视频与音频合成并加上相应的字幕文件而形成的视频格式。其画质接近于 DVD 的画质且体积只有 DVD 的数分之一。这种编码对机器的要求也不高，所以 DivX 视频编码技术可以说是一种对 DVD 威胁最大的新生视频压缩格式，号称 DVD 杀手或 DVD 终结者。

9. RMVB

RMVB 是一种由 RM 视频格式升级延伸出的新视频格式。它的先进之处在于打破了原 RM 格式那种平均压缩采样的方式，在保证平均压缩比的基础上合理利用比特率资源，即静止和动作场面少的画面场景采用较低的编码速率，这样可以留出更多的带宽空间，而这些带宽会在出现快速运动的画面场景时被使用。这样，在保证了静止画面质量的前提下，大幅地提高了运动图像的画面质量，从而在图像质量和文件大小之间达到了微妙的平衡。另外，相对于 DVDrip 格式文件，RMVB 视频也有着较明显的优势，一部大小为 700MB 左右的 DVD 影片，如果将其转换成同样视听品质的 RMVB 格式，其大小也就 400MB 左右。不仅如此，RMVB 视频格式还具有内置字幕和无须外挂插件支持等独特优点。要想播放 RMVB 视频格式，可以使用 Real One Player 2.0 或 Real Player 8.0 加 Real Video 9.0 以上版本的解码器形式进行播放。

10. FLV

FLV 是由 Flash MX 发展而来的新的视频格式，其全称为 Flash Video，是在 Sorenson 公司的压缩算法的基础上开发出来的。

它形成的文件极小、加载速度极快，所以使网络在线观看视频文件成为可能。它的出现有效地解决了视频文件导入 Flash 后，使导出的 SWF 文件体积庞大，不能在网络上很好地使用等问题。目前各在线视频网站均采用此视频格式。

7.4.2 视频文件格式的转换

下面简单介绍一下，利用某视频编辑软件进行视频格式转换的操作。这里以狸窝 FLV 转换器为例。它是一款功能强大的 FLV 视频转换工具，它可以将几乎所有流行的视频格式，如 RM、RMVB、VOB、DAT、VCD、DVD、SVCD、ASF、MOV、QT、MPEG、WMV、MP4、3GP、DivX、XviD、AVI、FLV、MKV 等转换为 FLV/SWF 网络视频格式；也可以把 FLV 视频文件转换成 AVI、VCD、SVCD、DVD 等视频格式。它具有转换简单、快速、高画质等特点，还支持批量添加文件转换。

1）启动狸窝 FLV 转换器，单击“添加视频”按钮，在打开的对话框中找到“123. AVI”文件，单击“打开”按钮，如图 7-41 所示。

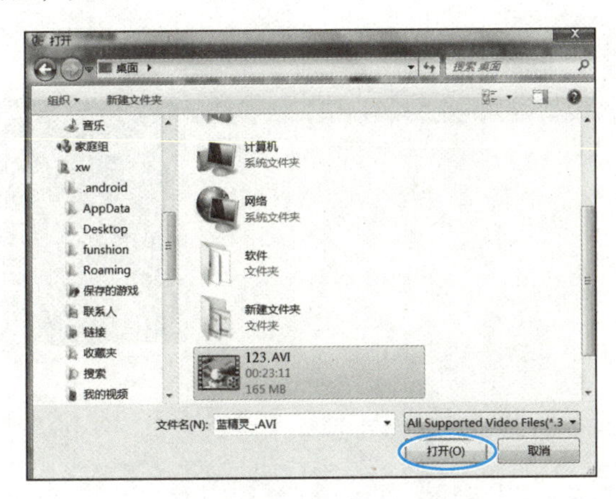

图 7-41　添加视频文件

2）在“预制方案”下拉列表框中，选择要转换的格式，如图 7-42 所示。

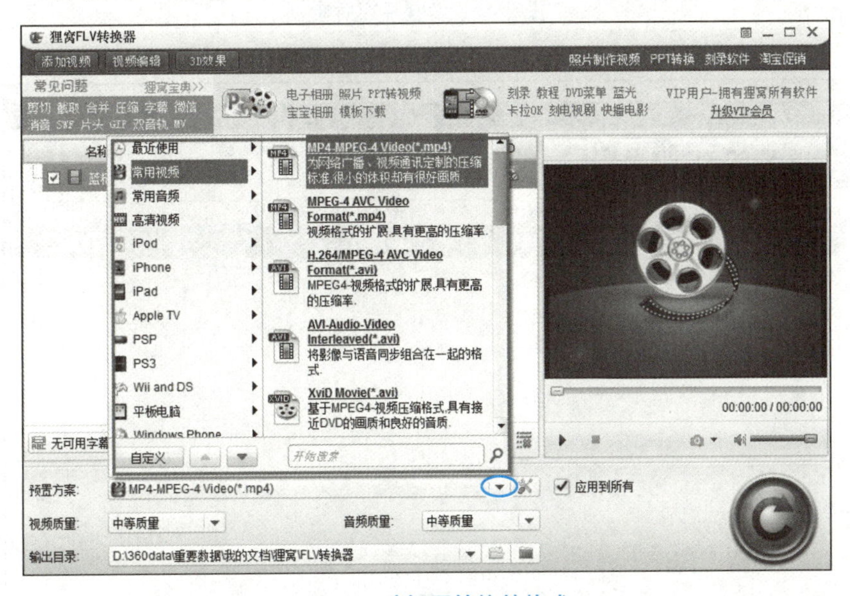

图 7-42　选择要转换的格式

3）在“视频质量”下拉列表框中，选择要生成的视频的质量，如图 7-43 所示。

4）设置好输出目录后，单击按钮即可开始视频格式转换。当进度条到达 100%时，转换完成，如图 7-44 所示。

7.4.3　常见的视频处理软件——Premiere

Premiere 是 Adobe 公司出品的一款用于影视后期编辑的软件，是数字视频领域应用较多的编辑软件之一。对于普通人而言，Premiere 完全可以满足用户日常的视频编辑需求，而且由于 Premiere 并不需要特殊的硬件支持，所以很受对视频感兴趣的人的欢迎。

图 7-43　设置视频质量

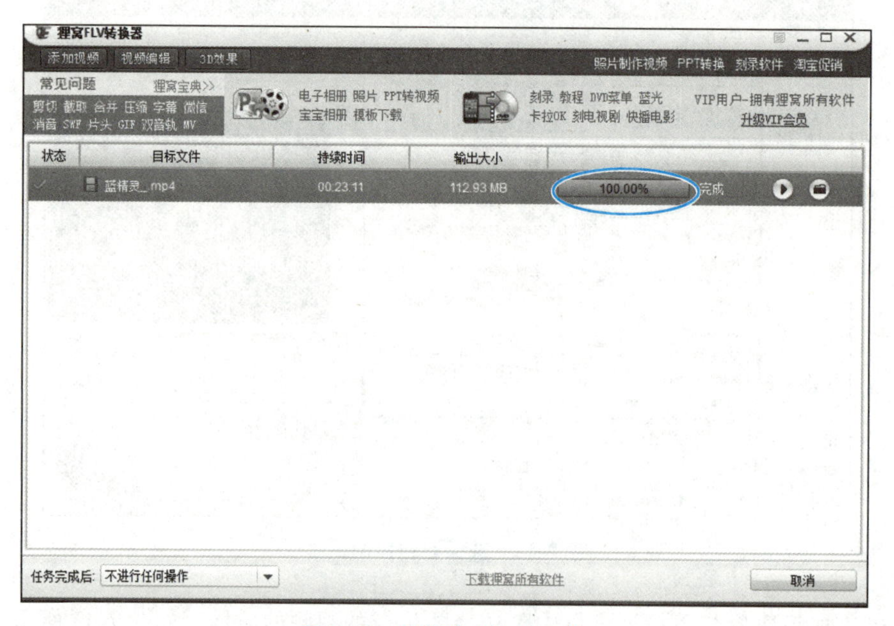

图 7-44　视频格式转换完成

1. 新建项目

1）打开 Premiere 程序，其启动界面如图 7-45 所示。

2）在开始界面（见图 7-46）中，如果最近有使用并创建了 Premiere 项目，会在“最近使用项目”下显示出来，只要单击相应的文件即可进入。若要打开之前已经存在的项目文件，单击“打开项目”图标，然后选择相应的项目文件即可打开。若要新建一个项目，则单击“新建项目”图标，打开“新建项目”对话框，如图 7-47 所示。

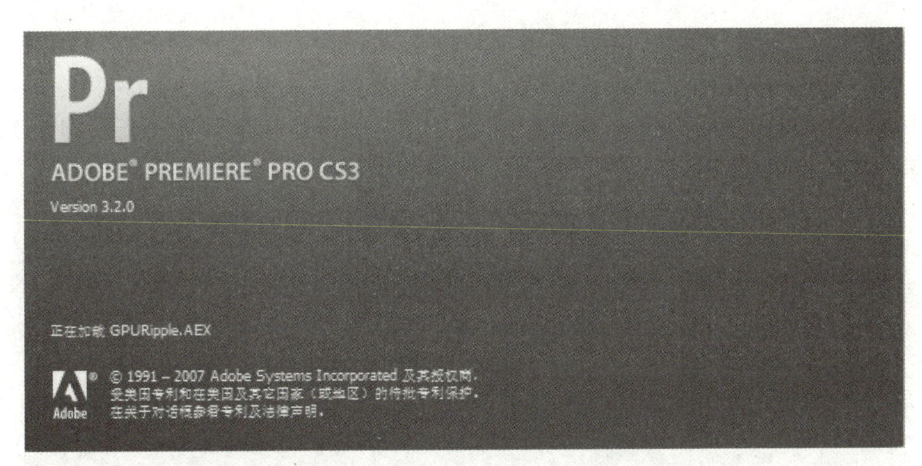

图 7-45　Premiere 启动界面

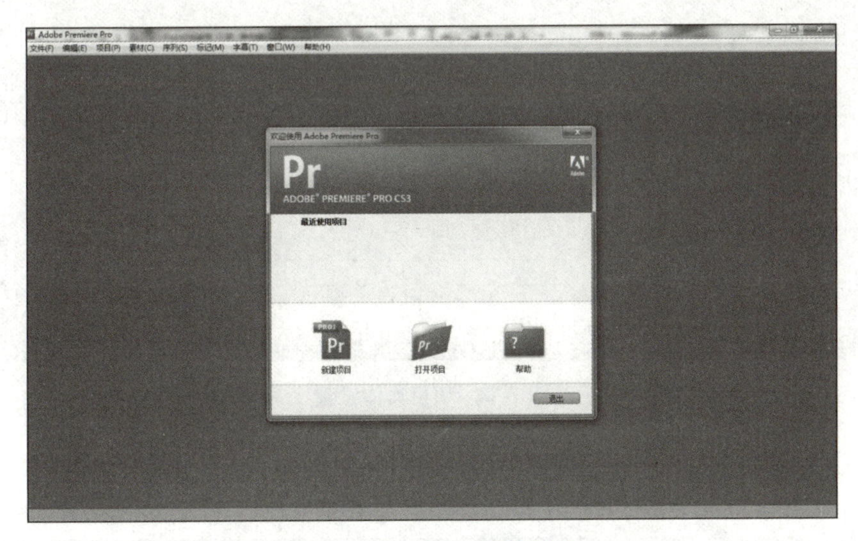

图 7-46　Premiere 开始界面

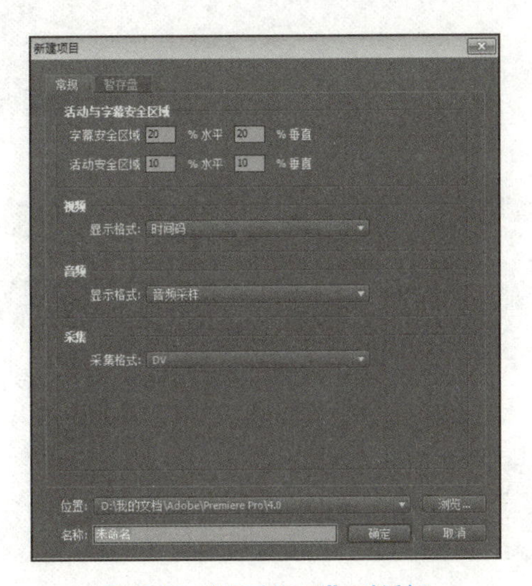

图 7-47　“新建项目”对话框

3）在该对话框中，可以按需要配置项目的各项设置。一般都是选择“DV-PAL 标准 48kHz”预置模式来创建项目；在“位置”下拉列表框中选择要保存的路径；在“名称”文本框中输入项目的名称，为了方便理解和教学，这里新建一个名为“新闻周报-JTV”的项目；单击“确定”按钮，就完成了项目的创建。项目具体设置如图 7-48 所示。

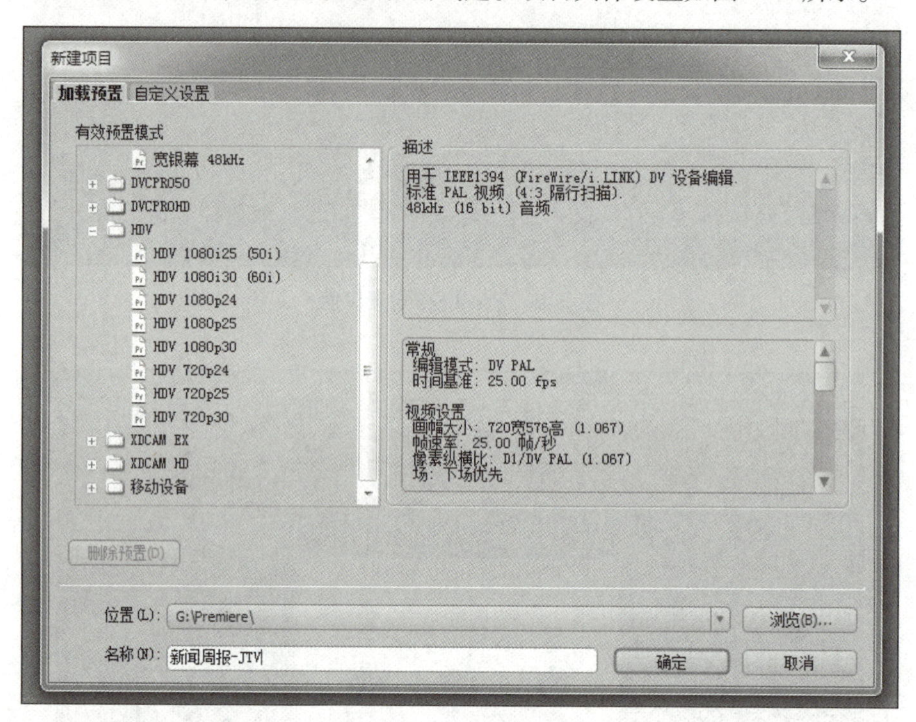

图 7-48　项目具体设置

4）程序会自动进入 Premiere 编辑界面，如图 7-49 所示。

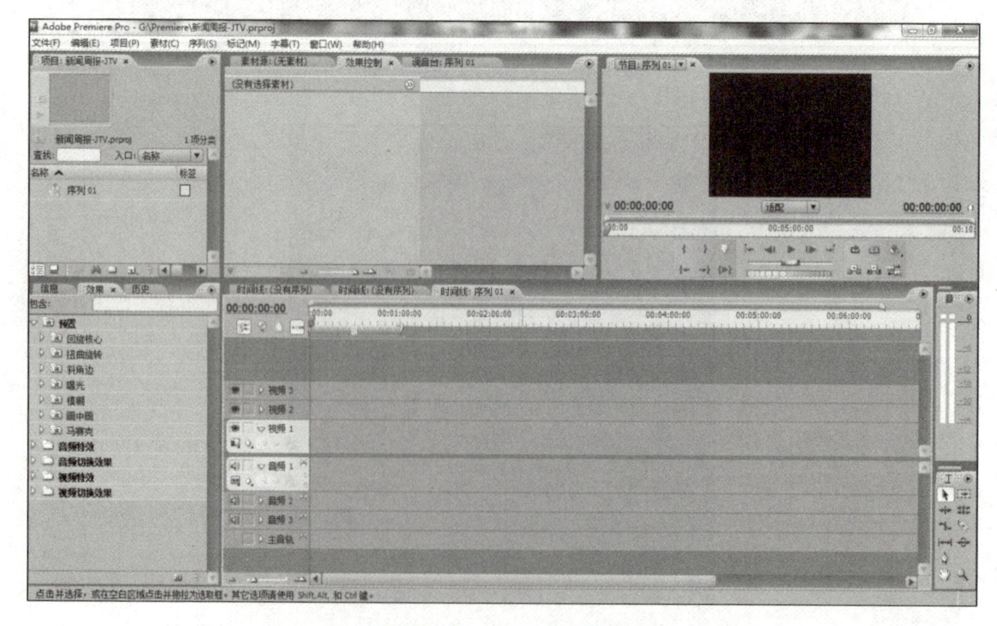

图 7-49　Premiere 编辑界面

2. Premiere 基本操作界面

Premiere 的基本操作界面（见图 7-50）主要分为素材框、监视器调板、效果调板、时间线调板和工具箱 5 个主要部分。在效果调板的位置，通过选择不同的选项卡，可以显示信息调板和历史调板。

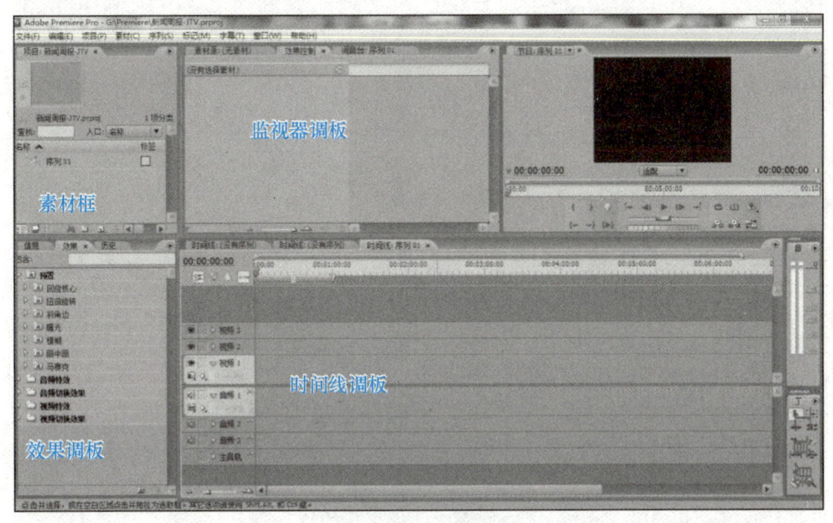

图 7-50　Premiere 的基本操作界面

（1）工具箱

工具箱如图 7-51 所示，其中主要有 11 种工具，对于一般的剪辑操作而言，主要运用的是选择工具和剃刀工具。

（2）视频切换特效

Premiere 提供了非常多的视频特效和视频切换特效。一般来说，对于新闻视频，不经常使用视频特效，所以这里主要介绍一下视频切换特效。在效果调板中，单击打开“视频切换效果”文件夹，如图 7-52 所示。

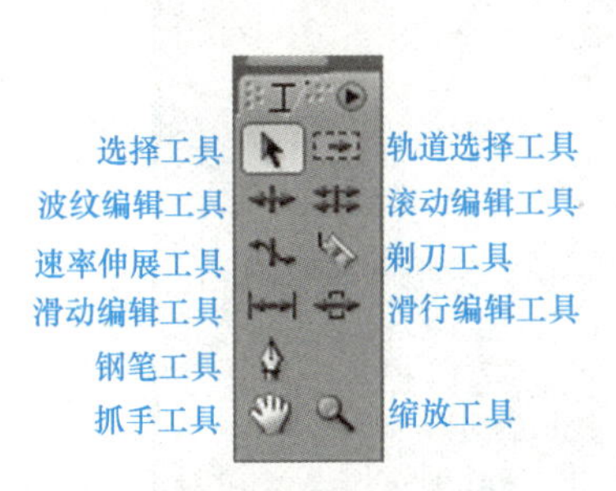

图 7-51　Premiere 工具箱

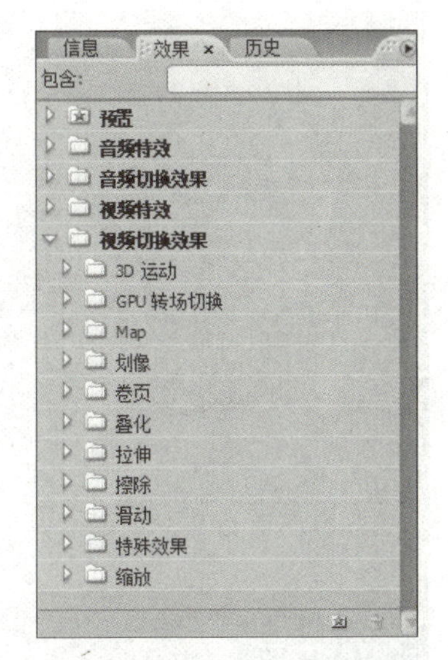

图 7-52　Premiere 效果调板中的视频切换效果

3. 编辑视频

1）启动 Premiere，打开“新建项目”对话框，在其中设置存储“位置”和“名称”，单击“确定”按钮，如图 7-53 所示。

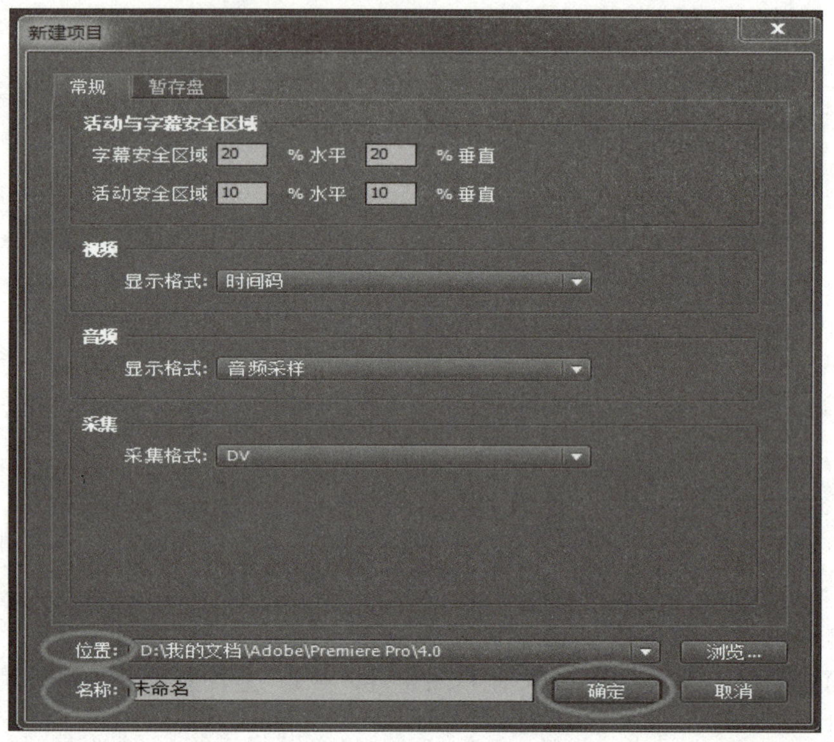

图 7-53 “新建项目”对话框

2）在“新建序列”对话框中，设置“有效预置”为“DV-PAL 标准 48kHz”，编辑“序列名称”，然后单击“确定”按钮，如图 7-54 所示。

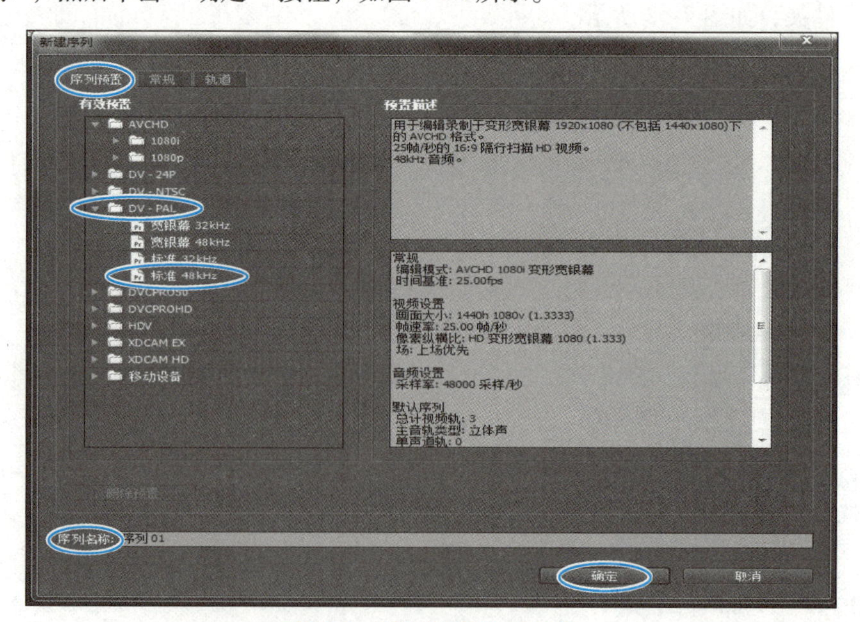

图 7-54 “新建序列”对话框

3）进入 Premiere 基本操作界面。界面左侧素材框中用于存放各种素材，如图片、字幕、音频（支持 MP3、WMA、WAV 格式）和视频（支持 AVI、MPG、WMV 格式），如图 7-55 所示。单击“新建文件夹”按钮，建立所需文件，并进行分类命名。

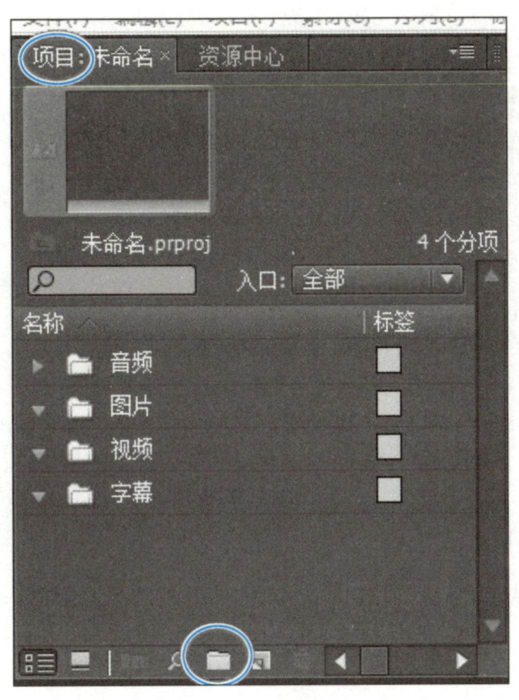

图 7-55　素材框

4）双击视频文件夹导入需要剪辑的视频，以视频素材“123”为案例。

5）将导入的视频拖至“视频 1”轨中，如图 7-56 所示。

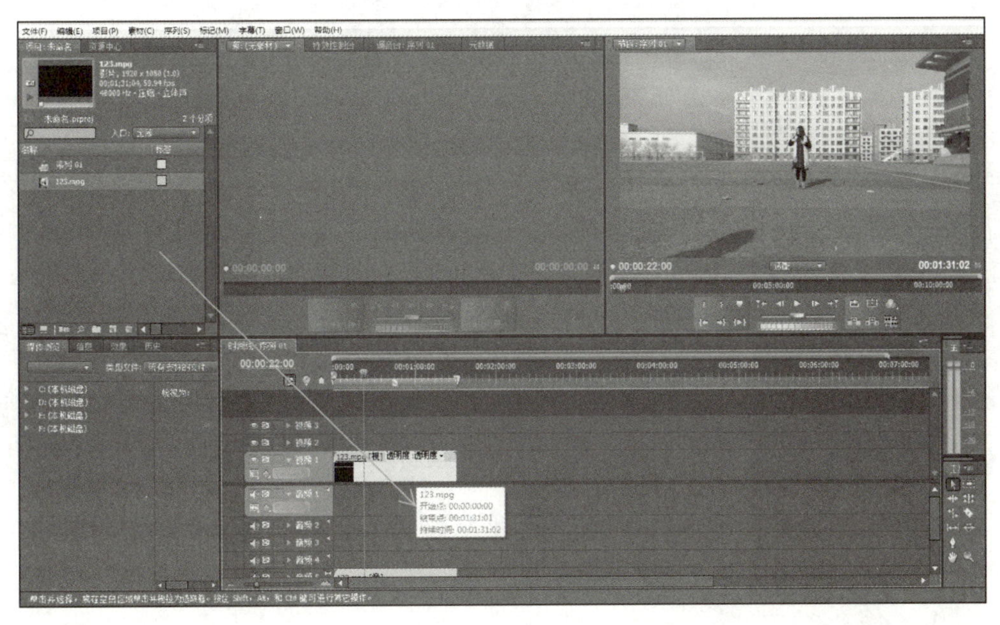

图 7-56　导入视频

6）双击已导入的视频，在监视器调板中出现所要剪辑的原视频，将光标置于时间轴的某处，单击“设置入点”按钮，即为剪辑后视频的起始点，如图 7-57 所示。用同样的方法设置出点，即为剪辑后视频的截止点，如图 7-58 所示。

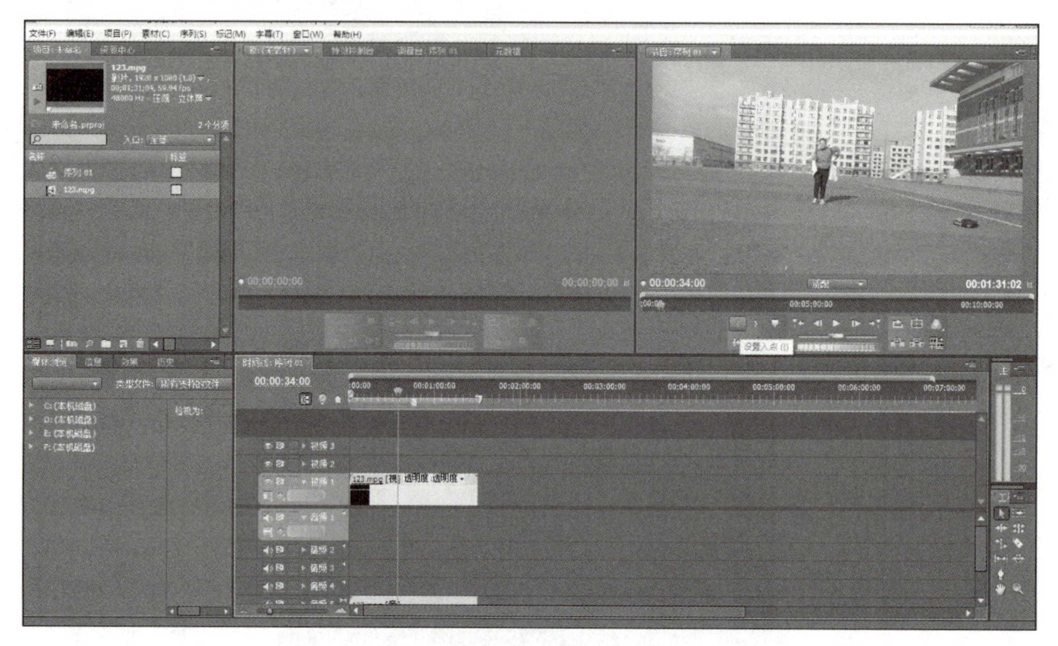

图 7-57 设置入点

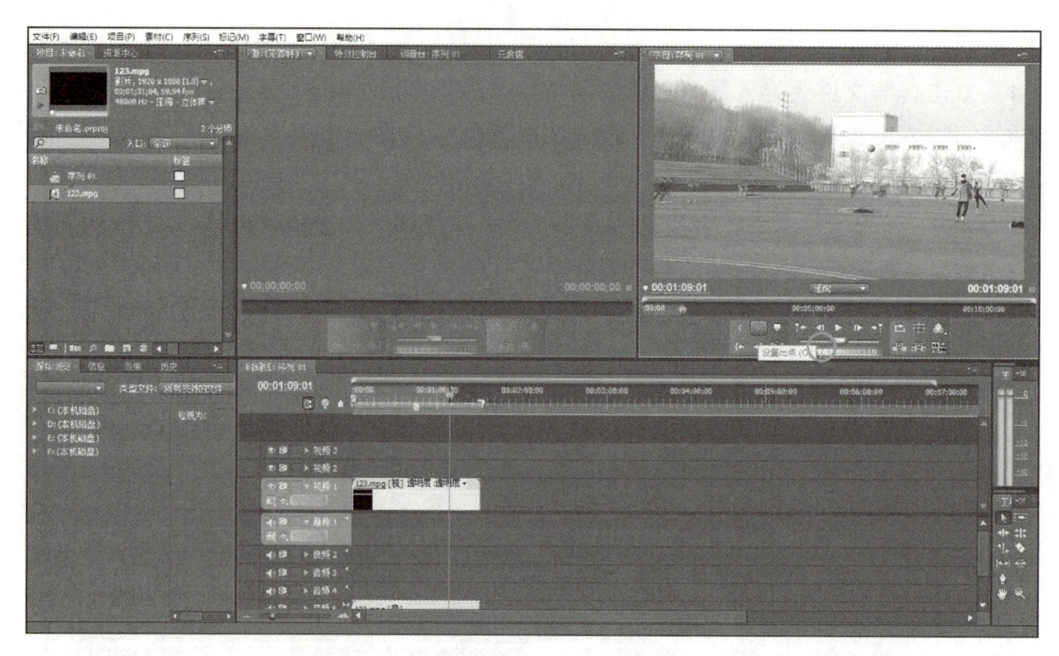

图 7-58 设置出点

7）将位于时间线调板已剪辑好的视频，拖至起始位置，视频剪辑完成，如图 7-59 所示。

图 7-59　拖至起始位置

习　题　七

一、简答题

1. 请简述多媒体技术的主要特点。
2. 请简述图像媒体的处理流程。
3. 请简述音频媒体的处理流程。
4. 请简述视频媒体的处理流程。

第 8 章

数据库技术基础

数据库是按照数据结构来组织、存储和管理数据的仓库，是一个长期存储在计算机内的、有组织的、可共享的、统一管理的大量数据的集合。

8.1　数据库概述

8.1.1　数据库的概念与发展

1. 数据库的概念

数据库是存放数据的“仓库”。它的存储空间很大，可以存放百万条、千万条、上亿条数据。但是数据库并不是将数据随意地存放，而是按照一定规则进行存放的，否则查询的效率会很低。当今世界是一个充满着大量数据的网络世界，也就是说这个世界就是数据世界。数据的来源有很多，如出行记录、消费记录、浏览的网页、发送的消息等。除了文本类型的数据，图像、音乐、声音也都是数据。

数据库是一个按数据结构来存储和管理数据的计算机软件系统。数据库的概念实际包括两层意思：

1）数据库是一个实体，它是能够合理保管数据的“仓库”，用户在该“仓库”中存放要管理的事务数据，“数据”和“库”两个概念结合成为数据库。

2）数据库是数据管理的方法和技术，它能更合适地组织数据、更方便地维护数据、更严密地控制数据、更有效地利用数据。

2. 数据库的发展

在数据库的发展历史上，数据库先后经历了层次数据库、网状数据库和关系数据库等发展阶段，数据库技术在各个方面的应用在快速发展中。特别是关系型数据库，它已经成为目前数据库产品中最重要的一员。20 世纪 80 年代以来，几乎所有新出的数据库产品都支持关系型数据库，即使一些非关系数据库产品也几乎都有支持关系数据库的接口。这主要是因为传统的关系型数据库可以比较好地解决管理和存储关系型数据的问题。但随着云计算的发展和大数据时代的到来，关系型数据库越来越无法满足人们的需要，这主要是由于越来越多的半关系型和非关系型数据需要用数据库进行存储和管理。与此同时，分布式等新技术的出现也对数据库技术提出了新的要求。于是，越来越多的非关系型数据库开始出现，这类数据库与传统的关系型数据库在设计和数据结构方面有很大的不同，它们更强调数据库数据的高并发读/写和大数据的存储。这类数据库一般被称为 NoSQL（Not only SQL）数据库。而传统的关系型数据库在一些传统领域依然保持着强大的生命力。

8.1.2 数据库管理系统和数据库的类型

1. 数据库管理系统

数据库管理系统（Database Management System，DBMS）是指为管理数据库而设计的软件系统，一般具有存储、截取、安全保障、备份等功能。数据库管理系统可以依据它所支持的数据库类型来分类，如关系式、XML；或依据所支持的计算机类型来分类，如服务器群集、移动电话；或依据所用查询语言来分类，如 SQL、XQuery；或依据处理性能来分类，如最大规模、最高运行速度；抑或其他的分类方式。此外，一些数据库管理系统能够跨类别使用，例如，同时支持多种查询语言。

数据库管理系统是数据库系统的核心组成部分，主要完成对数据库的操作与管理功能，实现数据库对象的创建，数据库存储数据的查询、添加、修改与删除操作，以及数据库的用户管理、权限管理等。它的安全直接关系到整个数据库的安全，其防护手段主要有以下几种：

1）使用正版数据库管理系统，并及时安装相关补丁。

2）做好用户账户管理，禁用默认超级管理员账户，或者为超级管理员账户设置复杂密码；为应用程序分别分配专用账户进行访问；设置用户登录时间及登录失败次数限制，防止暴力破解用户密码。

3）分配用户访问权限时，坚持最小权限分配原则，并限制用户只能访问特定数据库，不能同时访问其他数据库。

4）修改数据库默认访问端口，使用防火墙技术屏蔽掉对外开放的其他端口，禁止一切外部端口的探测行为。

5）对数据库内存储的重要数据、敏感数据进行加密存储，防止数据库备份或数据文件被盗而造成数据泄露。

6）设置好数据库的备份策略，保证数据库被破坏后能迅速恢复。

7）对数据库内的系统存储过程进行合理管理，禁用不必要的存储过程，防止利用存储过程进行数据库探测与攻击。

8）启用数据库审核功能，对数据库进行全面的事件跟踪和日志记录。

2. 数据库的类型

数据库主要有两种类型：关系型数据库与非关系型数据库。

（1）关系型数据库

关系型数据库的存储结构与常见的表格比较相似，可以直观地反映实体间的关系。关系型数据库中表与表之间有很多复杂的关联关系。常见的关系型数据库有 MySQL，SQL Server 等。在小型的应用中，使用不同的关系型数据库对系统的性能影响不大，但是在构建大型应用时，则需要根据应用的业务需求和性能需求，选择合适的关系型数据库。

虽然关系型数据库有很多，但是大多数都遵循结构化查询语言（Structured Query Language，SQL）标准。常见的操作有查询、新增、更新、删除、去重、排序等。

查询语句：

SELECT param FROM table WHERE condition

可以理解为从 table 中查询出满足 condition 条件的字段 param。

新增语句：

INSERT INTO table(param1,param2,param3)VALUES(value1,value2,value3)

可以理解为向 table 中的 param1、param2、param3 字段中分别插入 value1、value2、value3。

更新语句：

UPDATE table SET param = new_value WHERE condition

可以理解为将满足 condition 条件的字段 param 更新为 new_value 值。

删除语句：

DELETE FROM table WHERE condition

可以理解为将满足 condition 条件的数据全部删除。

去重查询：

SELECT DISTINCT param FROM table WHERE condition

可以理解为从表 table 中查询出满足条件 condition 的字段 param，但是 param 中重复的值只能出现一次。

排序查询：

SELECT param FROM table WHERE condition ORDER BY param1

可以理解为从表 table 中查询出满足 condition 条件的 param，并且将 param1 按升序的顺序进行排序。

总体来说，INSERT、DELETE、UPDATE、SELECT 分别对应常用的增、删、改、查 4 种操作。

关系型数据库更合适处理结构化的数据，如学生成绩、地址等，这样的数据一般情况下需要使用结构化的查询，例如 JOIN，这种情况下，关系型数据库比 NoSQL 数据库性能更优，而且精确度更高。由于结构化数据的规模不算太大，数据规模的增长通常也是可预期的，所以对于结构化数据使用关系型数据库更合适。关系型数据库十分注重数据操作的事务性和一致性，如果对这两方面的要求比较高，关系型数据库无疑是很好的选择。

（2）非关系型数据库（NoSQL 数据库）

随着近些年技术方向的不断拓展，大量的 NoSQL 数据库如 MongoDB、Redis、MemCache 出于简化数据库结构、避免冗余、防止影响性能的表连接、摒弃复杂分布式的目的被开发出来。

非关系型数据库指的是分布式的、非关系型的、不保证遵循 ACID（Atomicity 原子性、Consistency 一致性、Isolation 隔离性、Durability 持久性）原则的数据存储系统。NoSQL 数据库技术与 CAP（Consistency 一致性，Availability 可用性，Partition Tolerance 分区容错性）理论、一致性哈希算法有密切关系。所谓 CAP 理论，简单来说就是一个分布式系统不可能同时满足一致性、可用性与分区容错性这 3 个要求，一次性满足两种要求是该系统的上限。而一致性哈希算法则指的是 NoSQL 数据库在应用过程中，为满足工作需求而在通常情况下产生的一种数据算法。该算法能有效解决工作方面的诸多问题，但也存在弊端，即工作完成质量会随着节点的变化而产生波动，当节点过多时，相关工作结果就无法保证准确率。这一问题使整个系统的工作效率受到影响，导致整个数据库系统的数据乱码与出错率大大提高，甚至会出现数据节点的内容迁移，产生错误的代码信息。尽管如此，NoSQL 数据库技术还是具有非常明显的优势。例如，数据库结构相对简单，在大数据量下的读/写性能好；能满足随时存储自定义数据格式的需求，非常适用于大数据处理工作。

NoSQL 数据库适合追求速度和可扩展性、业务多变的应用场景，更适用于非结构化数据的处理，如文章、评论，由于这些数据中的关键词会大量反复出现，而且并不存在绝对的逻辑关系（如某文章中反复出现相同的字样“高中”，但其实每个字样代表的是完全不同的含义，一指学校的称谓，一指考试排在前列），因此，这些数据并不需要像结构化数据一样，需要基于某种算法关系精确查询，通常只需要按音序排列或查询即可。而且这类数据的规模往往是海量的，规模增长往往也是不可能预期的，而 NoSQL 数据库的扩展能力几乎也是无限的，所以 NoSQL 数据库可以很好地满足这一类数据的存储。NoSQL 数据库利用键值对（key-value）可以获取大量的非结构化数据，并且数据的获取效率很高，但用它查询结构化数据效果就比较差。

目前 NoSQL 数据库仍然没有一个统一的标准，主要有 4 种分类：

1）键值对存储：代表软件有 Redis，它的优点是能够进行数据的快速查询，而缺点是需要存储数据之间的关系。

2）列存储：代表软件有 HBase，它的优点是数据查询快、数据存储的扩展性强，而缺点是数据库的功能有局限性。

3）文档数据库存储：代表软件有 MongoDB，它的优点是对数据结构要求不严，而缺点是查询性能不好，同时缺少一种统一的查询语言。

4）图形数据库存储：代表软件有 InfoGrid，它的优点是可以方便地利用图结构相关算法进行计算，而缺点是要想得到结果必须进行整个图的计算，而且遇到不适合的数据模型时，图形数据库很难使用。

8.2 数据库的基本特征

8.2.1 数据库工作模式

1. 存储方式

传统的关系型数据库采用表格的存储方式，数据以行和列的方式进行存储，要读取和查询都十分方便。而非关系型数据不适合采用这样的表格存储方式，通常以数据集的方式存储，大量的数据集中存储在一起，类似于键值对、图结构或者文档。

2. 存储结构

关系型数据库按照结构化的方法存储数据，每个数据表都必须先定义好各个字段（也就是先定义好表的结构），再根据表的结构存入数据。这样做的好处就是由于数据的形式和内容在存入数据之前就已经定义好了，所以整个数据表的可靠性和稳定性都比较高。但问题是一旦存入数据后，如果需要修改数据表的结构就会十分困难。而 NoSQL 数据库由于面对的是大量非结构化的数据的存储，它采用的是动态结构，对于数据类型和结构的改变非常容易操作，可以根据数据存储的需要灵活地改变数据库的结构。

3. 存储规范

关系型数据库为了避免重复、规范化数据并充分利用好存储空间，把数据按照最小关系表的形式进行存储。这样，数据的管理就可以变得很清晰、一目了然。当然这主要是一张数据表的情况，如果是多张表情况就不一样了。由于数据涉及多张数据表，数据表之间存在着复杂的关系，随着数据表数量的增加，数据管理会越来越复杂。而 NoSQL 数据库的数据是用平面数据集的方式集中存放的，虽然会存在数据被重复存储而造成存储空间被浪费的问题（从当前的计算机硬件的发展来看，这样的存储空间浪费的问题微不足道），但是由于基本上单个数据库都是采用单独存放的形式，很少采用分割存放的方式，所以数据往往能存储成一个整体，这对于数据的读/写提供了极大的方便。

4. 扩展方式

当前社会和科学飞速发展，要支持日益增长的数据库存储需求必然要求数据库有良好的扩展性能，并且要求数据库支持更多的数据并发量。扩展方式是 NoSQL 数据库与关系型数据库差别最大的地方。由于关系型数据库将数据存储在数据表中，数据操作的瓶颈出现在多张数据表的操作中，而且数据表越多这个问题越严重。如果要缓解这个问题，只能提高处理能力，也就是选择速度更快、性能更强的计算机。这样的方法虽然可以获得一定的拓展空间，但这样的拓展空间是非常有限的。也就是说，关系型数据库只具备纵向扩展能力。而 NoSQL 数据库由于使用的是数据集的存储方式，它的存储方式一定是分布式的，它可以采用横向的方式来扩展数据库。也就是说，可以添加更多数据库服务器到资源池，然后由这些增加的服务器来负担数据量增加的开销。

5. 查询方式

关系型数据库采用结构化查询语言（SQL）来对数据库进行查询。SQL 早已获得了各个数据库厂商的支持，成为数据库行业的标准，它能够支持数据库的增加、查询、更新、删除操作，具有非常强大的功能，SQL 可以采用类似索引的方法来加快查询操作。NoSQL 数据库使用的是非结构化查询语言（UnQL），它以数据集（像文档）为单位来管理和操作数据，由于它没有一个统一的标准，所以每个数据库厂商提供的产品标准是不一样的。NoSQL 数据库中的文档 ID 与关系型数据库中表的主键的概念类似，NoSQL 数据库采用的数据访问模式相对关系型数据库的更简单、更精确。

8.2.2 数据库的特点

1. 规范化

在数据库的设计开发过程中，开发人员通常会面对同时需要对一个或者多个数据实体（包括数组、列表和嵌套数据）进行操作。这样的话，在关系型数据库中，一个数据实体一般首先要被分割成多个部分，然后再对分割的部分进行规范化，规范化以后再分别存储到多张关系型数据表中。这是一个复杂的过程。随着软件技术的发展，相当多的软件开发平台都提供一些简单的解决方法，例如，可以利用 ORM（对象关系映射，Object Relational Mapping）层来将数据库中对象模型映射到基于 SQL 的关系型数据库中去，并进行不同类型系统的数据之间的转换。NoSQL 数据库则不存在这方面的问题，它不需要规范化数据，它通常是在一个单独的存储单元中存入一个复杂的数据实体。

2. 事务性

关系型数据库强调 ACID 原则，可以满足对事务性要求较高或者需要进行复杂数据查询的数据操作，而且可以充分满足数据库操作的高性能和操作稳定性的要求。并且，关系型数据库十分强调数据的强一致性，对于事务的操作有很好的支持。关系型数据库可以控制事务原子性细粒度，并且一旦操作有误或者有需要，可以马上回滚事务。而 NoSQL 数据库强调 BASE（Basically Available 基本可用、Soft-state 软状态、Eventual Consistency 最终一致性）原则，它减少了对数据的强一致性支持，从而获得了基本一致性和柔性可靠性，并且利用以上的特性达到了高可靠性和高性能，实现了数据的最终一致性。NoSQL 数据库虽然也能用于事务操作，但由于它是一种基于节点的分布式数据库，对于事务的操作不能很好地支持，也很难满足其全部的需求，所以 NoSQL 数据库的性能和优点更多地体现在大数据的处理和数据库的扩展方面。

3. 读/写性能

关系型数据库十分强调数据的一致性，并为此降低了读/写性能，付出了巨大的代价。虽然关系型数据库存储数据和处理数据的可靠性很不错，但一旦面对海量数据的处理时效率就会变得很差，特别是在高并发读/写时性能就会下降得非常厉害。而 NoSQL 数据库相对关系型数据库的最大优势恰恰是应对大数据方面，即对于大量的非结构化的数据能够实现高性能的读/写。这是因为 NoSQL 数据库是按键值对、以数据集的方式存储的，因此无论是扩展还是读/写都非常容易。并且 NoSQL 数据库不需要关系型数据库烦琐的解析，所以 NoSQL 数据库在大数据管理、检索、读/写、分析及可视化方面具有关系型数据库不可比拟的优势。

4. 授权方式

常见的关系型数据库有 Oracle、SQL Server、DB2、MySQL。除了 MySQL 外，大多数的关系型数据库如果要使用都需要支付一笔价格高昂的费用，即使是免费的 MySQL，其性能也受到了诸多的限制。而对于 NoSQL 数据库，比较主流的有 Redis、HBase、MongoDB、MemCache 等，这些产品通常都采用开源的方式。

8.3 数据库系统概述

8.3.1 分布式数据库与数据库系统

1. 分布式数据库的概念

所谓的分布式数据库技术，就是数据库技术与分布式技术的一种结合。具体指的是，把那些在物理意义上分散开的、但在计算机系统逻辑上又是属于同一个系统的数据结合起来的一种数据库技术。它既有数据库间的协调性，也有数据的分布性。分布式数据库系统并不注重系统的集中控制，而是注重每个数据库节点的自治性。此外为了让程序员能够在编写程序时可以减轻工作量，以及降低系统出错的可能性，一般也尽可能不考虑数据的分布情况的，仅考虑这些数据是否存在有效的关联，并依据这些有效关联来进行集中处理操作即可。这样，既保证了各个数据库的数据独立，也保证了各个数据库关联后的有效管理，完成了集中控制。

在分布式数据库里，数据冗杂是一种被需要的特性。这点和一般的集中式数据库系统不一样。主要原因有两点：一是为了提高局部的应用性要在那些被需要的数据库节点复制数据；二是因为如果某个数据库节点出现系统错误，在修复好之前，可以通过操作其他的数据库节点里复制的数据使系统能够继续使用，提高了系统的有效性。

2. 数据库系统的概念

数据库系统（Database System，DBS）是由数据库及其管理软件组成的系统。

数据库系统是为满足数据处理的需要而发展起来的一种较为理想的数据处理系统，也是一个为实际可运行的存储、维护和应用系统提供数据的软件系统，是存储介质、处理对象和管理系统的集合体。

数据库系统通常由软件、数据库和数据管理员组成。其中，软件主要包括操作系统、各种宿主语言、实用程序及数据库管理系统；数据库由数据库管理系统统一管理，数据的插入、修改和检索均要通过数据库管理系统进行；数据管理员负责创建、监控和维护整个数据库，使数据能被任何有权使用的人有效使用，数据库管理员一般是由业务水平较高、资历较深的人员担任。

数据库系统的个体是指一个具体的数据库管理系统软件和用它建立起来的数据库。它的学科含义是指研究、开发、建立、维护和应用数据库系统所涉及的理论、方法、技术所构成的学科。在这一含义下，数据库系统是软件研究领域的一个重要分支，常称为数据库领域。计算机的高速处理能力和大容量存储器提供了实现数据管理自动化的条件。

数据库研究跨越计算机应用、系统软件和理论研究 3 个领域。其中，计算机应用促进了新系统的研发，新系统软件带来新的理论研究，而理论研究又对前两个领域起着指导作用。数据库系统的出现是计算机应用的一个里程碑，它使得计算机应用从以科学计算为主转向以数据处理为主，并使计算机在各行各业乃至家庭中普及。在它之前的文件系统虽然也能处理持久数据，但是文件系统不提供对任意部分数据的快速访问，而快速访问对数据量不断增大的应用来说是至关重要的。为了实现对任意部分数据的快速访问，就要研究许多优化技术。这些优化技术往往很复杂，是普通用户难以实现的，所以就由系统软件（数据库管理系统）来完成，而提供给用户的是简单易用的数据库语言。由于对数据库的操作都是由数据库管理系统完成的，所以数据库就可以独立于具体的应用程序而存在，从而数据库又可以为多个用户所共享。因此，数据的独立性和共享性是数据库系统的重要特征。数据共享节省了大量人力和物力，为数据库系统的广泛应用奠定了基础。数据库系统的出现使得普通用户能够方便地将日常数据存入计算机，并在需要的时候快速访问它们，这推动计算机走出科研机构进入各行各业和家庭。

数据库系统有大小之分，大型数据库系统有 SQL Server、Oracle、DB2 等，中小型数据库系统有 FoxPro、Access、MySQL 等。

8.3.2 数据库系统的组成与特点

1. 数据库系统的组成

数据库系统一般由 4 个部分组成。

1）数据库（database，DB）：是指长期存储在计算机内的、有组织的、可共享的数据的集合。数据库中的数据按一定的数学模型组织、描述和存储，具有较小的冗余、较高的数据独立性和易扩展性，并可为各种用户共享。

2）硬件：构成计算机系统的各种物理设备，包括存储所需的外部设备。硬件的配置应满足整个数据库系统的需要。

3）软件：包括操作系统、数据库管理系统及应用程序。数据库管理系统是数据库系统的核心软件，是在操作系统的支持下工作的，解决如何科学地组织和存储数据、如何高效地获取和维护数据的系统软件。其主要功能包括：数据定义、数据操纵、数据库的运行管理，以及数据库的建立与维护。

4）人员：主要有 4 类。第一类为系统分析员和数据库设计人员。系统分析员负责应用系统的需求分析和规范说明，他们和用户及数据库管理员一起确定系统的硬件配置，并参与数据库系统的概要设计。数据库设计人员负责数据库中数据的确定，以及数据库各级模式的设计。第二类为应用程序员，负责编写使用数据库的应用程序。这些应用程序可对数据进行检索、建立、删除和修改。第三类为最终用户，他们利用系统的接口或查询语言访问数据库。第四类为数据库管理员（Database Administrator，DBA），负责数据库的总体信息控制。DBA 的具体职责包括：决定具体数据库中的信息内容和结构，决定数据库的存储结构和存取策略，定义数据库的安全性要求和完整性约束条件，监控数据库的使用和运行，负责数据库的性能改进、重组和重构的数据库，以提高数据库的性能。

2. 数据库系统的特点

数据库系统通常有以下几个特点：

1）结构化。数据库系统实现了整体数据的结构化，这是数据库系统最主要的特征之一。这里所说的“整体”，是指在数据库中的数据不再仅针对某个应用，而是面向全组织；不仅数据内部是结构化，而且是整体式结构化，数据之间有联系。

2）共享性。因为数据是面向整体的，所以数据可以被多个用户、多个应用程序共享使用。这样可以大大减少数据冗余，节约存储空间，避免数据之间的不相容性与不一致性。

3）独立性。数据独立性包括数据的物理独立性和逻辑独立性。物理独立性是指数据在磁盘上数据库中如何存储是由 DBMS 管理的，应用程序不需要了解，应用程序要处理的只是数据的逻辑结构，这样，当数据的物理存储结构改变时，应用程序不用改变。逻辑独立性是指应用程序与数据库的逻辑结构是相互独立的，也就是说，数据的逻辑结构改变了，应用程序也可以不改变。数据与程序的独立，把数据的定义从程序中分离出去，加上存取数据是由 DBMS 负责的，从而简化了应用程序的编制，大大减少了应用程序的维护和修改。

4）数据库管理系统统一管理数据。也就是说，数据库的共享是并发的（Concurrency）共享，即多个用户可以同时存取数据库中的数据，甚至可以同时存取数据库中的同一个数据。

对数据库系统的基本要求如下：

1）能够保证数据的独立性。数据和程序相互独立有利于加快软件的开发速度，节省开发费用。

2）冗余数据少，数据共享程度高。

3）系统的用户接口简单，用户容易掌握，使用方便。

4）能够确保系统运行可靠，出现故障时能迅速排除；能够保护数据不受非受权者访问或破坏；能够防止错误数据的产生，一旦产生也能及时发现。

5）有重新组织数据的能力，能改变数据的存储结构或数据存储位置，以适应用户操作特性的变化，改善由于频繁插入、删除操作造成的数据组织零乱和时空性能变坏的状况。

6）具有可修改性和可扩充性。

7）能够充分描述数据间的内在联系。

8.3.3 数据库系统的数据模型与安全策略

1. 数据模型

数据模型是信息模型在数据世界中的表示形式。可将数据模型分为3类：层次模型、网状模型和关系模型。

（1）层次模型

层次模型是一种用树形结构描述实体及其之间关系的数据模型。在层次模型中，每一个记录类型都是用节点表示的，记录类型之间的联系则用节点之间的有向线段来表示。每一个双亲节点可以有多个子节点，但是每一个子节点只能有一个双亲节点。这决定了采用层次模型作为数据组织方式的层次数据库系统只能处理一对多的实体联系。

（2）网状模型

网状模型允许一个节点可以同时拥有多个双亲节点和子节点。因而同层次模型相比，网状模型更具有普遍性，能够直接地描述现实世界中的实体。也可以认为层次模型是网状模型的一个特例。

（3）关系模型

关系模型是采用二维表格结构表达实体类型及实体间联系的数据模型。它的基本假定是所有数据都能表示为数学上的关系。

2. 安全策略

（1）系统安全策略

系统安全策略包括数据库用户管理、数据库操作规范、用户身份认证、操作系统安全4个部分。

1）数据库用户管理。数据库用户即使用和共享数据库资源的人，此类用户在不进行权限划分的前提下，有着在当前数据库中创建数据库对象及进行数据库备份的权限，对数据库表的操作权限及执行存储过程的权限，以及用户数据库中指定表字段的操作权限。由于权限过高，可直接对数据库的核心数据进行影响（如修改数据或权限、非授权备份等），因此需要对此类用户进行严格的管理，只有真正可信的人员才拥有管理数据库的权限。

2）数据库操作规范。数据库中数据才是核心，不能有任何的破坏。数据库管理员是唯一能直接访问数据库的人员，管理员的操作是非常重要的，因此需要对数据库管理员进行培训，使其树立严谨的工作态度，同时需要规范操作流程。

3）用户身份认证。Oracle 数据库可以使用主机操作系统认证用户，也可以使用数据库认证用户。从安全角度出发，将 initSID. ora 文件中的 remote_os_authent 参数设成 FALSE，可以防止没有口令的连接，因此建议将 remote_os_roles 设成 FALSE，防止欺骗性连接。

4）操作系统安全。对于运行任何一种数据库的操作系统来说，都需要考虑安全性问题。数据库管理员及系统账户的口令都必须符合规定，不能过于简单而且需要定期更换。口令的安全同样重要。系统管理员在给操作系统做维护的时候，需要与数据库管理员合作，避免因信息交互上的不统一，造成数据库管理工作中的时间资源浪费，影响全局工作效率。

（2）数据安全策略

数据安全策略决定了可以访问特定数据的用户组，以及这些用户的操作权限。数据的安全性取决数据的敏感程度。如果数据不是那么敏感，则数据的安全策略可以稍微宽松一些；反之，则需要制定特定的安全策略，严格控制访问对象，以确保数据的安全。

（3）用户安全策略

用户安全策略由一般用户安全、最终用户安全、管理员安全、应用程序开发人员安全、应用程序管理员安全 5 个部分组成。

1）一般用户安全。如果用户认证由数据库进行管理，则安全管理员就应该制定口令安全策略来维护数据库访问的安全性。可以配置 Oracle 使用加密口令来进行客户机/服务器连接。

2）最终用户安全。安全管理员必须为最终用户安全制定策略。如果使用的是大型数据库且还有许多用户，这时就需要安全管理员对用户组进行分类，为每个用户组创建用户角色，并且对每个角色授予相应的权限。

3）管理员安全。安全管理员应当拥有阐述管理员安全的策略。在数据库创建后，应对 SYS 和 SYSTEM 用户名更改口令，以防止对数据库的未认证访问，且只有数据库管理员才可用。

4）应用程序开发人员安全。安全管理员必须为使用数据库的应用程序开发人员制定一套特殊的安全策略。安全管理员可以把创建必要对象的权限授予应用程序开发人员。否则，创建必要对象的权限只能授予数据库管理员，并由管理员从开发人员那里接收对象创建请求。

5）应用程序管理员安全。在有许多数据库应用程序的大型数据库系统中，可以设立应用程序管理员。应用程序管理员的主要任务是，在整个数据库系统运行过程中，对可能出现的应用程序冗余、冲突、异常等情况进行预判、测试和调试，尽可能地保证系统运行流畅。

（4）口令管理策略

口令管理包括账户锁定、口令老化及到期、口令历史记录、口令复杂性校验。

1）账户锁定。当某一特定用户超过了失败登录尝试的指定次数，服务器会自动锁定这个用户账户。

2）口令老化及到期。DBA 使用 CREATE PROFILE 语句指定口令的最大生存期，当到达了指定的时间长度则口令到期，用户或 DBA 必须变更口令。

3）口令历史记录。DBA 使用 CREATE PROFILE 语句指定时间间隔，在这一间隔内用户不能重用口令。

4）口令复杂性校验。通过使用 PL/SQL 脚本 utlpwdmg. sql（它设置了默认的概要文件参数），可以指定口令复杂性校验例行程序。

8.3.4　常见的数据库系统

（1）MySQL

MySQL 是一个快速的、多线程的、多用户的和健壮的 SQL 数据库服务器。MySQL 支持关键任务、重负载生产系统的使用，也可以将它嵌入一个大配置（Mass-deployed）的软件中去。

（2）SQL Server

SQL Server 提供了诸多的 Web 和电子商务功能，如对 XML 和 Internet 标准的丰富支持，通过 Web 对数据进行轻松、安全的访问，具有强大的、灵活的、基于 Web 的和安全的应用程序管理等。

（3）Oracle

Oracle 产品系列齐全，几乎囊括所有应用领域，具有大型、完善、安全、可以支持多个实例同时运行等特点。它能在所有主流平台上运行，完全支持所有的工业标准，采用完全开放策略，可以使客户选择最适合的解决方案，并对开发商全力支持。

习　题　八

一、简答题

1. 请简述数据库的基本概念。
2. 请简述数据库的基本特征。
3. 请简述数据库系统的组成与特点。
4. 请简述数据库系统的基本安全策略。

参考文献

[1] 蒋加伏，孟爱国. 大学计算机：互联网+[M]. 5 版. 北京：北京邮电大学出版社，2020.
[2] 蒋加伏，孟爱国. 大学计算机实践教程：互联网+[M]. 5 版. 北京：北京邮电大学出版社，2020.
[3] 约翰·冯·诺依曼. 计算机与人脑 [M]. 陈莉，译. 南京：江苏人民出版社，2011.
[4] 易建勋. 计算机网络设计 [M]. 3 版. 北京：人民邮电出版社，2016.
[5] 刘春茂，刘荣英，张金伟. Windows 10+Office 2016 高效办公 [M]. 北京：清华大学出版社，2018.
[6] 夏显忠. 现代计算机原理与工业应用 [M]. 北京：清华大学出版社，2020.
[7] 谢希仁. 计算机网络 [M]. 8 版. 北京：电子工业出版社，2019.
[8] 未来教育. 全国计算机等级考试上机考试题库：二级 MS Office 高级应用 [M]. 成都：电子科技大学出版社，2020.